JN248946

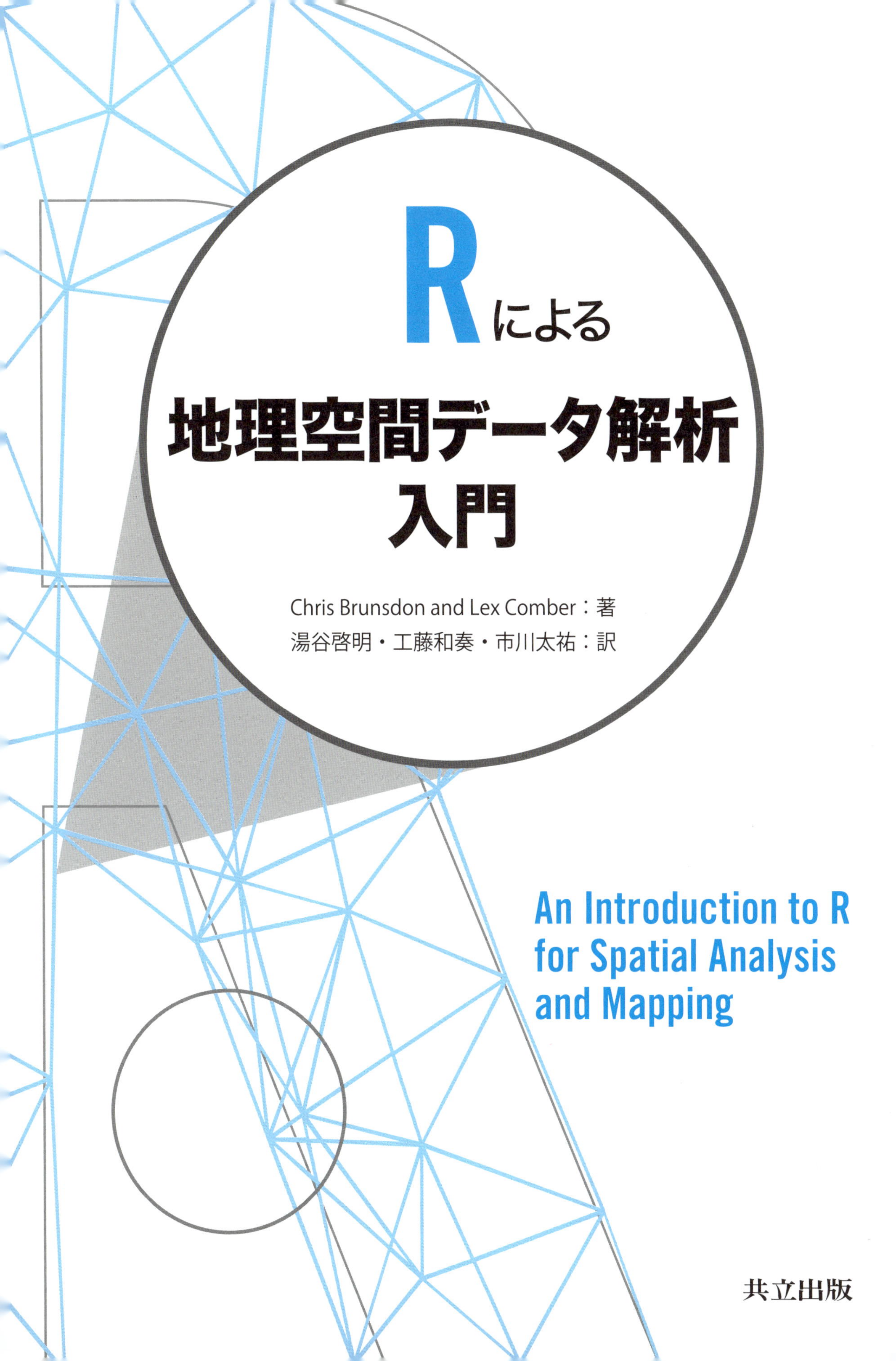
Rによる
地理空間データ解析
入門
Chris Brunsdon and Lex Comber：著
湯谷啓明・工藤和奏・市川太祐：訳
An Introduction to R
for Spatial Analysis
and Mapping
共立出版

**An Introduction to R for Spatial Analysis and Mapping**

By Chris Brunsdon and Lex Comber


First published 2015 by SAGE Publications, Ltd.
Original ISBN: 978-1-4462-7295-4

This Japanese edition of An Introduction to R for Spatial Analysis and Mapping by Chris Brunsdon and Lex Comber is published by arrangement with SAGE Publications, Ltd.

SAGE Publication, Ltd. は英国，米国，ニューデリーの原著出版社であり，本書は SAGE Publications, Ltd. との契約に基づき日本語版を出版するものである．

Japanese language edition published by KYORITSU SHUPPAN CO., LTD.
ISBN: 978-4-320-12439-4

For my cousin John Poile (1963–2013) - Missed by many people in many ways. CB

To Mandy - we didn't break each other. AJC

# まえがき

Rは10年以上に渡って無料で利用可能な分析ツールを提供してきた．開発当初は，Rは統計分析のためのプログラミング言語とインタラクティブな環境の提供を目的としていた．今ではこれらを提供することで，RはSPSSやMinitabのような統計分析ツールのみならず，新しい技術を開発していくためのフレキシブルな環境としても機能するようになっており，さらに，Rはパワフルなグラフィック機能も兼ね備えている．

筆者らは空間分析およびジオコンピュテーションの研究に携わっており，この数年で，この分野においてRが広まっていく様を目の当たりにしてきた．また，多くの学術領域で空間データを扱う機会も増えてきており，Rは一層重要な位置を占めるようになっている．Rはマウスをクリックしていけば標準的なGISの分析が簡単に実行できるようなものではないが，逆にコマンドラインで操作できるからこそ，幅広い分析ニーズそしてデータフォーマットに対応することができる．Rは空間データの操作や分析においてスイスアーミーナイフ，つまり手軽で万能な道具として機能するのである．

本書の大半はRを用いた空間データの操作および地図の作成に割かれている．地理学者，そして空間データを扱う他分野の研究者のどちらにも役に立つような教科書を書きたいという動機からこのような内容になっており，本書を読む上ではR，空間分析，GISのいずれの事前知識も必要としない．本書を読み進め演習を解いていくことで，必要な分析方法を身に付けられるようになっている．Rはデータ分析を行う上で極めて多様な環境を提供しており，その機能性はパッケージという形で常に拡張され共有されている．本書では地理情報の分析手法を数多く紹介しており，同時にその手法をRをどのように実行するかについて解説している．この解説を通して，Rがどれだけパワフルであるかを伝えていくことも本書の目的である．筆者らは「手を動かしながら学ぶ」ことが最も大切だと考えている．こうすることでたくさんの情報を取り入れることができ，何よりも楽しみながら学んでいける．

最後に，原稿と演習問題をチェックしてくれたIdris Jega Mohammed，初稿をレビューし有益で建設的なコメントをくれたDavid UnwinとRich Harris，本書で用いたRそしてパッケージの開発者に感謝の意を述べたい．

CB, AJC

### 本書のデータおよびスクリプトについて

本書の事例で用いたデータは全てＲのパッケージ内で提供されているものである．したがって，パッケージをインストールすれば自動的に利用可能となる．また，ウェブ上のデータについてはスクリプトを動かすことで自動的に収集できる．各パッケージのインストール方法については，パッケージを紹介する際に示している．ウェブサイトから直接読み込むタイプのデータについては本文の中で方法を解説している．

各章のＲスクリプトは `https://study.sagepub.com/brunsdoncomber` で公開されている．使用しているパッケージのアップデートに伴う関数の変更時等に，著者が適宜スクリプトをアップデートしているので，こちらも確認してほしい．

本書のスクリプトの多くは `GISTools` パッケージが提供する関数に依る．このパッケージの詳細については `http://cran.r-project.org/web/packages/GISTools/index.html` を参照してほしい．

# 目　次

# 1

# イントロダクション

## 1.1　本書の目的

本書を読み始めるにあたって，あらかじめRおよび空間統計分析の知識を持っている必要はない．Rの使用法や空間データ分析 (spatial analysis)，ジオコンピュテーション (geocomputation)，地理情報の統計分析 (statistical analysis of geographical information) に用いられるさまざまなツールについては必要に応じて紹介する．これらのツールはRのパッケージとして提供されており，ラスタデータ，ベクタデータを用いた地図作成および地図への描画をサポートしている．なお，既存の地理統計学の教科書[1]ではラスタデータを扱ってきたが，本書は主にベクタデータを扱う．とはいえ，本書の後半における密度表面 (density surfaces) や地理的加重法 (geographically weighted analysis) を扱う例ではラスタデータも利用する．

本書は以下に掲げるいくつかの理由から書かれている．第一に，さまざまな科学分野における分析ツールとしてのRの普及が挙げられる．第二にスマートフォンやタブレット，カメラ等，GPSを内蔵した装置の普及がある．これにより，位置情報が付加されたデータが公式・非公式なものにかかわらず増加している．第三の理由として位置情報を活用した空間分析のニーズの高まりが挙げられる．最後の理由として，地理情報をRで分析する書籍において，GIS（地理情報システム：geographic information system）や空間データ分析，ジオコンピュテーションについての前提知識を持たなくても読めるような書籍が少ないという現状がある．Rを用いた空間データ分析の教科書はわずかにある[2]ものの，これは初心者を対象としたものではない．これらの理由が筆者が地理情報を扱い，（願わくば）初心者にもわかりやすい本書を書くに至った動機である．

---

[1] 例えば，Bivand, R.S., Pebesma, E.J. and Gómez-Rubio, V.G. (2008) *Applied Spatial Data Analysis with R*. New York: Springer.

[2] 再掲になるが，Bivand, R.S., Pebesma, E.J. and Gómez-Rubio, V.G. (2008) *Applied Spatial Data Analysis with R*. New York: Springer.

本書を通じて，読者は空間データ分析，位置情報の操作および可視化をRを用いて実行する方法を学べる．なお，本書ではRのパッケージを利用しながらベクタデータを用いた空間データ分析の社会学および経済学への応用を学ぶが，Rは気象データや地形データの分析といった他の種類の空間分析へも応用可能である．一方で，本書で紹介しているパッケージは自然地理学データや環境学データの分析において有用だが，もちろん紹介していないパッケージにおいても有用なものはあるだろう．例えば，Pacific Biological Stationが開発したPBSmappingパッケージは生物地理学の分析に便利な関数を提供している．

## 1.2　Rを用いた空間データ分析

近年，大量の空間データが利用できるようになった．例えば，政府主導のオープンデータ化の流れにより，国勢調査データや犯罪統計データ等の社会学的・経済学的データが無料で公開されるようになった．このようなデータの背景にあるパターンやデータ生成プロセスを理解するために分析，可視化，モデリングしたいというニーズがある．統計分析を可能にするソフトウェアは多く存在する一方，空間データ分析に一般的な統計モデリングは適さない．なぜなら各データは独立ではなく，変数間の関係は地理空間上の位置によって異なるからである．このような理由で多くの一般的な統計パッケージは空間データおよびその生成プロセスの複雑さを説明するには不適切なツールといえる．

同様に標準的なGIS用ソフトウェアは空間データの可視化には適しているものの，その分析機能は限定的なものであり，最先端の分析手法は搭載されていない．一方，空間データ分析を扱うRパッケージの多くは専門家によって開発されており，またRは新しく開発された手法がテストされるプログラミング言語でもあるという側面も持つ．したがって，Rは空間データ分析を実行するのに適した環境であるといえる．標準的なGIS用ソフトウェアとRの大きな違いは，GIS用ソフトウェアは統計モデリングや分析を実行するというより，大規模な地理情報データベースの操作に適していると考えられていることであり，実際そのような方向に発展してきた．例えば，Rはデータ点がランダムに配置しているかどうかを検定するのに向いており，GIS用ソフトウェアは大規模な地理情報データベースから特定のデータ点の近傍点抽出に向いている．したがって，RはGIS用ソフトウェアと競合するものではなく，機能面で相互に補完するものと考えた方がよい．

## 1.3　本書の構成と読み進め方

本書は随所に例を示しており，コードと詳しい解説を提供している．また，各章に演習問題を設けている．演習問題は本文中に埋め込んでいることもあれば，節を分けて設けていることもある．

なお，演習問題はその場にコードは掲載されておらず，第10章の後に掲載されている解答例を参照する必要がある．これらの設問の目的は R におけるデータ構造，関数，データ操作を学ぶことにあるので，解答例のコードをただ実行するだけではなく，ぜひ演習問題に取り組んでほしい．また，各章には設問以外にも R を用いたデータ操作，分析手法について説明するためのコードを掲載しているのでこちらもぜひ実行しながら読み進めてほしい．コードはコンソールに直接打ち込む，またはスクリプトに入力して実行するとよい．なお，各章のコードは本書のサポートサイト[3)]からダウンロードできる．コードを自分自身で実行していくことで R に慣れ，コードの意味も実感できるので是非とも実行しながら読み進めてほしい．

また，随所に設けられた「補足」には R の関数をより深く理解するための説明，または別の解決法が書かれている．

本書は学部 2 年生以上の学生を対象とした内容となっている．第 2 章から第 5 章は導入的な内容となっており，第 6 章から第 8 章では空間データ分析について発展的な内容を扱っている．特に第 6 章から第 8 章にはそれまでの章にはない学術文献も広く引用している．第 2 章から第 4 章では R の操作方法について学んだあと，第 5 章で R を用いた地理データのマッピングについて導入し，第 6 章から第 9 章で発展的なテクニックを学ぶ．本書は地理情報を扱うプログラミングを学ぶテキストとしても利用できる．その場合，読者の習熟度に応じて第 4 章と第 9 章の適切な箇所から読み始めるとよい．

本書のポイントは以下の通りである．

- R において分析を行う際に適切なデータ型，データ構造，関数，パッケージを例示する
- 空間データ分析におけるデータ操作について導入する
- 空間データ分析を扱う研究に応用できるプログラミングスキルを学べる
- R で関数やアルゴリズムを構築する方法について例示する
- 空間情報を分析，可視化するためのグラフィカルアルゴリズムを説明する

各章はまずその章のトピックの導入から始まり，トピックに沿ったコードと例を読み進めていくという構成になっている．また，前半の章は後半の章の基礎となっている．各章で求められる前提知識は次の表に示した通りであり，章間のつながりを把握しチェックしておいてほしい（例えば第 4 章が前提となっている章の場合，第 4 章が前提としている章もチェックする必要がある）．

3) https://study.sagepub.com/brunsdoncomber

| 章 | 前提となる章 | 内容 |
|---|---|---|
| 第2章 | なし | データ型とプロットについて（この章は各章を読む際に必要に応じて参照すること） |
| 第3章 | 2 | マッピングの初歩と空間データのデータ型 |
| 第4章 | 2, 3 | コードの構成要素と関数 |
| 第5章 | 2, 3 | R を用いた GIS 的操作 |
| 第6章 | 4, 5 | クラスタ分析と点データのマッピング |
| 第7章 | 4, 5 | 属性分析とポリゴンデータのマッピング |
| 第8章 | 6, 7 | 地理的多様性の分析 |
| 第9章 | 3, 4, 5 | ウェブデータを用いた空間データ分析 |

## 1.4　統計計算における R の立ち位置

R はベル研究所（当時 AT&T 所属，現在はルーセントテクノロジー社所属）が 1970 年代から 1980 年代にかけて開発したプログラミング言語である S をその前身としている．なお，1980 年代後半から 1990 年代前半にかけて，StatSci 社の Douglas Martin は S の商用版として S-PLUS を開発した[4]．R はオークランド大学の統計学部に所属する Robert Gentleman と Ross Ihaka により開発された．R は世界中で科学研究や定量的なデータ分析に使われているが，その理由は無料であること，そしてその拡張性にある．その拡張性はコードを含んだパッケージの形で提供されており，インストールすることでライブラリとして呼び出すことで機能を拡張することができる．そしてパッケージは絶え間なく増加している．R についてのドキュメントやパッケージの情報，そしてこれまで R に貢献してきた開発者については R の公式サイト[5]で確認できる．

## 1.5　R の入手方法と実行

本書で提供しているコードを実行するには R の最新版を入手する必要がある．本書の執筆時点ではバージョンは 3.0.2 であり，少なくともこのバージョン以上で実行してほしい．R には 32 ビット版と 64 ビット版があるが，本書は 64 ビット版を前提としている．R をインストールするには R の公式サイトにアクセスし，そこからダウンロードするのが最も簡単である．R の公式サイトは “download r” と検索するとよい．以下の URL にアクセスしてそこからダウンロードしてもよい．

それぞれ Windows，Mac，Linux に対応している．

- `http://cran.r-project.org/bin/windows/base/`
- `http://cran.r-project.org/bin/macosx/`
- `http://cran.r-project.org/bin/linux/`

[4] Krause, A. and Olson, M. (1997) *The Basics of S and S-PLUS*. New York: Springer.

[5] `http://www.r-project.org`

Windows と Mac にはそれぞれインストーラが提供されているため，インストールは楽である．一方，Linux はコマンドターミナルからインストールする必要がある．

パッケージ等をダウンロードするにあたっては，ミラーサイトを登録しておく必要がある．原則として住んでいる場所に最も近いミラーサイトを選ぶとよい．R をインストールできたら，これで実行可能となる．Windows の場合，R のアイコンがデスクトップにあるはずだ．Mac の場合はアプリケーションフォルダにある．なお，Windows と Mac では若干インターフェースが異なるものの，R を実行する上でのプロトコルやプロセスについては同様である．

R は初期状態であっても多くの関数やコマンドを利用できるが，その R の拡張性を最大限に発揮するには開発者コミュニティが提供するパッケージを利用するとよい．それでは以下の例に示すように，R のコンソールから install.packages() を実行して GISTools パッケージをインストールしてみよう．

```
install.packages("GISTools", dependencies = TRUE)
```

なおパッケージは GUI のメニューバーからもインストール可能である．Windows の場合は「パッケージ」から「パッケージのインストール」を選ぶ．Mac の場合は「パッケージとデータ」から「パッケージインストーラ」を選ぶ．いずれの場合においても初回インストールの際はどのミラーサイトを選ぶか選択肢が表示される．インストールしたパッケージは以下の例の様に呼び出すことができる．

```
library(GISTools)
```

パッケージについてはこの後の章でも扱うので，詳細についてはそちらで解説する．何千という数のパッケージがさまざまな研究者や組織によって開発され，CRAN と呼ばれるウェブサイト[6]で公開されている．パッケージはこのサイト[7]から検索して探すこともできる．各パッケージの説明書は PDF 形式で提供されており，各パッケージのインデックスページの Reference manual からアクセスできる．本書で扱うパッケージ一覧を以下に示す．

[6] CRAN のパッケージ一覧：http://cran.r-project.org/web/packages/available_packages_by_name.html

[7] CRAN のパッケージ検索：http://www.r-project.org/search.html

| パッケージ名 | 説明 |
|---|---|
| datasets | 多くのデータセットを含んだパッケージ．R をインストールすると付属してくる． |
| deldir | ドロネー分割，ボロノイ分割 (Voronoi tessellation, Dirichlet tessellation) を実行できる関数群が含まれる． |
| e1071 | 潜在クラス分析，短時間フーリエ変換，ファジィクラスタリング，サポートベクターマシン等を実行できる関数群が含まれる． |
| fMultivar | 金融工学用のパッケージだが空間データ分析にも有用である． |
| GISTools | 空間データの操作，マッピング用のパッケージ．特にコロプレス図を描くことに適している． |
| gstat | 空間データ，時空間モデリング，予測，シミュレーションが実行できる． |
| GWmodel | 地理的加重法が実行できる． |
| maptools | 地理空間データの読み込み，操作が可能なパッケージ． |
| misc3d | 3D プロットに関するさまざまな関数が含まれたパッケージ． |
| OpenStreetMap | OpenStreetMap が提供する高解像度のラスタマップおよび衛星画像を利用できるパッケージ． |
| PBSmapping | GIS と同様の操作が可能な関数と公開データセットが含まれたパッケージ． |
| plyr | データ操作用パッケージ．大きなデータを分割し，要素ごとに操作し，結合するという思想のもとに設計されている． |
| raster | ラスタグリッドデータもしくは空間グリッドデータの入出力，操作，分析，モデリングが可能なパッケージ． |
| RColorBrewer | 地図やプロットに利用できるカラーパレットを提供するパッケージ． |
| RCurl | HTTP リクエストを処理し，URI を用いてウェブデータの操作が可能なパッケージ． |
| rgdal | 地理空間の抽象化データモデルを操作できるライブラリ (GDAL) を R から利用できるパッケージ． |
| rgeos | 地理データのトポロジ構造を扱えるライブラリ (GEOS) を R から利用できるパッケージ． |
| rgl | OpenGL を用いた 3D 可視化が可能なパッケージ． |
| RgoogleMaps | Google から静的なマップを呼び出せるパッケージ． |
| Rgraphviz | グラフオブジェクトをプロットできるパッケージ（CRAN からはダウンロードできない．詳しくは第 9 章を参照のこと）． |
| rjson | R のオブジェクトと JSON(JavaScript Object Notation) 形式を相互変換可能なパッケージ． |
| sp | 空間データを操作するクラスおよびメソッドが集められたパッケージ． |
| SpatialEpi | 空間疫学の分析をサポートするパッケージ． |
| spatstat | 空間データ分析のパッケージ，特に点過程データをサポートする． |
| spdep | 空間パターンや空間的自己相関分析が可能な関数群が集められたパッケージ． |

以上のパッケージをインストールする際には，これらのパッケージが依存しているパッケージについてもインストールしておくことを強く勧める．この場合，メニューバーからのインストールするときは「依存パッケージも含める」のチェックボックスをチェックする．コマンドでインストールする場合は以下のように `dependencies = TRUE` と引数を設定する．

```
install.packages("GISTools", dependencies = TRUE)
```

パッケージはときとして全面的に書きなおされることがあり，これはコードの機能性に影響を及ぼす．例えば，本書の執筆開始時に sp パッケージは overlay() を廃止し，新しい over() で置き換えた．overlay() は期間限定でしばらく利用できるものの，利用時には廃止される旨が記載された警告メッセージが表示される．具体例を見てみよう．GISTools パッケージをインストールして以下のコードを実行してみよう．

```
data(newhaven)
# ここで用いた変数は他の操作でも利用できる
overlay(places, blocks)
```

コードは正常に動くが，同時に警告メッセージが表示される[a]．警告メッセージの内容は，利用しようとしている関数は廃止されているため代わりの関数を利用すべきというものだ．以上のような関数の廃止に伴う影響は，本書で提供しているコードでも避けられないが，影響は若干の手間を要するのみである．

むしろ，このような変更はパッケージを標準化，洗練させていく上では避けられないともいえ，R とそれを取り巻く環境がダイナミックに進化している証拠でもあるといえよう．

## 1.6 R のインターフェイス

R にプルダウンメニューはほとんどないため，操作についてはコマンドラインインターフェイス (CLI) からコマンドを入力していくことになる．すべての CLI に通じるように，R の CLI はプルダウンメニューよりも取っ付きづらいものではあるが，一つの操作に対するコマンドの選択肢における柔軟性，正確性でより綿密な操作が可能になる．

この選択肢の豊富さの他にもユーザが選ぶべきポイントとして，コマンドの入力方法が挙げられる．コマンドの入力は R のコンソールから直接打ち込む方法と，スクリプトウインドウに入力したものを実行する方法がある．スクリプトウインドウは名称未設定のドキュメントの形で開かれる．

本書を読み進める際はぜひすべてのコードを実行してほしい．学習においてコードを自身で書いて実行することの重要性はいくら強調しても強調しすぎることはない．特に後半の章のコードにいえることだが，一見理解に時間を要するコードもある．しかし，そのようなコードを理解する際の近道はまず試してみることである．

コードを書く際はぜひスクリプトウインドウを開いてそこに入力し，実行していくとよ

---

[a] 訳注：sp パッケージの翻訳時点でのバージョン (1.2-5) では完全に廃止されているため，警告メッセージは表示されず，関数を実行できない．

い．スクリプトはデータ分析を自動化したいと思うなら非常に有用である．なぜなら実行した分析はスクリプトの形でコードを残しておくと，将来似通った分析を行う際に必要に応じて手直しを加えることで再利用できるからである．したがって，分析を行う際はスクリプトを書くという習慣を身に付けるとよい．先述したようにRにはスクリプトウインドウという形でテキストエディタが組み込まれている．Windows，Macで外見は多少違うもののほぼ同様の機能を持つ．以下にその利用方法を示す．

- Windowsにおいて新規でスクリプトウインドウを立ち上げる際はメニューバーから「ファイル」→「新しいスクリプト」を選択する．既存のスクリプトを開く場合は「ファイル」→「スクリプトを開く」を選択する．
- Macにおいて新規でスクリプトウインドウを立ち上げる際はメニューバーから「ファイル」→「新規文書」を選択する．既存のスクリプトを開く場合は「ファイル」→「文書を開く」を選択する．

スクリプトを書いたら，将来の再利用のために保存しておくとよい．スクリプトを実行する際はコピー&ペーストでコンソールに移す必要はなく，実行したい行を選択した上で以下のショートカットキーを用いて実行するとよい．

- Windowsの場合は`Ctrl-R`キーを押す（もしくはメニューバーのRunボタンをクリックする）
- Macの場合は`Cmd-Enter`キーを押す

また，Rの起動する際の作業ディレクトリを設定しておくと便利である．Windowsの場合は「ファイル」→「作業ディレクトリの変更」，Macの場合は「その他」→「作業ディレクトリの変更」を選ぶ．作業ディレクトリを設定すると，このディレクトリ（フォルダ）を基準にファイルの操作が行えるようになる．

「ファイル」→「別名で保存」というメニューを選ぶと，名前を入力するプロンプトが表示され，入力した名前でファイルが保存できる．例えばここでは`test.R`という名前で保存してみよう．Rのスクリプトについては`.R`という拡張子で保存しておくとよい．

## 1.7　参考になるインターネット上の資料

インターネット上にはRユーザのための無料で入手可能な資料が多数ある．筆者はここで通称「Owenガイド」（正式名は「The R Guide」）と呼ばれる資料[8]を強く推したい．この資料を第5章まで読み進めてほしい．追加のパッケージやデータは不要で，丁寧な説明のもと，Rの文法を理解できるような構成となっている．

Rの初心者向けガイドはインターネット上に多数ある．特に以下のサイトは参考にな

[8] `http://cran.r-project.org/doc/contrib/Owen-TheRGuide.pdf`

る．

- http://www.r-bloggers.com/
- http://stackoverflow.com/
  特に http://stackoverflow.com/questions/tagged/r/

Rが現代的といわれる理由の一つに，本書で扱うような地理情報に関するRの情報が教科書というよりソーシャルメディア（例えばTwitterで #rstats と検索してみよう）やブログ（例：R-bloggers）上で多数公開されているという点がある．上記資料に加えて本書のサポートサイト[9]も参考にしてほしい．サポートサイトでは本書に掲載したスクリプト，演習問題をダウンロードできるようになっている．スクリプトはユーザの環境で実行できるようになっており，本書執筆時点ですべてのコードは正常に実行できることを確認済みである．しかし，Rとそのパッケージは継続的にアップデートされている．多くの場合，アップデートは機能性を失わないように実施されるため，問題になることはない．しかしときに，パッケージが後方互換性を廃して全面的に書き換えられることがある．もしこのようなアップデートが実施された場合はサポートサイトに掲載しているコードもそれに応じて修正する予定である．ぜひ読者はサポートサイトを定期的にチェックして，新しいリソースにアクセスしてほしい．

[9] 再掲：https://study.sagepub.com/brunsdoncomber

2

# データとプロット

## 2.1 概要

本章では，Rで広く使われているデータ型やデータ構造とともに，それを可視化，つまりプロットする方法について紹介する．読み進めるにつれ，思いついたアイディアを徐々に発展（例：自作の関数の開発）させながらこれらのデータ構造の使い方を身に付けていくことができるだろう．演習は後半になるに従って，いかにして問題を解くかという点を重視するものになっている．つまり，単純に例示されたコードを書き写すのではなく，さまざまなデータ構造の中から必要なものを選んで変形することが求められる．例の中で `max()` や `sqrt()`，`length()` などさまざまな関数が使われていることにも注目してほしい．本章で学ぶことは以下のように多岐にわたる．

- Rの基本的な関数
- 変数と代入
- データ型とクラス（ベクトル，リスト，行列，S4，データフレーム）
- データ型のチェック，操作
- `plot()`
- さまざまなデータ型の読み書き

第1章ではR自体の紹介と，Rを空間分析や地図作成に使う理由，インストール方法について説明した．Rに関する資料やRの基本操作を説明した例についてもいくつか紹介した．特に「Owenガイド」（正式名は「The R Guide」）については第5章の終わりまでは読むことをお勧めした．これは公式サイト[1]から入手することができる．本章では，すでにこのガイドを読んでいるものとして進める．読むのにそれほど時間はかからないし，後ほど紹介するさらに発展的な話題についての必要な知識も書かれているので，ぜひ

[1] http://cran.r-project.org/doc/contrib/Owen-TheRGuide.pdf

読んでほしい.

## 2.2 Rの基本要素：変数と代入

Rのインタフェースは計算機としても使える. (-5 + -4) といった簡単な算術計算をコンソールに打ち込めば, 答えを返してくれる. しかし, 通常, 値は変数に代入した方が使い勝手がよい. 作成した変数には変更を加えたり, さらなる操作に引き渡すことができる.

```
# 単純な代入
x <- 5
y <- 4
# 変数は計算に使うことができる
x + y
## [1] 9
# 計算の結果を新たな変数に代入することもできる
z <- x + y
z
## [1] 9
# さらにその結果を関数に引き渡すこともできる
sqrt(z)
## [1] 3
```

なお, 本書ではRの出力結果は行の頭に2つのハッシュマーク (##) を付けている. こうすることで, その行がコンソールに打ち込むべきものではなく, Rのコマンド入力の結果であることがはっきり区別できるからだ.

**補足**

ここで本書で初めてコードが登場した. このあとも各章でさまざまなコードを目にすることになる. 重要な点が2つある.

一つは, 掲載されているコードを自分自身でもRのコンソールに打ち込んで実行してみることを強くお勧めしたい. コードは, 第1章で説明したようにスクリプトやドキュメントに書きたいと思うかもしれないが, 自分で実行することで, Rのコンソールを使うのに慣れ, コードがどのように機能しているか理解を深めることができる. Rのコンソールでコードを実行するのに手っ取り早い方法は, まずマウスかキーボードでRのコードを選択して Ctrl-R, あるいは Mac であれば Cmd-Enter を押せばよい[a].

もう一つは, 手を動かし, 試行錯誤して学ぶことの重要さを強調しておきたい. 特に後半の章に登場するコードには, 初めて見ると恐怖感を抱くものもあるかもしれない. しかし, それを理解するために本当に効果があるのは, 実際に試してみることしかない. 本書のコードはす

[a] 訳注：RStudio でも同じ方法でコードを実行できる.

べてサポートサイト[2]からダウンロードできることを思い出してほしい．そのスクリプトをコピーして R のコンソールや自分のスクリプトファイルにペーストすればよい．

一つ付け加えると，コード中で#から始まる行はコメントであり，R のコンソールで実行しても無視される．

R での代入の基本は，値のベクトルの代入である．ベクトルというのは，先ほどのコードの x，y，z のように単一の値でもよい．複数の値を 1 つのベクトルにするには次のように c(4, 5, ...) とする．

```
# ベクトルの代入の例
tree.heights <- c(4.3, 7.1, 6.3, 5.2, 3.2, 2.1)
tree.heights
## [1] 4.3 7.1 6.3 5.2 3.2 2.1
```

補足

R では大文字と小文字は区別される．つまり，tree.heights と Tree.Heights と TREE.HEIGHTS はすべて別の変数を示している．大文字と小文字を正しくタイプしているか注意しよう．間違っていればエラーになる．

上の例では，値のベクトルを tree.heights という変数に代入した．1 つの変数でベクトル全体を示すことができる．例えば次のコードは tree.heights を二乗している．この結果，ベクトルの各要素が二乗されていることに注目してほしい．

```
tree.heights**2
## [1] 18.49 50.41 39.69 27.04 10.24 4.41
```

他にもさまざまな演算子や関数がベクトルに対して適用できる．

```
sum(tree.heights)
## [1] 28.2
mean(tree.heights)
## [1] 4.7
```

そして，必要に応じて結果をさらに別の変数に代入することもできる．

```
max.height <- max(tree.heights)
max.height
## [1] 7.1
```

[2] https://study.sagepub.com/brunsdoncomber

ベクトルや，それ以外の複数の要素を持つデータ構造の利点の一つは，そのサブセットを自在に取り出せることだ．つまり，単一の要素や要素の一部だけを取り出して操作することができる．

```
tree.heights
## [1] 4.3 7.1 6.3 5.2 3.2 2.1
tree.heights[1]    # 1番目の要素
## [1] 4.3
tree.heights[1:3] # 1番目から3番目の要素
## [1] 4.3 7.1 6.3
sqrt(tree.heights[1:3])  # 1番目から3番目の要素の平方根
## [1] 2.073644 2.664583 2.509980
tree.heights[c(5, 3, 2)] # 5, 3, 2番目の要素（出力の順番に注目）
## [1] 3.2 6.3 7.1
```

上の例は数値だったが，ベクトルには次のように文字列や論理値も代入することができる．さまざまな変数のクラスや型については次節で詳述する．

```
# 文字列の代入
name <- "Lex Comber"
name
## [1] "Lex Comber"
# 文字列のベクトルも代入できる
cities <- c("Leicester", "Newcastle", "London", "Durham", "Exeter")
cities
## [1] "Leicester" "Newcastle" "London" "Durham" "Exeter"
length(cities)
## [1] 5
# 論理値の代入
northern <- c(FALSE, TRUE, FALSE, TRUE, FALSE)
northern
## [1] FALSE TRUE FALSE TRUE FALSE
# 論理値型ベクトルは別のベクトルのサブセットを取るのに使える
cities[northern]
## [1] "Newcastle" "Durham"
```

補足

本書を読み進めるにあたって，Rの組み込みのテキストエディタを使ってコードを書いていくことを強くお勧めしたい．スクリプトは`.R`という拡張子で保存することができ，コードの一部をハイライトして`Ctrl-R` (Windows) または`Cmd-Enter` (Mac) を押せば直接実行することができる．コードをこのように手元に残しておくことは記録として役立つし，もう一度変数の宣言から実行しなおすことも簡単にできるようになる．例えば次の例のようにして使うことができる.

```
##### スクリプトの例 #####
## パッケージの読み込み
library(GISTools)
## 関数の読み込み
source("My.functions.R")
## データの読み込み
my.data <- read.csv(file = "my.data.csv")
## My.functions.R に書かれた関数を使う
cube.root.func(my.data)
## R の組み込み関数を使う
row.tot <- rowSums(my.data)
```

## 2.3　データ型とクラス

本節ではデータ型とクラスを本書を読むために必要な範囲で説明する．しかし，R のオブジェクトやクラスに関するもっと正式な説明は CRAN ウェブサイト上の R マニュアルに詳しい.

- 基礎となるクラス：http://stat.ethz.ch/R-manual/R-devel/library/methods/html/BasicClasses.html
- クラス：http://stat.ethz.ch/R-manual/R-devel/library/methods/html/Classes.html

### 2.3.1　データ型

R においてデータはさまざまなデータ型の階層構造になっており，データの値はその構造の中に保持される．各型には型チェック用の関数と変換用の関数が存在する．最も基本的な型とその型チェック関数，変換関数を以下の表に示す.

| 型 | 型チェック関数 | 変換関数 |
|---|---|---|
| character（文字列型） | is.character() | as.character() |
| expression（表現式型） | is.expression() | as.expression() |
| list（リスト型） | is.list() | as.list() |
| logical（論理値型） | is.logical() | as.logical() |
| numeric（数値型） | is.numeric() | as.numeric() |
| integer（整数値型） | is.integer() | as.integer() |
| double（倍精度浮動小数点型） | is.double() | as.double() |
| single（単精度浮動小数点型） | is.single() | as.single() |
| complex（複素数型） | is.complex() | as.complex() |
| raw（バイト型） | is.raw() | as.raw() |

表を見ると，それぞれの型には is.***() という名前の型チェック関数があることに気付いただろう．この型チェック関数は TRUE か FALSE を返す．同様に，変換関数の名前は as.***() という形式になっている．本書で登場するほとんどの演習や手法，ツール，関数，そして分析方法はこれらのデータ型の一部しか使わない．具体的には以下の 3 つだ．

- 文字列型 character
- 数値型 numeric
- 論理値型 logical

これらのデータ型は，さまざまなデータ構造やクラスの中に入れることができる．例えばベクトル，行列，データフレーム，リストや因子型だ．各データ型の詳細についてこれから見ていこう．さまざまなクラスのオブジェクトについて，どのように変換関数や型チェック関数を使うかを説明する．

### 文字列型

文字列型の変数にはテキストが入る．character() は指定した長さのベクトルをつくる．ベクトルの各要素は""，つまり空文字列になっている．as.character() は引数を文字列型に変換する．その際，ベクトルの要素名といった属性はすべて取り除かれる．is.character() は渡した引数が文字列型かどうかを判定し，その結果を TRUE か FALSE で返す．

これらの関数をさまざまな入力に対して使うとどのような結果になるか見てみよう．

```
character(8)
## [1] "" "" "" "" "" "" "" ""
# 変換
as.character(8)
## [1] "8"
# 型チェック
is.character(8)
## [1] FALSE
is.character("8")
## [1] TRUE
```

### 数値型

数値型の変数には数が入る．numeric() を使うと，すべての要素が 0 のベクトルを指定した長さでつくることができる．as.numeric() は引数を数値型に変換する．as.double() や as.real() も同じだ．is.numeric() は引数が数値型であるかを判定し，結果を TRUE か FALSE かで返す．以下の最後の例では FALSE が返っていることに注意してほしい．これは，数値型ではない要素が含まれるためだ[b]．

```
numeric(8)
## [1] 0 0 0 0 0 0 0 0
# 変換
as.numeric(c("1980", "-8", "Geography"))
## Warning:  NAs introduced by coercion
## [1] 1980 -8 NA
as.numeric(c(FALSE, TRUE))
## [1] 0 1
# 型チェック
is.numeric(c(8, 8))
## [1] TRUE
is.numeric(c(8, 8, 8, "8"))
## [1] FALSE
```

### 論理値型

`logical()` を使うと，すべての要素が `FALSE` のベクトルを指定した長さでつくることができる．`as.logical()` は引数を論理値型に変換する．その際，ベクトルの要素名といった属性はすべて取り除かれる．`c("T", "TRUE", "True", "true")` といった文字列や 0 以外のあらゆる数値は真 (`TRUE`) と見なされる．同様に，`c("F", "FALSE", "False", "false")` といった文字列や 0 は偽 (`FALSE`) と見なされる[c]．それ以外はすべて `NA` と見なされる．`is.logical()` は引数が論理値型かどうかを `TRUE` か `FALSE` かで返す．

```
logical(7)
## [1] FALSE FALSE FALSE FALSE FALSE FALSE FALSE
# 変換
as.logical(c(7, 5, 0, -4, 5))
## [1] TRUE TRUE FALSE TRUE TRUE
# TRUE は 1 に，FALSE は 0 に変換される
as.logical(c(7, 5, 0, -4, 5)) * 1
## [1] 1 1 0 1 1
as.logical(c(7, 5, 0, -4, 5)) + 0
## [1] 1 1 0 1 1
```

---

[b] 訳注：正確には，ベクトルに「数値型ではない要素が含まれるため」ではなく，端的にベクトルが文字列型なので `FALSE` になっている．`c()` に数値型と文字列型の要素が与えられると，文字列型のベクトルに変換される．

[c] 訳注：コード例の最後で `0` が `NA` に変換されているのがやや混乱するかもしれないが，これは `c()` に文字列型と数値型が与えられると文字列型に変換され，文字列の `"0"` が `as.logical()` には論理値の表象と見なされないためである．

```
# TRUE と FALSE を宣言する別の方法
as.logical(c("True", "T", "FALSE", "Raspberry", "9", "0", 0))
## [1] TRUE TRUE FALSE NA NA NA NA
```

論理値型ベクトルはデータのサブセットを取るのに使えるので，データからある基準を満たす要素だけを取り出すという場合に便利だ．空間分析においては，データベースから条件に合致するレコードだけを取り出す際にこのテクニックを使う．例えば以下のような場合だ．

```
data <- c(3, 6, 9, 99, 54, 32, -102)
# 論理値を返すテスト
index <- (data > 10)
index
## [1] FALSE FALSE FALSE TRUE TRUE TRUE FALSE
# データのサブセットを取るのに index を使う
data[index]
## [1] 99 54 32
sum(data)
## [1] 101
sum(data[index])
## [1] 185
```

### 2.3.2　データのクラス

データ型を組み合わせると，さまざまなデータの構造やクラスをつくることができる．本項ではベクトル，行列，データフレーム，リスト，そして因子型について見ていく．これらのクラスは空間分析においても大いに活用されるものである．

#### ベクトル

前節のデータ型の項で登場したRのコマンドは，すべてベクトルを生成するものだった．ベクトルは最もよく使われるデータ構造であり，Rにおいて最も標準的な一次元の変数だ．character() や logical() といった関数を使うと指定した長さのベクトルが生成される．あるいは，vector() を使って，指定した型で指定した長さのベクトルをつくることもできる．as.vector() は，引数を指定した型のベクトルに変換する．デフォルトの型は論理値型だ．値をベクトルに代入したとき，Rはそのベクトルに最も適したモードを探して使う．型チェック関数 is.vector() は，引数が指定した型やモードで[d]，かつ名前以外の属性を持たない場合に TRUE を返し，それ以外の場合には FALSE を返す．

---

[d]訳注：コード例のように mode 引数を指定しなければ，ベクトルかどうかのチェックだけを行う．

```
# ベクトルを定義
vector(mode = "numeric", length = 8)
## [1] 0 0 0 0 0 0 0 0
vector(length = 8)
## [1] FALSE FALSE FALSE FALSE FALSE FALSE FALSE FALSE
# 型チェックと変換
tmp <- data.frame(a = 10:15, b = 15:20)
is.vector(tmp)
## [1] FALSE
as.vector(tmp)
##    a  b
## 1 10 15
## 2 11 16
## 3 12 17
## 4 13 18
## 5 14 19
## 6 15 20
```

### 行列

matrix() は指定したデータとパラメータから行列をつくる．パラメータには通常，行数や列数が含まれる．as.matrix() は引数を行列に変換する．is.matrix() は引数が行列かどうかをチェックする．

```
# 行列を定義
matrix(ncol = 2, nrow = 0)
## [,1] [,2]
matrix(1:6)
##      [,1]
## [1,]    1
## [2,]    2
## [3,]    3
## [4,]    4
## [5,]    5
## [6,]    6
matrix(1:6, ncol = 2)
##      [,1] [,2]
## [1,]    1    4
## [2,]    2    5
## [3,]    3    6
# 変換と型チェック
```

```
as.matrix(6:3)
## [,1]
## [1,] 6
## [2,] 5
## [3,] 4
## [4,] 3
is.matrix(as.matrix(6:3))
## [1] TRUE
```

補足

空のデータ構造をつくるにはどのようにすればよいかわかっただろうか．先ほどの一番初めのコードからは 0 行 2 列の空の行列が生成された．空の行列はいくつかの状況においてとても役に立つ．

行列の行や列には名前を付けることもできるということも覚えておこう．

```
flow <- matrix(c(2000, 1243, 543, 1243, 212, 545, 654, 168, 109),
               c(3, 3), byrow = TRUE)
# 行や列は 1, 2, 3... といった数字だけでなく名前を持つこともできる
colnames(flow) <- c("Leicester", "Liverpool", "Elsewhere")
rownames(flow) <- c("Leicester", "Liverpool", "Elsewhere")
# 結果を確認
flow
##           Leicester Liverpool Elsewhere
## Leicester      2000      1243       543
## Liverpool      1243       212       545
## Elsewhere       654       168       109
# rowSum() は行ごとの集計に使う関数
outflows <- rowSums(flow)
outflows
## Leicester Liverpool Elsewhere
##      3786      2000       931
```

しかし，データが行列でない場合は，使うのは rownames() や colnames() ではなく names() なので注意しよう．

```
z <- c(6, 7, 8)
names(z) <- c("Newcastle", "London", "Manchester")
z
## Newcastle London Manchester
##         6      7          8
```

Rにはほかにも行列を操作したり行列演算を行うツールが数多く存在する．しかし，空間分析を行うわれわれが特に関心があるのは行列のような形式のデータ，表形式のデータだ．例えば，ベクトル形式の空間データの解析においては，属性テーブルの各行は特定の地物（feature：例えば，ポリゴン）を表しており，列にはそれらの地物の属性情報が入っている．一方で，ラスタ解析においては，行と列は特定の緯度と経度，北距と東距，もしくはラスタのセルを表す．こうした行列データの解析手法については以降の章で詳述する．第3章では空間データオブジェクトについて，第5章では空間分析について紹介する．

**補足**

ところで，これまでのコードの中にいくつか新しい関数が登場していることに気付いただろうか．例えば，本章のはじめの方で sum() という関数を使った．Rには sum() や max() のような記述統計に役立つ関数が数多く備わっている．コード中に新しい関数を見つけたら，まずは自分の手元で実行してみよう．Rについての知識を増やし，Rに慣れるのに役立つはずだ．もっとよい使い方は以降に掲載しているコードを参照してほしい．そのコード片を自分のRスクリプトファイルに蓄積していくこともできる．Rにはヘルプドキュメントが充実しており，さまざまな関数の使い方を学ぶことができる．多くの場合，例やコード片が添えられているはずだ．例えば，sum() という関数についての詳細や，また別の集計関数について知るには以下のようにすればよい．

```
?sum
help(sum)
# さまざまな集計関数を試すための変数をつくる
x <- matrix(c(3, 6, 8, 8, 6, 1, -1, 6, 7), c(3, 3), byrow = TRUE)
# 行方向の合計
rowSums(x)
# 列方向の合計
colSums(x)
# 列方向の平均
colMeans(x)
# apply() は 2 番目の引数に応じて，x の行方向 (1) または列方向 (2) に関数を適用する
apply(x, 1, max)
# 論理値型ベクトルを使って行列の一部を取り出す
x[, c(TRUE, FALSE, TRUE)]
# x の全要素の合計
sum(x)
# 行列の対角成分を取り出す
diag(x)
# 逆行列を求める
solve(x)
# 値を丸める
zapsmall(x %*% solve(x))
```

### 因子型

factor() は levels 引数に指定した水準を持つベクトルを作成する．因子型には順序を指定することもでき，順序付けがあるかを調べる is.ordered() という関数も存在する．as.factor() と as.ordered() は因子型への変換のための関数だ．型チェック関数 is.factor() は引数が因子型かどうかをチェックし，その結果を TRUE か FALSE かで返す．is.ordered() は引数が順序付き因子型であれば TRUE を，それ以外の場合は FALSE を返す．

まずは因子型を使ってみよう．

```
# 通常のベクトルの作成
house.type <- c("Bungalow", "Flat", "Flat", "Detached", "Flat",
                "Terrace", "Terrace")
# 因子型ベクトルの作成
house.type <- factor(c("Bungalow", "Flat", "Flat", "Detached",
                       "Flat", "Terrace", "Terrace"),
          levels = c("Bungalow", "Flat", "Detached", "Semi", "Terrace"))
house.type
## [1] Bungalow Flat     Flat     Detached Flat     Terrace  Terrace
## Levels:  Bungalow Flat Detached Semi Terrace
# table() はデータの要約に使える
table(house.type)
## house.type
## Bungalow     Flat Detached Semi Terrace
##        1        3        1    0        2
# levels 引数によって使える水準が指定できる
house.type <- factor(c("People Carrier", "Flat", "Flat",
                       "Hatchback", "Flat", "Terrace", "Terrace"),
          levels = c("Bungalow", "Flat", "Detached", "Semi", "Terrace"))
house.type
## [1] <NA>  Flat  Flat  <NA> Flat  Terrace  Terrace
## Levels: Bungalow Flat Detached Semi Terrace
```

因子型はカテゴリカルデータを扱うのに便利だ．カテゴリカルデータとは，データの値はすべてあらかじめ決めたクラスのどれかに当てはまるようなデータのことを指す．これが地理情報分析にどのようにかかわってくるかは明らかだ．地理情報分析では，地理データ中の多くの地物が離散的なクラスでラベル付けされている．順序付けによって傾向や構造についての推論（高低，良し悪しなど）が可能になる．また，データから一部を取り出す際や，得られた分析結果を解釈する際にも役に立つ．

### 順序付き因子型

デフォルトでは因子型に順序は付与されない．しかし，ordered() を使うと順序を付けることができる．

```
income <- factor(c("High", "High", "Low", "Low", "Low", "Medium",
                   "Low", "Medium"), levels = c("Low", "Medium", "High"))
income > "Low"
## [1] NA NA NA NA NA NA NA NA
# ordered() の "levels" 引数によって水準の相対的順序が決まる
income <- ordered(c("High", "High", "Low", "Low", "Low", "Medium",
                   "Low", "Medium"), levels = c("Low", "Medium", "High"))
income > "Low"
## [1]  TRUE  TRUE FALSE FALSE FALSE  TRUE FALSE  TRUE
```

ここから，順序付けは水準を定義することによって暗黙的に決まり，順序に関連する関数を適用できることがわかる．

sort() や table() をあらためて紹介しよう．因子型に関連する前のコードで，table() は house.type のデータの集計表を生成するのに使われていた．この関数は，house.type の各水準の登場回数を返す．sort() は通常のベクトルや因子型ベクトルを並べ替えるのに使われる．R のヘルプを読んでどのような挙動を示すか学び，自分でつくった変数に対して試してみるとよいだろう．例えば以下の通りである．

```
sort(income)
```

### リスト

これまでに登場した，文字列型，数値型，そして論理値型といったデータ型，それに関連するクラスはいずれも，すべての要素が同じデータ型であることが要求されるものだった．リストにはそういう制約はない．リストはさまざまな要素のためのスロットを持ち，いわば順序のある要素集合だ．リストを使うとさまざまなデータ型を1つのデータ構造に詰め込むことができ，任意の位置の要素を角括弧2つ ([[ ]]) で取り出すことができる．

```
tmp.list <- list("Lex Comber", c(2005, 2009), "Lecturer",
                 matrix(c(6, 3, 1, 2), c(2, 2)))
tmp.list
## [[1]]
## [1] "Lex Comber"
##
## [[2]]
```

```
## [1] 2005 2009
##
## [[3]]
## [1] "Lecturer"
##
## [[4]]
##      [,1] [,2]
## [1,]    6    1
## [2,]    3    2
# リストから要素を取り出す
tmp.list[[4]]
##      [,1] [,2]
## [1,]    6    1
## [2,]    3    2
```

上のコードで明らかだが，list() はその引数からなるリストを返す．引数の指定の仕方によって各値に名前を紐づけることもできる．変換関数 as.list() は引数をリストに変換する．例えば，因子型ベクトルを渡すと，1 要素の因子型ベクトルのリストに変換し，指定しなかった属性はすべて取り除く．is.list() は引数がリストである場合にのみ TRUE を返す．これらの関数は，実際の例をいくつか見てみる方がよいだろう．リストの要素は名前を持つことができるという点にも注目してほしい．

```
employee <- list(name = "Lex Comber", start.year = 2005,
                 position = "Professor")
employee
## $name
## [1] "Lex Comber"
##
## $start.year
## [1] 2005
##
## $position
## [1] "Professor"
```

append() を使うとリスト同士を結合できる．また，lapply() は関数をリストの各要素に適用する．

```
append(tmp.list, list(c(7, 6, 9, 1)))
## [[1]]
## [1] "Lex Comber"
##
```

```
## [[2]]
## [1] 2005 2009
##
## [[3]]
## [1] "Lecturer"
##
## [[4]]
##      [,1] [,2]
## [1,]    6    1
## [2,]    3    2
##
## [[5]]
## [1] 7 6 9 1
# lapply() による関数の適用
lapply(tmp.list[[2]], is.numeric)
## [[1]]
## [1] TRUE
##
## [[2]]
## [1] TRUE
lapply(tmp.list, length)
## [[1]]
## [1] 1
##
## [[2]]
## [1] 2
##
## [[3]]
## [1] 1
##
## [[4]]
## [1] 4
```

なお，行列に length() を適用した結果はリストの中でも同じで，要素数の合計になっている．

### 独自のクラスを定義する

R では独自のデータ型を定義して，コンソールへの表示や描画などの挙動を指定することができる．例えば，以降の章で plot() を使うと，従来のグラフだけでなく，地理データを地図として描画できるのを見ることになる．例として，従業員の情報をいくつか保持するリストをつくってみよう．

```
employee <- list(name = "Lex Comber", start.year = 2005,
                 position = "Professor")
```

これに新しいクラスを設定することができる．今回は staff としよう（クラスには任意の名前を指定できるが，意味のあるものにした方がわかりやすい）．

```
class(employee) <- "staff"
```

次に，R がこのクラスを扱う方法を<既存の関数名>.<クラス名>という名前の関数として定義する．例えば，表示を変更してみよう．表示のための既存の関数 (print()) が，新しいクラス定義によってどう変わるか注目してほしい．

```
print.staff <- function(x) {
  cat("Name:  ", x$name, "\n")
  cat("Start Year:  ", x$start.year, "\n")
  cat("Job Title:  ", x$position, "\n")
}
# この独自の print() を使ってみる
print(employee)
## Name:  Lex Comber
## Start Year:  2005
## Job Title:  Professor
```

R は，引数が staff というクラスの変数なら別の print() を使うということがわかっているのだ．R が既存のクラスを扱う方法も同様に変更することができる．ただし，これをやるには注意が必要だ．unclass() を使ってクラスの設定を元に戻したり，rm(print.staff) を実行して print.staff() を恒久的に削除することもできる．

```
print(unclass(employee))
## $name
## [1] "Lex Comber"
##
## $start.year
## [1] 2005
##
## $position
## [1] "Professor"
```

### リストの要素のクラス

新しい，つまりユーザ定義のクラスのオブジェクトは，変数に代入することもできる．

例えば，以下は新しい staff オブジェクトをつくる関数を定義している[e]．

```
new.staff <- function(name, year, post) {
  result <- list(name = name, start.year = year, position = post)
  class(result) <- "staff"
  return(result)
}
```

次に，この関数を使って以下のようにリストを組み立てる（ちなみに，この関数については以降の章でもう少し詳しく説明する）．

```
leics.uni <- vector(mode = "list", 3)
# 値をリストの要素に代入する.
leics.uni[[1]] <- new.staff("Fisher, Pete", 1991, "Professor")
leics.uni[[2]] <- new.staff("Comber, Lex", 2005, "Lecturer")
leics.uni[[3]] <- new.staff("Burgess, Robert", 1998, "VC")
```

リストの中身を確かめてみよう．

```
leics.uni
## [[1]]
## Name:  Fisher, Pete
## Start Year:  1991
## Job Title:  Professor
##
## [[2]]
## Name:  Comber, Lex
## Start Year:  2005
## Job Title:  Lecturer
##
## [[3]]
## Name:  Burgess, Robert
## Start Year:  1998
## Job Title:  VC
```

### 2.3.3 演習問題

ここからのページではいくつかの演習問題が続く．実行すべきコードがテキストとして

[e] 訳注：紛らわしいが，print.staff() は staff のための print() だったが，new.staff は staff のための new() ではない．ただの関数の名前にドット "." を付けるのは紛らわしいだけではなく，print() のようにクラスごとに異なる挙動を定義する仕組み上の事故を誘発するので推奨されない．

与えられていたこれまでの節とは異なり，演習問題では読者が達成すべきタスクが示される．ほとんどは自分自身でコードを書く必要があるものだ．解答例は第10章の後にある．今回の演習問題は，これまで紹介した主要なデータ型について行う．具体的には，因子型，行列，リスト（名前付き，名前なし），そしてクラスだ．

### 因子型

先ほどの説明で，因子型はカテゴリカルデータを表すのに使われると述べたことを思い出してほしい．対象の特徴を表すためにいくつかの水準が使われる．例えば，ショールームでこの1週間に売れたあるモデルの車の色は，因子型を使うと以下のように表される．

```
colours <- factor(
  c("red", "blue", "red", "white", "silver", "red", "white",
    "silver", "red", "red", "white", "silver", "silver"),
  levels = c("red", "blue", "white", "silver", "black")
)
```

この車の色は赤，青，白，シルバー，黒だけなので，`factor()` の `levels` 引数においてもそれだけを指定する．

**演習問題 2.1**　次のコードを見て，何が起こるか，またそれはなぜなのか予想してみよう．

```
colours[4] <- "orange"
colours
```

次に，`table()` を使って，それぞれの色がどれだけ売れたのか見てみよう．まず，`colours` を再代入しよう．演習問題2.1で変更を加えてしまったからだ．キーボードの↑キーや↓キーでこれまでに実行したコマンドの履歴を辿ることができる．

```
colours <- factor(
  c("red", "blue", "red", "white", "silver", "red", "white",
    "silver", "red", "red", "white", "silver", "silver"),
  levels = c("red", "blue", "white", "silver", "black")
)
table(colours)
## colours
##    red   blue  white silver  black
##      5      1      3      4      0
```

`table()` の結果は普通のベクトルではあるが，各要素に名前が付いている．この場合，名前は元の因子型ベクトルの各水準になっている．ここで，もし以下の colour2 のように色を単純に文字列として記録して，table() を実行するとどうなるだろう．

```
colours2 <- c("red", "blue", "red", "white", "silver", "red", "white",
              "silver", "red", "red", "white", "silver")
# 集計表をつくる
table(colours2)
## colours2
##   blue red silver white
##      1   5      3     3
```

**演習問題 2.2**　2つの table() の結果の間にどのような違いが見つかるだろうか．

車種についても記録をとっていたとしよう．車種はサルーン (saloon)，コンバーチブル (convertible)，ハッチバック (hatchback) といったものだ．これを car.type という名前の新たな因子型の変数に代入する．

```
car.type <- factor(
  c("saloon", "saloon", "hatchback", "saloon", "convertible",
    "hatchback", "convertible","saloon", "hatchback", "saloon",
    "saloon", "saloon", "hatchback"),
  levels = c("saloon", "hatchback", "convertible")
)
```

table() には次のように2つの引数を渡すこともできる．

```
table(car.type, colours)
##              colours
## car.type       red blue white silver black
##   saloon         2    1     2      2     0
##   hatchback      3    0     0      1     0
##   convertible    0    0     1      1     0
```

この結果はクロス集計表になる．つまり，赤いハッチバックの数，シルバーのサルーンの数といった項目が並ぶ．今回の出力結果は行列になっていることに注意してほしい．このクロス集計表は crosstab という変数に保存して，あとで使えるようにしておこう．

```
crosstab <- table(car.type, colours)
```

**演習問題 2.3**　table(car.type,colours) と table(colours,car.type) の違いは？

本セクションの最後に，順序付き因子型について取り上げてみよう．車に関する3つ目の変数としてエンジンのサイズを考える．サイズは，1.1リットル，1.3リットル，1.6リットルの3種類だ．これも同様に変数に代入する．ただし，今回は順序付き因子型にしてみよう．

```
engine <- ordered(
  c("1.1litre", "1.3litre", "1.1litre", "1.3litre", "1.6litre",
    "1.3litre", "1.6litre", "1.1litre", "1.3litre", "1.1litre",
    "1.1litre", "1.3litre", "1.3litre"),
  levels = c("1.1litre", "1.3litre", "1.6litre")
)
```

順序付き因子型には`>`や`<`，`>=`，`<=`といった比較演算子が使えたことを思い出してほしい．例えば，このように比較できる．

```
engine > "1.1litre"
##  [1] FALSE TRUE FALSE TRUE TRUE TRUE TRUE FALSE TRUE FALSE FALSE
## [12]  TRUE TRUE
```

**演習問題 2.4**　engine，car.type，coloursの3つの変数を使って，以下の結果を返すコードを書いてみよう．

- 排気量が1.1リットルより大きいエンジンを持つすべての車の色
- 排気量が1.6リットルより小さいすべての車の車種（ハッチバックなど）ごとの数
- 排気量が1.3リットル以上のすべてのハッチバック車の色ごとの数

## 行列

前セクションでcrosstabという変数をつくったことを思い出してほしい．これは行列だった．行列についてのセクションでは，行列に対して使うことができるさまざまな関数を見てきた．

```
dim(crosstab) # 行列の次元
## [1] 3 5
rowSums(crosstab) # 行方向の合計
##      saloon   hatchback convertible
##           7           4           2
colnames(crosstab) # 列名
## [1] "red"    "blue"   "white"  "silver" "black"
```

行列を扱う上で重要なツールとして他には apply() という関数がある．これは，行列の行方向か列方向に関数を適用し，結果を 1 次元のベクトルとして返す．以下は，各行の最大値を探すという単純な例だ．

```
apply(crosstab, 1, max)
##      saloon   hatchback convertible
##           2           3           1
```

この例では，max() が crosstab の各行に適用される．第 2 引数の 1 によって関数を行ごとに適用するよう指定している．もしこれが 2 なら関数は列ごとに適用される．

```
apply(crosstab, 2, max)
##    red   blue  white silver  black
##      3      1      2      2      0
```

また，which.max() は便利な関数で，ベクトルを渡すと最も大きい要素の位置を返してくれる．以下の例を見てみよう．

```
example <- c(1.4, 2.6, 1.1, 1.5, 1.2)
which.max(example)
## [1] 2
```

この結果から，2 番目の要素が最も大きい．

**演習問題 2.5** ベクトルの中に最大値を取るものが 2 つ以上あった場合は何が起こるだろう？ ヘルプを読むか実験によって答えを見つけよ．

**演習問題 2.6** which.max() は apply() と組み合わせて使うことができる．crosstab の各行から最大値の位置を探すコードを書け．

levels() は因子型の変数が持つ水準を文字列として返す．例えば以下の通りだ．

```
levels(engine)
## [1] "1.1litre" "1.3litre" "1.6litre"
```

結果中の水準の順番は，元の因子型変数に指定されていたもので，table() によって生成される集計表の行名や列名の順番とも同じだ．つまり，この関数と which.max() を組み合わせて行列に使うと，位置ではなく列名や行名を得ることができる．

```
levels(colours)[which.max(crosstab[, 1])]
## [1] "blue"
```

または，次のようにしても同じことができる．

```
colnames(crosstab)[which.max(crosstab[, 1])]
## [1] "blue"
```

このコードの各部分の挙動についての理解が正しいか確認するためには，次のように分解してみるとよいだろう．

```
colnames(crosstab)
## [1] "red"    "blue"   "white"  "silver" "black"
crosstab[, 1]
##      saloon   hatchback convertible
##           2           3           0
which.max(crosstab[, 1])
## hatchback
##         2
```

もっと一般的に，名前を持つあらゆる変数にこの操作を行う関数は次のように書ける．

```
# 関数を定義
which.max.name <- function(x) {
  return(names(x)[which.max(x)])
}
# example 変数の各値に名前を付ける
names(example) <- c("Leicester", "Nottingham", "Loughborough",
                    "Birmingham", "Coventry")
example
##    Leicester   Nottingham Loughborough   Birmingham     Coventry
##          1.4          2.6          1.1          1.5          1.2
which.max.name(example)
## [1] "Nottingham"
```

**演習問題 2.7**　最後に，`which.max.name()` は行列に適用することもできる（`apply()` を使う）．各列の最大値の行名，あるいは各行の最大値の列名が返される．車の売上の行列に対して使えば，各車種ごとに最も売れている色，あるいは各色ごとに最も売れている車種がわかる．`apply()` を使ってこれらを実現するコードを書け．

最後のコード片の中で，`which.max.name()` という関数を定義したことに注目しよう．

これまでも関数は使ってきたが，それらはすべてRにあらかじめ定義されているものだった．関数については第4章で徹底的に取り組むことになるが，ここでは2つの点を覚えてほしい．まずは関数を定義するときのコードの形だ．次のようになる．

```
関数名 <- function(入力) {
  変数 <- 何らかの処理
  return(変数)
}
```

また，コードを区切る波括弧 { } と，関数の返り値を指定する return() という文法要素にも注目してほしい．

### リスト

本章で，リストには名前が付いていることも付いていないこともあると書いたのを思い出してほしい．ここでは名前付きのリストのみを考える．リストは list() によって作成される．次のコードでリストの変数をつくってみよう．

```
変数 <- list(名前1 = 値1, 名前2 = 値2, ...)
```

上記はただの例示のためのテンプレートだということに注意してほしい．そのまま打っても値1や値2は存在しないといったエラーになるだけだ．また，... もこの使い方は正しいRの文法ではない．

**演習問題 2.8**　演習問題2.7で，行方向と列方向に apply() を実行した結果を両方とも保持したい場合を考えよう．結果は most.popular というリストにそれぞれ colour（車種ごとに最も人気の色），type（色ごとに最も人気の車種）という名前で格納することとする．最も売れた色と車種が入ったリストを表示するRのコードを書け．

### クラス

これから行うことの目的は，先ほどのセクションでつくったリストからクラスをつくることだ．そのクラスの中身はリストで，リストは，最も人気のある色と車種，さらに3つ目の要素として車の合計販売台数（total という名前）を持つこととする．クラスは sales.data という名前とする．colours と car.type を受け取ってこのクラスの変数をつくる関数を次のように定義してみよう．

```
new.sales.data <- function(colours, car.type) {
  xtab <- table(car.type, colours)
  result <- list(
```

```
    colour = apply(xtab, 1, which.max.name),
    type = apply(xtab, 2, which.max.name),
    total = sum(xtab)
  )
  class(result) <- "sales.data"
  return(result)
}
```

この関数を使うと，変数 colours と car.type を要素として持つ sales.data のオブジェクトをつくることができる．

```
this.week <- new.sales.data(colours, car.type)
this.week
## $colour
##      saloon   hatchback convertible
##       "red"       "red"     "white"
##
## $type
##         red        blue       white      silver       black
## "hatchback"    "saloon"    "saloon"    "saloon"    "saloon"
##
## $total
## [1] 13
##
## attr(,"class")
## [1] "sales.data"
```

上のコードでは，this.week という名前の sales.data クラスの変数がつくられた．これまでに学んだ知識を使えば，sales.data の変数に対して print() をつくることもできる．具体的には，引数として sales.data クラスを取る print.sales.data() という関数を書けばよい．

**演習問題 2.9**　sales.data クラスの変数に print() を作成せよ．これは難易度が高いので，プログラミング経験者向けの問題だ．プログラミング経験がない方は，一旦挑戦してみて，以降の章で関数の正式な説明が出てきてからここに戻ってくるとよいだろう．

## 2.4 プロット

R にはプロットのための手法やパッケージが多い．本節では基礎的なプロットを紹介するとともに，発展的なプロットのコマンドや関数についても紹介する．本節の目的は，

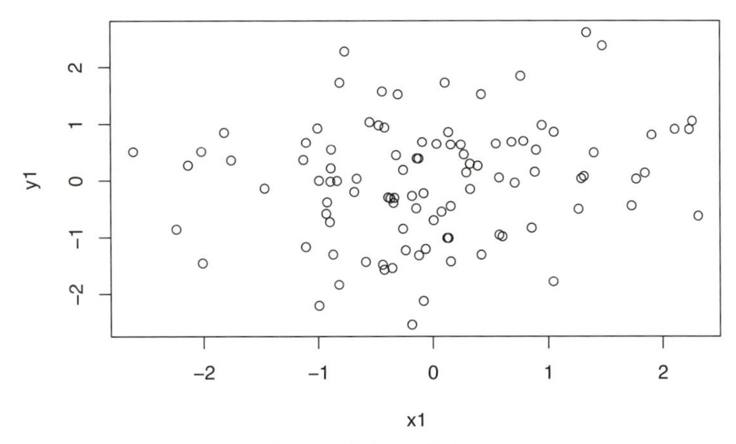


図 2.1 基本的な散布図

基礎的なプロットがどのように発展的なプロット手法の構成要素として使われるかの理解を深めることだ．発展的なプロットは以降の章で地理分析の結果を表示するために使う．

### 2.4.1 基礎的なプロットツール

最も基本的なプロットは散布図だ．図 2.1 は rnorm() によって生成された乱数集合をプロットしたものだ．

```
x1 <- rnorm(100)
y1 <- rnorm(100)
plot(x1, y1)
```

plot() は 2 つの変数からグラフをつくり，$X$ 軸と $Y$ 軸にプロットする．デフォルトの設定だと plot() は散布図をつくる．また，デフォルトだと軸のラベルは plot() に渡した変数名になっていることに気付いただろうか．plot() にはさまざまなパラメータを設定することができる．プロットの環境（後述）を定義することで設定するものもあれば，plot() を呼び出す際に設定するものもある．例えば，col 引数はプロットの色を指定し，pch 引数はプロットの形を指定する．

```
plot(x1, y1, pch=16, col="red")
```

その他のオプションとしては次のようなものがある．type = "l"は 2 変数の折れ線グラフを生成する．この場合，col 引数で線の色を，lwd 引数で線の太さを指定することができる．以下のコードを実行して今度は線グラフをプロットしてみよう．

```
x2 <- seq(0, 2 * pi, len = 100)
y2 <- sin(x2)
plot(x2, y2, type = "l")
plot(x2, y2, type = "l", lwd = 3, col = "darkgreen")
```

plot() のヘルプを読み，どのような種類のプロットが使えるか調べてみよう（念のためもう一度書いておくと?plot を R のコンソールで打ち込むとヘルプを見ることができる）．上のコードで新しいプロットをつくったあとは，また別のコマンドによってさまざまなデータをプロットすることができる．例えば points()，lines()，polygon() などだ．plot() はデフォルトでは散布図を想定しており，他のものが指定されなければそれが使われる．例えば，図 2.2 は x2 と y2 で指定された曲線のデータをプロットし，続いて，x2 と y2r からなる点のデータを加えたものだ．

```
plot(x2, y2,
     type = "l", col = "darkgreen", lwd = 3, ylim = c(-1.2, 1.2))
y2r <- y2 + rnorm(100, 0, 0.1)
points(x2, y2r, pch = 16, col = "darkred")
```

上のコードで，rnorm() でいくつかの乱数を生成し，それを y2 に足して y2r をつくった．points() で既存のプロットの上に点を追加した．プロットのオプションは他にもたくさんある．例えば，ylim 引数だ．これは $Y$ 軸の範囲を設定する．同様に，$X$ 軸については xlim 引数がある．次のコマンドで別のデータをプロットしてみよう．

```
y4 <- cos(x2)
plot(x2, y2, type = "l", lwd = 3, col = "darkgreen")
lines(x2, y4, lwd = 3, lty = 2, col = "darkblue")
```

points() と同様に，lines() は既存のプロットに線を追加する．lty オプションにも注目してほしい．これは線の種類（点線，通常の線など）を指定するもので，上のコードのように使われる．

**補足**

プロットにどのような種類（そしてパラメータ）があるか，par() のヘルプを調べてみよう．?par と打つと，様々なプロットのパラメータの全リストが見られるヘルプページが表示される．その中に mfrow という引数がある．これを使うと，以下のように 1 行 2 列の複合プロットをつくることができる．この設定はリセットするのを忘れないようにしよう．リセットしなければ，そのあともずっと複合プロットになってしまう．

```
par(mfrow = c(1, 2))
# リセット
par(mfrow = c(1, 1))
```

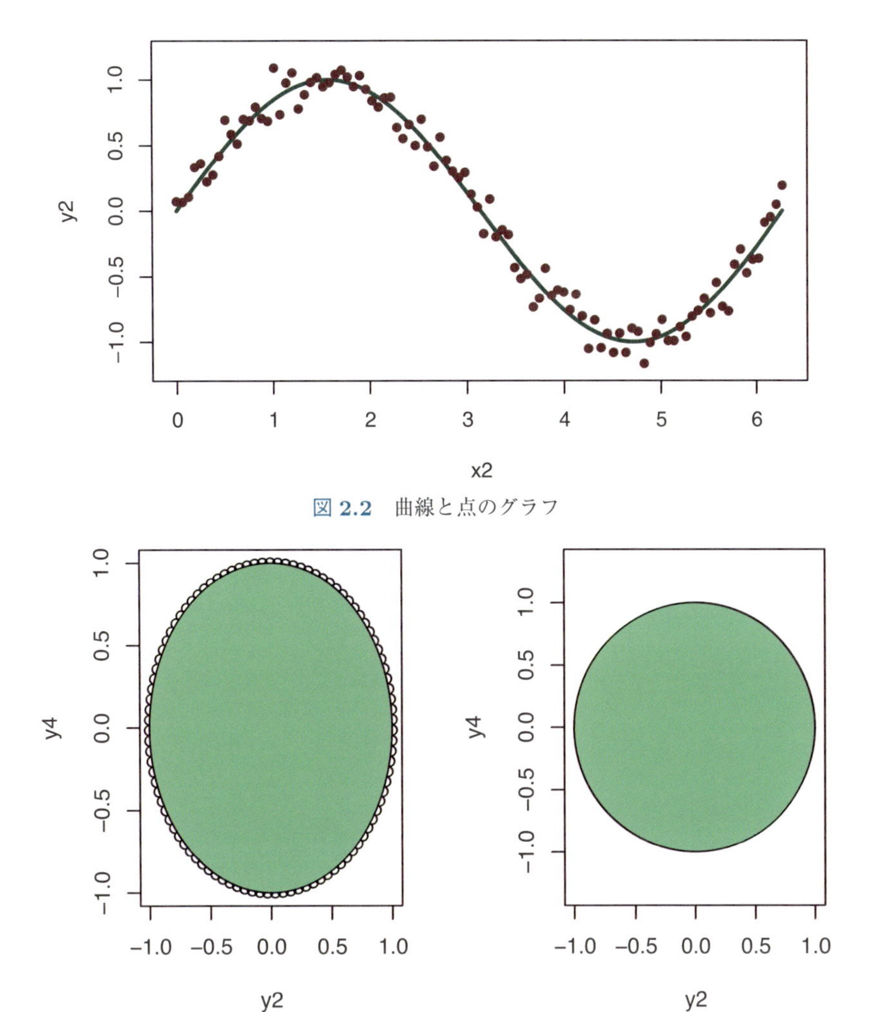


図 2.2 曲線と点のグラフ

図 2.3 点とポリゴンのグラフ

polygon() はプロットにポリゴン（多角形）を追加する．col オプションでポリゴンの中身の色が指定できる．デフォルトでは黒い輪郭線が描かれるが，border = NA というパラメータを入れると輪郭線は描かれなくなる．図 2.3 は，これらのパラメータの働きを示すために同じデータをプロットして並べたものだ．

```
x2 <- seq(0, 2 * pi, len = 100)
y2 <- sin(x2)
y4 <- cos(x2)
# プロットの並び方を指定（詳細は ?par を参照）
par(mfrow = c(1, 2))
# 1 番目のプロット
plot(y2, y4)
polygon(y2, y4, col = "lightgreen")
```

```
# 2番目のプロット, こちらは "asp"で軸のアスペクト比を指定している
plot(y2, y4, asp = 1, type = "n")
polygon(y2, y4, col = "lightgreen")
```

asp というパラメータはアスペクト比を固定する．この場合はアスペクト比が1なので x と y のスケールが等しくなる．type = "n"を指定すると，プロットの軸を（この場合は y2 と y4 に）合わせるだけで線や点は描かれない．

ここまで，plot() は $X$-$Y$ 座標系のデータをさまざまな形でプロットするのに使ってきた．具体的には点，線，ポリゴンだった（というと GIS のベクトルの種類を連想する読者もいるかもしれない）．これを拡張して，地理データを使って，地理座標系を扱うことをよりはっきり意識していこう．まず GISTools パッケージをインストールしよう．これには第1章で説明したようにミラーサイトの設定が必要かもしれない．どんな R のパッケージでも，はじめて使う前にはまずパッケージをダウンロードしてインストールする必要がある．

```
install.packages("GISTools", dependencies = TRUE)
```

インストールすると，次のように R のコンソールでパッケージを呼び出すことができる．

```
library(GISTools)
```

パッケージを読み込む際にいくつかメッセージが表示されるかもしれない．それらは GISTools パッケージが利用するパッケージも自動的に読み込まれたということを知らせるためのものだ．以下のコードは，data(georgia) というコマンドでいくつかのデータセットを読み込んでいる．そして，georgia.polys データセットから1番目の要素を取り出し，それを appling という変数に代入している．このデータには，ジョージア州 Appling 郡の境界の座標が入っている．これをプロットすると図 2.4 のようになる．パッケージをインストールしなければいけないのはそれを初めに使うときだけだ．一度インストールされれば簡単に呼び出すことができる．つまり，ダウンロードしなおすような必要はなく library(パッケージ) を実行するだけでよい．

```
# library(GISTools)
data(georgia)
# 1番目の要素を取り出す
appling <- georgia.polys[[1]]
# プロットの範囲を設定
plot(appling, asp = 1, type = "n", xlab = "Easting", ylab = "Northing")
# 選択した地物を斜線で描画
polygon(appling, density = 14, angle = 135)
```

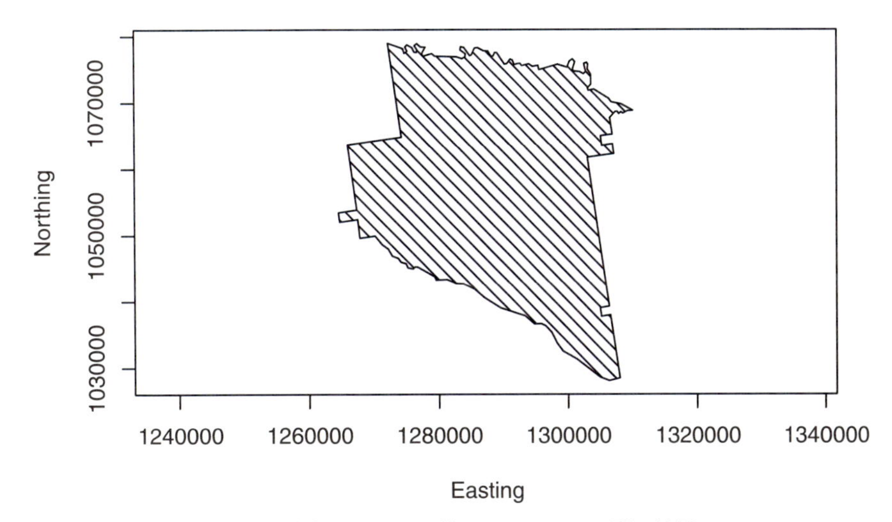


図 2.4 座標データから描かれる Appling 郡の地図

このコードについて少し説明を加えておくと，行われている処理は以下の流れになっている．

1. `data(georgia)` は 3 つのデータセットを読み込む．`georgia`，`georgia2`，`georgia.polys` だ．
2. `georgia.polys` の 1 番目の要素は Appling 郡の境界の座標データを持っている．
3. `polygon()` の結果はきれいなポリゴンとは限らない．この例のように地理的な区域を表すこともある．`appling` という変数に座標データが代入されているが，これは 2 列の行列形式になっている．
4. $X$ 座標と $Y$ 座標のペアになっているので，さまざまなプロットの関数がこの形式のデータを扱える．`plot()` や `lines()`，`polygon()`，`points()` などだ．
5. 先ほどと同じく，`plot()` には `type = "n"` が指定されており，`asp` によってアスペクト比が固定されている．この結果，`x` と `y` のスケールが同じに設定される一方，線や点は描画されない．

## 2.4.2 プロットの色

プロットの色は赤，緑，青の値（RGB 値）で指定することができる．つまり，0〜1 の数字を 3 つ並べたものだ．これまでのコードを実行しているなら，ワークスペースには `appling` という変数があるはずだ．次のコードを試してみよう．

```
plot(appling, asp = 1, type = "n", xlab = "Easting", ylab = "Northing")
polygon(appling, col = rgb(0, 0.5, 0.7))
```

次のように，`rgb()` には透明度を表す 4 つ目のパラメータを加えることもできる．透明度は 0 から 1 の範囲で表され，数字が大きいほど透明になる．

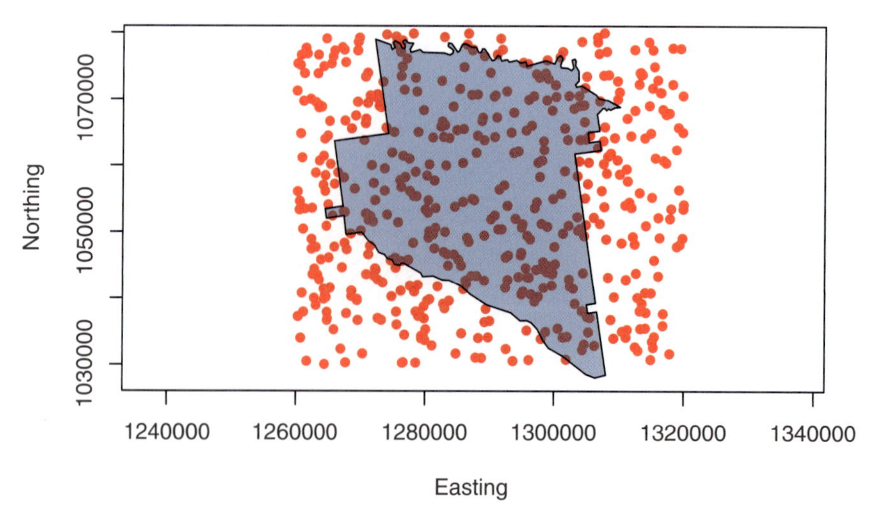


図 2.5　半透明な Appling 郡の地図

```
polygon(appling, col = rgb(0, 0.5, 0.7, 0.4))
```

プロットには，指定した位置にテキストを加えることもできる．cex（character expansion の略）パラメータはテキストのサイズを決める．ちなみに，col といったパラメータも同じように指定できる．また，col には B3B333 といった HTML の色指定も使うことができる．次のコードは2つのプロットを生成する．1つ目はランダムな点をプロットした上に半透明な appling をプロットする．2つ目は appling を説明のためのテキストとともにプロットする．これらの plot() の結果は図 2.5，図 2.6 に示す．

```
# プロットの範囲を設定
plot(appling, asp = 1, type = "n", xlab = "Easting", ylab = "Northing")
# 点をプロット
points(
  x = runif(500, 126, 132) * 10000,
  y = runif(500, 103, 108) * 10000, pch = 16, col = "red"
)
# 透明度を指定してポリゴンをプロット
polygon(appling, col = rgb(0, 0.5, 0.7, 0.4))
plot(appling, asp = 1, type = "n", xlab = "Easting", ylab = "Northing")
polygon(appling, col = "#B3B333")
# 位置，色，サイズを指定してテキストを追加
text(1287000, 1053000, "Appling County", cex = 1.5)
text(1287000, 1049000, "Georgia", col = "darkred")
```

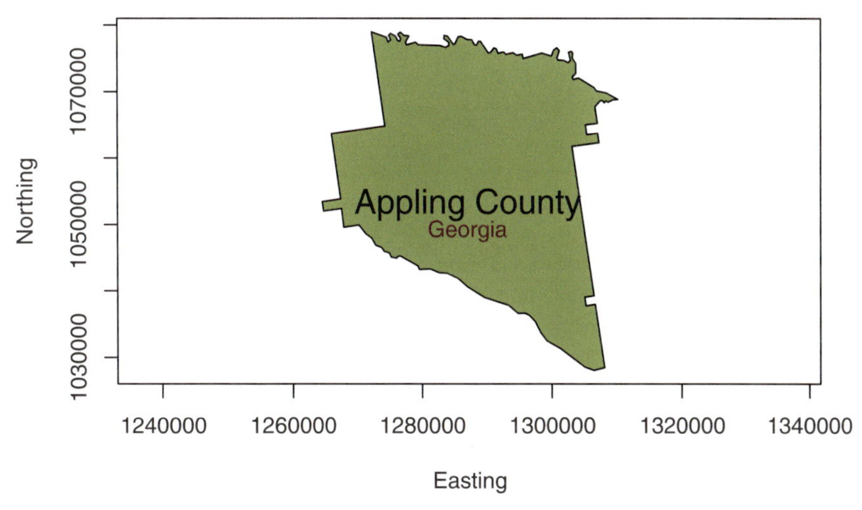


図 2.6 Appling 郡の地図とテキスト

**補足**

上のコードでは，テキストの位置の座標を指定する必要があった．locator() という関数はこうしたときにとても便利だ．これは描画領域中の位置を決めるのに使える．locator() を R のコンソールで実行して，プロット領域のさまざまな場所で左クリックをしてみよう．右クリックをすると[f]，これまでクリックした場所の座標が R のコンソールに示される．

また別のプロットのためのツールとして長方形を描くための rect() がある．これは，解析が高度になるに従って，地図の凡例をつくる際に役立つだろう．以下のコードの結果を図 2.7 に示す．

```
plot(c(-1.5, 1.5), c(-1.5, 1.5), asp = 1, type = "n")
# 青緑の長方形をプロット
rect(-0.5, -0.5, 0.5, 0.5, border = NA, col = rgb(0, 0.5, 0.5, 0.7))
# 2 つ目の長方形をプロット
rect(0, 0, 1, 1, col = rgb(1, 0.5, 0.5, 0.7))
```

image() は表形式のデータやラスタデータを図 2.8 のようにプロットする．この関数はデフォルトのカラースキーマを持つが，他のカラーパレットも存在する．本書では RColorBrewer パッケージを使うことを強くお勧めする．このパッケージについては第 3 章で詳しく説明するが，使い方の例は以下の通り．

```
# グリッドデータを読み込む
data(meuse.grid)
```

[f]訳注：RStudio の場合は ESC キー．

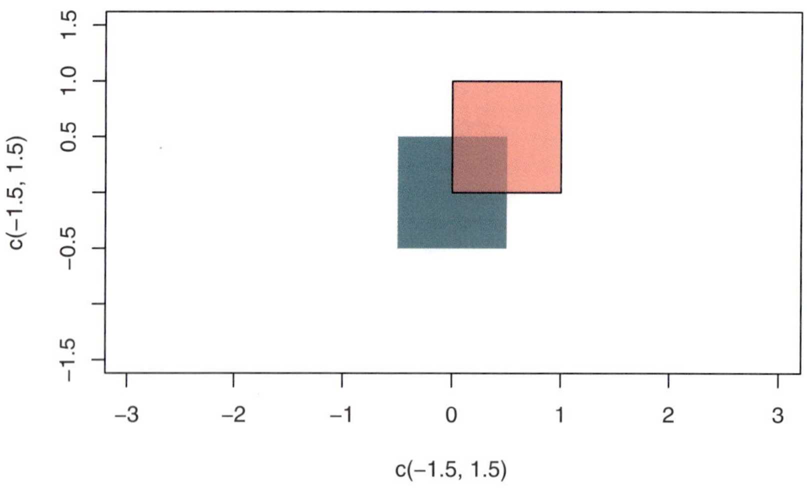


図 **2.7**　長方形のプロット

```
# データから SpatialPixelsDataFrame を作成
mat <- SpatialPixelsDataFrame(
  points = meuse.grid[c("x", "y")],
  data = meuse.grid
)
# プロットをパラメータを設定（1 行 2 列に）
par(mfrow = c(1, 2))
# プロットの余白を設定
par(mar = c(0, 0, 0, 0))
# デフォルトの色で点をプロット
image(mat, "dist")
# パッケージを読み込み
library(RColorBrewer)
# 7 段階のカラーパレットを選択
greenpal <- brewer.pal(7, "Greens")
# そのカラーパレットを使ってデータをプロット
image(mat, "dist", col = greenpal)
# par() をリセット
par(mfrow = c(1, 1))
```

par(mfrow = c(1,2)) によって結果が 1 行 2 列になっており，最後の行でリセットしている．

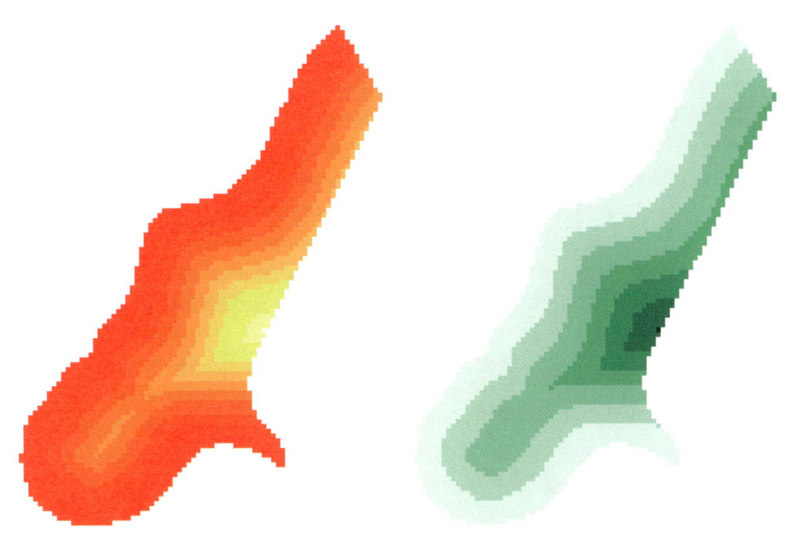

図 2.8 ラスタデータのプロット

補足

contour(mat, "dist") は前述の例の行列から等値線（コンター図：contour plot）を生成する．contour() についてはヘルプを調べてみよう．R に組み込みの volcano データセットのヘルプページによい使用例が載っている．コンソールで次のように打ってみよう．

```
?volcano
```

## 2.5 データの読み書きと保存，読み込み

R にデータを出し入れするにはさまざまなやり方がある．ここでは，テキストファイルの読み書き，R のデータファイルの読み書き，地理データの読み書きの 3 つを簡潔に取り上げる．

### 2.5.1 テキストファイル

前述の例で使った appling データを例として考えよう．これは行列の変数で，2 行 125 列のデータが入っている．dim() や head() を使ってデータを調べてみよう．

```
# はじめの 6 行を表示
head(appling)
# 変数の次元を表示
dim(appling)
```

データのフィールド（列）に名前がついていないことに気付いただろうか．これは以下

のように設定することもできる．

```
colnames(appling) <- c("X", "Y")
```

データは write.csv() を使うと CSV ファイルに書き出すことができ，これを読みなおして別の変数に代入することもできる．CSV ファイルへの書き出しは次のように行う．

```
write.csv(appling, file = "test.csv")
```

このコードは CSV ファイルを現在のワーキングディレクトリに書き出す．テキストエディタやスプレッドシートソフトを使ってこのファイルを開くと，列が X，Y に加えて各行のインデックスの 3 つになっていることに気付くだろう．行のインデックスが含まれているのは，write.csv() のデフォルト引数に row.names = TRUE があるためだ．詳しくはもう一度この関数のヘルプファイルを読みなおしてみよう．

```
write.csv(appling, file = "test.csv", row.names = FALSE)
```

R では read.csv() を使って CSV ファイルを読み込むこともできる．先ほどつくったファイルを新しい変数に読み込んでみよう．

```
tmp.appling <- read.csv(file = "test.csv")
```

これで CSV ファイルから読み込んだデータは tmp.appling という変数に代入された．もし変数への代入をせずに，データを読み込むのみの場合はどのような結果になるか試してみよう．read.csv() のデフォルトは，ファイルにはヘッダ（各列の名前を書いた 1 行目の行）がありレコードの値はコンマで区切られていることを想定している．しかし，これは R に読み込もうとしているファイルがどのようなものであるかによって異なる．R に読み込むことができるファイルにはさまざまな種類がある．ヘルプファイルを読んでさまざまなフォーマットのデータを読み込む方法を調べてみよう．??read と打てばいくつかのヘルプが表示される[g]．読んでいくと，read.table() や write.table() に指定しないといけないパラメータは read.csv() と write.csv() のそれより多いということに気付くだろう．

### 2.5.2　R のデータファイル

ワークスペース中の変数は，専用のファイル形式で保存することもできる．これは次のセッションの開始時に自動的に読み込まれる．例えば，本章で紹介したコードを実行しているなら，はじめに定義した x から engine や colours，さらには先ほどの appling

[g] 訳注：??read は help.search() を呼び出し，指定したキーワードを含むヘルプやビネットを表示する．

といった変数があるはずだ．

このワークスペースは，R の GUI のプルダウンメニューか，save() を使えば保存できる．R の GUI のメニューを使った場合は手元のワークスペース中にあるすべて（ls() でリストアップできる）が保存される．一方，save() だと保存したい変数を選ぶことができる．

```
# ワークスペース中のすべてを保存
save(list = ls(), file = "MyData.RData")
# appling だけを保存
save(list = "appling", file = "MyData.RData")
# appling と georgia.polys を保存
save(list = c("appling", "georgia.polys"), file = "MyData.RData")
```

上をやってみると.RData というバイナリファイル形式はデータを保存するのにとても効率がよいと気づくだろう．appling の CSV ファイルのサイズは 4 kB あるが，.RData ファイルのサイズは 2 kB しかない．.RData ファイルは読み込みも同様に，R の GUI のメニュー，または R のコンソールを通じて行うことができる．

```
load("MyData.RData")
```

こうすると.RData ファイルに保存されているすべての変数が R のコンソールに読み込まれる．

### 2.5.3　地理データファイル

地理データに特化したフォーマットのファイルを扱うことはよくある．例えばシェープファイル形式などだ．R にはさまざまなフォーマットの GIS データを読み込むことができる．

例えば，先ほど使った georgia データセットを考えてみよう．これは次のようにすればシェープファイル形式で書き出すことができる．

```
data(georgia)
writePolyShape(georgia, "georgia.shp")
```

実行すれば，シェープファイル形式のファイルが現在のワーキングディレクトリに書き出される．同時に，関連するファイル群（.dbf ファイルなど）も書き出される．これは別のアプリケーション（QGIS など）によってサポートされているものだ．R への読み込みや変数への代入も同様に，次のようにすればよい．ただし，maptools パッケージの writePolyShape() や readShapePoly() を呼び出す GISTools パッケージなどがすでに読み込まれているものとする．

```
new.georgia <- readShapePoly("georgia.shp")
```

readShapeLines() や readShapePoints()，readShapePoly() といった関数や，関連する書き出し関数について調べてみよう．また，R は他の商用ツールで用いられるフォーマットの地理データも読み書きすることができることも覚えておいてほしい．R のヘルプを調べたり，インターネット上を検索したりすると情報が見つかるはずだ．

# 3

# 空間データの操作

## 3.1 概要

本章では，地理データの操作およびマッピングについての導入を行い，以降の章で取り組む空間データ分析の基礎を固める．前章でも取り扱ったマッピングについてさらに詳しく踏み込む．なお，マッピングについては第5章でも引き続き深掘りしていく．また本章ではGISToolsパッケージについて紹介する．このパッケージで実行できるコロプレス図の描画について基礎的な内容から発展的な内容までをカバーしつつ，記述統計についても取り扱う．本章の内容を押さえておくことで後半の章の内容の基礎固めができるだろう．本章で扱う内容を以下に示す．

- GISToolsパッケージの導入
- 複数レイヤーを持つ地図の作成法
- シェーディングについて
- 複数の引数を持つ空間データのプロット
- 空間データの記述統計の基礎

## 3.2 GISToolsパッケージについて

前章ではRにおける分析や作図について基本的な内容を紹介してきたが，空間データについては踏み込まない内容となっていた．Rには空間データの可視化やデータ操作，分析を実行可能なパッケージが多く存在する．本章ではこれらのパッケージで実行できる空間データのマッピングおよび特有のデータ型について複数の例を通して説明する．なお，これまでも述べてきたことだが，Rでは起動時にすぐ利用できる組み込みの関数群とは別に，パッケージという形で読み込むことで利用できる関数群が提供されている．本章では空間データを扱うパッケージを用いることで，基礎的な内容から発展的な内容までマッピングについて学んでいくこととする．

### 3.2.1 GISTools パッケージのインストールと読み込み

GISTools パッケージには地図描画および空間データの操作に利用できる関数が多数用意されている．まずは install.packages() を用いて，GISTools パッケージをインストールしよう．インストールできたら以下のコマンドを用いて読み込もう．

```
library(GISTools)
```

GISTools パッケージに限らず，パッケージやそこに含まれる関数についてのヘルプドキュメントを確認する際は help() もしくは?を用いる．

```
help(GISTools)

?GISTools
```

このコマンドは GISTools パッケージの概要を示す．ここで示されるドキュメントの最下部にはパッケージの関数群の索引へのリンクが表示されており，クリックすると GISTools パッケージに含まれる関数の一覧が表示される．なお，CRAN の公式サイト[1] では GISTools パッケージ等，CRAN に登録されたパッケージのヘルプドキュメントが確認できる．

### 3.2.2 GISTools パッケージに含まれる空間データ

GISTools パッケージは他のパッケージと同様，パッケージ固有のデータセットを提供しており，これは GISTools パッケージをインストールし，読み込むと使えるようになる．本章では 2 つのデータセット（コネチカット州 New Haven およびジョージア州のポリゴンおよび線データを含む空間データ．以下，それぞれ newhaven データ，georgia データと呼ぶ）を利用する．newhaven データには，この州の犯罪統計データ，公道，国勢調査区画，デモグラフィック情報，線路情報および地名が含まれている．このデータは 2 つのデータソースから作成されており，これらのデータソースはいずれも無料で入手できる．犯罪統計データは New Haven Independent 紙[2]が提供する New Haven 犯罪統計のウェブサイト[3]で入手可能であるが，データとして利用する際はこのサイトの HTML ソースから必要なデータを抽出する必要がある．犯罪統計データ以外のデータはコネチカット大学地理情報センター (MAGIC: the University of Connecticut's Map and Geographical Information Center)[4]から入手できる．データは MapInfo MIF 形式または

---

[1] http://cran.r-project.org/web/packages/GISTools/index.html

[2] http://www.newhavenindependent.org

[3] http://www.newhavencrimelog.org（訳注：現在はアクセスできない）

[4] http://magic.lib.uconn.edu/

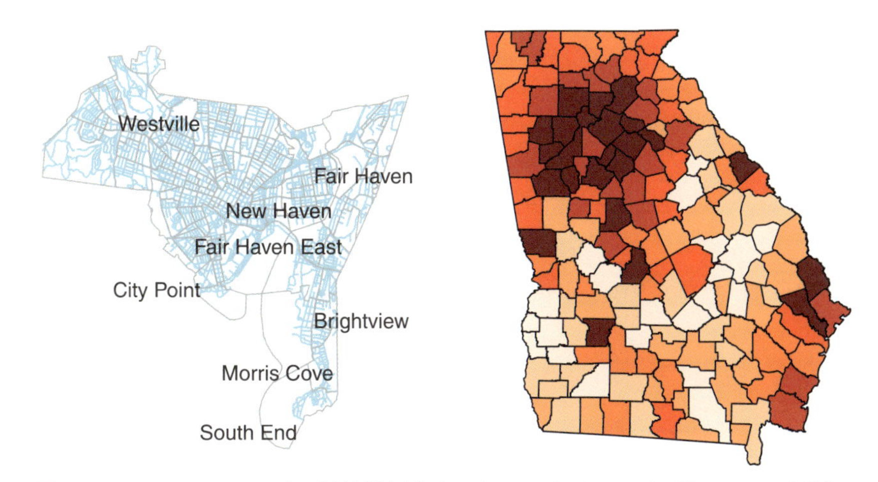


図 3.1 New Haven における国勢調査区画のプロットとジョージア州における郡単位の収入中央値のプロット

ESRI E00 形式で入手できるようになっている．両形式のデータは ogr2ogr[a]で ESRI シェープファイルに変換可能である．

georgia データはジョージア州の郡境データ[5]が含まれている．郡境データの他にも TotPop90 として人口，PctRural として非都市部人口[b]が総人口に占める割合，PctBach として大学卒人口が総人口に占める割合，PctEld として 65 歳以上の老年人口が総人口に占める割合，PctFB として外国出生者人口が総人口に占める割合，PctPov として貧困人口が総人口に占める割合[c]，PctBlack として黒人人口が総人口に占める割合，MedInc として収入の中央値について，それぞれ 1990 年時点の郡ごとのデータが提供されている．newhaven データおよび georgia データをそれぞれ描画した一例を図 3.1 に示す．

どんなデータセットであってもまずは内容の確認から入るのが常道である．空間データの場合，まずはデータに含まれる属性を地図上に可視化した上でより詳細に属性を確認していくとよい．最初に newhaven データから地図をつくってみよう．まずは newhaven データを以下のようにして読み込む．

```
data(newhaven)
```

どのようなデータが読み込まれたか，ls() を用いて確認してみよう．

---

[5] http://www.census.gov/geo/で入手可能.

[a] 訳注：ogr2ogr は GDAL で提供されるコマンドの一つである．

[b] 訳注：米国国勢調査における都市部・非都市部の定義は https://www.census.gov/geo/reference/urban-rural.html を参照．

[c] 訳注：貧困人口の定義は https://www.census.gov/topics/income-poverty/poverty/about.html を参照．

```
ls()
## [1] "blocks" "breach" "burgres.f" "burgres.n"
## [5] "famdisp" "places" "roads" "tracts"
```

ここで表示されている blocks，breach，roads はここで読み込まれたデータを指す．roads 等，このうちいくつかのデータは空間データである．以下のコマンドで New Haven の公道地図が表示されるはずだ．

```
plot(roads)
```

**補足**

当初，plot() はグラフィックスの描画に用いるものとして紹介した．しかし GISTools パッケージを読み込んだあとの例では，plot() の引数として指定した地理データに対応した描画が実行できるようになっている．これは第 2 章で紹介したクラスの定義と利用方法の一例といえる．

roads データセットのクラスを確認する際は以下を実行する．

```
class(roads)
```

SpatialLinesDataFrame クラスであるという表示結果が得られるだろう．このクラスは GISTools パッケージを読み込んだ際に自動的に読み込まれる sp パッケージが提供するものである．roads と同様に blocks，tracts，breach についてもクラスを確認してみよう．sp パッケージが提供するクラスは以下の通りである．

| 属性を持たないもの | 属性を持つもの | ArcGIS において同等のもの |
|---|---|---|
| SpatialPoints | SpatialPointsDataFrame | ポイントシェープファイル |
| SpatialLines | SpatialLinesDataFrame | ラインシェープファイル |
| SpatialPolygons | SpatialPolygonsDataFrame | ポリゴンシェープファイル |

一例を挙げると，breach データは SpatialPoints クラスであり，属性を持たない地理データである一方，blocks データは SpatialPolygonsDataFrame クラスであり，国勢調査区画に沿った形で人口情報等の属性を有する．SpatialPolygonsDataFrame クラスにおいて属性はデータフレームの形で保存されており，以下の例のように head() と data.frame() を用いることで先頭の数行分のデータを確認できる．

```
head(data.frame(blocks))
```

先頭 6 行のデータが表示されるはずだ．空間データにおける属性の取り扱いや分析方法，そして地図描画についてはこのあとで説明する．plot() を用いて New Haven を国勢調査区画単位で描画してみよう.

```
plot(blocks)
```

今度は以下のコマンドを打ち込んで，道路情報を描画してみよう.

```
plot(roads)
```

ただし，こうすると先ほどの国勢調査区画の地図に道路情報が上書きされてしまう．これを防ぐには2つ目のplot()の際にadd引数を用いて，情報を上書きではなくオーバーレイする．add=TRUEという形でadd引数に論理値としてTRUEを設定することで，Rに対して上書きではなく，既存のプロットに対して新しく情報を追加する．設定できる引数は他にも多数ある．以下に一例を示す.

```
par(mar = c(0,0,0,0))
plot(blocks)
plot(roads, add=TRUE, col="red")
```

最初に国勢調査区画が線で描画される．ここでは引数を指定しないため，新規プロットとして描画される．次に道路がオーバーレイされる．ここではaddに加えてcol引数が指定されており，col="red"とすることでRに対して赤い線で描画するように指示している．なお，この例のようにRにおける引用符についてはシングルクオーテーション' 'もしくはダブルクオーテーション" "を用いるが，必ず同じ引用符で括る必要がある．また{}とは役割が異なるので注意してほしい.

先の例ではplot()を用いて，New Haven国勢調査区画単位の地図と道路を描画した．国勢調査区画単位の地図は面状の地物を，道路は線状の地物を描画しているが，ここではそれぞれの地物に特化した操作をしているわけではない．GISの経験がある読者であればこういった情報はGISにおける「点，線，面」を表現するベクタデータに対応していることはおわかりだろう．Rではplot()を用いることで点状の地物も描画できる．以下の例を見てみよう.

```
plot(blocks)
plot(breach, col = "red", add = TRUE)
```

上記コマンドを実行すると国勢調査区画を描画したNew Havenの地図上に犯罪発生地点が描画される．犯罪発生地点は十字で描画されている．これを見ると，一部の地域において多く犯罪が発生している状況が確認できる．ここで第2章の内容を思い出してほしい．pch引数を調整することで，この十字は他の形に変更できる．ここで用いた方法は空間データにおけるその他の点情報を描画する際にもそのまま利用できる．pchとcolを調整して，地図をもっと見やすいものにしてみよう．以下はその一例である.

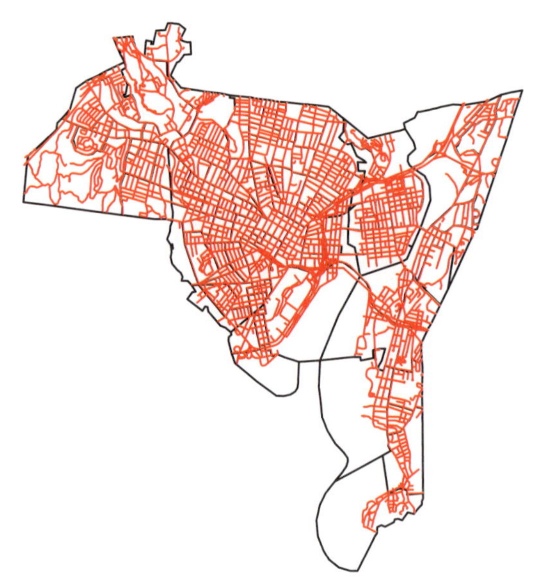

図 3.2　New Haven の国勢調査区画と道路の描画

```
plot(blocks, lwd = 0.5, border = "grey50")
plot(breach, col = "red", pch = 1, add = TRUE)
```

col に設定可能な色の一覧は以下のコマンドで確認できる．

```
colors()
```

plot() には多数の引数が準備されており，それを利用することで描画の調整が可能である．引数の一覧についてはヘルプを参照してほしい．

### 3.2.3　地図を装飾する

ここまでの内容で，New Haven における国勢調査区画の地図と犯罪発生状況が描画できた．だが，地図を描く際はこれ以上の情報が必要となる．例えば New Haven について事前知識がない人に地図を見せる場合，縮尺は必須だろう．前項で描いた地図に続けて，map.scale() を用いて縮尺を追加しよう．この関数はいくつかの引数を設定する必要がある．

```
map.scale(534750, 152000, miles2ft(2), "Miles", 4, 0.5)
```

上記の例を実行すると，縮尺が先の地図上に描画される．ここで map.scale() において指定した引数のうち，最初の 2 つは地図上に縮尺を表示する位置を指定している．縮尺の表示位置の指定には，米国測量フィートに基づく座標系として合衆国平面座標系（SPCS：State Plane Coordinate System）を用いた．3 つ目の引数は地図上に描画する縮尺の長さを指定している．ここでは，画面上の長さではなく，地図上の長さとして指定している．この例では 2 マイルである．この長さは地図の座標系に従って指定する必要があるので，米国測量フィートに換算するために miles2ft() を用いている．4 つ目の引数はこの縮尺の単位（ここではマイル）を文字列で指定する．5 つ目の引数では縮尺のグラデーションの数を指定し，6 つ目の引数では各グラデーションが縮尺において示す範囲を指定する．ここでは 4 つのグラデーション，1 つのグラデーションあたり 0.5 マイルの範囲を示すように引数を設定している．

次は地図に北向きの方位マークを加えるために，以下のコマンドを入力してみよう．

```
north.arrow(534750, 154000, miles2ft(0.25), col = "lightblue")
```

これで北向きの方位マークが地図に追加される．map.scale() と同様に north.arrow() の最初の 2 つの引数は方位マークの位置を指定している．具体的には地図の座標系に従って，方位マークの中心を指定している．3 番目の引数は方位マークの矢印の幅を指定しており（ここでは 0.25 マイル），col は矢印の色を指定している．col を指定しない場合は矢印は白色となる．縮尺や方位マークの位置を指定する際は，第 2 章で紹介した locator() が大変便利である．さて，最後の仕上げに地図にタイトルを加えてみよう．ここでは "New Haven, CT." というタイトルを加えることとする．以下のコマンドを入力するとタイトルが追加されるはずだ．

```
title("New Haven, CT." )
```

一連のコマンドを実行すると，図 3.3 のような地図が得られる．

### 3.2.4 地図を保存する

ここまでの内容で，R のウインドウ上に地図描画ができるようになった．次のステップはこの地図を印刷したり，ドキュメント内に埋め込めるように，保存してみよう．地図の保存にはいくつかの方法がある．Windows の場合，最も簡単な方法は，地図の上でマウスを右クリックし，「コピー」もしくは「メタファイルとしてコピー」「ビットマップとしてコピー」のどれかで画像をコピーし，ドキュメントに貼り付ける方法である．他にはメニューバーから「ファイル」→「保存」を選び，任意のファイル名を付けて保存するという方法もある．また，R のコマンドを用いて地図を保存する方法もある．これはコマンドを指定する手間が最初にかかるものの，一度書いてしまえばあとで簡単に再利用でき，縮尺の位置を変更したり，地図上の区画単位で色を塗り分けるといった地図の微調整が可能になるという利点があるので覚えておいて損はない．なお，地図は PDF や PNG 等のいくつかのファイル形式を選んで保存できる．

コマンドを書いたファイルを作成するには，まず拡張子として .R を付けたテキストファイルを準備しよう．新規 R スクリプトファイルを作成する際，Windows の場合はメニューバーから「ファイル」→「新しいスクリプト」を選び，Mac の場合は「ファイル」

図 3.3　New Haven の国勢調査区画と犯罪発生状況の描画

→「新規文書」を選ぶ.

このように開いた新規 R スクリプトファイルに以下のコマンドを打ち込み，ファイル名を「newhavenmap.R」として保存しよう.

```
# パッケージとデータの読み込み
library(GISTools)
data(newhaven)
# 空間データのプロット
plot(blocks)
plot(roads, add=TRUE, col= "red")
# 地図の装飾
map.scale(534750, 152000, miles2ft(2), "Miles", 4, 0.5)
north.arrow(530650, 154000, miles2ft(0.25), col="lightblue")
title("New Haven, CT")
```

**補足**

デフォルトでは R を起動したフォルダが，作業ディレクトリとなる．特別に指定しない限り，ファイルの入出力や先の「newhavenmap.R」のようなスクリプトファイル，「.RData」の形式のワークスペースファイルの保存先は作業ディレクトリになる．作業ディレクトリを変更する際は，Windows の場合はメニューバーから「ファイル」→「ディレクトリの変更」，Mac の場合は「その他」→「作業ディレクトリの変更」を選ぶ.

R のコマンドラインに戻り，以下のコマンドを入力すると再び地図が描画されるはずだ．

```
source("newhavenmap.R")
```

まとめると，先の「newhavenmap.R」には地図を描画するコマンドが記載されており，source() を用いて読み込むことで，一連のコマンドを実行している．さて，ここで地図上の道路を赤色ではなく，青色に変更したいとしよう．線の色は col パラメータで設定する．先の「newhavenmap.R」を開き，6 行目を以下のように変更してみよう．

```
plot(roads, add=TRUE, col= "blue")
```

変更後は，ファイルを保存し，再び source() を用いて読み込んでみよう．青色の道路とともに地図が描画されるはずだ．

さて，今度は線の太さを変更してみよう．線の太さは lwd というパラメータで設定できる．先のファイルで 5 行目を以下のように変更して source() でファイルを読み込んでみよう．

```
plot(blocks, lwd=3)
```

太くなった線で地図が描画されるはずだ．もちろん col や lwd は組み合わせて設定することもできる．先のファイルの 6 行目を以下のように変更して，ファイルを source() で読み込んでみよう．

```
plot(roads, add=TRUE, col= "red", lwd=2)
```

設定に従って，道路が太くなり，かつ赤色で描画されたはずだ．また，スクリプトをファイルの形で保存する利点として，さまざまなファイル形式で画像を保存できるという点も挙げられる．PDF ファイルで保存したい際はまず先のファイルの先頭に以下のコマンドを記述する．

```
pdf(file= "map.pdf")
```

この記述は R に対して，この行以降の画像はスクリーンではなく指定した PDF ファイル（ここでは map.pdf ファイル）に出力することを指示している．ファイルの中で地図に関する記述が終われば最後の行に以下のコマンドを記述しよう．

```
dev.off()
```

これはRに対してPDFファイルを閉じて，以降の画像描画を再びスクリーンに出力するように指示している．さて，一連の変更を確認するために，再び`source()`で修正したファイルを読み込もう．今回はスクリーンに地図は表示されず，代わりに「`map.pdf`」ファイルが作成されるはずだ．ファイルは作業ディレクトリに保存されている．作業ディレクトリを開いて，「`map.pdf`」が作成されていることを確認してみよう．「`map.pdf`」をクリックするとPDFリーダが開き，作成したPDFファイルが描画されるはずだ．こうして作成したPDFファイルはプレゼンテーション等の文書に利用できる．PDFファイルと同様にPNGファイルも以下のコマンドを利用して作成できる．

```
png(file= "map.png")
```

このコマンドに続く描画はファイルが`dev.off()`で閉じられるまでPNGファイルに出力される．「`newhavenmap.R`」の1行目をPNGファイルに出力する形に修正して，実際にPNGファイルが出力されるか確認してみよう．修正後，「`newhavenmap.R`」を`source()`で読み込むと，「`map.png`」が出力されているはずだ．このPNGファイルもPDFファイルと同様にプレゼンテーション等の文章に利用できる．

## 3.3　空間データオブジェクトのマッピング

### 3.3.1　概要

このパートではRを用いてデータを描画し，地図を作成するための基本的なコマンドについて概説する．次項ではこれらのコマンドについて，設定すべきパラメータを紹介しつつ，Googleマップのデータを背景に利用する方法について解説する．後半の節ではより発展的な分析について解説するので，本節で紹介する事例については都度見返すことになるだろう．ここでは「点，線，面」を表現するベクタデータおよびそれを扱うRのコマンドについて紹介する．この際，パッケージに含まれる既成のデータを利用する．またこのあとの作業の準備として，作業結果を保存するためのフォルダをあらためて用意しておいてほしい．

### 3.3.2　データ

このセクションでは地理データのマッピングと描画について学ぶ．具体的には`georgia`データセットを利用し，この中から特定の郡を選んでOpenStreetMapの背景を用いて地図描画を実行する．地図描画や空間データ操作には`GISTools`パッケージを利用する．

まずは新規のRセッションを開始し，ワークスペースからこれまでの章で作成したすべての変数とデータセットを消去しておこう．ワークスペースのクリアにはメニューバーから「その他」→「全てのオブジェクトを消去」を選ぶ（Macの場合，「ワークスペース」→「ワークスペースを消去」)．もしくは以下のコマンドを入力する．

```
rm(list=ls())
```

次に以下のコマンドを入力して GISTools パッケージを読み込み，georgia データセットを読み込もう．

```
library(GISTools)
data(georgia)
```

データセットが適切にロードされたかどうかは ls() を用いて確認できる．このコマンドを実行すると，georgia，georgia2，georgia.polys の 3 つのオブジェクトが表示されるはずだ．

### 3.3.3 描画オプション

描画オプションにはこれまで本書で紹介してきたもの以外にも多くのオプションが存在する．例えばウインドウサイズの変更や，同一ウインドウにおける複数の描画の実行，ポリゴンや領域のシェーディング，ハッチング（細い線による陰影），境界線の太さ，色の設定，文字列の表示等のオプションである．オプションの一覧は par() のヘルプで確認できる．手始めに単色での塗りつぶし，および，背景色を指定した地図を作成してみよう．

```
plot(georgia, col = "red", bg = "wheat")
```

外周を縁取った地図も作成できる．その際は，gUnaryUnion() を用いて，領域を一つにまとめた地図を重ね描きするというテクニックを用いる．その結果を図 3.4 に示した．ここで利用した空間データ操作（オーバーレイ，データの統合，共通部分の抽出等）については第 5 章であらためて詳細に解説する．

```
# 郡の境界を結合する
georgia.outline <- gUnaryUnion(georgia, id = NULL)
# 地図をプロットする
plot(georgia, col = "red", bg = "wheat", lty = 2, border = "blue")
plot(georgia.outline, lwd = 3, add = TRUE)
# タイトルを追加する
title(main = "The State of Georgia", font.main = 2, cex.main = 1.5,
      sub = "and its counties", font.sub = 3, col.sub = "blue")
```

上のコードには 2 つの plot() が含まれている．1 つ目の plot() は georgia データセットをプロットしている．この際，郡の境界を青い点線で描画し，各郡は赤色で，背景は小麦色で塗りつぶすように指示している．2 つ目の plot() は georgia データセットを 1

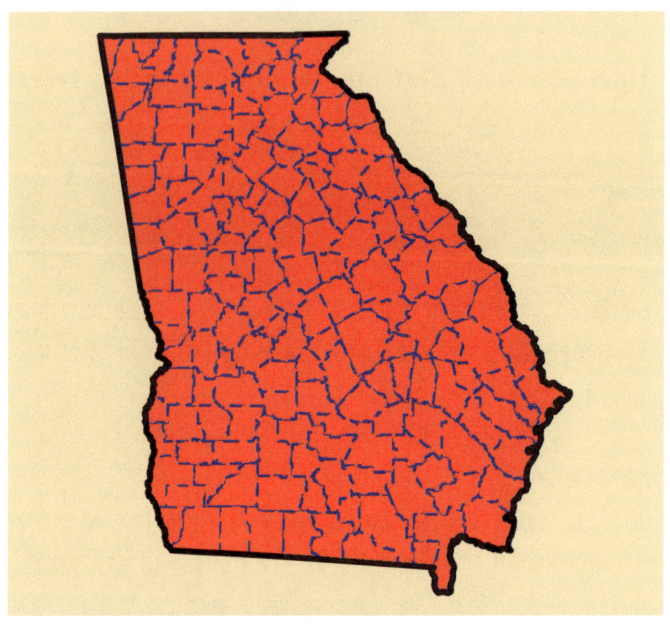


図 3.4　複数のパラメータを設定した場合の図

つにまとめたデータセットを1つ目の描画結果にオーバーレイしている．この際，各郡の境界は外周のみを残して消滅している．州の境界についてはデフォルトよりも太い線で描画するように指示している．このあと，さらに図にタイトルとサブタイトルを追加している．なお，mfrow パラメータを用いると複数の図を並列して描画できる．mfrow パラメータには図のレイアウトを行と列の数で指定する．以下のコードでは2つの地図を描画し，そのレイアウトを par(mfrow = c(1,2)) という形で指定し，各図の余白を mar パラメータを用いて指定している．

```
# プロットパラメータを設定する
par(mfrow = c(1,2))
par(mar = c(2,0,3,0))
# 1つ目の地図
plot(georgia, col = "red", bg = "wheat")
title("georgia")
# 2つ目の地図
plot(georgia2, col = "orange", bg = "lightyellow3")
title("georgia2")
# par(mfrow) の設定をリセットする
par (mfrow=c(1,1))
```

データのサブセットを利用するたびに見せ方も変わるため，プロットのパラメータもそれに合わせて調整することになる．なお，同じプロットウインドウを使い続ける限り，パラメータは引き継がれるので，異なる図を描画する際は mfrow = c(1,1) のようにリセットする必要がある．また，新しいプロットウインドウを開くとパラメータはリセットされる．

ときに，地図をつくっていると地物にラベルを付けたくなることがある．ここで，georgia データセットにおいて郡の名称を確認してみよう．郡の名称は，georgia データセットの 13 番目の列に格納されている．ちなみに列名は names(georgia) で確認できる．

```
data.frame(georgia)[,13]
```

この郡の名称を地図上に表示すると情報がわかりやすくなるだろう．これには maptools パッケージの pointLabel() を用いる．なお，maptools パッケージは GISTools パッケージを読み込むとともに読み込まれる．ここで地図を描画する際，plot() の col には NA を設定していることに注意してほしい．結果を図 3.5 に示した．

```
# 座標を設定する
Lat <- data.frame(georgia)[,1]  #Y もしくは North/South
Lon <- data.frame(georgia)[,2]  #X もしくは East/West
# ラベルを設定する
Names <- data.frame(georgia)[,13]
# プロットのパラメータを設定する
par(mar = c(0,0,0,0))
plot(georgia, col = NA)
pl <- pointLabel(Lon, Lat, Names, offset = 0, cex =.5)
```

ここで，Jefferson 郡，Jenkins 郡，Johnson 郡，Washington 郡，Glascock 郡，Emanuel 郡，Candler 郡，Bulloch 郡，Screven 郡，Richmond 郡，Burke 郡の各郡で構成されるジョージア州の東部に特に興味があるとしよう．これらの郡のみを選んでプロットするには以下のようなコードを書く．

```
# 以下の郡を表すインデックスは georgia データセットに対応している
county.tmp <- c(81, 82, 83, 150, 62, 53, 21, 16, 124, 121, 17)
georgia.sub <- georgia[county.tmp,]
par(mar = c(0,0,3,0))
plot(georgia.sub, col = "gold1", border = "grey")
plot(georgia.outline, add = TRUE, lwd = 2)
title("A subset of Georgia", cex.main = 2, font.main = 1)
pl <- pointLabel(Lon[county.tmp], Lat[county.tmp], Names[county.tmp],
                 offset = 3, cex = 1.5)
```

**図 3.5**　地図に郡の名称のラベルを付ける

変数 county.tmp は georgia データセットにおいて，各郡のデータを示すインデックスを指定している．空間データは，このように [] に行列やベクトルを指定することで，一部のエリアやポリゴンを抽出することができる．

さて，最後にこれまで利用してきた複数の空間データを一つの地図に描画してみよう．ここで２つ目以降の地図は上に重ねて描画されていくため，１つ目の地図の表示範囲に限定された形で表示されることに注意してほしい．

```
plot(georgia, border = "grey", lwd = 0.5)
plot(georgia.sub, add = TRUE, col = "lightblue")
plot(georgia.outline, lwd = 2, add = TRUE)
title("Georgia with a subset of counties")
```

### 3.3.4　コンテクストを追加する

最後に地図にコンテクストを追加して情報量を増やしてみよう．これには

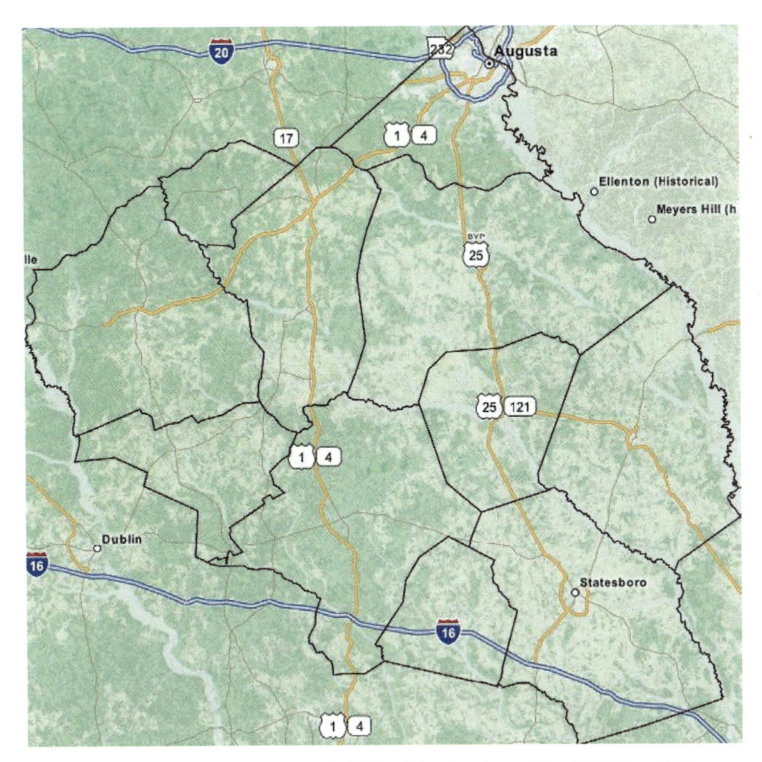


図 3.6 OpenStreetMap を背景に用いたジョージア州東部の描画

OpenStreetMap パッケージを利用するとよい[6]. OpenStreetMap パッケージを利用する際にはいくつかの追加パッケージが必要になる.

```
install.packages("OpenStreetMap", depend = TRUE)
library(OpenStreetMap)
```

OpenStreetMap パッケージを利用する際は，まず地図の描画領域を設定した上で，その領域に対応した地図タイルを OpenStreetMap からダウンロードし，その地図タイル上に地図を描画することになる．今回の場合，前項で作成したジョージア州東部のサブセットに対応した地図タイルを OpenStreetMap からダウンロードしてくることになる．以下にその描画コードを示した．描画の結果は図 3.6 に示した．ここでコードの最終行に spTransform() が用いられていることに注意してほしい．この関数は georgia.sub データを OpenStreetMap と同じ投影法に変換している．

[6] OpenStreetMap パッケージを利用する際に必要となる rJava パッケージには，本書の執筆時点で互換性の問題が生じている．これは特に Windows PC において 32 ビットと 64 ビットのプログラムが混在する際に問題になる．もし OpenStreetMap パッケージを利用する際に問題が生じたら，32 ビット版の R を利用することを勧める．これは Windows 版の R をインストールする際にその一部としてインストールされる．

図 **3.7**　Google マップを背景に用いたジョージア州東部の描画

```
# 地図タイルの左上と右下の点を指定することで領域を設定する
ul <- as.vector(cbind(bbox(georgia.sub)[2,2], bbox(georgia.sub)[1,1]))
lr <- as.vector(cbind(bbox(georgia.sub)[2,1], bbox(georgia.sub)[1,2]))
# 地図タイルをダウンロードする
MyMap <- openmap(ul,lr,9, "mapquest")
# 地図タイル上に地図をプロットする
par(mar = c(0,0,0,0))
plot(MyMap, removeMargin=FALSE)
plot(spTransform(georgia.sub, osm()), add = TRUE, lwd = 2)
```

図 3.7 に示すように，Google マップを背景に利用することもできる．この場合にもいくつかの追加パッケージのインストールを必要とする．

```
install.packages(c("RgoogleMaps", "PBSmapping"), depend = TRUE)
```

この場合も OpenStreetMap と同様に Google マップのダウンロードの対象領域を設定する必要がある．この設定には先ほどインストールしたパッケージの関数を利用する．以下のコードではまず，ジョージア州東部のデータを `PolySet` フォーマットに変換している．また `PlotPolysOnStaticMap()` では Google マップ上に描画するポリゴンを指定している．

```
# パッケージを読み込む
library(RgoogleMaps)
library(PBSmapping)
# PolySet フォーマットへの変換
shp <- SpatialPolygons2PolySet(georgia.sub)
# 描画領域を設定
bb <- qbbox(lat = shp[,"Y"], lon = shp[,"X"])
# Google マップの地図データをダウンロード
MyMap <- GetMap.bbox(bb$lonR, bb$latR, destfile = "DC.jpg")
# Google マップ上に地図を描画
par(mar = c(0,0,0,0))
PlotPolysOnStaticMap(MyMap, shp, lwd=2, col =rgb(0.25,0.25,0.25,0.025),
                     add = FALSE)
# プロットの余白を初期設定に戻す
par(mar=c(5,4,4,2))
```

## 3.4 空間データの属性のマッピング

### 3.4.1 概要

本節では空間データの属性のマッピングについて説明する．これに関連する内容はこれまでも触れてきたが，本節ではより詳細かつ包括的に説明する．

本書でここまで作成してきた地図は New Haven の道路やジョージア州の郡境といったデータを単純に描画するものであった．道路や郡境といった地物の位置をプロットしたいという目的であればこれで目的を十分達成している．しかし空間データを扱う際は，各地物が持つ属性について深く分析したいことがたびたびあるだろう．New Haven のデータセットもジョージア州のデータセットも複数のエリアを内包している．New Haven のデータセットの場合であれば，国勢調査の報告区分単位のデータが内包されており，ジョージア州のデータセットであれば郡単位のデータが内包されている．各データには人口情報が空間データオブジェクトのデータフレームとして格納されている．実際これまでのセクションにおいても，ジョージア州のデータセットを扱う際にそこに含まれるデータフレームや属性について説明してきたことを覚えているだろう．図 3.1 では，コードは提示しなかったが，ジョージア州の各郡における収入の中央値をマッピングした．

### 3.4.2 属性とデータフレーム

ベクタデータ（線，点，面データ）やラスタデータ（セル単位のデータ）で構成される地物データに紐づいた属性の分析は空間データの分析において基本である．ここで属性の分析に入る前に，R における空間データのデータ構造について復習しておこう．

まずはワークスペースをクリアして，New Haven のデータセットを読み込もう．次に読み込まれた blocks，breach，tracts の3つのデータについて summary() を用いてその概要を把握する．

```
# データのロードと一覧の確認
data(newhaven)
ls()
# 概要の把握
summary(blocks)
summary(breach)
summary(tracts)
```

summary() の結果から以下のような知見が得られる．

- 各データセットは空間データセットである．blocks と tracts は SpatialPolygons DataFrame オブジェクトであり，breach は SpatialPoints オブジェクトである．
- blocks と tracts は属性データを格納したデータフレームが付随しており，summary() でその概要を把握できる．
- breach にはデータフレームが付随していない．つまり属性データが含まれておらず，位置情報のみが格納されている．

属性データを扱う際は，空間データオブジェクトに付随するデータフレームにアクセスする必要がある．データフレームの各列は各属性を示し，データフレームの各行には空間データオブジェクト（blocks の場合であればポリゴン）の示す領域に対応した属性データが含まれる．このデータフレームを操作することで属性を変更したり，新しい属性を付与したりといった操作が可能になる．以下のコマンドを入力すると，blocks データセットに含まれる New Haven のすべての属性情報がコンソール上に出力されるはずだ．

```
data.frame(blocks)
```

一方，次のコマンドは最初の6行のデータのみが表示されるだろう．

```
head(data.frame(blocks))
```

属性はそれぞれ名前を持つ．各列名を確認する際は次のコマンドを入力する．

```
colnames(data.frame(blocks))
```

列名の1つに P_VACANT というものがある．これは国勢調査区画ごとの空き家の占有率を示したものである．この列のデータを確認したい場合は以下のコマンドを入力する．

```
data.frame(blocks)$P_VACANT
```

通常のデータフレームの場合，$演算子を用いると列単位でデータフレームのデータにアクセスできる．空間データオブジェクトにおけるデータフレームの場合，data.frame() を用いずとも直接$を用いて列単位でアクセスできる．

```
blocks$P_VACANT
```

またデータフレームを attach() するという方法もある．

```
attach(data.frame(blocks))
```

こうすると，通常の R の変数と同様の形で，blocks のデータフレームに含まれるすべての変数にアクセスできるようになる．例えば，区画単位の空き家の占有率のヒストグラムを描きたい場合，以下のように書ける．

```
hist(P_VACANT)
```

なお，attach() した場合は，一連の作業が終了したら，最後に detach() しておくとよい．なぜなら複数のデータフレームが attach() されていると，往々にして競合が生じるためである．ここでも detach() しておこう．

```
detach(data.frame(blocks))
```

tracts データセットは blocks データと同様に扱える．一方，breach データセットは属性を持たず，犯罪発生地点のデータのみが記録されている．以下のコードのように breach データセットからラスタ形式のデータセットを作成できる．

```
# kde.points() を用いてカーネル密度を計算する
breach.dens <- kde.points(breach,lims=tracts)
summary(breach.dens)
```

ここで作成した breach.dens は SpatialPixelsDataFrame クラスであり，属性についてはデータフレームとして格納されており，以下のコードで確認できる．

```
head(data.frame(breach.dens))
```

breach.dens は推定されたカーネル密度および 2 つの地点情報（$X$ 座標，$Y$ 座標）の 3 つの属性を持つ．なお，以下のように SpatialPixelsDataFrame は，別のラスタ形式である SpatialGridDataFrame に変換できる．

```
# SpatialGridDataFrameに変換するためにas()を用いる
breach.dens.grid <- as(breach.dens, "SpatialGridDataFrame")
summary(breach.dens.grid)
```

### 3.4.3 ポリゴンと属性のマッピング

コロプレス図は属性の値に応じて指定したエリアを塗り分ける主題図[d]である．GISToolsパッケージにはコロプレス図を作成する関数choropleth()が用意されている．以下のコードを実行してほしい．

```
choropleth(blocks, blocks$P_VACANT)
```

このコードはNew Havenの国勢調査区画データから空き家の占有率に応じて塗り分けたコロプレス図を作成する．ここに占有率の階級区分と塗り分けの色の対応がわかりやすくなるように凡例を加えよう．凡例追加の関数としてはchoro.legend()を用いる．choro.legend()には凡例の位置の他に塗り分け形式(shading scheme)を指定する．塗り分け形式は階級区分の境界情報と階級区分に対応した色のリストとして構成する．指定する色数は階級区分の境界情報よりも通常1つ以上多い．塗り分け形式は一旦変数に格納しておくと，choro.legend()や他の関数で利用できる．単にchoropleth()を利用してみる際は，塗り分け形式はauto.shading()を用いて自動的に算出するとよい．次のコードではP_VACANTから塗り分け形式を算出し，vacant.shadesに格納している．

```
vacant.shades <- auto.shading(blocks$P_VACANT)
```

以下のコードを入力して内容を確認しよう．

```
vacant.shades
```

auto.shadingの結果はbreaksとcolsという2つの要素を持つ．各要素にはそれぞれ各階級区分の境界情報と対応した色が格納されている．この結果をchoro.legend()に指定しよう．

```
choro.legend(533000,161000,vacant.shades)
```

choro.legend()には最初の2つの引数にプロットウインドウにおける凡例の位置を指定し，3つ目の引数に塗り分け形式を指定する．auto.shading()はデフォルトでは5つの階級区分を返すようになっているが，それより多い階級区分数を返すようにもできる．以下のコードを実行してみよう．

---

[d]訳注：利用目的に応じてある特定の主題を表現した地図．

```
# 塗り分け形式を設定する
vacant.shades <- auto.shading(blocks$P_VACANT, n=7)
# コロプレス図を作成する
choropleth(blocks, blocks$P_VACANT, shading=vacant.shades)
choro.legend(533000, 161000, vacant.shades)
```

2 行目のコードは階級区分数 7 つで塗り分け形式を設定している．次の行ではコロプレス図を描画しており，その際 shading 引数に 2 行目の結果を与えることで，カスタマイズした階級区分数で塗り分けるよう指定している．そして最終行で凡例を追加している．

なお，塗り分け形式に利用する色は指定可能である．デフォルトの色は赤のグラデーションとなっている．このような色のグラデーションは RColorBrewer パッケージを用いることで作成できる．このパッケージでは，Cynthia Brewer によってデザインされたカラーパレットを利用できるようになる．このカラーパレットは各色が視覚的に差が把握できるように設定されているため，グレースケールに変換しても視認できる．RColorBrewer パッケージで利用できるカラーパレットを以下のコマンドで確認してみよう．

```
display.brewer.all()
```

このコマンドでカラーパレットと各パレットの名前が描画される．各パレットに格納されている色リストは以下のようにして確認できる．

```
brewer.pal(5,"Blues")
## [1] "#EFF3FF" "#BDD7E7" "#6BAED6" "#3182BD" "#08519C"
```

この出力結果はこのパレットに含まれている色のカラーコードである．ここでは青のグラデーションにおいて階級区分数を 5 に指定した場合のカラーコードが出力されている．brewer.pal() の出力結果は auto.shading() の色指定として利用できる．例えば以下のコードでは緑のグラデーションを指定している（出力結果は図 3.8 左を参照のこと）．色は auto.shading() の cols 引数に指定する．

```
vacant.shades <- auto.shading(blocks$P_VACANT,
                              cols=brewer.pal(5,"Greens"))
choropleth(blocks, blocks$P_VACANT, shading=vacant.shades)
choro.legend(533000,161000,vacant.shades,cex=0.5)
```

最後に auto.shading() の階級区分の変更についても紹介しよう．デフォルトでは階級区分には四分位点が指定されている．これは等間隔の区分や標準偏差に基づいた区分にも変更できる．以下の cutter 引数に rangeCuts を指定して等間隔の区分に変更している（図 3.8 右）．

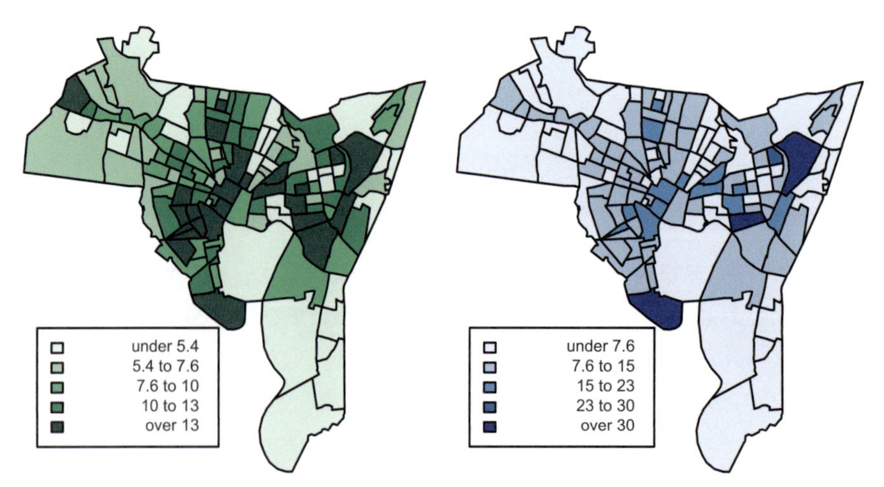


図 3.8　塗り分け形式を変えたコロプレス図（New Haven における空き家の占有率）の比較

```
vacant.shades <- auto.shading(blocks$P_VACANT, n=5,
                      cols=brewer.pal(5,"Blues"), cutter=rangeCuts)
choropleth(blocks,blocks$P_VACANT,shading=vacant.shades)
choro.legend(533000,161000,vacant.shades,cex=0.5)
```

ここまでの流れをまとめよう．choropleth() は SpatialPolygonsDataFrame クラスのデータに含まれる属性からコロプレス図を作成する．このコロプレス図はデフォルトでは5つの階級区分で RColorBrewer パッケージの「Reds」パレットに従って塗り分けを実行する．塗り分けに指定する色数，階級区分数は変更可能である．これらの操作に関する関数の挙動を理解するには，関数の内容を確認するとよい．以下のコードを入力してみよう．

```
choropleth
```

choropleth() の中身がコンソールウインドウに表示されたはずだ．shading 引数に何も指定されていないときは auto.shading() が呼ばれていることがわかる．今度は auto.shading() の中身を確認してみよう．

```
auto.shading
```

数値の表示桁数は2桁，色数は RColorBrewer パッケージのカラーパレット「Reds」から5つ，階級区分は四分位数に従って指定，といったデフォルトの設定が確認できる．関数の挙動を理解するにはヘルプの他に，このように関数の中身を確認するとよい．

### 3.4.4 点と属性のマッピング

Rを用いることで，ポリゴンデータや線データと同様に点データもマッピングできる．New Haven 内の犯罪に関するデータセットでは犯罪の発生地点のデータが利用できる．犯罪の多くは公共の場で起きており，警察の介入を受けている．このデータセットは breach という名前が付けられている．ポリゴンデータや線データと同様，この点データも以下のように plot() を用いて描画できる．

```
plot(breach)
```

犯罪の発生地点が+というシンボルで表示されるのがわかる．他の地図と組み合わせて描画するともっとわかりやすいだろう．前述の箇所で roads データに対して実行したように，blocks データに重ね描きする形で描画してみよう．

```
plot(blocks)
plot(breach, add=TRUE)
```

pch 引数を用いることで，描画する際のシンボルを変更できる．ここでは記号 "@" に変更してみよう．

```
plot(blocks)
plot(breach, add=TRUE, pch="@")
```

ここでは任意の文字の他にもたくさんのシンボルが利用できる．利用できるシンボルについては points() のヘルプを参照してほしい．ヘルプにはシンボルとそれに対応した数字が掲載されている．pch = 16 のように数字を指定すると，対応したシンボルが表示される．ここで以下のコードを実行してみよう．

```
plot(blocks)
plot(breach, add=TRUE, pch=16)
```

この出力結果を以下のコードの出力結果と比較してみよう．

```
plot(blocks)
plot(breach, add=TRUE, pch=1, col="red")
```

点データにおいてもこの例のように col 引数に色を指定することでシンボルの色が指定できる．

点データの密度が高いと，シンボル間の境界が曖昧になる．このようなときは各シンボルの透過性を高めると見やすくなる．add.alpha() でカラーパレットの透過度を指定してみよう．以下の例では「Reds」パレットに対して透過度を 0.5 と指定している．

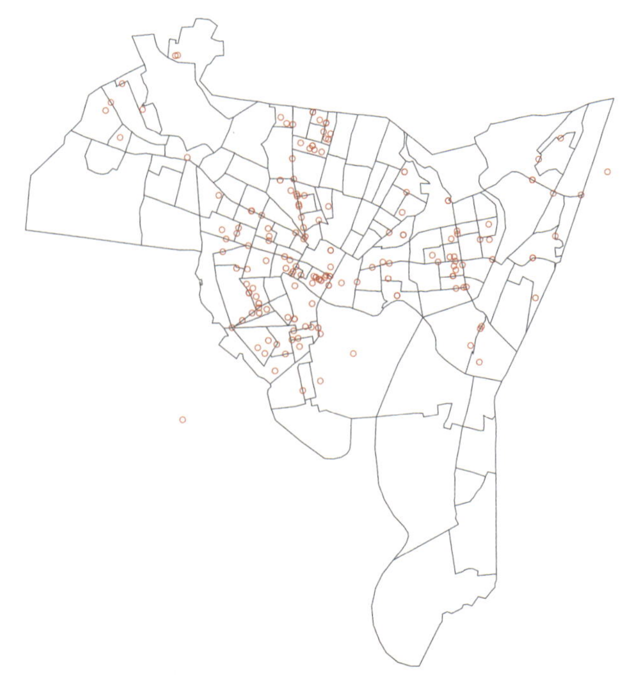

図 3.9　シンボルの色の透過度を指定した場合の犯罪発生データの可視化

```
#「Reds」パレットは以下の形で得られる
brewer.pal(5, "Reds")
# 50%の透過性を指定した「Reds」パレットは以下の形で得られる
add.alpha(brewer.pal(5, "Reds"),.50)
```

このコードを実行すると，透過度が指定された5つの色で構成された赤色のカラーパレットが得られる．図 3.9 ではこのカラーパレットから1色を利用している．こうすることで点の密度がよりはっきりと表現されている．

```
par(mar= c(0,0,0,0))
# 区画と犯罪発生地点を描画する
plot(blocks, lwd = 0.7, border = "grey40")
plot(breach, add=TRUE, pch=1, col= "#DE2D2680")
```

一般に点データは sp クラスに代表されるような R の空間データではなく表形式のデータとして得られることが多い．点データは各点において緯度・経度または北距・東距という属性を持つ．quakes データセットを例にとってみよう．このデータセットにはフィジーにおける 1000 の地震発生地点データが格納されている．まずはこのデータセットを読み込んで先頭のデータを確認してみよう．

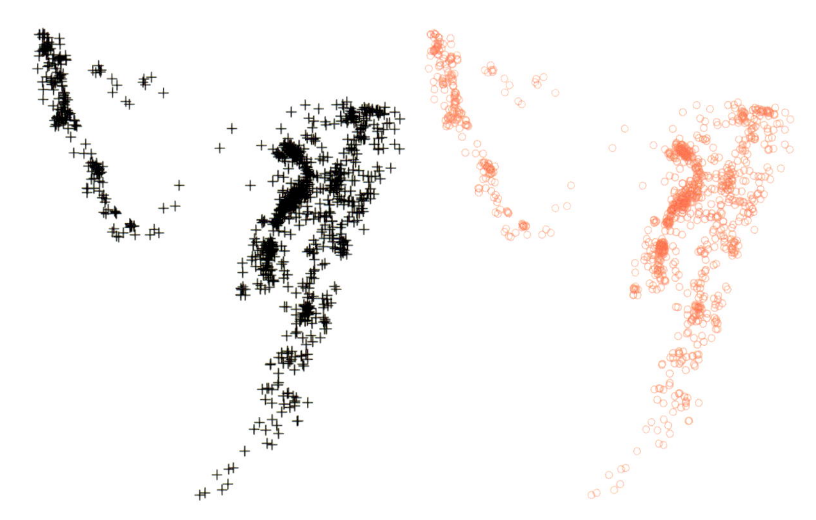

図 3.10 フィジーの地震データを可視化した 2 つのプロット

```
# データのロード
data(quakes)
# 先頭 6 つのデータを確認
head(quakes)
```

このデータセットは lat, long, depth, mag, stations といった属性で構成されていることがわかる. lat, long は点データの構成要素であり, ここに他の属性を加えることで SpatialPointsDataFrame クラスのオブジェクトを作成できる. 以下のコードの実行結果を図 3.10 に示した. これは太平洋からニュージーランド北部にかけての地震の発生状況を可視化している.

```
# 地震発生地点の座標データを作成する
data(quakes)
coords.tmp <- cbind(quakes$long, quakes$lat)
# SpatialPointsDataFrame オブジェクトを作成する
quakes.spdf <- SpatialPointsDataFrame(coords.tmp,
                                       data = data.frame(quakes))
# 2 つの地図を並べて示せるようにパラメータを設定する.
par(mar = c(0,0,0,0))
par(mfrow=c(1,2))
# 最初のプロットはデフォルトのパラメータ設定である
plot(quakes.spdf)
# 透過度を追加したプロット
plot(quakes.spdf, pch = 1, col = "#FB6A4A80")
# par(mfrow) の設定をリセットする
par(mfrow=c(1,1))
```

上記コードにはRにおいて空間データを作成する際のポイントが詰まっている．

- 座標データを準備する
- SpatialPoints，SpatialLines，SpatialPolygons に座標を与える
- 属性を持たせる場合は，データフレームに変換し，SpatialPointsDataFrame，SpatialLinesDataFrame，SpatialPolygonsDataFrame を作成する

これらの空間データオブジェクトのクラスのヘルプを参考にするとよい．

```
help("SpatialPolygons-class")
```

なお，点データは位置情報として1つの座標ペアのみを指定すればよいが，ポリゴンデータや線データは座標のリストが必要になる．

georgia.polys データセットを例にとって説明しよう．

```
data(georgia)
# georgia.polys から興味のある範囲を抽出する
tmp <- georgia.polys[c(1,3,151,113)]
# Polygon オブジェクトを経由して Polygons オブジェクトに変換する
t1 <- Polygon(tmp[1]); t1 <- Polygons(list(t1), "1")
t2 <- Polygon(tmp[2]); t2 <- Polygons(list(t2), "2")
t3 <- Polygon(tmp[3]); t3 <- Polygons(list(t3), "3")
t4 <- Polygon(tmp[4]); t4 <- Polygons(list(t4), "4")
# SpatialPolygons オブジェクトを作成する
tmp.Sp <- SpatialPolygons(list(t1,t2,t3,t4), 1:4)
plot(tmp.Sp, col = 2:5)
# 属性を作成する
names <- c("Appling", "Bacon", "Wayne", "Pierce")
# SpatialPolygonsDataFrame オブジェクトを作成する
tmp.spdf <- SpatialPolygonsDataFrame(tmp.Sp, data=data.frame(names))
# 念のため以下のコードでオブジェクトの内容を確認する（ここでは実行しない）
# data.frame(tmp.spdf)
# plot(tmp.spdf, col = 2:5)
```

このコードで用いているセミコロン (;) は同じ行においてコマンドを区切る際に利用する．なお，t1 から t4 までのオブジェクトは作成後，上書きしている．

quakes データセットは各地震のマグニチュードも属性として格納している．このマグニチュードの可視化にはいくつかの方法が考えられる．例えば，sp クラスとしてコロプレス図で可視化する方法，何らかの基準でデータを抽出しプロットする方法，マグニチュードに比例したサイズのシンボルですべての点データを可視化する方法などが考えられる．以下のコードおよび図3.11と図3.12に上記の方法を示した．なお，本書において何

図 3.11　コロプレス点図の比較

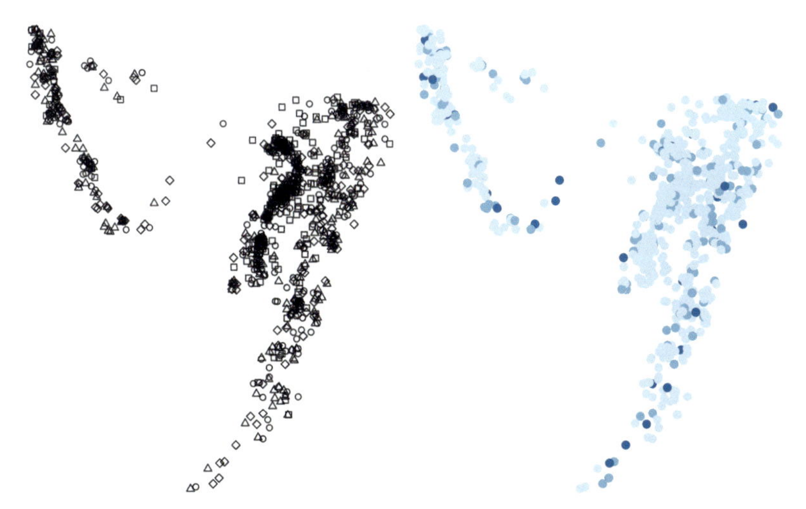

図 3.12　点データ内の属性を階級区分化しマッピングした図の比較

度も説明していることだが，コードを実行する際はパラメータを変化させてどのように図が変化するかを試してほしい．さて，コード例について説明しよう．まず，コロプレス図および，マグニチュードに比例してシンボルサイズを変化させた図のコード例を紹介しよう（図 3.11）．

```
# プロットの際の環境を設定する
par(mfrow=c(2,2))
# 余白を設定する
par(mar = c(0,0,0,0))
## 1.  コロプレス図を描く
choropleth(quakes.spdf, quakes$mag)
## 2.  塗り分け形式を変化させる．この際，地点の表示シンボルを変更する．
shades <- auto.shading(quakes$mag, n=6, cols=brewer.pal(6,"Greens"))
choropleth(quakes.spdf, quakes$mag, shades, pch = 1)
## 3.  透過度を設定する
shades$cols <- add.alpha(shades$cols, 0.5)
choropleth(quakes.spdf, quakes$mag, shading = shades, pch = 20)
## 4.  マグニチュードに比例させる形で文字の大きさを変更する
# マグニチュードを tmp オブジェクトに一旦格納する
tmp <- quakes$mag
# 最小値との差を取る
tmp <- tmp - min(tmp)
# 最大値で除する
tmp <- tmp / max(tmp)
plot(quakes.spdf, cex = tmp*3, pch = 1, col = "#FB6A4A80")
```

次は以下のコードに示すように境界値を設定して階級区分を定義し，それに基づいてシンボルや色を変化させた形で図示してみよう．図示した結果は図 3.12 に示した．

```
# プロットのパラメータを設定する
par(mfrow = c(1,2))
par(mar = c(0,0,0,0))
## 1.  境界値を直接設定してデータを階級区分化する
tmp2 <- cut(quakes$mag, fivenum(quakes$mag), include.lowest = TRUE)
class <- match(tmp2, levels(tmp2))
# 各区分に対応させるシンボルを設定する
pch.var <- c(0,1,2,5)
# 階級区分をプロットする
plot(quakes.spdf, pch = pch.var[class], cex = 0.7, col = "#252525B3")
## 2.  論理値を用いて階級区分化する方法
# 論理演算子を用いて 3 つの階級区分を定義する
```

```
# なお"+ 0"を追加することで論理値を数値に変換している
index.1 <- (quakes$mag >= 4 & quakes$mag < 5) + 0
index.2 <- (quakes$mag >= 5 & quakes$mag < 5.5) * 2
index.3 <- (quakes$mag >= 5.5) * 3
class <- index.1 + index.2 + index.3
## 3つの階級区分に対応する色を設定する
col.var <- (brewer.pal(3, "Blues"))
plot(quakes.spdf, col = col.var[class], cex = 1.4, pch = 20)
# par(mfrow) をリセットする
par(mfrow=c(1,1))
```

**補足**

先のコードでは論理演算子を用いて，条件に従ったデータ抽出をする例を示した．条件は単体でも複数を組み合わせても指定できる．これらの操作については第4章で説明する．

```
data <- c(3, 6, 9, 99, 54, 32, -102)
index <- (data == 32 | data <= 6)
data[index]
##[1] 3 6 32 -102
```

最後に，RgoogleMaps パッケージの PlotOnStaticMap() を利用して Google マップ上に地震の位置情報を可視化する方法を紹介しよう．これは OpenStreetMap を用いてジョージア州のデータを可視化した図 3.6 と同様であるが，ポリゴンデータではなく点データを可視化している点，Google マップを利用している点で異なる（図 3.13 と図 3.14）．

```
library(RgoogleMaps)
Lat <- as.vector(quakes$lat)
Long <- as.vector(quakes$long)
MyMap <- MapBackground(lat = Lat, lon = Long, zoom = 10)

# この tmp は先のコードで作成した tmp と同様である
tmp <- quakes$mag
tmp <- tmp - min(tmp)
tmp <- tmp / max(tmp)
PlotOnStaticMap(MyMap, Lat, Long, cex = tmp + 0.3, pch = 1,
                col = "#FB6A4A80")
MyMap <- MapBackground(lat=Lat, lon=Long, zoom = 10,
                       maptype = "satellite")
PlotOnStaticMap(MyMap, Lat, Long, cex = tmp + 0.3, pch = 1,
                col = "#FB6A4A80")
```

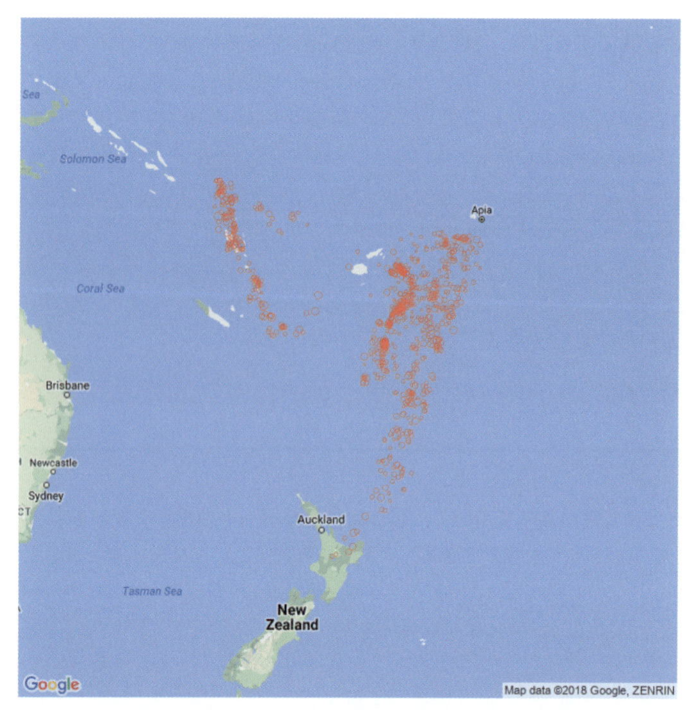


図 **3.13**　Google マップを用いた点データの可視化

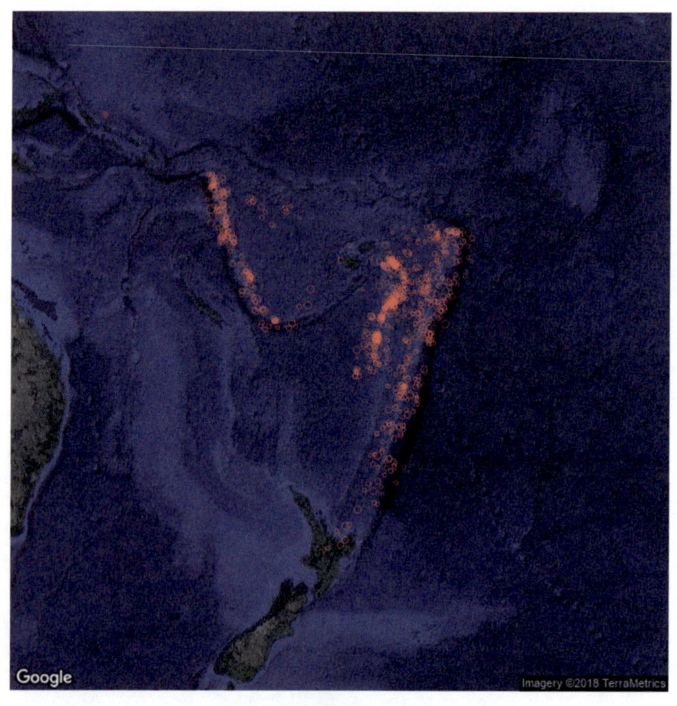


図 **3.14**　Google マップの衛星画像を用いた点データの可視化

### 3.4.5　線データと属性のマッピング

本節では空間データオブジェクトのうち線データを扱う．線データはさまざまな形式で定義されており，道路のようなネットワーク形式の地物を記述していることが多い．以下の例では newhaven データ内の roads データから一部を抽出している．コード中では roads に含まれる道路情報から一部を抽出するためにポリゴンを定義しており，それを SpatialPolygonsDataFrame クラスのオブジェクトに変換している．

```
data(newhaven)
# 1.  領域を指定する
xmin <- bbox(roads)[1,1]
ymin <- bbox(roads)[2,1]
xmax <- xmin + diff(bbox(roads)[1,]) / 2
ymax <- ymin + diff(bbox(roads)[2,]) / 2
xx <- as.vector(c(xmin, xmin, xmax, xmax, xmin))
yy <- as.vector(c(ymin, ymax, ymax, ymin, ymin))

# 2.  SpatialPolygonsDataFrame をつくる
crds <- cbind(xx, yy)
Pl <- Polygon(crds)
ID <- "clip"
Pls <- Polygons(list(Pl), ID=ID)
SPls <- SpatialPolygons(list(Pls))
df <- data.frame(value=1, row.names=ID)
clip.bb <- SpatialPolygonsDataFrame(SPls, df)

# 3.  先に指定した領域に沿って道路データを切り取る
roads.tmp <- gIntersection(clip.bb, roads, byid = TRUE)
tmp <- as.numeric(gsub("clip", "", names(roads.tmp)))
tmp <- data.frame(roads)[tmp,]

# 4.  SpatialLinesDataFrame を作成する
roads.tmp <- SpatialLinesDataFrame(roads.tmp, data = tmp,
                                   match.ID = FALSE)
```

道路データの抽出が完了したら，線データのマッピングについて紹介する．線データのマッピングはクラスや値，データフレームに格納された属性によって異なる．さて，まずは加工していない地図を作成した上で，その地図に加工を加えていく形でコード例を紹介しよう．以下のコードでは道路は AV_LEGEND に格納されている道路の種類に応じて塗り分け，線の太さは LENGTH_MI に格納されている道路幅に応じて設定している．ここで可視化した地図は図 3.15 に示した．

図 **3.15**　New Haven の道路データの一部をさまざまな方法でプロットした結果の比較．左：未加工，中央：属性に応じて色を塗り分けた場合，右：属性に応じて線の太さを変更した場合．

```
par(mfrow=c(1,3))       # プロットの並べ方を指定
par(mar = c(0,0,0,0))   # 余白を指定
# 1.  加工を加えていないシンプルな地図を作成する
plot(roads.tmp)
# 2.  属性をマッピングする
road.class <- unique(roads.tmp$AV_LEGEND)
# 塗り分け形式を指定する
shades <- rev(brewer.pal(length(road.class), "Spectral"))
tmp <- roads.tmp$AV_LEGEND
index <- match(tmp, as.vector(road.class))
plot(roads.tmp, col = shades[index], lwd = 3)
# 3.  線の太さを指定する
plot(roads.tmp, lwd = roads.tmp$LENGTH_MI * 10)
# par(mfrow) をリセットする
par(mfrow=c(1,1))
```

### 3.4.6　ラスタ形式の属性をマッピングする

ここで扱う空間データオブジェクトはラスタ形式のデータである．本章のはじめではカーネル密度を算出する関数で得られたシンプルなラスタ形式のデータを扱った．このとき得られたデータは `SpatialPixelsDataFrame` クラスであり，`SpatialGridDataFrame` に変換して利用した．本項では Meuse 川のデータセットを扱う．このデータセットは `sp` パッケージに含まれており，ラスタ形式の属性をマッピングする際の例として用いることとする．

`meuse.grid` データを読み込み，`class()` と `summary()` を用いて，その性質を確認しよう．

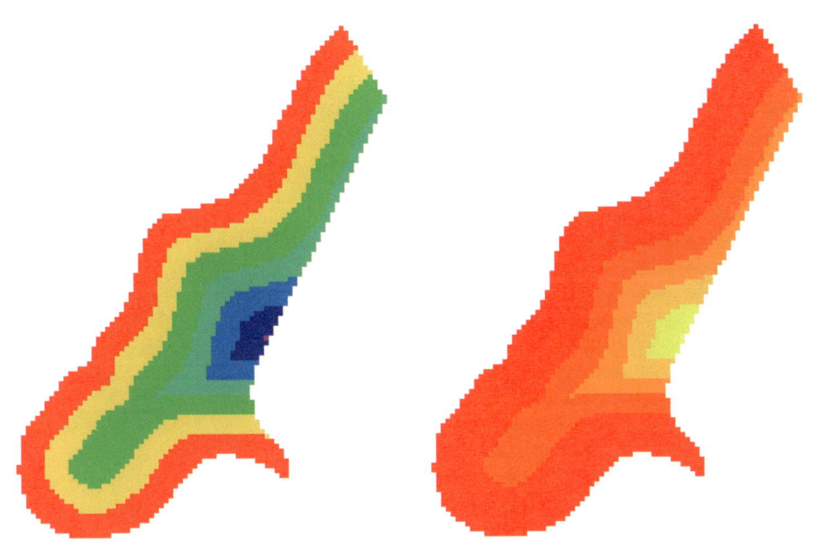

図 3.16　Meuse 川のデータを image() を用いてマッピングした例

```
data(meuse.grid)
class(meuse.grid)
summary(meuse.grid)
```

meuse.grid データはデータフレームオブジェクトであり，x（東距），y（北距）など7つの属性を持つ．詳細は meuse.grid のヘルプを確認してほしい．空間データとしての性質についてはこのデータの x（東距），y（北距）をプロットして確認しよう．

```
plot(meuse.grid$x, meuse.grid$y, asp = 1)
```

このような空間データについては SpatialPixelsDataFrame に変換可能である（詳細については SpatialPixelsDataFrame のヘルプを確認してほしい）．

```
meuse.grid <- SpatialPixelsDataFrame(points = meuse.grid[c("x", "y")],
                                     data = meuse.grid)
```

SpatialPixelsDataFrame オブジェクト中でデータフレームとして格納されている他の属性についてもマッピングしてみよう．この際，マッピングしたいラスタ形式のデータセットおよびそこに含まれる属性を選ぶ．なお，image() や spplot() に渡すことができるラスタ形式のデータセットとして SpatialGridDataFrame，SpatialPixelsDataFrame が挙げられる．image() や spplot() を用いてさまざまな塗り分けを行った例をそれぞれ図 3.16，図 3.17 に示した．なお，2つ目以降の図を表示する際は，コードを実行する前に，その前に表示した図のプロットウインドウを閉じるようにしてほしい．

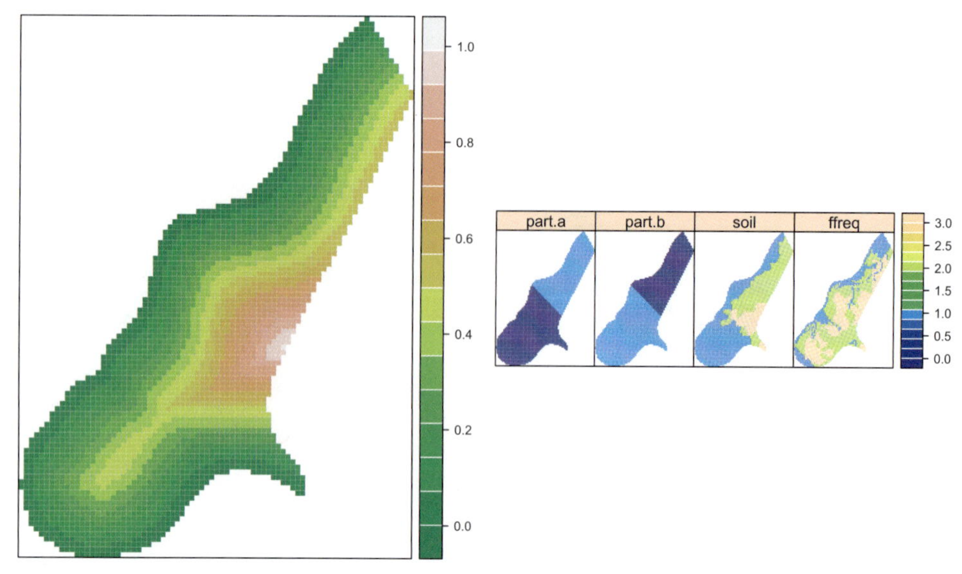


図 3.17　Meuse 川のデータを spplot() を用いてマッピングした例

```
par(mfrow=c(1,2)) # プロットの並べ方を指定
par(mar = c(0.25, 0.25, 0.25, 0.25)) # 余白を指定
# dist を image() を用いてマッピングする
image(meuse.grid, "dist", col = rainbow(7))
image(meuse.grid, "dist", col = heat.colors(7))
# sp パッケージの spplot() を用いマッピングする
par(mar = c(0.25, 0.25, 0.25, 0.25)) # 余白を指定
p1 <- spplot(meuse.grid, "dist", col.regions = terrain.colors(20))
# position は c(xmin, ymin, xmax, ymax) のように指定する
print(p1, position = c(0, 0, 0.5 ,1), more = TRUE)
p2 <- spplot(meuse.grid, c("part.a", "part.b", "soil", "ffreq"),
col.regions = topo.colors(20))
print(p2, position = c(0.5, 0, 1, 1), more = TRUE)
```

## 3.5　シンプルな記述統計

本章の最後にデータフレームオブジェクト内の属性における基本的な記述統計の方法について学ぶ．これは，以降の章で扱うより発展的な統計学的分析，空間データ分析の導入としての位置付けになる．本節ではまずヒストグラム，箱ひげ図を用いたデータの確認，そしてモザイクプロットを用いた変数間の関係の可視化について学んだ上で，散布図および単回帰を用いた変数間の相互関係の分析といった発展的な分析を扱う．

### 3.5.1　ヒストグラムと箱ひげ図

まず newhaven データを読み込もう．データに含まれる各変数の要約を作成する方法はいくつかある．カテゴリ型や離散型のデータに対しては table()，連続値型のデータに対しては hist()，summary()，fivenum() を利用するとよい．blocks データの P_VACANT を例にとって説明しよう．hist(blocks$P_VACANT) とコンソールに打ち込むと New Haven における空き家の占有率のヒストグラムが出力されるはずだ．また summary(blocks$P_VACANT)，fivenum(blocks$P_VACANT) と入力してみよう．変数の分布についての要約が得られるはずだ．他のプロット関数と同様にヒストグラムも図の調整が可能である．ヒストグラムのビンのサイズおよびラベルを調整した例を以下のコードに示した．

```
data(newhaven)
hist(blocks$P_VACANT, breaks = 20, col = "cyan", border = "salmon",
     main = "The distribution of vacant property percentages",
     xlab = "percentage vacant", xlim = c(0,40))
```

視覚的に変数の概要を把握する他の方法として，boxplot() がある．boxplot() は 1 つはもとより複数の変数に適用できる．blocks データセット内の変数 P_VACANT を用いて，10% を境界に空き家の占有率を「高」「低」の 2 つのカテゴリに分割した場合を例にとって説明しよう．

```
index <- blocks$P_VACANT > 10
high.vac <- blocks[index,]
low.vac <- blocks[!index,]
```

ここで設定した空き家の占有率のカテゴリに沿って，持ち家率（owner occupancy：その家を所有者が自宅として利用している割合）および人種の分布を可視化した例を図 3.18 に示した．

```
# プロットの環境設定
cols <- rev(brewer.pal(3, "Blues"))
par(mfrow = c(1,2))
par(mar = c(2.5,2,3,1))
# データフレームを attach() する
attach(data.frame(high.vac))
# 空き家の占有率が高い場合の箱ひげ図を作成する
boxplot(P_OWNEROCC, P_WHITE, P_BLACK,
        names=c("OwnerOcc", "White", "Black"),
        col=cols, cex.axis = 0.7, main = "High Vacancy")
# データフレームを detach() する
detach(data.frame(high.vac))
```

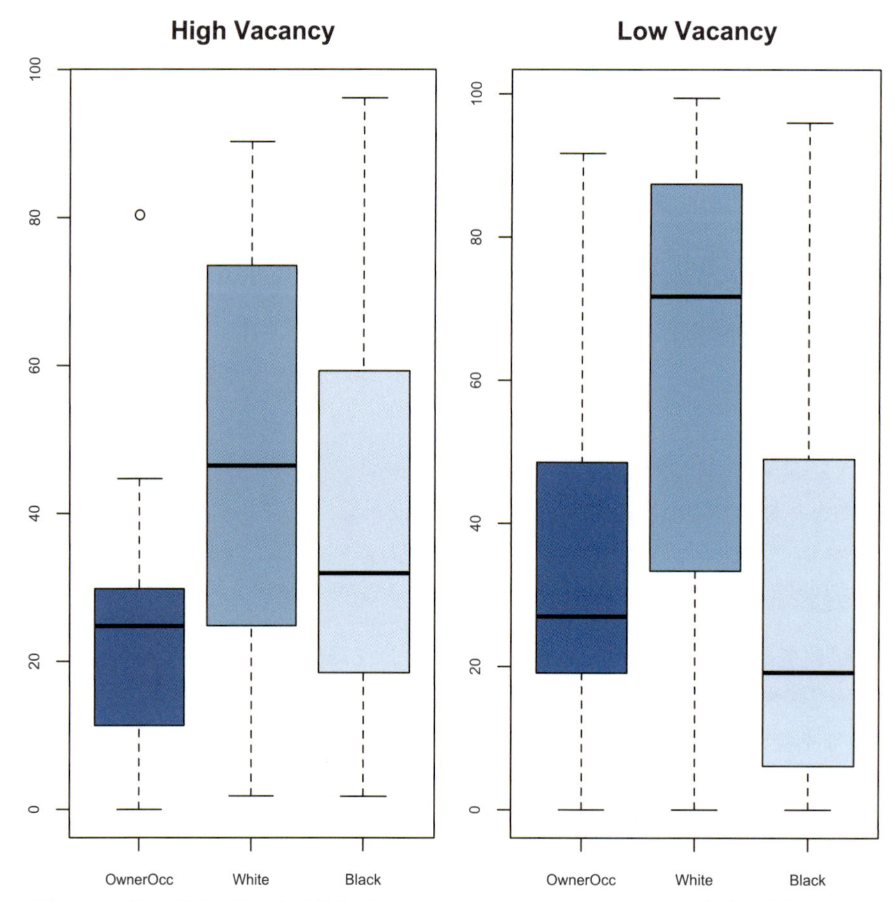


図 3.18　箱ひげ図を用いた可視化（blocks データセットにおける空き家率の高低の比較）

```
# 同様に低い場合についても可視化する
attach(data.frame(low.vac))
boxplot(P_OWNEROCC,P_WHITE,P_BLACK,
        names=c("OwnerOcc", "White", "Black"),
        col=cols, cex.axis = 0.7, main = "Low Vacancy")
detach(data.frame(low.vac))
# par(mfrow) をリセットする
par(mfrow=c(1,1))
# プロットの余白をリセットする
par(mar=c(5,4,4,2))
```

### 3.5.2　散布図と回帰分析

空き家の占有率の高低に関する２つのグループについての分析からは人種との間に統計学的な相関関係がありそうという示唆が得られた．これは典型的には社会経済的不平等や権力関係の不均衡に起因する．まず傾向を視覚的に把握するためにデータを散布図でプロットしてみよう．

```
plot(blocks$P_VACANT/100, blocks$P_WHITE/100)
plot(blocks$P_VACANT/100, blocks$P_BLACK/100)
```

ここで得られた散布図からは黒人の占める割合と空き家の占有率については正の相関関係がある一方，白人の占める割合とは負の相関関係があるように見える．この仮説について確信を深めるために単回帰分析を実行してみよう．lm() を用いて回帰係数を推定し，結果をプロットする．

```
# 変数を作成する
p.vac <- blocks$P_VACANT/100
p.w <- blocks$P_WHITE/100
p.b <- blocks$P_BLACK/100
# 回帰分析を実行する
mod.1 <- lm(p.vac ~ p.w)
mod.2 <- lm(p.vac ~ p.b)
```

**補足**

Rにおいて回帰分析を実行する際はlm()を用いる（lmは線形回帰を意味するlinear modelsの略称である）．回帰分析のモデルの記述には特殊な記法を用いる．モデルの簡潔な記述はRの良さの一つである．本書ではモデルの記法についてはこれ以上詳細に解説しない[7]．ここでは，y ~ x が $y = ax + b$ というモデルを表現していることを知っていればよい．さまざまな線形回帰モデルの記述にこの記法は適している．

推定された回帰係数からは空き家の占有率と白人の割合は弱い負の相関関係にあり，黒人の割合は弱い正の相関関係にあることがわかる．具体的にいえば，白人の割合が1%増加するたびに空き家の占有率が3.5% 減少する一方，黒人の割合が1% 増加するたびに空き家の占有率が3.5% 増加する．しかし，多変量解析を行うと，これらの変数はいずれも統計学的に有意にならない．モデルの詳細はsummary() で以下のように確認できる．

```
summary(mod.1)
##
## Call:
## lm(formula = p.vac ~ p.w)
##
```

[7] 詳細については他書（例えばde Vries and Meys (2012) “*R For Dummies*” の第15章）を参考にしてほしい．

```
## Residuals:
##     Min      1Q  Median     3Q    Max
## -0.1175 -0.0373 -0.0120 0.0171 0.2827 ##
## Coefficients:
##            Estimate Std.Error t value Pr(>|t|)
## (Intercept) 0.1175    0.0109   10.75   <2e-16 ***
## p.w        -0.0355    0.0172   -2.06    0.042 *
## ---
## Signif.codes:
## 0 '***' 0.001 '**' 0.01 '*' 0.05 '.'  0.1 ' ' 1
##
## Residual standard error:  0.062 on 127 degrees of freedom
## Multiple R-squared:  0.0323,Adjusted R-squared:  0.0247
## F-statistic:  4.24 on 1 and 127 DF, p-value:  0.0415

# mod.2についてのsummary()の実行結果は省略する
# summary(mod.2)
# summary(lm(p.vac ~ p.w + p.b))
```

回帰係数をプロットした結果については図3.19に示した.

```
# ジッターの程度を指定する
fac <- 0.05
# カラーパレットを定義する
cols <- brewer.pal(6, "Spectral")
# 上記で定義したジッターの程度を追加して散布図を描く
# これはデータの密度を把握する際に役立つ
# まずは白人の割合と空き家の占有率をプロットする
plot(jitter(p.w, fac), jitter(p.vac, fac),
     xlab= "Proportion White / Black", ylab = "Proportion Vacant",
     col = cols[1], xlim = c(0, 0.8))
# 次に黒人の割合と空き家の占有率を重ね描きする
points(jitter(p.b, fac), jitter(p.vac, fac), col = cols[6])

# 各回帰モデルの回帰係数をプロットする
# 白人の割合
abline(a = coef(mod.1)[1], b= coef(mod.1)[2], lty = 1, col = cols[1])
# 黒人の割合
abline(a = coef(mod.2)[1], b= coef(mod.2)[2], lty = 1, col = cols[6])
```

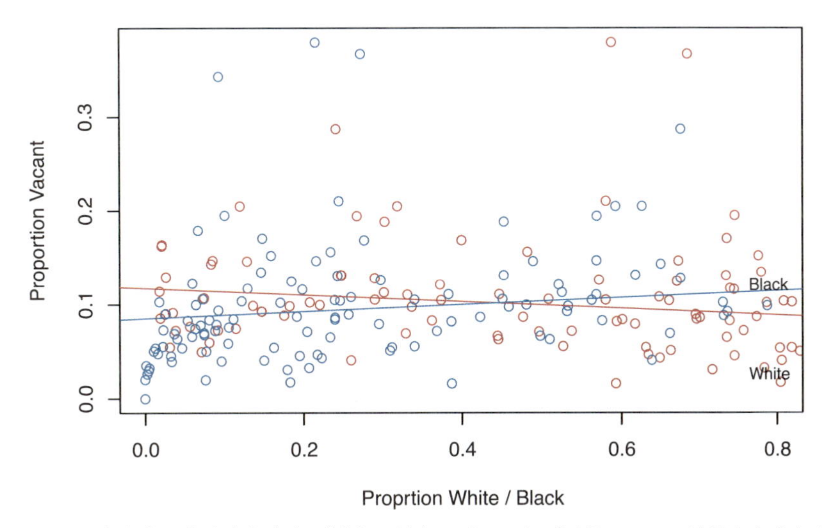


図 3.19 空き家の占有率と白人／黒人の割合のプロット（回帰モデルの結果を上書きしている）

```
# 凡例を追加する
legend(0.71, 0.19, legend = "Black", bty = "n", cex = 0.8)
legend(0.71, 0.095, legend = "White", bty = "n", cex = 0.8)
```

### 3.5.3 モザイクプロット

TRUE または FALSE で表現されたデータがある場合は，そのデータの統計学的な知見や変数間の相関関係をモザイクプロットを用いて可視化するとよい．モザイクプロットを用いることで，実際にカウントしたクロス集計表と，クロス集計に利用した変数が統計学的に独立であると仮定した場合のモデルから推定されるカウント（期待度数）を比較できる．実際に空き家の占有率と人種の関係で確認してみよう．

図 3.20 にはモザイクプロットの例を示した．モザイクプロットにより，空き家の占有率が 10% を超えている国勢調査区画の割合が人種によって異なっている状況が確認できる．モザイクプロットのタイルの面積はカウント（ここでは空き家の占有率が 10% を超えているという条件に合致するか否かのそれぞれのカウント）に比例している．色は各変数が独立であると仮定した場合の期待度数と比較して多いか少ないかを表現している．濃い青のタイルは各変数が独立であると仮定した場合のモデルから算出される期待度数との残差が 4 より大きいことを示す．一方，濃い赤のタイルは残差が −4 未満，つまり期待度数との差が −4 より小さいことを示す．まとめると，このモザイクプロットからは，「家主が白人であること」は「空き家占有率が 10% 以下であること」と強く関連している一方，「家主が白人以外の人種であること」は「空き家占有率が 10% より大きいこと」と強く関連していることがわかる．

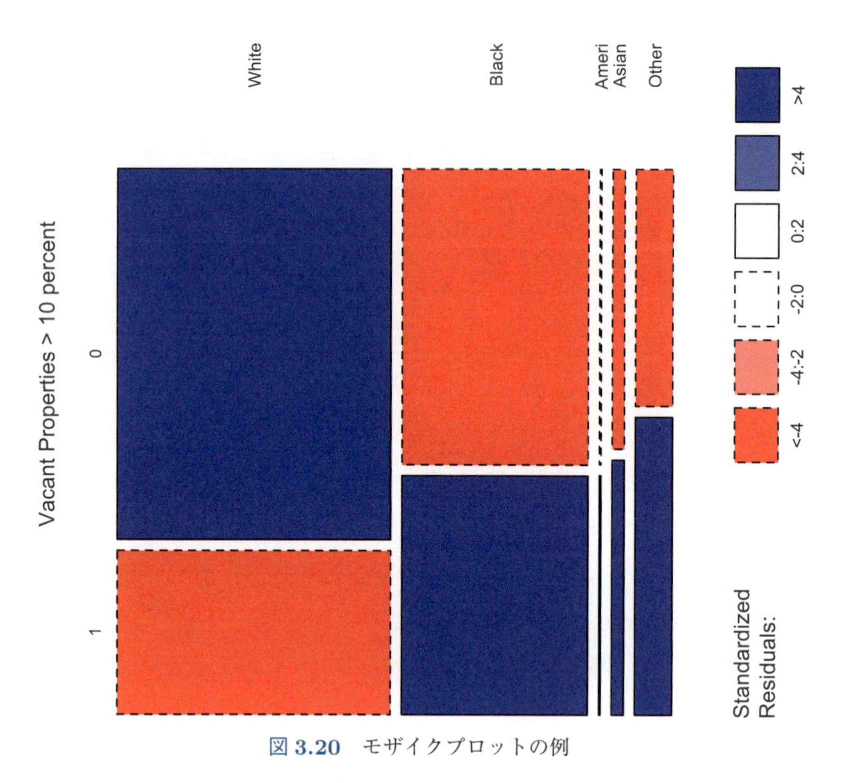


図 3.20　モザイクプロットの例

```
# 人種別の人口を算出する
pops <- data.frame(blocks[,14:18]) * data.frame(blocks)[,11]
pops <- as.matrix(pops/100)
colnames(pops) <- c("White", "Black", "Ameri", "Asian","Other")
# 空き家占有率が 10%より大きいか否か
vac.10 <- (blocks$P_VACANT > 10) + 0
# クロス集計する
mat.tab <- xtabs(pops ~ vac.10)
# モザイクプロットで可視化する
ttext <- sprintf("Mosaic Plot of Vacant Properties with ethnicty")
mosaicplot(t(mat.tab),
           xlab = "", ylab= "Vacant Properties > 10 percent",
           main = ttext, shade = TRUE, las = 3,cex = 0.8)
```

## 3.6　演習問題

本章では，空間データのマッピングや，空間データ内の属性を可視化する際のコマンドおよび関数を紹介した．本節では，これまでに説明してきた手法を読者が身に付けるための問題を用意した．設問への解答となるコードを第10章の後に掲載しているが，このコードはあくまで一例であって，読者が考えるコードとは異なる場合もあるかもしれない．これは大いに起きうることであって，心配することはない．同じ目的を達成するのに複数の解決法があるのはよくあることである．また，本節の設問を通して，これまで学んだマッピングの手法について詳細な説明を加えていく（繰り返しになるが，本書で紹介したコードは自身で実行して確認してほしい）．本節の設問では，以下の4つの領域をカバーしている．

- プロットと地図作成：地図データの扱い方
- 連続値の不適切な離散化による誤解：複数の離散化の方法を用いたコロプレス図の作成
- データの選択：論理演算子を用いた変数の作成やデータの抽出
- データの再投影：`spTransform()` を用いた変換

**演習問題 3.1**　プロットと地図作成：地図データの扱い方

このテストでは，読者には `georgia` データセットを用いてジョージア州の地図を作成するコードを書いてもらう．この際，各郡の住民の収入（`MedInc` に格納されており，単位は1000ドル）の中央値を11の階級区分に分割し別の色で塗り分けてほしい．なお，地図には凡例を含め，300 dpi の TIFF 形式，サイズは $7 \times 7$ インチで出力すること．

```
# ヒント
display.brewer.all() # RColorBrewer パッケージ内のカラーパレットを表示する
?locator             # プロットウインドウ内の座標を獲得する関数
cex <- 0.75          # choro.legend() における文字サイズの設定
# 利用するパッケージ
library(GISTools)
# 地図作成に利用するツール
data(georgia)  # ジョージア州のデータを読み込む
choropleth()   # コロプレス図の作成に利用する
choro.legend() # 凡例の追加に利用する
```

**演習問題 3.2**　連続値の不適切な離散化による誤解：複数の離散化の方法を用いたコロプレス図の作成

よく知られているように，地図で嘘をつくのは容易である[8]．ある現象の空間的分布に

[8] 例えば Monmonier(1996)How to Lie with Maps, `https://www.researchgate.net/publication/37420071_How_to_Lie_with_Maps`

ついて誤解を与える方法の一つに，連続値の不適切な離散化がある．この問題では同じ地物を表す3つの地図を作成してもらう．この問題の解法を考える中で複数の基準による離散化を試し，どのように地図の印象が変化するかを考えてほしい．

この問題では，本章で扱ってきたNew Havenの国勢調査区画単位でのデータ（blocksデータセット）を用いて，住居数（変数HSE_UNITS）の分布を表す3つの地図を作成するコードを記述してほしい．この際，各地図ではそれぞれ四分位，等間隔の区分，標準偏差を用いて住居数を離散化する．なお，地図にはタイトルのみを含めるものとして，凡例や縮尺等，離散化の内容がわかるものを追加する必要はない．

```
# ヒント
?auto.shading         # 自動的に塗り分けるためのツール
?par                  # プロットのパラメータの詳細はヘルプで確認すること
par(mfrow = c(1,2)) # 図は1行2列で並べる
# 以下は 10 × 8 インチのプロットウインドウで表示するためのコード
if (.Platform$GUI == "AQUA") {
  quartz(w=10,h=8) } else {
  x11(w=10,h=8) }
# 利用するツール
library(GISTools) # 地図作成用のパッケージ
data(newhaven)    # New Haven のデータを用いる
```

**演習問題 3.3　データの選択：論理演算子を用いた変数の作成やデータの抽出**

本章ではポリゴンデータや線データに付随する属性を用いて，必要な属性を選択したり，データを抽出する方法について学んできた．空間データのオーバーレイを扱った節ではgIntersection()を用いてSpatialPolygonsオブジェクト内の道路データから必要なデータを選んだり，地震の発生地点を可視化した節では論理演算子を用いて一定の条件を満たすデータを選択，分類した．論理演算子については前章でも扱っている．論理演算子を変数に適用すると，論理値型のデータとしてTRUEまたはFALSEが返される．この演習問題ではすでにデータ内にある属性を用いて二次的な属性を作成し，論理演算子を適用することで一定の条件を満たすデータを抽出する．

製品を郊外に住む人向けに売りたい企業があったとする．この企業の営業チームの一つが入手した郊外住民のデータから作成した統計モデルによると20人に1つ製品が売れるという結果が得られている．したがって，この企業は郊外地域の人口密度が20人/km$^2$より大きい郡がどこかを知りたいと考えている．ジョージア州のデータ (georgia) を用いて，そのような郡を抽出するコードを書いてほしい．まずは各郡の郊外地域の人口密度を算出した上で，20人/km$^2$より大きい郡の地図を作成してほしい．

```
# ヒント
locator() # プロットウインドウにおける座標を獲得する関数
rect()    # 凡例用の四角形を描画するための関数
legend()  # 都市と郊外について凡例で示すこと
help("!") # 論理演算子について確認しておくこと
# ツール
library(GISTools) # 地図作成に必要なパッケージ
data(georgia)     # 正積円筒図法を利用する場合は georgia2 を用いること
library(rgeos)    # インストールしていない場合はインストールすること
gArea()           # rgeos パッケージの関数
```

**演習問題 3.4** データの再投影：spTransform() を用いた変換

空間データは投影法とセットである．投影法は測地系をベースにどのように地図上に投影するかを定義する．複数の空間データセットにおける空間的特徴を比較しまとめて分析する際には同一の投影法に揃える必要がある．ユニバーサル横メルカトル図法は世界を平面として表現し，その上で距離および面積計算が可能になるようにした投影法である．なお，この投影法においては単位として度や分は使わない．WGS84 等の世界測地系は標準的な測地系である．georgia2 データセットはメートル単位で投影されている一方，georgia データセットは WGS84 で投影されており，単位は度である．さまざまなパッケージやソフトウェアで利用されている投影法の一覧は Spatial Reference のウェブサイト[9]で紹介されている．データセットを再投影する際の典型的なコードを以下に示す．

```
new.spatial.data <- spTransform(old.spatial.data, new.Projection)
```

データを新しい投影法に変換する際は元の投影法についての情報を持っておく必要があり，変換した後の投影法についての情報を持たせる必要もある．本章で扱ったフィジーの地震についてのデータを思い出してほしい．

```
library(GISTools)
library(rgdal)
data(quakes)
coords.tmp <- cbind(quakes$long, quakes$lat)
# SpatialPointsDataFrame を作成する
quakes.spdf <- SpatialPointsDataFrame(coords.tmp,
                                      data = data.frame(quakes))
```

この quakes.spdf という SpatialPointsDataFrame クラスのオブジェクトにおいて

[9] http://www.spatialreference.org

投影法を確認する際は以下のコードを実行する．

```
summary(quakes.spdf)
```

この場合，結果を見ると Is projected と proj4string が空欄となっている．空間参照系が既知の場合は CRS() を用いて以下のように設定可能で，こうすることでデータが変更可能となる．

```
proj4string(quakes.spdf) <- CRS("+proj=longlat +ellps=WGS84")
```

この演習問題の目的は blocks と breach データセットを元の測地系から WGS84 に変換することである．本章の最初でこれらのデータセットは米国測量フィートに基づく座標系として合衆国平面座標系が用いられていると説明した．breach データセットにおける犯罪発生地点の情報や blocks データセットにおける各国勢調査区画の緯経度の情報を変換する際は，上記コードのように rgdal パッケージの CRS() および sp パッケージの spTransform() を用いる．データセットの測地系を変換できたら RgoogleMaps パッケージを用いて Google マップを利用した地図を作成してみよう．

```
# ヒント：PlotOnStaticMap() や PlotPolysOnStaticMap() のヘルプに記載されて
# いるコード例を参考にしてみよう
?PlotOnStaticMap       # breach データの場合
?PlotPolysOnStaticMap # blocks データの場合
# ポリゴンの塗り分けについては rgb を利用する．rgb のヘルプも参考にしてほしい
?rgb
# ツール
library(GISTools) # 地図作成を行うために
library(rgdal)     # 測地系の変換を行うために
library(RgoogleMaps)
library(PBSmapping)
data(newhaven)     # breach データセットを利用するために
```

4

# Rを用いたプログラミング

## 4.1 概要

本書ではコードや演習問題を通じて，データを抽出，可視化，分析するさまざまなツールや技術を用いてきた．そのコードの中では若干発展的な内容も扱ってきたが，コードを1行ずつ実行し，段階を踏んで進めてきた．特定のデータセットやその属性に沿った，関数を一時的に定義した．空間データ分析においては，パラメータを変化させながら同じ操作を何度も繰り返すことがよくある．例えば，同一のアルゴリズムを異なるデータ，異なる属性に対して異なる閾値を用いて適用する場合が挙げられる．本章の目的は基本的なプログラミングのマナーを紹介することである．同一コードの中で多くの操作を繰り返すことができるようにするためである．ここで学ぶ内容はプログラミングを書く上の基本である．以下に本章で学ぶ内容をまとめた．

- コマンドをループの中で実行する方法
- `if`，`else`，`repeat` 等を用いてループをコントロールする方法
- 論理演算子を用いてインデックスをコントロールする方法
- 関数を作成し，テストし，汎用的に用いる方法
- R において簡単なタスクを自動化する方法

本章の内容を理解する際にプログラミングの事前知識は必要ない．本章ではコード例を実行していくことで，プログラミングにおけるさまざまなコンセプトを学んでいく．本章を読み終える頃には読者はプログラミングにおける重要なコンセプトを理解し，空間データ分析に応用できるようになっているだろう．なお読み進める際にプログラミングの経験がなくとも心配することはない．本章を通してプログラミングの基本的なコンセプトを学んでいくことで，コマンドの集合をコードとしてまとめ，関数として定義していくことに慣れていくだろう．なお，すでに他のプログラミング言語の経験がある読者も本章で R の文法を把握できるだろう．

## 4.2　イントロダクション

空間データ分析および地図作成において，同じコマンドを何度も繰り返して，条件を変えながらさまざまなデータに適用していくことが頻繁にある．こういった繰り返し作業は関数やループ，条件文を用いることで実現できる．ここからはRを用いたプログラミングで関数やコマンド，ループ，変数を利用する方法について簡単な例を用いて説明する．

ここで，まずベクトル tree.heights を定義しよう．

```
tree.heights <- c(4.3,7.1,6.3,5.2,3.2)
```

ここで，このベクトルの最初の値が6より小さい場合と6以上の場合で異なるテキストを出力するプログラムを考える．これは操作（ここではテキストの出力）を一定の条件の下で実行するので条件文という．

```
tree.heights
## [1] 4.3 7.1 6.3 5.2 3.2
if (tree.heights[1] < 6) {
  cat('Tree is small\n')
} else {
  cat('Tree is large\n')
}
## Tree is small
```

また別の例として，tree.heights の複数の要素において各要素が条件に合致しているかどうかを1つずつ確認し，同一の操作を繰り返す場合を考える．この場合はループを用いることで繰り返し作業を実現する．Rにおけるループは for(変数 in 配列){R の表現式} という形で記述する．

```
for (i in 1:3) {
  if (tree.heights[i] < 6) {
    cat('Tree',i,'is small\n')
  } else {
    cat('Tree',i, 'is large\n')
  }
}
## Tree 1 is small
## Tree 2 is large
## Tree 3 is large
```

3つ目の例として同一の操作を，複数の条件を用いて繰り返し異なるデータに対して実行する場合を考える．これは，コードをまとめて関数を定義することで実現する．

```
assess.tree.height <- function(tree.list, thresh){
  for (i in 1:length(tree.list)){
    if(tree.list[i] < thresh) {
      cat('Tree',i, 'is small\n')
    } else {
      cat('Tree',i, 'is large\n')
    }
  }
}
assess.tree.height(tree.heights, 6)
## Tree 1 is small
## Tree 2 is large
## Tree 3 is large
## Tree 4 is small
## Tree 5 is small
tree.heights2 <- c(8,4.5,6.7,2,4)
assess.tree.height(tree.heights2, 4.5)
## Tree 1 is large
## Tree 2 is large
## Tree 3 is large
## Tree 4 is small
## Tree 5 is small
```

上記コードの `assess.tree.height()` はこの１つ前のコード中でループを繰り返す数を定義する部分を `1:3` から `tree.list` の長さを取得する `1:length(tree.list)` に変更している．また変数 `thresh` を別途定義することで，任意の閾値を設定できるようにも変更している．

本節では R における自動化を進める際に，関数，ループや条件文，そして関数のデバッグやテストについて詳細に説明する．

## 4.3 プログラムの基本的な要素

ここまでのコード例ではプログラミングの基本的な要素を紹介してきた．これらを関数としてまとめていく前に，ここまでの内容について若干の説明を加えることとする．

### 4.3.1 条件文

条件文はある条件が `TRUE` または `FALSE` かどうか判定し，`TRUE` であれば指定した操作を実行する構文である．条件文は `if` と `else` から構成される．

ifの後には条件が続く．この条件が評価された後に，条件がTRUEの際に実行される内容が続く．if構文はif - 条件 - XXXというフォーマットで記述する．この構文は「もしこの条件が真ならXXXを実行する」というように読む．構文の各要素についての詳細は以下の通りである．

- 条件：評価の結果がTRUEもしくはFALSEと判定されるRのコード
- XXX：条件がTRUEの場合に実行されるRのコード

以下の簡単な2つの例を考えてみよう．以下の例ではxの値は変わるが，同一条件が適用されており，xの値によって結果が異なる（最初の例は「x is negative」がコンソールに表示されるが，2つ目の例は何も表示されない）．

```
x <- -7
if (x < 0) cat("x is negative")
## x is negative
x <- 8
if (x < 0) cat("x is negative")
```

if構文では条件がFALSEの場合にも実行する内容を含めることが多い．このような場合，先のフォーマットはif - 条件 - XXX - else - YYYのように拡張される．

このフォーマットは「条件がTRUEの際には，XXXを実行し，TRUEではないときはYYYを実行する」と読む．フォーマットの各要素の詳細は以下の通りである．

- 条件：評価の結果がTRUEもしくはFALSEと判定されるRのコード
- XXXとYYY：実行可能なRのコードを含められる．詳細は以下の通り．
- XXX：条件がTRUEの場合に実行されるRのコード
- YYY：条件がFALSEの場合に実行されるRのコード

条件がFALSEの場合に実行するコードを含めた例を以下に示す．

```
x <- -7
if (x < 0) cat("x is negative") else cat("x is positive")
## x is negative
x <- 8
if (x < 0) cat("x is negative") else cat("x is positive")
## x is positive
```

条件には複数の論理演算子を含められる．Rの論理演算子を以下に示す．

| 論理演算子 | 説明 |
| --- | --- |
| == | 等しい |
| != | 等しくない |
| > | より大きい |
| < | より小さい |
| >= | 以上 |
| <= | 以下 |
| ! | ではない |
| & | AND（かつ） |
| \| | OR（または） |

加えて以下の論理関数も用意されている.

| 論理関数 | 説明 |
| --- | --- |
| any(x) | x に含まれる要素が 1 つでも TRUE であれば TRUE |
| all(x) | x に含まれる要素がすべて TRUE であれば TRUE |
| is.numeric(x) | x が数値なら TRUE |
| is.character(x) | x が文字列なら TRUE |
| is.logical(x) | x が論理値なら TRUE |

条件を構成する際に利用する is-type 関数（論理評価関数：入力に対して TRUE もしくは FALSE を返す）はほかにも用意されている．どのようなものがあるかは??is. で検索してみてほしい．

以下にコード例を示す．ここでは all() および any() を条件に用いている．

```
x <- c(1,3,6,8,9,5)
if (all(x > 0)) cat("All numbers are positive")
## All numbers are positive
x <- c(1,3,6,-8,9,5)
if (any(x > 0)) cat("Some numbers are positive")
## Some numbers are positive
any(x==0)
## [1] FALSE
```

### 4.3.2 コードブロック

条件が TRUE の際に，まとまったコードを実行したいことは多々あるだろう．このようなまとまったコードのことをコードブロックと呼ぶ．コードブロックは {}（波括弧）で挟む．以下のコード例では条件が TRUE の際に実行するコードブロックを記述しているが，FALSE の場合にも拡張できる．

```
x <- c(1, 3, 6, 8, 9, 5)
if (all(x > 0)) {
  cat("All numbers are positive\n")
  total <- sum(x)
  cat("Their sum is",total)
}
## All numbers are positive
## Their sum is 32
```

{} には複数行の R コードを記述できる．つまり，以下のように条件が TRUE の場合に実行される操作および TRUE ではない場合に実行される操作を記述する．

```
if 条件 {XXX} else {YYY}
```

コード例を以下に示す．

```
x <- c(1,3,6,8,9,-5)
if (all(x > 0)) {
  cat("All numbers are positive\n")
  total <- sum(x)
  cat("Their sum is",total) } else {
  cat("Not all numbers are positive\n")
  cat("This is probably an error\n")
  cat("as numbers are rainfall levels")
}
## Not all numbers are positive
## This is probably an error
## as numbers are rainfall levels
```

### 4.3.3　関数

4.2 節では assess.tree.height() という関数を定義した．関数は以下のように定義する．

```
関数名 <- function(引数) { コード }
```

コード部分については通常 {} を用いてコードブロックとして記述する．コードを関数の形で定義しておくことで，何度も同じコードを記述する必要がなくなる．関数を定義しておけば，引数に渡す値を変えることで繰り返し同様の操作を実行できる．関数内で {} を用いて複数のコードブロックを組み合わせた関数の定義例を以下に示す．

```
mean.rainfall <- function(rf)
  { # 関数定義開始
  if (all(rf > 0)){ # TRUE の場合のコードブロック開始
    mean.value <- mean(rf)
    cat("The mean is",mean.value)
  } else { # TRUE の場合のコードブロック終了/FALSE の場合のコードブロック開始
    cat("Warning:Not all values are positive \n")
  } # FALSE の場合のコードブロック終了
} # 関数定義終了
mean.rainfall(c(8.5,9.3,6.5,9.3,9.4))
## The mean is 8.6
```

関数は単にテキストをコンソールに表示するという使い方よりも，コードを実行してその結果を返し，変数に代入するなどといった使い方の方が多いだろう．この場合は以下のように return() を関数の中で用いる．

```
return( R のコード )
```

上記のコードを関数の中で使った場合，その R のコードの実行結果を関数の結果として返す．以下の mean.rainfall2() は引数に指定したデータの平均を返す．そしてこの関数の結果を別の変数に代入している．

```
mean.rainfall2 <- function(rf) {
  if (all(rf > 0)) {
    return(mean(rf))
  } else {
    return(NA)
  }
}
mr <- mean.rainfall2(c(8.5,9.3,6.5,9.3,9.4))
mr
## [1] 8.6
```

**補足**

本書において関数の中でコードブロックを利用する際は {} を用いると同時にインデントを加えている．このようなコーディングスタイルは複数あるものの統一されたものはない．インデントを加える理由は {} で規定されるコードブロックをわかりやすく見せることにある．mean.rainfall() の中では関数の引数の次の行にコードブロックの開始を示す { を記述しているのに対し，mean.rainfall2() では関数の引数と同じ行に { を記述している．

関数の中でも変数は宣言できる．そして，関数の中で宣言した変数は関数の外で宣言した変数とは，同じ変数名であっても区別される．mean.rainfall2() の中で宣言した変数 rf を考えてみよう．この変数は関数の中でしか存在せず，関数外の同じ名前の変数には影響を与えない．以下のコードで実際の挙動を確認してみよう．

```
rf <- "Tuesday"
mean.rainfall2(c(8.5,9.3,6.5,9.3,9.4))
## [1] 8.6
rf
## [1] "Tuesday"
```

### 4.3.4　ループと繰り返し

コードブロックを一定回数繰り返し実行したいことは多々あるだろう．例えばデータフレームや空間データフレーム[a]の各レコードに対して繰り返し処理を実行する場合等である．これはループを用いることで実現できる．ループの構文は以下の通りである．

```
for( ループさせる変数 in 値のリスト ) 実行するRのコード
```

ループを用いたコード例を以下に示す．

```
for (i in 1:5) {
  i.cubed <- i * i * i
  cat("The cube of",i, "is",i.cubed, "\n")
}
## The cube of 1 is 1
## The cube of 2 is 8
## The cube of 3 is 27
## The cube of 4 is 64
## The cube of 5 is 125
```

データフレーム等の表形式のデータを操作する際，一連の操作を列や行単位で繰り返し適用したいことはよくあるだろう．ループ構文において値のリストを 1:n と書いた場合，これは 1 から n までの数値が，1 回のループのたびに 1 つずつループさせる変数の中に格納されることを示す．この n をデータの行数や列数にすることで，データ全体に対して一連の操作を繰り返すことができる．これは assess.tree.height() の例で示した通りである．

だが，値のリストにはこれ以外の配列を求められることも多い．このような場合，数列を生成する seq() が非常に便利である．seq() は以下のような形で用いる．

[a] 訳注：sp パッケージが提供する SpatialLinesDataFrame 等のデータフレームを属性として持つ空間データのクラスを指す．

```
seq(数列を開始する数, 数列の終わりの数, by = 数列の間隔)
```

または以下のような形でも利用できる.

```
seq(数列を開始する数, 数列の終わりの数, length = 数列の長さ)
```

以下のコード例では, 0 から 1 まで 0.25 ずつ増える数列を seq() を用いて生成している.

```
for (val in seq(0,1,by=0.25)) {
  val.squared <- val * val
  cat("The square of",val, "is",val.squared, "\n")
}
## The square of 0 is 0
## The square of 0.25 is 0.0625
## The square of 0.5 is 0.25
## The square of 0.75 is 0.5625
## The square of 1 is 1
```

一定の条件を満たす際にのみコードブロックを実行する条件付きループも便利である. このとき, R では repeat と break を用いる. 以下にコード例を示す.

```
i <- 1; n <- 654
repeat {
  i.squared <- i * i
  if (i.squared > n)
    break
  i <- i + 1
}
cat("The first square number exceeding", n, "is ", i.squared, "\n")
## The first square number exceeding 654 is 676
```

補足

上記コード例の 1 行目では 2 つのコードを ; で区切っている. このようにして複数の行を 1 行にまとめていくことは可能だが, 上記コード例のようにごく一部にのみ適用することを勧める.

最後に条件付きループを関数の中で利用した例を示す.

```
first.bigger.square <- function(n) {
  i <- 1
  repeat {
    i.squared <- i * i
    if (i.squared > n) break
    i <- i + 1
  }
  return(i.squared)
}
first.bigger.square(76987)
## [1] 77284
```

### 4.3.5　関数のデバッグ

コードを書き，関数にまとめていく際，つくりたての関数はほとんどすべて思った通りに動かない，という問題にぶつかる．この問題は，大きく2つに分けられる．

- 関数がクラッシュして動かない（エラーを出力する）
- 関数はクラッシュしないが，間違った答えを返す

中でも2つ目の問題は非常に性質が悪い．デバッグとは関数における問題解決プロセスである．デバッグの典型的な手法としては関数を1行ずつ実行してどこで問題が生じているのかを確認する方法がある．この際，関数中の変数を一つずつ想定通りの値となっているか確認する．Rにはこれをサポートするツールが準備されており，関数をデバッグする際には以下の手順で進める．

- debug(デバッグ対象の関数名) を実行する
- デバッグ対象の関数を実行する

例えば以下のコードを実行してみよう．

```
debug(mean.rainfall2)
```

次は関数を実行してみる．するとデバッグモードに移行するはずだ．

```
mean.rainfall2(c(8.5, 9.3, 6.5, 9.3, 9.4))
## [1] 8.6
```

デバッグモードではプロンプトが Browse> に変わり，実行される関数のコードが表示される．デバッグモードにおけるポイントを以下に示す．

- Enter を押すとデバッグは次の行に移行する

- 変数を入力するとその変数の値が出力される
- 出力される値は関数内のものである
- その他のコマンドは通常通り実行できる

cを入力すると関数またはループ，コードブロックの最後の行に到達する．Qを入力するとデバッグモードが終了する．関数のデバッグを解除したい場合はundebug(対象となる関数)を入力する．

最後に，関数のデバッグに関して，プログラミングは自動車の運転に少し似ている．自動車の運転の場合，運転試験に合格しても運転がうまくなるためには時間をかける必要がある．同様にうまく関数を設計するためには練習を積み重ねるしかない．練習すればするほどプログラミングは上手くなる．本書で紹介する関数を自分用にカスタマイズすることで習練を積み重ねてほしい．Rにおいて読者が使うことになるであろう関数の多くは，その内容が確認できるものである．つまり，括弧を付けずに関数名のみをタイプすればその内容であるコードが表示される．例えばifelse()の中身を確認したければifelseとのみタイプすればよい．こうすることで既存の関数のコードブロックによってどのように関数の挙動をコントロールしているかを確認できるだろう．

## 4.4 関数の定義

### 4.4.1 概要

本節では複数のコード例を通してRにおいて関数を書く練習を積み重ねてもらう．具体的にはコードブロックを関数にまとめ，データに適用していく．コーディング未経験であればこれらはいずれも経験したことがない内容になるだろう．本節では演習問題の形式で関数記述に慣れていくためのタスクを用意した．演習問題の解答例は第10章の後に掲載している．

前節では関数を記述する上での基礎を説明してきた．以下の関数をコンソールにタイプしてみよう．

```
cube.root <- function(x) {
  result <- x ^ (1/3)
  return(result)
}
cube.root(27)
## [1] 3
```

ここで^は累乗を意味する．したがって，1/3乗は立方根（3乗根）となる．27の立方根は3である（3の3乗は27となる）．この答えはcube.root(27)を実行することで得られる．しかし，以下の点においてコマンドラインからの関数入力は不便である．

- 関数定義の序盤でタイプミスしていた場合，直すことができない
- R を立ち上げるたびに毎回同じコードをタイプする必要がある

解決法としては関数の定義をテキストファイルに書き込んでおくという方法がある．関数定義をファイルに書き込んで，例えば functions.R という形でファイル名を付けておくと，あらためて関数の定義をタイプせずとも，このファイルを読み込めば関数が利用できるようになる．現在の作業ディレクトリに functions.R が保存されているとした場合，ファイルは以下のようにして読み込める．

```
source("functions.R")
```

これはコマンドラインから関数の定義を入力する場合と同等である．関数定義に限らず，ファイルに書かれた R コードを実行する場合は source() を用いる．このように関数定義をファイル上で編集することで，タイプエラーがあってもそれを修正することができ，関数にエラーを含む場合もこれを修正して再定義することが可能である．R に組み込まれているテキストエディタについては第1章でその機能を説明したので参照してほしい．

さて，まずはテキストエディタを開いてほしい．そして開いたウインドウに以下のプログラムを入力する．

```
cube.root <- function(x) { result <- x ^ (1/3)
                           return(result)}
```

入力が終わったらメニューバーから「別名で保存」を選び，functions.R を作業ディレクトリに保存する．こうすることで以下のように関数を利用できる．

```
source("functions.R")
cube.root(343)
cube.root(99)
```

同一ファイルに複数の関数定義を含めることも可能である．例えば先ほどの cube.root() のコードの下に円の面積を求める関数を定義してみよう．以下にそのコードを示す．

```
circle.area <- function(r) { result <- pi * r ^ 2
                             return(result)}
```

このファイルを保存して source() を用いて functions.R を再び読み込んでほしい．circle.area() が利用できるようになっているはずだ．以下のコードを入力して確認してほしい．

```
source("functions.R")
cube.root(343)
circle.area(10)
```

### 4.4.2　データの確認

関数を書く上で重要な事項の一つに，関数に渡しているデータが適切か否かということがある．例えば先の立方根を計算する関数に負の数を与えた場合に何が起こるだろう．

```
cube.root(-343)
## [1] NaN
```

ここで得られた結果は想定しているものではない．NaN は「Not a Number」を意味しており，数値解が得られない際に出力される数学的表現である．この場合でいうと，R における^(1/3) がその底として正の数のみを許すという仕様のために NaN が出力された．$-343$ の立方根としては $-7$ が得られるべきである（$(-7) \times (-7) \times (-7) = -343$ なので）．以下のように場合分けをしよう．

- x が 0 以上の場合：通常通り立方根を計算する
- それ以外の場合：x に $-1$ を乗じて立方根を計算する cube.root(-x) を準備する

つまり，負の数に対する立方根を計算する際は，まず正の数として立方根を算出した上で，それを負の数に変換した解を出すわけである．以下のように if を関数内で用いることで実現できる．

```
cube.root <- function(x) {
  if (x >= 0) {
    result <- x ^ (1/3)
  } else {
    result <- -(-x) ^ (1/3)
  }
  return(result)
}
```

さて，テキストエディタに戻り，元の cube.root() を修正することで functions.R に上記変更点を反映させよう．編集したファイルは保存した上で，source() を用いて読み込み，関数定義を更新する．これで以下のように正の数，負の数のいずれに対しても適切な解を返す関数が得られた．

```
cube.root(3)
## [1] 1.442
cube.root(-3)
## [1] -1.442
```

次に関数をデバッグしよう．幸いなことに関数は正常に動いているように見える．しかし，エラーが見つかっていないだけかもしれない．これはデバッグを通して見つけることにする．以下をテキストエディタではなくコンソールから入力してデバッグを始めよう．

```
debug(cube.root)
```

これは R に cube.root() のデバッグモードに入ることを指示している．

次に以下をコンソール上で実行する．

```
cube.root(-50)
```

Enter を押すたびに関数内のコードが一行ずつ実行されていく．if 構文における挙動を注意して確認しておこう．

デバッグモードにおいては R のコードを入力して現在の値をチェックするとよい．if を利用している箇所まできたら以下をコンソールに入力し，TRUE と FALSE のどちらになっているか確認しよう．

```
x > 0
```

関数内のコードを 1 行ずつ実行していく中で，コード内の変数等の値をチェックしていくとよい．こうすることで関数内の潜在的なバグを見つけることができる．引数の-50 を別の値に変更して，cube.root() を何度かデバッグしてデバッグ作業に慣れていこう．デバッグが完了したら以下をコンソールに入力する．

```
undebug(cube.root)
```

こうすることで R に cube.root() のデバッグモードの終了を指示する．R のデバッガの詳細については debug() のヘルプを参照してほしい．

### 4.4.3　データのより詳細なチェック

前項では，cube.root() に負の数を入力した場合の挙動の確認方法を見た．しかし，この関数がうまく動かない場合は他にもある．以下のコードを入力してほしい．

```
cube.root("Leicester")
```

これはエラーを出力するはずである．立方根の計算は数値のみを対象とするべきであり，文字列に対してエラーを返すことは驚くことではない．しかしこのように曖昧なエラーメッセージを返してクラッシュするよりも，文字列に対しては関数を実行できない旨を警告メッセージとして出力するべきである．この場合も if を用いて実現できる．今回のケースは以下のように場合分けする．

- x が数値の場合：立方根を計算する
- x が数値ではない場合：理由を明確にした警告メッセージを出力する

数値か否かをチェックするには is.numeric() を用いる．

```
is.numeric(77)
is.numeric("Lex")
is.numeric("77")
v <- "Two Sevens Clash"
is.numeric(v)
```

if と is.numeric() を用いると以下のように書きなおせる．

```
cube.root <- function(x) {
  if (is.numeric(x)) {
    if (x >= 0) {
      result <- x^(1/3)
    } else {
      result <- -(-x)^(1/3)
    }
    return(result)
  }
  else {
    cat("WARNING: Input must be numerical, not character\n")
    return(NA)}
}
```

if の中で，if を用いていることに注意してほしい．これは「入れ子」になったコードブロックの一例である．また，適切な結果が得られなかった場合には数値の代わりに NA（NA は Not Available，つまり欠損値を意味する）を返す．最後に cat() の中で \n を用いていることに注意してほしい．これは改行を意味しており，警告文の最後で改行するという指示を与えている．さて，再び cube.root() をテキストエディタで修正し，関数の定義を更新したあと，文字列を含めた入力のもとデバッグを完了させてほしい．

立方根の計算において負の数を扱う別の方法として sign() または abs() を用いるという方法がある．sign(x) は x が正なら 1 を返し，負なら -1，0 なら 0 を返す．abs(x) は x の絶対値を返す．例えば abs(-7) なら 7，abs(5) なら 5 を返す．これらの関数を利用することで，以下のコード例に示すように cube.root() における正負の判定において if を用いる必要がなくなる．

```
result <- sign(x)*abs(x)^(1/3)
```

これは x が正負のいずれの場合も正常に動作するだろう．

**演習問題 4.1**　立方根を計算する関数 cube.root2() を定義してほしい．この関数は x が数値か否かを確認して，数値でなければ警告文を出力する仕様とする．

### 4.4.4　ループの再検討

本項では関数定義におけるループの使い方について再検討する．R には決まった回数を繰り返すループと条件付きループの 2 種類のループがある．前者はループ開始前にあらかじめ定めた回数だけループを繰り返し，後者は特定の条件を満たすまでループを繰り返す．

#### 条件付きループ

条件付きループの古典的な応用例としてユークリッドの互除法が挙げられる．これは 2 つの数の最大公約数を求めるアルゴリズムである．最大公約数とは 2 つの数の共通の約数の中で最大のものである．アルゴリズムは以下の通りである．

1. 2 つの数があったとき，大きい方の数を $a$ として，小さい方の数を $b$ とする．
2. $a$ を $b$ で除して余り (remainder) を得る．このとき，$a$ は被除数 (dividend)，$b$ は除数 (divisor) と呼ぶ．
3. ステップ 2 における $a$ を $b$ で置き換える．
4. ステップ 2 における $b$ を先ほど得られた余りで置き換える．
5. 余りが 0 になるまで，ステップ 2 からステップ 4 までを繰り返す．
6. ステップ 4 まで実行して余りが 0 になったら，そのときの $a$ が最大公約数である．

なぜこのアルゴリズムがうまくいくのかについてここで深入りするのは避けるが，条件付きループがこのアルゴリズムで使えそうなことは明白である．このアルゴリズムではステップ 5 の段階で，ループがこれ以上必要かどうかの判定を行う．そして dividend，divisor，そして remainder が必要な変数である．以上をもって，ユークリッドの互除法を R の関数として実装してみよう．

```
gcd <- function(a,b){
  divisor <- min(a,b)
  dividend <- max(a,b)
  repeat{
    remainder <- dividend %% divisor
    dividend <- divisor
    divisor <- remainder
    if (remainder == 0) break
  }
  return(dividend)
}
```

ここで %% というシンボルが使われている．これは割り算における余りを得る演算子である．x %% y とした場合，x を y で除した余りが得られる．テキストエディタに戻り，この関数の定義を functions.R にタイプし，R に読み込ませよう．関数が定義できたら以下のようにテストしてみよう．

```
gcd(6,15)
gcd(25,75)
gcd(31,33)
```

**演習問題 4.2**　上記のユークリッドの互除法のアルゴリズムを確認しながら，R の関数に落とし込んでみよう．デバッグで gcd() を 1 行ずつ確認することも忘れずに．

### 決まった回数を繰り返すループ

本項のはじめで説明したように決まった回数を繰り返すループは以下のように記述する．

```
for (<VAR> in <Item1>:<Item2>){
  ...  実行する R のコード...
  }
```

ここで <VAR> はループ変数であり，ループの中で利用する．<Item1> と <Item2> は <VAR> に逐次的に渡す値の範囲を表している．これを利用して，例えば，1 から n までの数列における各数値に対して立方根を表示する関数は次のように書ける．

```
cube.root.table <- function(n) {
  for (x in 1:n){
    cat("The cube root of ", x, " is", cube.root(x), "\n") }
}
```

**演習問題 4.3**
(i) x を 1 から任意の n まで変化させ，gcd(x, 60) の結果を返し表示する関数を書いてみよう．
(ii) 次に x を 1 から任意の n1 まで，y を 1 から任意の n2 まで変化させ，gcd(x, y) の結果を返し表示する関数を書いてみよう．この演習問題を解く際は，ループを入れ子にする必要がある．

**演習問題 4.4**　cube.root.table() をループ変数が 0.5 から n まで 0.5 ずつ増えるような形に修正してみよう．解く際は，ループについて解説した項を参考にしてほしい．

### 4.4.5　その他の重要なポイント

先のコード例は出力結果が煩雑に見えたかもしれない．立方根を出力する際に小数点の桁数を揃えるともっと見た目が整然とするはずだ．cube.root.table() において cat() の行を以下で置き換えてみよう．

```
cat(sprintf("The cube root of %4.0f is %8.4f \n",x,cube.root(x)))
```

help(sprintf) を入力して上記コードの詳細を確認してほしい．

## 4.5　空間データを用いた関数の記述

第 2 章の可視化を扱った節では，R を用いた可視化のテクニックについて概要を述べた．そして第 3 章では空間データの分析および可視化について基本的なテクニックを説明した．本節では第 2 章，第 3 章で扱ったテクニックを用いつつ，空間データを用いた関数を記述する方法について学ぶ．具体的にはコードを関数にまとめ，その関数を用いて簡単な地図を作成する方法を紹介していく．また新しい R のコマンドやテクニックについても併せて解説する．本節の演習問題やコード例を通して，地理データの操作方法，とりわけどのように地図が生成されるかについてその一端を学ぶことができるだろう．

まず初めに，GISTools パッケージと georgia データを読み込もう．しかし，その前に現在の作業ディレクトリがどこかを確認しておこう．この作業は R のセッションを立ち上げるたびに行っているものと思う．なお，新規に R のセッションを立ち上げた場合を除いては，既存の変数や関数をワークスペースから消去するようにしておくとよい．第 3 章でこの操作については解説したが，復習すると，Windows の場合は「その他」→「全てのオブジェクトを消去する」，Mac の場合は「ワークスペース」→「ワークスペースを消去」をそれぞれメニューバーより選択する．コンソールから利用する場合は以下を入力してほしい．

```
rm(list = ls())
```

それでは GISTools パッケージと georgia データセットを読み込もう．

```
library(GISTools)
data(georgia)
```

この際ワークスペースに読み込まれる変数の1つに georgia.polys がある．georgia.polys の有無を確認する方法は2つある．ここでは ls() を紹介する．この関数はすべての定義済み変数のリストを出力する．

```
ls()
## [1] "georgia" "georgia.polys" "georgia2"
```

georgia.polys の有無を確認するもう 1 つの方法としては以下のように georgia.polys とコンソールに打ち込むという方法がある．

```
georgia.polys
```

これを入力すると延々と数値等が出力されるため，実際の出力結果についてはここでは割愛するが，その内容については解説しておこう．georgia.polys は 159 の要素からなるリストである．各要素は $k \times 2$ 行列で構成されている．各列は $k$ 個の点からなるポリゴンの $X$ 座標，$Y$ 座標を表している．各ポリゴンはジョージア州の 159 の郡に対応している．内容を簡単に確認するために以下のコードを入力して図 4.1 を生成してみよう．

```
plot(georgia.polys[[1]], asp=1, type='l')
```

ここで得られた図は地図作成のコンテストがあったとしたら賞はまず獲得できないだろう．しかし本書においてこれまで扱ってきた Appling 郡の地図であることは認識できる．georgia.polys においてはデータが郡名のアルファベット順に並んでいるため，Appling 郡が先頭にきているのである．

### 4.5.1 リストからポリゴンを描画する

ポリゴンのリストである georgia.polys を読み込んだら，今度はこのデータすべてを用いてジョージア州のすべての郡の地図を描画する方法を学ぼう．ここで polygon() はポリゴンを描画する関数である一方，既存のプロットにポリゴンを追加する関数であるこ

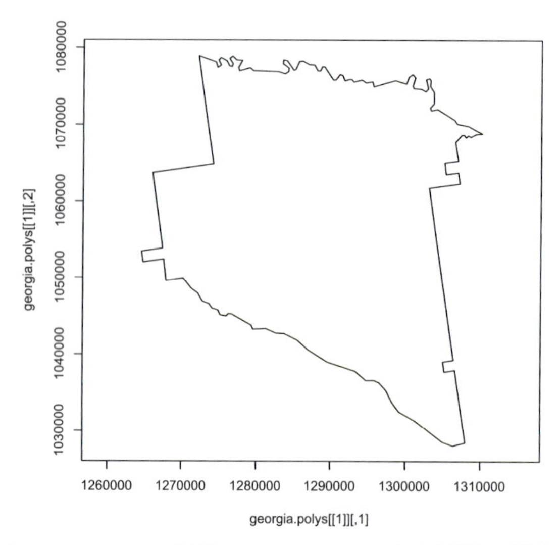


**図 4.1**　plot(georgia.polys[[1]],asp=1,type='l') を実行して得られたプロット

とを思い出そう．したがって，ベースとなる空白のプロットを描画するために，plot() に type='n' と指定しよう．ジョージア州全体のバウンディングボックスは次の表の通りである．

| 端点 | 南西座標 | 北東座標 |
|---|---|---|
| 最東端 | 939,220 m | 1,419,420 m |
| 最北端 | 905,510 m | 1,405,900 m |

まずはこの表に示された端点をもとに空白のプロットを生成しよう．そしてリストに格納された各ポリゴンの外周を追加していく．lapply() を用いて polygon() を georgia.polys 内の各ポリゴンに適用するコードを以下に示した．このコードを実行して得られる図が図 4.2 である．

```
plot(c(939220,1419420), c(905510,1405900), asp=1, type='n')
lapply(georgia.polys, polygon)
```

このコードで十分目的は達成できているが，プロットと併せてコンソールには多数の結果が出力されている．これは lapply() は入力されたリストと同じ長さのリストを出力するからであり，そのリストの各要素は，入力したリストの各要素に関数を適用した結果に対応している．今回の例では，polygon() を適用したが，この関数は値を返さない．結果として lapply() の出力結果は代わりに空白のリストとして NULL を返している．先のコードの実行時にコンソールに出力された結果は 159 個の NULL のリストであり，それぞれが各郡のポリゴンに対応している．今回のケースにおいてはさほど有用という訳ではないが，ここで invisible() を紹介しよう．この関数を用いることで結果をコンソールへ表示しないようにすることができる．以下にコード例を示す．

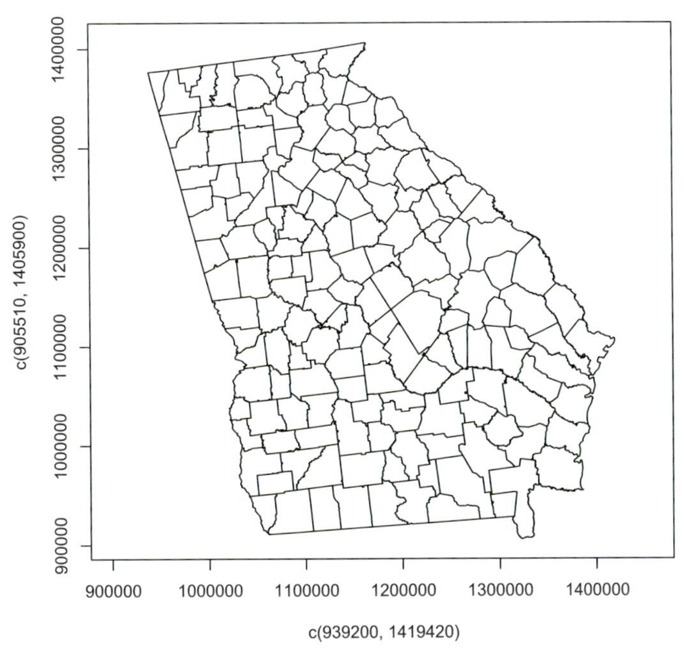


図 4.2 lapply() を用いたプロット

```
plot(c(939220,1419420), c(905510,1405900), asp=1, type='n')
invisible(lapply(georgia.polys, polygon))
```

これは先のコード例と同様の地図を作成するが，コンソールには結果を出力しない．

**演習問題 4.5** 先のコード例と同じように，georgia.polys のようなポリゴンのリストを用いて地図を作成する関数を書いてほしい．関数名には draw.polys() と付けること．なお，地図を作成する際，軸ラベルを調整したくなるだろう．先のコード例では軸ラベルはデフォルトのままであり，plot() に渡した R のコードがそのまま表示されている．地図は一般的なプロットとは異なり，軸ラベルは空白の方がよいだろう．

以下のコードは完全に空白のウインドウが表示される．具体的には xlab，ylab，xaxt，yaxt，bty の各オプションをすべてオフにしており，軸ラベル，軸，プロットを囲む矩形をすべて非表示にしている．

```
plot(c(939220,1419420), c(905510,1405900), asp=1,
     type='n', xlab='', ylab='', xaxt='n', yaxt='n', bty='n')
```

これらの各オプションを用いて空白のウインドウを表示した後，draw.polys() を用いてポリゴンを描画してみよう．

### 4.5.2　バウンディングボックスを自動的に選択する

前項で得られた結果（特に演習問題 4.5 で得られた結果）はより地図らしくなっただろう．しかし，バウンディングボックスの大きさはあらかじめ設定したものに依存している．このバウンディングボックスの範囲について，与えたポリゴンのリストから自動的に取得できるようになると便利である．min() と max() は数値のリストからそれぞれ最小値と最大値を取得する関数である．この関数をリスト中の各ポリゴンに適用することで各方位の座標が取得できる．georgia.polys の最初のポリゴンから最東端を取得する関数を以下に示す．

```
poly1 <- georgia.polys[[1]]
min(poly1[,1])
## [1] 1264520
```

その他の端点の求め方について以下にまとめた．

| 端点 | 最北端 | 最南端 | 最東端 | 最西端 |
|---|---|---|---|---|
| R のコード | max(poly1[,2]) | min(poly1[,2]) | min(poly1[,1]) | max(poly1[,1]) |

この表の中から最東端を取得するコードをリスト中の各ポリゴンに適用する例を考えてみよう．最初にポリゴンから最東端を取得する関数 most.eastern() を定義しよう．

```
most.eastern <- function(poly) {return(min(poly[,1]))}
```

次に lapply() を用いてリスト内の各ポリゴンに関数を適用しよう．

```
most.eastern.list <- lapply(georgia.polys, most.eastern)
```

ここで most.eastern.list をコンソールにタイプすると，159 の要素に関数を適用した結果が得られる．この結果は，各ポリゴンの最東端を示している．先の 2 つのコードをまとめたコード例を以下に示す．

```
most.eastern.list <- lapply(georgia.polys,
                            function(poly) {return(min(poly[,1]))} )
```

このコードでは lapply() の中の most.eastern() が関数定義によって置き換えられている．再び利用することのないような一度限りの関数については，このように書くとよい．関数に名前を与えないことから，このような関数を無名関数と呼ぶ．そしてこのコードはさらに短くすることも可能である．ここでは関数本体が 1 行のみとなっているので {} を用いて囲む必要がない．したがって {} を省略して以下のように書ける．

```
most.eastern.list <- lapply(georgia.polys,
                            function(poly) return(min(poly[,1])) )
```

得られた結果を unlist() を適用すると，159 のポリゴンの最東端が得られる．最終的に，ここに min() を適用することで，リスト内のすべてのポリゴンにおける最東端を得ることができる．

```
min(unlist(most.eastern.list))
## [1] 939221
```

以上のコードをすべて most.eastern.point() という関数にまとめて，問題なく実行できるか確認しよう．

```
# 関数定義
most.eastern.point <- function(polys) {
  # 各ポリゴンの最東端を取得する
  most.eastern.list <- lapply(polys,
                              function(poly) return(min(poly[,1])))
  # 全体を通して最小値を取得する
  return(min(unlist(most.eastern.list)))
}
# 挙動を確認する
most.eastern.point(georgia.polys)
## [1] 939221
```

**演習問題 4.6**　最西端，最北端，最南端についても最東端を取得する場合と同様の関数を書いてみよう．関数名は最東端と同様のものとして以下のコードで関数の挙動を確認してほしい．

```
c(most.eastern.point(georgia.polys),most.western.point(georgia.polys))
c(most.southern.point(georgia.polys),most.northern.point(georgia.polys))
```

**演習問題 4.7**　演習問題 4.6 で書いた関数および最東端を取得する関数を用いて，自動的に地図ウインドウの端点を取得する形に draw.polys() を更新してほしい．

### 4.5.3　地図の塗り分け

本項では地図の塗り分けについて，これまでの白地図から発展させる方法を学んでいく．ここでは R における因子型のデータの扱いについて学ぶ．まずは georgia データセットが読み込まれているかどうか確認しよう．以下のコードを実行していれば，georgia，georgia2，georgia.polysの3つのデータが読み込まれているはずだ．

```
data(georgia)
```

次にclassifierという名前の因子型の変数を作成する．これは都市（urban）と郊外（rural）の2つのレベルを持ちジョージア州の各郡をそれぞれどちらかのレベルに振り分ける．このレベルは郊外に住む人口の割合が50%より多いか否かで判定する．georgiaが持つ属性および郊外に住む人口の割合を表すPctRuralについて，それぞれコンソールに入力して内容を確認しよう．

```
names(georgia)
georgia$PctRural
```

次に変数classifierを作成しよう．

```
classifier <- factor(ifelse(georgia$PctRural > 50, "rural", "urban"))
```

この変数にはfactor()およびifelse()が用いられている．ifelse()はifとelseを組み合わせた機能を持つ関数であり，詳細についてはヘルプを確認してほしい．

さて，地図を塗り分けるための色ベクトルを作成する．まずは，郊外はdarkgreen，都市はyellowで塗り分けるために，各色を用いたベクトルを作成する．色ベクトルは文字列型でポリゴンの数と同じ長さの空ベクトルをfill.colsという名前で作成する．

```
fill.cols <- vector(mode = "character", length = length(classifier))
```

次に空ベクトルのfill.colsの要素を埋めていく．この際，郊外と判定された郡についてはdarkgreen，都市と判定された郡についてはyellowの文字列を格納することとする．

```
fill.cols[classifier == "urban"] <- "yellow"
fill.cols[classifier == "rural"] <- "darkgreen"
```

色ベクトルが完成したら，次に地図作成に移る．この際，georgia.polysの各ポリゴンをそれに対応するfill.colsの色で塗り分ける．これはgeorgiaとgeorgia.polysが同じ順序で並んでいるため実現できることに注意してほしい．ここでlapply()は使えない．なぜならlapply()はリストの1つの要素のみを対象とする関数であり，今回は色ベクトルも含めた複数の要素が対象となるからである．幸い，同様の機能を持ち複数の要素を扱える関数としてmapply()（mはmultivariate（複数の変数）を示す）がRには準備されているため，これを利用する．mapply()は以下のようにして用いる．

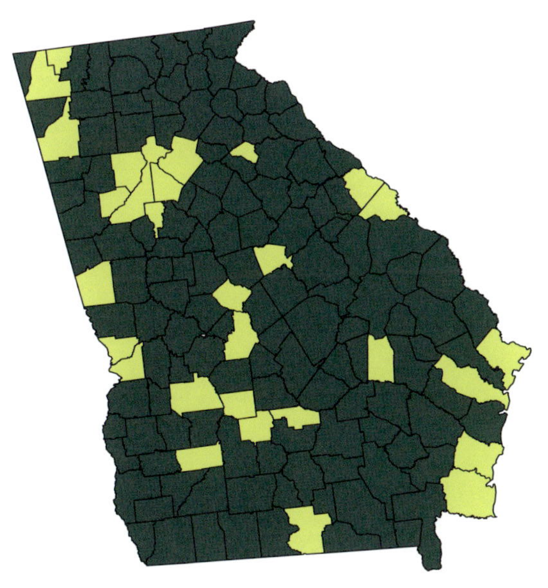

図 4.3　ジョージア州における都市／郊外の塗り分け地図

```
mapply(関数, 最初の引数リスト, 2番目の引数リスト,...)
```

ここで lapply() とは引数の順序が異なることに注意してほしい．ここで，最初の引数リストにはポリゴンのリストを，2 番目の引数リストには色ベクトルを渡す．以下に地図塗り分けのコード例を示す．なお，ここでは演習問題 4.6 で定義した関数を用いている．作成した地図は図 4.3 に示した．

```
# ew は east/west を, ns は north/south を示している
# 演習問題 4.6 で定義した関数を用いて端点を取得する
ew <- c(most.eastern.point(georgia.polys),
        most.western.point(georgia.polys))
ns <- c(most.southern.point(georgia.polys),
        most.northern.point(georgia.polys))
# プロットのパラメータを設定する
par(mar = c(0,0,0,0))
plot(ew, ns, asp=1, type = "n", xlab = "", ylab = "", xaxt = "n",
     yaxt = "n", bty = "n")
invisible(mapply(polygon, georgia.polys, col = fill.cols))
```

**演習問題 4.8**　ここまでの操作を色ではなく，ハッチングで都市／郊外を区別する形に変更して繰り返してみよう．ヒントとして，ハッチングベクトルは文字列ではなく，数値型のベクトルとしてつくるとよい．

```
hatching <- vector(mode="numeric", length=length(georgia.polys))
```

なお，hatching において 0 は「模様なし」とする．

5

# GISとしてRを利用する

## 5.1 概要

GISや空間データ分析では，空間データセットに格納された情報同士の相互関係を分析することが多い．分析の例として以下のようなものがある．

- XとYはどのような相互関係にあるのか
- X-Y間で異なる位置情報はどのくらいあるのか
- Xの発生頻度はYの発生頻度に関係するのか
- Yから一定距離内にあるXの数はどのくらいか
- Xの発生過程とYの発生過程は空間的にどのように変化しているか

XとYは病気，犯罪，公害，国勢調査における調査項目，自然現象，剥奪指標（deprivation index）[a]，その他の地理的情報を伴うイベント発生や現象などである．空間データ分析に関するこういった分析を実行するには，まずデータの前処理や操作が必要になる．それは複数のデータから同一の地理的範囲内のデータを抽出したり，分類を揃えたり（例えば，土地被覆状況を比較するために，データ間の土地被覆分類を揃える），データを集約したり（国勢調査区画でデータを集約する），データの形式を揃えたり（ラスタ形式，ベクタ形式等），同じ座標系に揃える，といった操作である（最後の操作については第3章で扱った）．

本章ではコード例を示しながら空間データ特有の前処理の基礎について学んでいく．この前処理の多くはほとんどのGISソフトウェアには備わっているものである．そしてこの空間データの前処理はシェープファイルをRに読み込んだものや，読者自身の分析の中で作成したデータ等，どのようなものにも適用できる．さまざまな前処理操作があるが，その多くは空間データから一定の地理的範囲内のデータを抽出する操作である．これ

[a] 訳注：地理的な貧困（剥奪）水準を示す指標．

らは ArcGIS や QGIS 等の GIS ソフトウェアにおいてオーバーレイという名前の操作として組み込まれている．もちろん本章ではその他の操作についても扱う．以下に本章の各節において扱う処理を示す．

- あるデータで定めた範囲に基づいて，別のデータから共通範囲を抽出する
- 地物にバッファを追加する
- 空間データ内の地物を結合する
- ポリゴン中の点データの取得および面積計算
- 距離を測定する
- 空間データと属性値を結合する
- ラスタ形式とベクタ形式を相互変換する

本章の内容はこれまでの章と同様，コード例および演習問題を通して学んでいく．いくつかの内容はこれまでの章よりも難しく複雑な内容であるが，今後の読者の分析においてきっと役立つものになるだろう．

GISTools パッケージおよび rgeos パッケージはオーバーレイやその他の空間データ操作（データや情報，属性の新規作成）についての関数を提供している．多くの場合，前処理や分析の操作をどの順番で進めるかは分析者の裁量や目的による．例えば，距離や面積の算出，統計学的検定に先立つポリゴン内の点のカウントは本来目的とする分析に先立って前処理として実施したり，本来目的とする分析に先立つ分析として実施する．これらの操作の中心は，データもしくは情報の新規作成である．

## 5.2　空間データ間の共通部分の抽出やクリップ操作

GISTools パッケージには米国における竜巻の発生データが格納されている．GISTools パッケージと tornados データセットを読み込もう．

```
library(GISTools)
data(tornados)
```

さてこれで torn，torn2，us_states，us_states2 の 4 つのデータセットが読み込まれているはずだ．torn，torn2 は 1950 年から 2004 年までの竜巻の発生地点が格納されている．us_states，us_states2 は米国の州に関する空間データが含まれている．各データセットにおいて，2 がついていないデータは測地系が WGS84 の投影法であり，2 がついているデータは測地系が GRS80 の投影法である．

これらのデータをプロットした結果を図 5.1 に示した．

```
# プロットのパラメータを設定し，地図を作成する
par(mar = c(0,0,0,0))
plot(us_states)
```

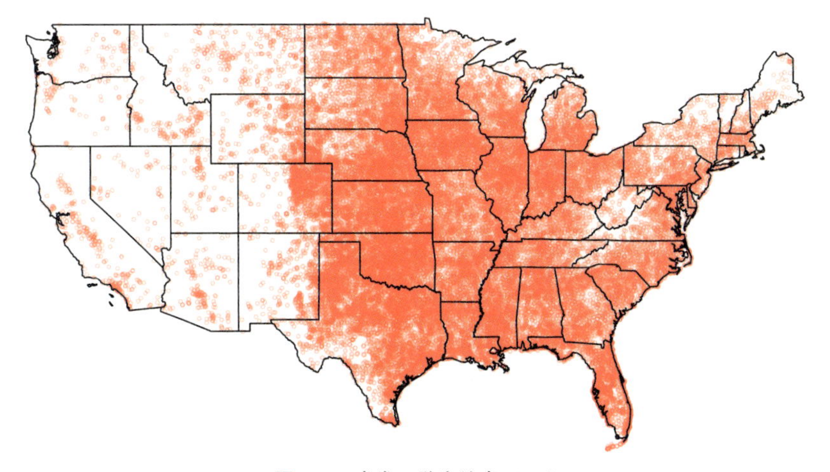

図 5.1 竜巻の発生地点データ

```
# 竜巻の発生地点を半透明にしてプロットする
# 半透明にする方法については add.alpha() のヘルプを確認のこと
plot(torn, add = TRUE, pch = 1, col = "#FB6A4A4C", cex = 0.4)
plot(us_states, add = TRUE)
```

ここでデータセットに含まれる属性について概要を把握する際は summary() を利用したことを思い出そう．torn データセットについて，その投影法や属性について確認したい場合は以下のようにする．

```
summary(torn)
```

さて，ここで特定地域の竜巻発生状況を分析したいとしよう．ここでは全地域の発生状況は必要なく，関心のある地域のみのデータが欲しい．以下のコードでは米国の州の中でもテキサス州，ニューメキシコ州，オクラホマ州，アーカンソー州のみを抽出している．抽出の際は OR 演算子である | を利用している．抽出した領域をプロットしたあとは，その上から竜巻の発生地点データをプロットしている．

```
index <- us_states$STATE_NAME == "Texas"|
         us_states$STATE_NAME == "New Mexico" |
         us_states$STATE_NAME == "Oklahoma"|
         us_states$STATE_NAME == "Arkansas"
AoI <- us_states[index,]

plot(AoI)
plot(torn, add = TRUE, pch = 1, col = "#FB6A4A4C")
```

上記コードはこれまでも利用してきたコマンドを組み合わせている．プロットの結果を

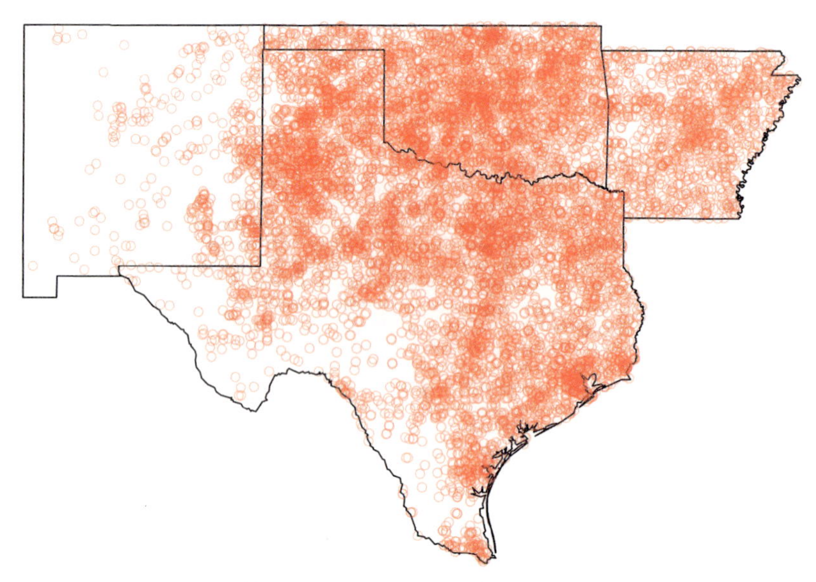

図 5.2　AoI における竜巻発生状況

見ると，プロットの範囲を空間面での関心領域（Area of Interest：以後 AoI と呼ぶ）によって限定し，このプロット領域内の竜巻発生地点がすべて描画されている様が確認できるだろう．

ここでさらに，空間的共通部分の抽出操作（この操作は ArcGIS 等の GIS ソフトウェアではクリップと呼ばれる）を用いて，AoI のみに限定した竜巻発生地点データを取得してみよう．以下のコード内では gIntersection() を用いることでこの操作を実行している．結果は図 5.2 に示した．

```
AoI.torn <- gIntersection(AoI, torn)
par(mar = c(0,0,0,0))
plot(AoI)
plot(AoI.torn, add = TRUE, pch = 1, col = "#FB6A4A4C")
```

gIntersection() を用いることで tornados データセットから AoI 内の地点情報を抽出し，SpatialPoints クラスのデータセットが得られる．しかしこのデータを確認すると，属性情報が失われていることに気付くだろう．head(AoI.torn) をコンソールに打ち込んで，最初の数行のデータを確認すると，座標データのリストのみが返され，このデータにはデータフレームが含まれていないことがわかる．

属性情報を保持するには，位置情報のみではなく，結果に属性情報も含めるように gIntersection() のパラメータを調整する必要がある．これは gIntersection() にオブジェクトの ID を含めるように指示するパラメータ byid を TRUE にすることで実現できる．この操作は完了まで若干時間を要するが，結果として返されるオブジェクトには空間データのみならず元の属性情報であるデータフレームも含まれている．

```
AoI.torn <- gIntersection(AoI, torn, byid = TRUE)
```

AoI.tornの属性を確認するコード例を以下に示した.

```
head(data.frame(AoI.torn))
head(rownames(data.frame(AoI.torn)))
tail(rownames(data.frame(AoI.torn)))
```

共通部分を抽出したデータであるAoI.tornはrownamesを持っており，これらはそれぞれAoIとtornの双方のrownamesを結合した形になっている．今回の場合，us_statesのrownamesは1から50までである．今回興味のある州を先に作成したindexを用いて抽出した結果が以下である．

```
rownames(data.frame(us_states[index,]))
## [1] "37" "40" "41" "46"
us_states$STATE_NAME[index]
## [1]Oklahoma Texas New Mexico Arkansas
## 51 Levels:  Alabama Alaska Arizona Arkansas ...  Wyoming
```

AoI.tornのrownamesはus_statesとtornの双方からのデータ抽出に利用できる．以下に示していくコード例では，まず竜巻発生データの属性情報を抽出し，次に州のデータの属性情報を抽出している．その上で各属性を共通部分のデータに追加している．これらの操作はdf1とdf2という2つのデータフレームを作成した上でcbind()を用いて結合することで実現している．

tornデータからの属性情報抽出には，strsplit()を用いている．これはAoI.tornのrownamesをus_statesとtornのそれぞれのrownamesに分割する目的で利用している．同様に文字列分割に利用できるgsub()については「補足」で解説しているのでそちらも参照してほしい．as.numeric()は文字列を数値に変換するために利用している．文字列で得られたrownamesを数値に変換することでインデックスとして利用できるようになり，tornからデータ抽出が可能になる．

```
# rownames を tmp に代入し，スペース (" ") で文字列を分割する
tmp <- rownames(data.frame(AoI.torn))
tmp <- strsplit(tmp, " ")
# 分割した文字列の各要素をそれぞれ代入する
torn.id <- (sapply(tmp, "[[", 2))
state.id <- (sapply(tmp, "[[", 1))
# torn.id を用いて torn からデータを抽出し df1 に代入する
torn.id <- as.numeric(torn.id)
df1 <- data.frame(torn[torn.id,])
```

state.id と torn.id は元の入力データのデータフレームに対応している．上記コードを実行すると，df1 には AoI に対応して抽出された torn データが格納されているはずだ．

**補足**

本文で紹介した strsplit() は文字列から必要な情報を抽出する際に便利な関数である．他に有用な関数として gsub() がある．以下のコードにおいて tmp の各要素はループが実行されるたびに再代入され，gsub() を用いて不必要な文字列が削除されたオブジェクトによって上書きされている．具体的には state.list から sprintf() を用いて作成した replace.val を，gsub() を用いてスペースと置換することで，AoI.torn の rownames から不必要な文字列（ここでは us_states に対応したインデックス部分）を削除している．

```
# 変数を設定する
state.list <- rownames(data.frame(us_states[index,]))
tmp <- rownames(data.frame(AoI.torn))
# state.list に含まれた文字列を tmp から除く
for(i in 1:length(state.list)){
    replace.val <- sprintf("%s ", state.list[i])
    tmp <- gsub(replace.val, " ", tmp)
}
# torn.id を用いて torn データからデータを抽出し df1 に代入する
torn.id <- as.numeric(tmp)
df1 <- data.frame(torn[torn.id,])
```

次に AoI.torn に対応した州名を抽出するために，state.id を用いて df2 を作成している．そして最後に，先に作成した df1 と df2 を cbind() を用いて結合することで df を作成している．

```
df2 <- us_states$STATE_NAME[as.numeric(state.id)]
df <- cbind(df2, df1)
names(df)[1] <- "State"
```

以下のコードにおける SpatialPointsDataFrame() は AoI.torn に属性情報として df を持たせるために利用する．なお，必要に応じてシェープファイルにデータを保存しておくとよい．

```
AoI.torn <- SpatialPointsDataFrame(AoI.torn, data = df)
# 必要に応じて，以下のコメントアウトを解除して，シェープファイルとして出力する
# writePointsShape(AoI.torn, "AoItorn.shp")
```

先のコード例では州名のデータフレームである df を AoI.torn に結合している．同様の形で他の属性情報を抽出したり結合することも可能である．以下に示す操作においては

us_states のデータと AoI.torn で一致するインデックスを抽出した上で，このインデックスを用いて us_states のデータフレームからデータを抽出し，最後に AoI.torn に結合している．もちろんここで得られた結果は SpatialPointsDataFrame クラスに変換可能である．州に関するデータを竜巻の位置情報に結合する一連の操作をまとめたコードを以下に示す．

```
# match() を用いて，df2 に一致する us_states$STATE_NAME のインデックスを抽出する
index2 <- match(df2, us_states$STATE_NAME)
# このインデックスを用いて us_states のデータフレームからデータを抽出する
df3 <- data.frame(us_states)[index2,]
# 各データフレームを結合し名前を付け替える
df3 <- cbind(df2, df1, df3)
names(df3)[1] <- "State"
# 空間データを作成する
AoI.torn2 <- SpatialPointsDataFrame(AoI.torn, data = df3)
```

なお，gIntersection() の詳細についてはヘルプを見て確認しておいてほしい．同じ投影法の空間データ（今回の場合は WGS84）であれば gIntersection() は適用可能である．空間データの前処理においては，投影法を揃えることが必要であり，これは spTransform() を用いることで実現できる（第 3 章を参照のこと）．

## 5.3 バッファ操作

AoI の内部のみならず，周辺の地物や周辺で発生した事象について分析したいことはよくある．例えば竜巻のような自然現象は州境等の行政区画に沿って発生する訳ではない．同様に犯罪の発生地点や，店舗やヘルスサービスへのアクセス状況について分析する際も，地域の境界周辺のデータも併せて分析したいだろう．バッファ操作はこのような操作を実現するものであり，R の場合 gBuffer() を用いて実行できる．

本節においても，前節までの例を引き継ぎ，テキサス州および，そこから 25 km の範囲で発生した竜巻のデータを抽出することとする．具体的にはテキサス州の州境に 25 km のバッファを加え，その範囲の竜巻発生データを抽出する．バッファは rgeos パッケージの gBuffer() で作成できる．gBuffer() には投影法にもとづいた単位でバッファの距離を指定する．しかし，バッファを追加する場合は，度単位の投影法からの距離の算出は難しいため，異なる投影法が必要になる（m や km といった平面距離と度の関係は緯度によって異なる）．gBuffer() は投影法が設定されていない空間データに適用するとエラーメッセージを返す．以下のコードは投影法が設定されたデータとして us_states2 を用いており，バッファを作成した結果を図 5.3 に示した．

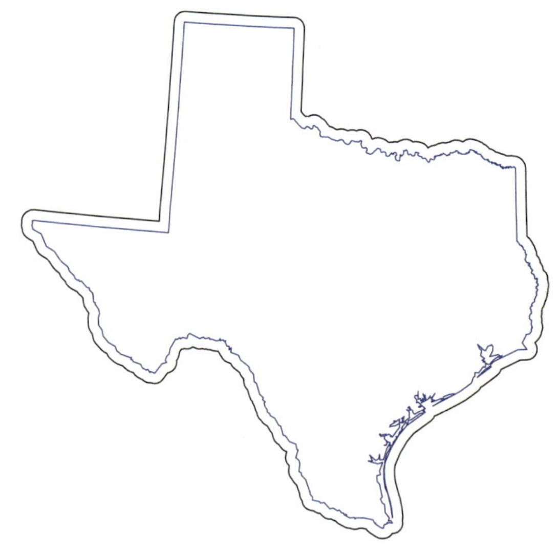

**図 5.3**　25 km のバッファを加えたテキサス州のプロット

```
# 関心領域を抽出しバッファを加える
AoI <- us_states2[us_states2$STATE_NAME== "Texas",]
AoI.buf <- gBuffer(AoI, width=25000)
# バッファを加えてプロットする
par(mar=c(0,0,0,0))
plot(AoI.buf)
plot(AoI, add=TRUE, border="blue")
```

図 5.3 に示したバッファを作成したオブジェクトはオーバーレイ操作に利用するために gIntersection() の入力データとして用いることも可能である．gBuffer() にはバッファをコントロールする多数のパラメータがあるため，その挙動については読者自身で確認してほしい．また，sp クラスのオブジェクトも gBuffer() の引数として利用できることを覚えておこう．sp クラスのオブジェクトである breach データセットでぜひ試してほしい（この際，newhaven がロードされているかを確認の上，実行すること）．

バッファを作成する際にはさまざまなオプションがある．以下のコードでは ID を用いて，各郡の周りにバッファを追加している．

```
data(georgia)
# バッファを追加する
buf.t <- gBuffer(georgia2, width=5000, byid=TRUE, id=georgia2$Name)
#データをプロットする
plot(buf.t)
plot(georgia2, add = TRUE, border = "blue")
```

結果として得られたバッファデータの ID は，入力した地物データに紐づいており，ここでは georgia2 データセットに格納されている郡名を用いている．これはバッファを追加したオブジェクトがどのように命名されているかを names(buf.t) で確認することでチェックできる．元のデータのインデックスが保持されているかどうかに不安があるようなら，以下のコードのようにデータの一部を取り出して比較，確認してみるとよい．

```
plot(buf.t[1,])
plot(georgia2[1,], add = TRUE, col = "blue")
```

## 5.4　地物データを結合する

本章において共通部分の抽出を扱った事例では，4つの米国州を選択して AoI を決定の上，竜巻発生データからその領域のデータを抽出した．そして竜巻がどの州で発生したかという属性情報については抽出した共通部分のデータに対してデータフレームの形で追加している．本節では AoI 内の地物データを結合するという例を考えてみよう．これには rgeos パッケージの gUnaryUnion() を用いる．この関数は第3章でジョージア州の郡境データからジョージア州全体の外周を描く際に用いた．以下のコードでは米国州のデータを1つのオブジェクトに統合した上で，元のデータの上に重ねてプロットしている．プロットした結果を図 5.4 に示した．

```
AoI.merge <- gUnaryUnion(us_states)
# プロットする
par(mar=c(0,0,0,0))
plot(us_states, border = "darkgreen", lty = 3)
plot(AoI.merge, add = TRUE, lwd = 1.5)
```

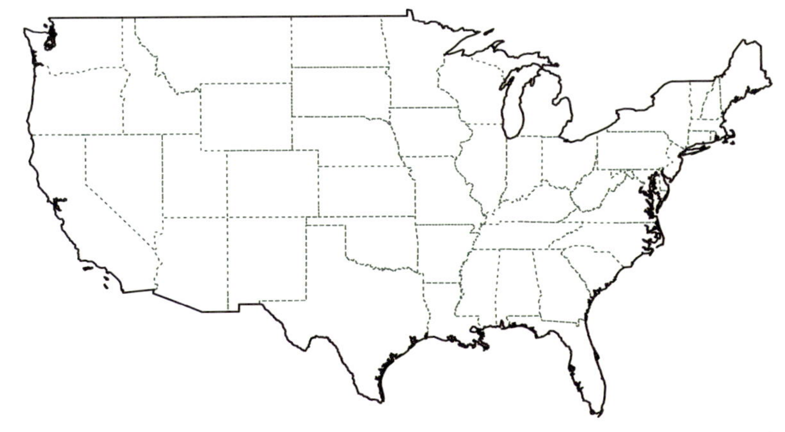

図 5.4　gUnaryUnion() を用いて米国州の州境を統合し外周をプロットした結果（元のデータの州境は緑色で示した）

gUnaryUnion() はいくつかある空間データ統合関数の一つである．その他の関数については rgeos パッケージのヘルプを参照してほしい．この関数は SpatialPolygons クラスや SpatialPolygonsDataFrame クラスのデータを入力データとして受け付け，そのデータが持つ下層の境界を統合するという機能を持つ．統合操作を行ったオブジェクトには，以下に示す分析のほかにも，これまで紹介してきた共通部分の抽出やバッファの追加といった操作が適用可能である．また，統合操作を行ったオブジェクトに対して地図を作成することで，現在分析の対象としている領域の外周の把握にも役立つ．

## 5.5　ポリゴン中の点データの取得および面積計算

### 5.5.1　ポリゴン中の点データの取得

SpatialPoints クラスのデータセットにおいて，各ポリゴンの中にどれだけ点データが含まれているかをカウントできると非常に便利である．これは GISTools パッケージの poly.counts() を用いると実現できる．これは rgeos パッケージの gContains() の機能を拡張したものである．

**補足**

関数の内部コードを知りたいときは括弧なしでコンソールに入力するとよい．

```
poly.counts
## function (pts, polys)
## colSums(gContains(polys, pts, byid = TRUE))
## <environment:  namespace:GISTools>
```

以下のコードでは米国の各州において竜巻がどれだけ発生したかをカウントしている．カウントした結果は torn.count に格納し，head() を用いて最初の 6 つをコンソールに表示している．

```
torn.count <- poly.counts(torn, us_states)
head(torn.count)
##  1   2  3    4    5   6
## 79 341 87 1121 1445 549
```

torn.count を出力した際に，上に表示されている数字は torn.count の名前であり，us_states のポリゴンの ID に対応している．下に表示されているのは各ポリゴン内で点データをカウントした結果である．torn.count の名前については以下のコードで確認できる．

```
names(torn.count)
```

### 5.5.2　面積の計算

GISTools パッケージ内には rgeos パッケージの gArea() を利用してポリゴンの面積を計算する poly.areas() という便利な関数も含まれている．この関数を利用するにあたって，まずは投影法および測定単位を確認しよう．SpatialPolygons，SpatialPoints 等の sp クラスのオブジェクトの投影法を確認する際は proj4string() を用いる．

```
proj4string(us_states2)
```

このコードを実行すると，測定単位は m（メートル）であることがわかる．各州において $m^2$（平方メートル）単位で面積を算出するには以下のコードを実行する．

```
poly.areas(us_states2)
```

あまり利用しないかもしれないが，ヘクタールおよび $km^2$（平方キロメートル）で面積を算出したい場合は以下のようにするとよい．

```
# ヘクタール
poly.areas(us_states2) / (100 * 100)
# 平方キロメートル
poly.areas(us_states2) / (1000 * 1000)
```

**演習問題 5.1**　New Haven における平方マイルあたりの犯罪発生率を国勢調査区画単位で算出し，コロプレス図を作成しなさい．犯罪発生地点のデータについては breach データセットを，New Haven の国勢調査区画単位のデータについては blocks データセットを用いて，関数は poly.counts() および poly.areas() を利用するとよい．地図は choropleth() を用いること．なお，これらのデータは GISTools パッケージに含まれていることを思い出してほしい．

```
library(GISTools)
data(newhaven)
```

演習問題の解答例は第 10 章の後に掲載している．

なお，上記データの測定単位はフィートであることに注意してほしい．平方マイル単位に換算する際は（面積の単位は平方なので）下記コードのように 2 回マイルから換算する必要がある．

```
ft2miles(ft2miles(poly.areas(blocks)))
```

### 5.5.3　点データと面積の関係をモデリングする

空間データ分析においてRを使うメリットとして，統計解析や可視化につなげやすいというものがある．例えば，blocksデータセット内のP_OWNEROCCというオーナーが持ち家に住んでいる割合を示した属性を分析する例を考えよう．この値が演習問題5.1で算出した犯罪発生率のデータとどのように関係しているかを知りたいとする．統計学的にはここで相関係数を算出するのがよいだろう．cor()を用いて算出するコード例を以下に示す．

```
data(newhaven)
densities = poly.counts(breach,blocks) /
                                    ft2miles(ft2miles(poly.areas(blocks)))
cor(blocks$P_OWNEROCC,densities)
## [1]-0.2038
```

2つの属性間の相関係数は約 $-0.2$ となることがわかった．これは弱い負の相関であり，オーナーが持ち家に住んでいる割合が多いほど，犯罪発生率は少ない傾向にあるといえる．これは両属性をプロットすることでも把握できる．

```
plot(blocks$P_OWNEROCC,densities)
```

さらなるアプローチとして，両者の関係を統計モデルでモデリングすることを考えよう．両者の頻度が比較的稀であることを考えると，モデリングにはポアソン分布を用いるのがよさそうである．考えうるモデル式を以下に示す．

```
breaches ~ Poisson(AREA * exp(a + b * blocks$P_OWNEROCC))
```

ここでAREAは国勢調査区画単位の面積を示しており，P_OWNEROCCは先述した通りオーナーが持ち家に住んでいる割合を示す．aとbはそれぞれ切片と回帰係数を示す．ここでAREAはオフセット項となる．オフセット項とは回帰係数が1である変数のことである．なお，犯罪発生率がすべての区画において一様に分布している場合に犯罪発生数は区画単位の面積に比例するだろうという考えの下，オフセット項としてAREAを導入している．logを用いるとオフセット項をexpに含めることができ，先ほどのモデルは以下のように書き換えられる．

```
breaches ~ Poisson(exp(a + b * blocks$P_OWNEROCC + log(AREA)))
```

このように書きなおすと，オフセット項の回帰係数が常に1であることが明確になる．モデルをRのコードにしたものが以下である．

```
# データを読み込み，attach() する
data(newhaven)
attach(data.frame(blocks))
# 区画単位の犯罪発生数を計算する
n.breaches <- poly.counts(breach,blocks)
area <- ft2miles(ft2miles(poly.areas(blocks)))
# モデルをつくる
model1 <- glm(n.breaches ~ P_OWNEROCC, offset = log(area),
              family = poisson)
# データを detach() する
detach(data.frame(blocks))
```

犯罪発生率の計算に際しては，カウントした犯罪発生数を`n.breaches`に，面積を`area`に格納している．ポアソン分布を用いたモデリングには`glm()`を用いている．`glm`は一般線形化モデル (generalized linear model) の略称であり，`glm()`は線形モデルのモデリングに利用する`lm()`を拡張した関数である（`lm()`については第3章の「補足」(83ページ）で例とともに解説しているので参照してほしい)．`family = poisson`は`glm()`においてポアソン分布を当てはめることを意味している．`offset`引数はオフセット項を示している．そして，最初の引数として今回のモデルを指定している．モデリングの結果は`model1`に格納している．モデリングを実行したら`model1`とコンソールに入力してみよう．

モデリングの結果について簡単な要約が得られるはずだ．中でも推定結果が`a = 3.02`, `b = -0.0310`となっていることに注目してほしい．モデリングの結果の詳細については以下で確認するとよい．

```
summary(model1)
```

ここでは`a`および`b`の標準誤差と Wald 検定の結果が示されているだろう．Wald の $Z$ 統計量は正規分布を仮定している最小二乗法においては $t$ 統計量と似た結果を返す．以下の表はモデリングの結果をまとめたものであり，`a`，`b`ともに統計的に有意であることを示している．つまりオーナーが持ち家に住んでいる割合と犯罪発生についての関係は統計的に有意であるといえる．

| | 点推定値 | 標準誤差 | Wald の $Z$ 統計量 | $p$ 値 |
|---|---|---|---|---|
| 切片 | 3.02 | 0.11 | 27.4 | $< 0.01$ |
| オーナーが持ち家に住んでいる割合 (%) | −0.031 | 0.00364 | −8.5 | $< 0.01$ |

モデリングの結果からモデル診断情報を抜き出すことも可能である．例えば rstandard() はモデルから標準化残差を取り出せる．残差は元のデータとモデルによって推定されたデータとの差であり，標準化残差はこの残差の分散が1になるようにスケールしたものである．適切にモデリングされていれば，標準化残差の分布は独立，つまり平均が0，分散が1の正規分布に近づく．モデル診断の際にはこれらの値を可視化するとよい．以下のコードではまず標準化残差を計算し，s.resids に格納している．

```
s.resids <- rstandard(model1)
```

次にプロットの準備として，塗り分けの色指定を行う．これは以下のコードにあるように shading() が便利である．

```
resid.shades <- shading(c(-2, 2), c("red", "grey", "blue"))
```

ここでは値を「−2 未満」「−2 から 2」「2 より大きい」の 3 つの階級に区分している．標準化残差は正規分布に従っていると考える場合，以上の区分は正規分布の両側 5% の範囲に対応しているため，モデル診断の可視化において有用な区分である．そして，ここでは正の方向に非常に大きな残差を示す地区は赤色，負の方向に非常に大きな残差を示す地区は青色，その間の値を示す地区は灰色に塗り分けている．

```
par(mar = c(0,0,0,0))
choropleth(blocks, s.resids, resid.shades)
# プロットの余白をリセットする
par (mar = c(5,4,4,2))
```

以上を可視化した図 5.5 からは，21 の区画が青色または赤色になっているという結果が得られ，これは全体の 16% に該当する．モデルの仮定からは 5% がこのような外れた値として期待されるはずがそれを上回る結果となっている．そして青色または赤色になっている区画は一部に集積しているように見える．この空間的集積は今回モデルに用いた変数がおのおの独立であるという仮定に疑問を投げかけており，代わりに空間的相関の存在を示唆するものである．以上の結果から，モデルにはその他の変数を加える必要があるものと考えられる．

ここで以上のモデルに国勢調査区画単位の空き家の割合を示した P_VACANT を加える場合を考えてみよう．これは model1 を以下のように拡張することで実現できる．

```
attach(data.frame(blocks))
n.breaches <- poly.counts(breach,blocks)
area <- ft2miles(ft2miles(poly.areas(blocks)))
model2 <- glm(n.breaches ~ P_OWNEROCC + P_VACANT,
              offset = log(area), family = poisson)
```

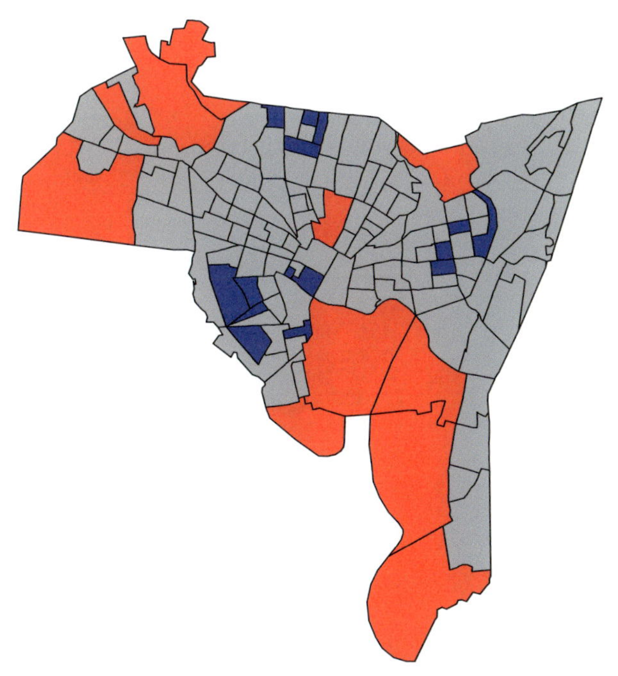

図 5.5 オーナーが持ち家に住んでいる割合と犯罪発生についての関係をモデリングした model1 の標準化残差の分布

```
s.resids.2 <- rstandard(model2)
detach(data.frame(blocks))
```

こうして空き家の割合を追加してモデリングした新しい統計モデルが model2 として得られた．summary(model2) の結果を確認すると，P_VACANT の回帰係数は正であり，かつ統計的に有意であることがわかる．最後に新しいモデルの標準化残差もコロプレス図で可視化しておこう．

```
s.resids.2 <- rstandard(model2)
par(mar = c(0,0,0,0))
choropleth(blocks, s.resids.2, resid.shades)
# 余白をリセットする
par(mar = c(5,4,4,2))
```

図 5.6 では赤色および青色で塗り分けられた区域は少なくなっている．とはいえ，正規分布から推定される割合よりはまだ多く，一部に集積していることを示している．したがって，新しい変数を投入したことでモデルは改善したものの，まだ分析の改善はあるといえる．なお，空間的属性を用いた空間データ分析について，より発展的な内容は第 7 章で扱う．

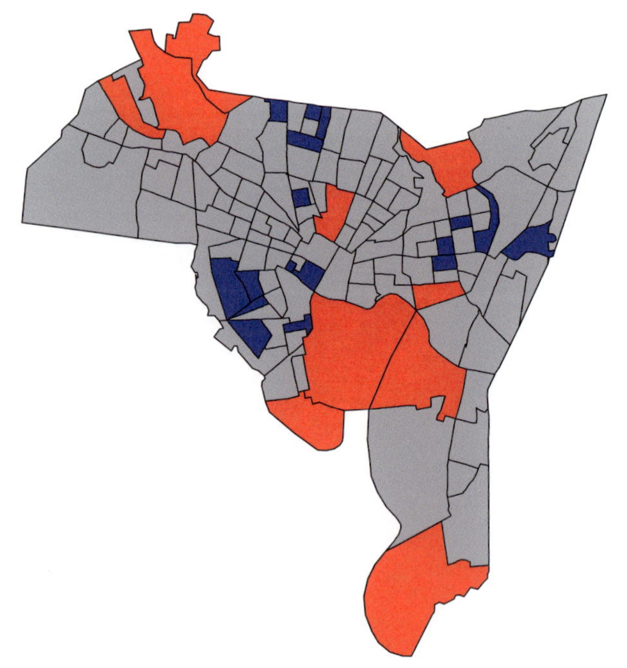

図 5.6　オーナーが持ち家に住んでいる割合および空き家の割合と犯罪発生についての関係をモデリングした model2 の標準化残差の分布

## 5.6　距離を測定する

距離は空間データ分析を実施する上で欠かせない要素である．例えば，ある地物から一定の距離内に含まれる病院や学校といった施設の数について分析したい場合を考える．これから示す分析では複数の社会的集団におけるアクセシビリティの違いを評価するために距離を用いている．距離計算は需要と供給をモデリングする上での基礎的なアプローチであり，立地-配分モデル (location-allocation model) の入力データともなる．

バッファは点やポリゴンといった特定の地物から一定の距離間隔を持っているため，これを用いて距離を近似できる．こうすることで，poly.counts() が行っているように，一定の距離範囲内の特定の地物や地点をカウントすることができる．一方，gDistance() は sp クラスの 2 つの空間データセットの直交距離を測定することができる．以下のコードではこの関数を用いて places（newhaven 内の地区名が入ったデータ）と New Haven の国勢調査区画の中心点との距離を測定している．需要と供給の関係を分析する上では前者は供給側の地点データ，後者は需要側の地点データといえる．gDistance() は供給側の地点データと需要側の地点データを組み合わせた距離行列を結果として返す．以下のコードにおいてはまず 2 つのデータで投影法を揃えた上で，gCentroid() を用いて国勢調査区画内の幾何中心を求め，places と中心点（centroids）との距離を算出している．

```
data(newhaven)
proj4string(places) <- CRS(proj4string(blocks))
centroids.  <- gCentroid(blocks, byid = TRUE, id = rownames(blocks))
distances <- ft2miles(gDistance(places, centroids., byid = TRUE))
```

gDistance() を実行した結果である distances は 129 の国勢調査区画の中心点から 9 の地区までの距離行列（単位はマイル）となっている．国勢調査区画のポリゴンをそのまま gDistance() の入力に用いることもできるが，その場合，中心点からの距離ではなく，ポリゴンにおいて最も近い点からの距離になる．中心点を用いることで平均的な距離を算出することができ，その区画の住民から見てわかりやすい指標となる．

gWithinDistance() は距離行列において指定した距離範囲内かどうかを判定する．結果は指定した距離範囲内かどうかを表す TRUE もしくは FALSE で構成された行列として返される．以下のコード例では距離範囲を 1.2 マイルとした．

```
distances <- gWithinDistance(places, blocks, byid = TRUE,
                             dist = miles2ft(1.2))
```

gDistance() と gWithinDistance() は投影法で用いられている距離単位であれば何でも利用できる．ただし，2 つのデータセット間で投影法における距離単位は同一である必要がある．また newhaven データでは単位がフィートとなっている．単位がマイルとなっているデータとの距離を測定する際は miles2ft() もしくは ft2miles() を使い分けるとよい．

### 5.6.1 距離／アクセシビリティ分析

国勢調査区画データで距離分析を行うことで，社会的集団に向けた特定の施設やサービスのアクセシビリティの分析が可能になる．本項では，Comber et al.(2008) の分析例を R コードを用いて解説する．この分析は緑地に対するアクセシビリティを検討したものであるが，本項の分析では以下の仮想的な事例を検討する．blocks データに含まれる人種情報を需要側，places データに含まれる場所情報を供給側とした上で場所に対する人種間のアクセスの平等性を検討したい．ここでは，ある場所から 1 マイル以内でアクセスできる場合を平等であると仮定しよう．さて，先のデータを用いて，places データに含まれる場所から 1 マイル以内／以遠に住んでいる住民の数を算出しよう．

まず，gWithinDistance() を用いて距離を再算出した上で distances に格納する．供給側からの最短距離は apply() を用いて算出する．最後に各区画において，論理演算を用いて一定の距離範囲内か否かについて TRUE または FALSE に変換している．

```
distances <- ft2miles(gDistance(places, centroids., byid = TRUE))
min.dist <- as.vector(apply(distances,1, min))
```

```
access <- min.dist < 1
# プロットして確認してもよい（ここではコメントアウトしている）
# plot(blocks, col = access)
```

国勢調査区画単位の人種別人口については blocks データから算出する.

```
# 人種に関するデータを blocks データから抽出する
ethnicity <- as.matrix(data.frame(blocks[,14:18])/100)
ethnicity <- apply(ethnicity, 2, function(x) (x * blocks$POP1990))
ethnicity <- matrix(as.integer(ethnicity), ncol = 5)
colnames(ethnicity)<- c("White", "Black", "Native American",
                        "Asian", "Other")
```

そして人種によるアクセス状況の違いをクロス集計で確認する.

```
# xtabs() を用いてクロス集計表を作成する
mat.access.tab <- xtabs(ethnicity ~ access)
# クロス集計表をデータフレーム型に変換する
data.set <- as.data.frame(mat.access.tab)
# 列名を設定する
colnames(data.set)<- c("Access", "Ethnicity", "Freq")
```

ここで data.set の内容を確認しておこう. このオブジェクトには Access, Ethnicity, Freq という形で, 一定の距離範囲内か否か, 人種, 人数の情報がそれぞれ格納されている. このデータを用いてモデリングする際, Access と Ethnicity との間に交互作用があると考えるとしよう. これは glm() において * を用いることで記述できる.

```
modelethnic <- glm(Freq ~ Access * Ethnicity, data = data.set,
                   family = poisson)
# このモデルの内容を把握する際は以下の行の # を外して実行すること
# summary(modelethnic)
```

このモデルにおいて推定された回帰係数を検討しよう. 回帰係数の中でも AccessTRUE を含む項目に着目する. すると最も人数の多い人種である White に比べると, Black や Asian は回帰係数が負になっている（統計学的に有意）. また Other については回帰係数が正になっている（統計学的に有意）.

推定した回帰係数を mod.coefs に格納しよう.

```
summary(modelethnic)$coef
mod.coefs <- summary(modelethnic)$coef
```

この回帰係数から 1 を引き，パーセンテージに換算する．そして，回帰係数の中でも AccessTRUE となっている項目（tab 中の 7 から 10 番目の要素）を抽出する．こうすることで White と比較した場合の他の人種のアクセシビリティに関する尤度を算出できる．

```
tab <- 100 * (exp(mod.coefs[,1]) - 1)
tab <- tab[7:10]
names(tab)<- colnames(ethnicity)[2:5]
tab
##     Black Native American       Asian       Other
## -35.07514       -11.73216   -29.83208   256.25781
```

tab に格納された結果を確認すると White と比較して Other 以外の人種はどれも場所に対するアクセシビリティが悪いことがわかる．具体的には Black は約 35%，Native American は約 12%（これは統計学的には有意ではない），Asian は約 30% 低く，一方 Other は約 256% 高いという結果になっている．

ここでモザイクプロットを用いて人種とアクセシビリティに関するばらつきを可視化しておこう．モザイクプロットの詳細については第 3 章で紹介した．ここでは人種とアクセシビリティを変数として投入し，残差を用いて色分けしている．

```
mosaicplot(t(mat.access.tab), xlab = "", ylab = "Access to Supply",
      main = "Mosaic Plot of Access", shade = TRUE, las = 3, cex = 0.8)
```

**演習問題 5.2** ここまでの内容において複数の統計的手法を学んできた．この問題では国勢調査データにおいて集計単位を変えることで分析結果がどのように変化するかを確認する．具体的には，newhaven のデータである blocks と tracts を用いて，異なる地域区画を用いた 2 つの統計モデルを作成し結果を比較する．どちらのモデルも住居侵入窃盗の発生状況と各住居における居住状況の関係をモデリングする．なお，モデリングを始める場合に以下のコードを実行して各データの可視化をしてほしい．tracts（国勢統計区画単位）を細分化する形で blocks（国勢調査区画）がネストされているという両者の関係がわかるだろう．

```
plot(blocks, border = "red")
plot(tracts, lwd = 2, add = TRUE)
```

さて，ここからは住居侵入窃盗に関するデータも組み合わせて，住居侵入窃盗の発生状況と各住居における居住状況の関係を分析する．住居侵入窃盗に関するデータとしては burgres.f と burgres.n があり，いずれも点データである．burgres.f は住居に押し入るタイプの住居侵入窃盗，つまり強盗についてのデータで，burgres.n は居住者がうっかりドアや窓に鍵をかけ忘れて侵入されてしまったタイプの住居侵入窃盗，つまり空き巣についてのデータである．いずれのデータも2007年8月1日から2008年1月31日までの6ヶ月間のデータである．このデータを対象にして，以下のような質問について考えてみよう．

- 以上2種類の住居侵入窃盗は同じ場所で発生しているだろうか．言い換えれば，ある場所において空き巣のリスクが高いとき，これは同時に強盗のリスクも高いことを意味するのだろうか．
- 異なる集計区分を用いると，この関係についての結果は変わってくるのだろうか．

以上の質問に答えるために，2つの変数を用いた回帰分析モデルを考える．このモデルでは強盗の発生率を空き巣の発生率から予測する．各犯罪の発生率については，住居数に対する割合として算出する．

住居侵入の対象となる住居数（人が住んでいる住居）については blocks および tracts のいずれにも含まれている OCCUPIED を用いるとよい．住居数1000戸に対する発生率を算出する際は 1000 * (住居侵入の発生数) / OCCUPIED という形で算出するとよい．また，データの集計期間は6ヶ月であるため，1年あたりの発生率を算出する場合は発生数を2倍する必要がある．なお，以下のコードを実行すると OCCUPIED が0，つまり人が住んでいる住居が0である区画があることがわかる．

```
blocks$OCCUPIED
```

したがって，上記の発生率を算出することができない．この問題を克服するためには OCCUPIED が0より大きい区画を抽出して対象とする必要がある．blocks データセットは SpatialPolygonsDataFrame クラスであり，各ポリゴンはデータフレームの行と同様の形で抽出できる．したがって，OCCUPIED が0より大きい区画を抽出する際は以下のようにする．

```
blocks2 <- blocks[blocks$OCCUPIED > 0,]
```

これで強盗および空き巣の発生率を区画単位で算出できるようになった．この際，poly.counts でポリゴン内の発生数を算出した上で，OCCUPIED で除し，1000戸単位かつ1年あたりの発生率とするために2000を乗じる．なお，blocks には OCCUPIED が0のデータも含まれるため，これを除いた blocks2 を用いることに注意してほしい．以下のコードではまず blocks2 を attach() した上で各犯罪の発生率を算出している．

```
attach(data.frame(blocks2))
forced.rate <- 2000 * poly.counts(burgres.f, blocks2) / OCCUPIED
notforced.rate <- 2000 * poly.counts(burgres.n, blocks2) / OCCUPIED
detach(data.frame(blocks2))
```

これで強盗と空き巣の発生率として forced.rate と notforced.rate が算出できた．さて，この2つの変数を用いて回帰分析を行ってみよう．まず，ここでは空間的な依存関係は考慮せずに，以下のコードのように lm() を用いてシンプルな形で回帰を行い，その回帰係数を確認する．

```
model1 <- lm(forced.rate ~ notforced.rate)
summary(model1)
coef(model1)
```

このモデルは強盗の発生率と空き巣の発生率に関する以下の関係を表現している．

強盗の発生率の期待値 = a + b * 空き巣の発生率

ここで a は切片で b は回帰係数を示している．もし，モデルの結果から回帰係数が0でないことが統計的に有意であると確認できたら，2つの犯罪発生率の間には関係があることが示唆される．仮に犯人たちがある地域において住居侵入を企てたとき，鍵のかかっていない窓やドアがあればそちらから入るだろうし，それがなければ強引に押し入ることになるだろう．したがって，住居侵入の発生率が高い地域においては強盗と空き巣の発生率には潜在的に関連があるものと予想される．一方で住居侵入の発生率が相対的に低い地域においては，強盗と空き巣のいずれの発生率も低くなることが予想される．

ここまでをまとめると先の質問に対して実施すべき分析としては以下が考えられる．

1. blocks と tracts データセットを用いた2つのモデルを作成し，先述したモデル式における a と b を推定する．
2. 2つのモデルにおける違いを考察する．

## 5.7 空間データと属性を結合する

poly.counts() を用いることで，ポリゴン中の点データをカウントできる．空間データ分析においては，空間データの複数の属性を結合（またはオーバーレイ）したいというケースに頻繁に遭遇する．この際，各データセットは異なる地理区分を持つことが多く，問題となる．実際に，組織，施設，行政内の部局によって提供する地理区分は異なる．たとえ現時点では異なっていなかったとしても，地理区分は時間とともに変化する．こういった問題への解決策として gIntersection() が利用できる．これにより各データセットにおいて関心領域 (AoI) を切り取ることができる．あるデータセット X 中のオブジェクトの割合を別のデータセット Y のポリゴンにおいて算出するといったことが可能になる．本節ではこのような操作を R でどのように実現するかについて解説する．

そして，読者には本節の演習問題において，このような操作を実現する関数を作成してもらう．なお，sp クラスのデータセットを対象とした操作全般にいえることだが，入力データは同じ投影法である必要がある．まずはproj4string()で投影法を確認して，投影法が異なるようであればspTransform()を用いて揃えよう．

さて，ここで一定の範囲（ゾーン）ごとに住居数をカウントするというタスクを考えてみよう．このタスクでは先のtractsデータとそこに含まれる変数であるHSE_UNITSを用いる．この変数は住居数を表している．なお，今回設定するゾーンは仮想的なものであるが，例えば救急サービスにおける搬送計画や施設の適正配置を考える際等に使われるものである．まず，ゾーンを作成し，ゾーンごとにIDを振って，tractsから作成した地図上に描いてみよう．ゾーンはグリッド（格子）を用いる．作成したグリッドをSpatialPolygonsDataFrameクラスに変換することでゾーンを定義する．

```
data(newhaven)
# ゾーンを定義する
bb <- bbox(tracts)
grd <- GridTopology(cellcentre.offset = c(bb[1,1]-200,bb[2,1]-200),
                    cellsize = c(10000,10000), cells.dim = c(5,5))
int.layer <- SpatialPolygonsDataFrame(
                          as.SpatialPolygons.GridTopology(grd),
                          data = data.frame(c(1:25)), match.ID = FALSE)
names(int.layer) <- "ID"
```

投影法についてはproj4string(int.layer)およびproj4string(tracts)を用いてチェックしておいてほしい．今回の場合はいずれの結果もNAとなるので，以下のようにgIntersection()を用いて共通部分の切り出しが可能である．

```
int.res <- gIntersection(int.layer, tracts, byid = TRUE)
```

元のデータであるtractsおよびゾーン，その2つから切り出した共通部分を並べてプロットした結果を図5.7に示した．

```
# プロットのパラメータを設定する
par(mfrow = c(1,2))
par(mar = c(0,0,0,0))

#ラベルを作成する
Lat <- as.vector(coordinates(int.layer)[,2])
Lon <- as.vector(coordinates(int.layer)[,1])
Names <- as.character(data.frame(int.layer)[,1])

# ゾーンをプロットする
plot(int.layer, lty = 2)
```

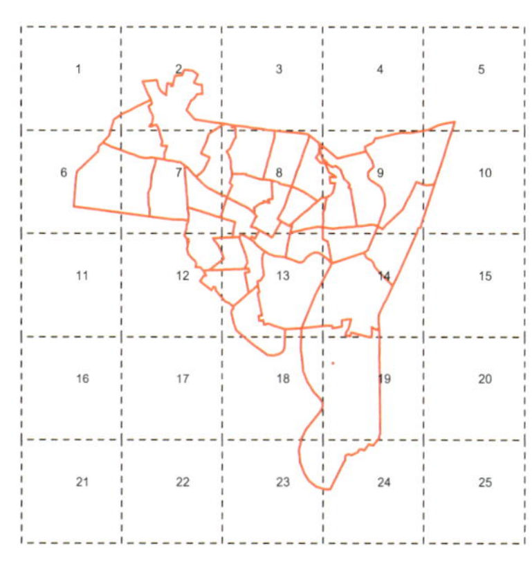


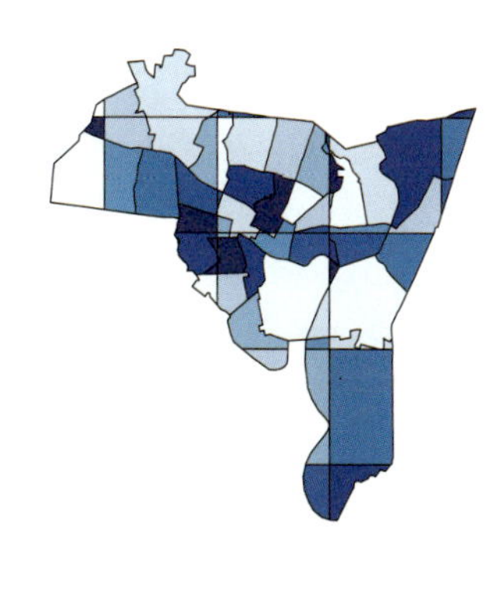

**図 5.7** ゾーンおよび tracts データのプロット（右は両者の共通部分を切り出したもの）

```
# ゾーンの上に tracts をプロットする
plot(tracts, add = TRUE, border = "red", lwd = 2)
pl <- pointLabel(Lon, Lat, Names, offset = 0, cex = .7)

# プロットの範囲を設定する
plot(int.layer, border = "white")
# ゾーンと tracts の共通部分をプロットする
plot(int.res, col = blues9, add = TRUE)
```

これまでの節で解説したことだが，gIntersection() の names には入力データそれぞれのデータフレームにおける行番号が結合された形で格納されている．

```
names(int.res)
```

この情報を用いることで，対応する入力データの情報が得られる．今回は切り出した共通部分のデータである int.res に元のデータである int.layer から属性を追加していく．この際，先の names() の結果を用いる．

まず，この結果を対応する入力データの行番号が把握できるように分割しよう．

```
tmp <- strsplit(names(int.res), " ")
tracts.id <- (sapply(tmp, "[[", 2))
intlayer.id <- (sapply(tmp, "[[", 1))
```

ここで元のデータである tracts の各区画において各ゾーンとの共通部分が占める割合を算出しておこう．これは各区画の住居数を各ゾーンに配分する際に用いる[b]．

[b] 訳注：例えば tracts における行番号 7 の区画はゾーン 6 とゾーン 7 にまたがっており，各ゾーンとの共通部分の割合を用いて，この区画の住居数を各ゾーンに配分する．

```
# それぞれのデータの面積を計算する
int.areas <- gArea(int.res, byid = TRUE)
tract.areas <- gArea(tracts, byid = TRUE)
# 共通部分のインデックスを抽出する
index <- match(tracts.id, row.names(tracts))
tract.areas <- tract.areas[index]
# tracts の各区画について各ゾーンとの共通部分が占める割合を計算する
tract.prop <- zapsmall(int.areas / tract.areas, 3)
# 住居数を算出した割合に基づいて配分しデータフレームとして結合する
df <- data.frame(intlayer.id, tract.prop)
houses <- zapsmall(tracts$HSE_UNITS[index] * tract.prop, 1)
df <- data.frame(df, houses, int.areas)
```

最後に得られたデータフレームである df に対して xtabs() を用いて集計をかけ，元のゾーンデータに付加する．なお，df は SpatialPolygonsDataFrame クラスのオブジェクトのデータとして int.res に付加することも可能である．

```
int.layer.houses <- xtabs(df$houses ~ df$intlayer.id)
index <- as.numeric(gsub("g", "", names(int.layer.houses)))
# 一時変数を作成する
tmp <- vector("numeric", length = dim(data.frame(int.layer))[1])
tmp[index] <- int.layer.houses
i.houses <- tmp
```

以下のコードで集計結果を元のゾーン（グリッド）に付加することができる．

```
int.layer <- SpatialPolygonsDataFrame(int.layer,
                    data = data.frame(data.frame(int.layer), i.houses),
                    match.ID = FALSE)
```

この集計結果をプロットした図を図 5.8 に示した．図 5.7 と比較してみてほしい．

```
# プロットのパラメータおよび塗り分けを指定する
par(mar = c(0,0,0,0))
shades <- auto.shading(int.layer$i.houses,
                       n = 6, cols=brewer.pal(6, "Greens"))
# コロプレス図を作成する
choropleth(int.layer, int.layer$i.houses, shades)
plot(tracts, add = TRUE)
choro.legend(530000, 159115, bg = "white", shades,
             title = "No.  of houses", under = "")
```

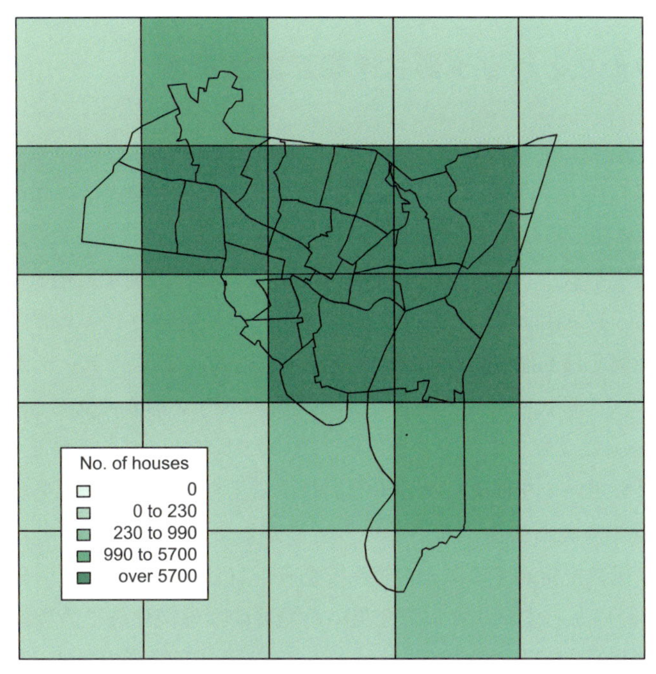


図 5.8　tracts から求めたゾーン単位の住居数で塗り分けた地図

```
# プロットの余白をリセットする
par (mar = c(5,4,4,2))
```

**演習問題 5.3**　ゾーンを設定し，SpatialPolygonsDataFrame のデータセットとの共通部分を切り出し，後者に含まれる変数のカウントを行う関数を書くこと．なお，この際，本節で作成したコードを参考にし，カウントは設定したゾーン単位で行うこと．例えば，ゾーンとして説明した int.layer を用いつつ，blocks データセットとの共通部分を切り出し，後者に含まれる POP1990（区画単位の人口）をゾーン単位で集計した結果を作成するとよい．なお，複数の空間データオブジェクトを扱う gIntersects() 等の関数は入力データ間で投影法が同一であることを求めることに注意してほしい（本節の例で用いた int.layer と tracts はいずれも投影法が NA だった）．int.layer と blocks の投影法を揃えるには以下のコードのように rgdal パッケージを用いるとよい．

```
install.packages("rgdal", dependencies = TRUE)
library(rgdal)
ct <- proj4string(blocks)
proj4string(int.layer) <- CRS(ct)
blocks <- spTransform(blocks, CRS(proj4string(int.layer)))
```

## 5.8　ラスタ形式とベクタ形式を相互変換する

空間データの分析においては，ベクタ形式とラスタ形式を相互変換することが多い．実際，多くの商用 GIS ソフトウェアにおいて，この2大データ形式はこれらを処理する関数や分析とともに長く扱われてきた歴史を持つ．

本節ではラスタ形式とベクタ形式を変換する方法について簡単に触れる．これには3つの理由がある．1つ目は多くのパッケージはそれぞれ独自のデータ構造を定義しているからである．例えば PBSmapping パッケージは PolySet というデータ構造を定義している．これはラスタ形式のデータ構造であり，仮にベクタ形式である sp パッケージの SpatialPolygons に変換しようと考えると，そのためのコードを必要とする．2つ目の理由として，R を用いて空間データ分析を実行する場合はもはやラスタ形式とベクタ形式を厳密に分けて考える必要がないというものがある．なぜなら R においては，これらの形式を扱う関数を定義することが容易であり，自分用のツールを開発できるからである．3つ目の理由としてラスタ形式を用いた発展的な地図作成や分析は他書（例えば Bivand et al., 2008 を参照）でカバーされるからである．以降の項ではベクタ形式である SpatialPoints，SpatialLines，SpatialPolygons といった sp パッケージのクラスとラスタ形式である raster パッケージ（Robert J. Hijmans と Jacob van Etten が開発）の RasterLayer クラスとの相互変換を扱う．また，raster パッケージのクラスから sp パッケージが提供するラスタ形式を表現するクラスへの相互変換についても扱う．

### 5.8.1　ラスタ形式からベクタ形式への変換

本項ではこれまでも扱ってきた tornados データを用いる．

まずは sp パッケージが提供する各クラスから raster パッケージが提供するクラスへの変換について説明する．

- 点（SpatialPoints および SpatialPointsDataFrame）
- 線（SpatialLines および SpatialLinesDataFrame）
- 面（SpatialPolygons および SpatialPolygonsDataFrame）

まずは必要なパッケージを読み込んでほしい．なお raster パッケージを初めて利用するようであれば，まず install.packages() を用いてインストールしておくこと．

#### 点データのラスタ形式への変換

```
library(GISTools)
library(raster)
data(tornados)
```

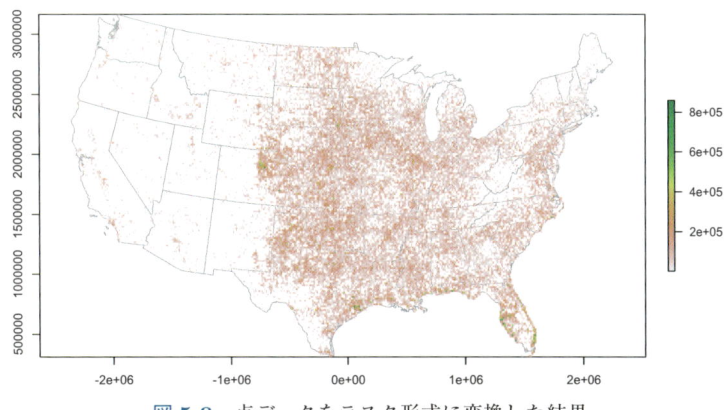


図 5.9　点データをラスタ形式に変換した結果

```
# 点データの変換
r <- raster(nrow = 180, ncols = 360, ext = extent(us_states2))
t2 <- as(torn2, "SpatialPoints")
r <- rasterize(t2, r, fun = sum)
```

これをプロットすると，各竜巻の発生密度がセルとして表示されているのがわかるだろう（図 5.9）.

```
# プロットの範囲を規定するためにあえて最初に白色でプロットしている
plot(r, col = "white")
plot(us_states2, add = TRUE, border = "grey")
plot(r, add = TRUE)
```

### 線データのラスタ形式への変換

以下ではわかりやすい図にするために，ポリゴンの外周を描く SpatialLinesDataFrame のオブジェクトを作成している.

```
# 線データの変換
us_outline <- as(us_states2, "SpatialLinesDataFrame")
r <- raster(nrow = 180 , ncols = 360, ext = extent(us_states2))
r <- rasterize(us_outline, r, "STATE_FIPS")
```

この操作は実行に若干時間を要する．図 5.10 にはこれをプロットした結果を示した.

```
plot(r)
```

ここでは塗り分けに STATE_FIPS 引数を用いた．これは米国の各州を数字で表したコードである.

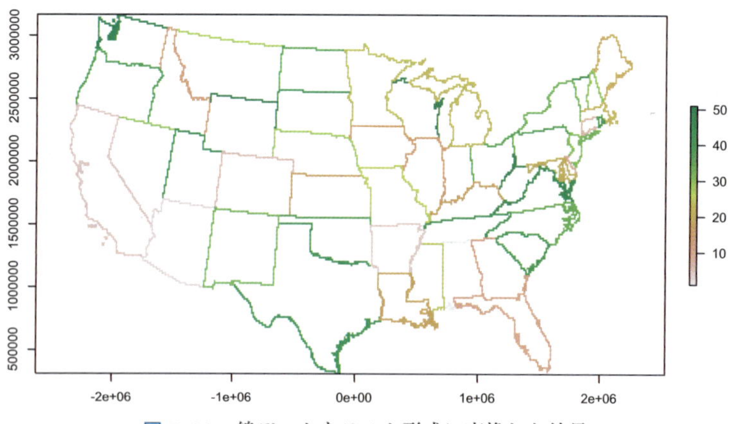

図 5.10　線データをラスタ形式に変換した結果

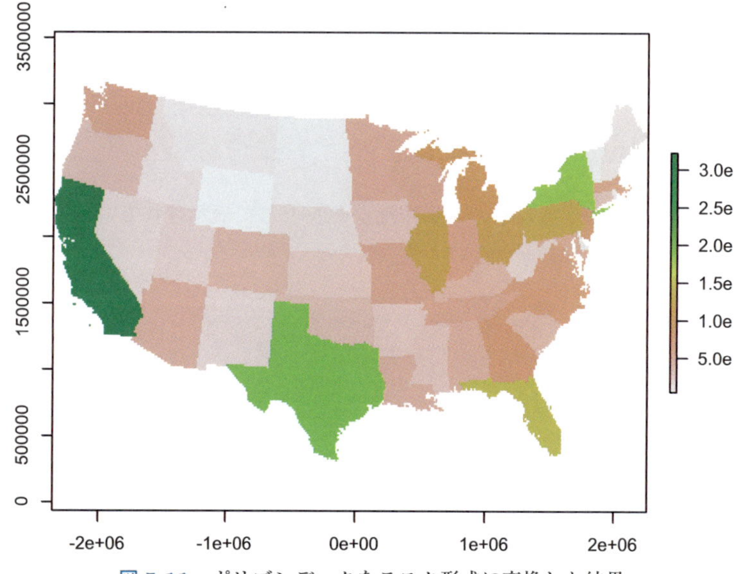

図 5.11　ポリゴンデータをラスタ形式に変換した結果

### ポリゴンデータのラスタ形式への変換

ポリゴンデータの変換についても説明しよう．ポリゴンも raster パッケージが提供する RasterLayer クラスに容易に変換可能である．変換結果をプロットした図を図 5.11 に示した．米国各州の 1997 年の人口をセルとして表示している．

```
# ポリゴンデータの変換
r <- raster(nrow = 180 , ncols = 360, ext = extent(us_states2))
r <- rasterize(us_states2, r, "POP1997")
## Found 49 region(s) and 95 polygon(s)
plot(r)
```

プロットだけではなく，実際にオブジェクトの内容も確認しておくとよいだろう．r とコンソールに入力すると，このラスタ形式のオブジェクトの解像度 (resolution)，次元数 (dimensions) および表示範囲 (extent) についての概要が表示される．

補足

ここまでのコードでは raster() の ncol および nrow 引数にそれぞれ表示する列，行のセル数を指定している．ここで次元数からセル数を求める方法を紹介しよう．若干複雑だが，ラスタ形式のセル数を設定する例を以下のコードに示す．

```
# ここから一連の操作でセル数を決定していく
d <- 50000
dim.x <- d
dim.y <- d
bb <- bbox(us_states2)
# 表示に用いるセル数を決定する
cells.x <- (bb[1,2]-bb[1,1]) / dim.x
cells.y <- (bb[2,2]-bb[2,1]) / dim.y
round.vals <- function(x){
  if(as.integer(x) < x) { x <- as.integer(x) + 1
  } else { x <- as.integer(x) }
}
cells.x <- round.vals(cells.x)
cells.y <- round.vals(cells.y)
# 変換する際の範囲を設定する
ext <- extent(c(bb[1,1], bb[1,1] + (cells.x * d), bb[2,1],
                bb[2,1] + (cells.y * d)))
# ラスタ形式に変換する
r <- raster(ncol = cells.x, nrow =cells.y)
extent(r) <- ext
r <- rasterize(us_states2, r, "POP1997")
# 結果を確認する
r
plot(r)
```

### 5.8.2 sp パッケージの各クラスへの変換

sp パッケージにはラスタ形式のデータを表現し，規則的なグリッドで表示する 2 つのクラス（SpatialPixelsDataFrame と SpatialGridDataFrame）がある．as() を用いると raster パッケージのクラスをこれらのクラスに変換できる．RasterLayer クラスを SpatialPixelsDataFrame および SpatialGridDataFrame に変換する例を以下のコードに示す．

最初にこれまでの例と同様，us_states2 をラスタ形式に変換しよう．

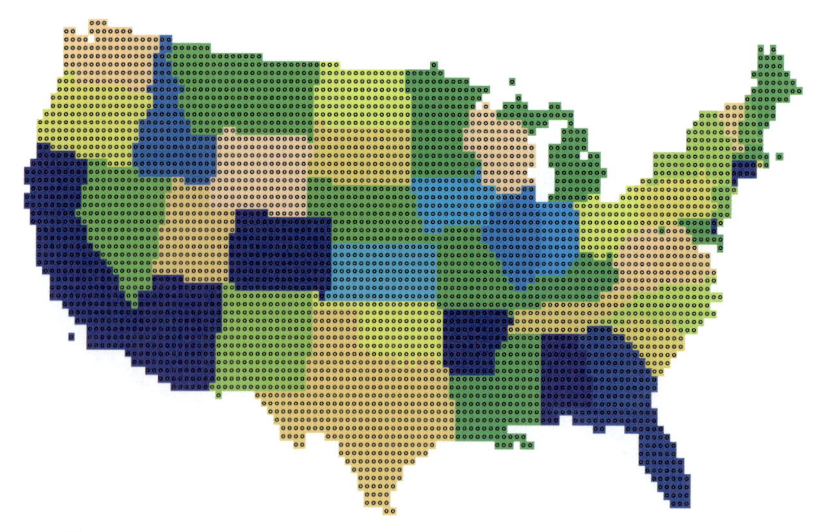

図 5.12　SpatialGrid および SpatialPoints データをプロットした結果

```
r <- raster(nrow = 60, ncols = 120, ext = extent(us_states2))
r <- rasterize(us_states2, r, "STATE_FIPS")
```

次に as() を用いて SpatialPixelsDataFrame および SpatialGridDataFrame に変換する．このオブジェクトから image() や plot() を用いて地図を作成できる．図 5.12 にその結果を示す．

```
g <- as(r, "SpatialGridDataFrame")
p <- as(r, "SpatialPixelsDataFrame")

par(mar=c(0,0,0,0))
image(g, col = topo.colors(51))
points(p, cex = 0.5)

# 以下は実行する際にコメントアウトを解除すること
# plot(p, cex = 0.5, pch = 1, col = factor(p$layer))
```

また，以下のようにしてデータフレームの内容を確認できる．

```
head(data.frame(g))
head(data.frame(p))
```

特定の地物を選んだデータ操作も可能である．以下に人口が 1000 万人以上の州を抽出する例を示す．ここで，条件を満たさないデータには NA を代入している．図示した結果を図 5.13 に示す．

図 5.13 抽出した結果から変換した SpatialGrid および SpatialPoints のプロット

```
# ラスタ形式のデータを準備する
r <- raster(nrow = 60, ncols = 120, ext = extent(us_states2))
r <- rasterize(us_states2 , r, "POP1997")
r2 <- r
# 特定のデータを抽出する
r2[r < 10000000]<- NA
g <- as(r2, "SpatialGridDataFrame")
p <- as(r2, "SpatialPixelsDataFrame")
par(mar = c(0,0,0,0))
image(g, col = "grey90")
points(p, cex = 0.5)

# 以下は実行する際にコメントアウトを解除すること
# plot(p, cex = 0.5, pch = 1)
```

### 5.8.3 ラスタ形式からベクタ形式への変換

raster パッケージにはラスタ形式からベクタ形式に変換するための関数が複数用意されている．例えば SpatialPolygonsDataFrame に変換する rasterToPolygons() や行列に変換する rasterToPoints() 等である．これらの関数を用いたコード例を以下に示す．また，これを実行した際に得られる図を図 5.14 に示した．元のラスタ形式の上に，変換したベクタ形式のデータをポリゴンとして重ね描きしていることに注意してほしい．

```
data(newhaven)  # データを読み込む
# ラスタ形式のデータを準備する
r <- raster(nrow = 60, ncols = 60, ext = extent(tracts))
# ベクタ形式である tracts をラスタ形式に変換する
r <- rasterize(tracts , r, "VACANT")
```

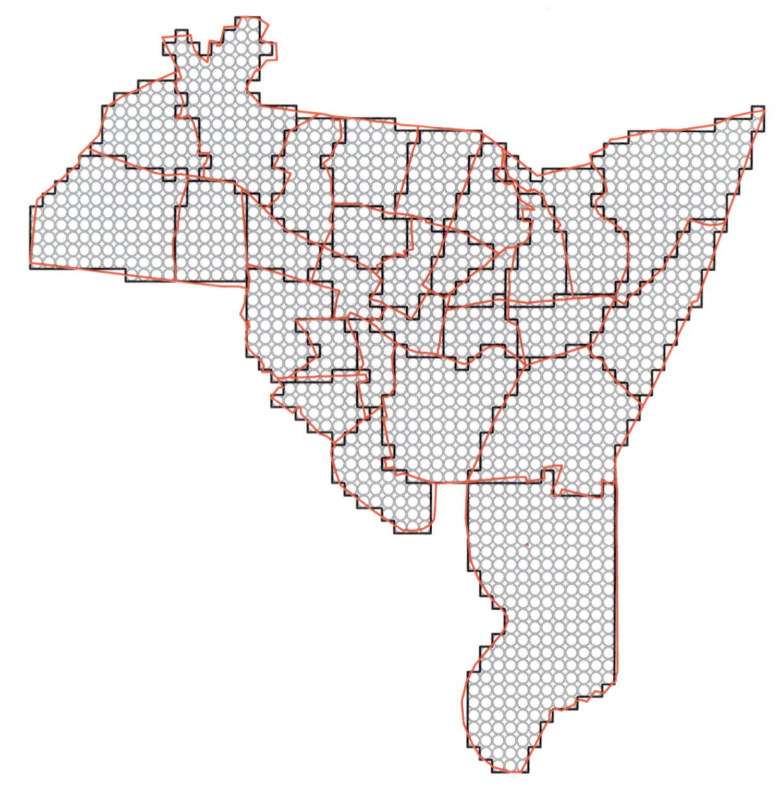

図 5.14　ラスタ形式のデータをポリゴン，点データに変換した結果のプロット（元のポリゴンデータを赤で表示している）

```
# ラスタ形式からポリゴンデータに変換する
poly1 <- rasterToPolygons(r, dissolve = TRUE)
# ラスタ形式から点データに変換する
points1 <- rasterToPoints(r)

# 各データをプロットする
par(mar = c(0,0,0,0))
# 変換した点データのプロット
plot(points1, col = "grey", axes = FALSE, xaxt = "n", ann = FALSE)
# 変換したポリゴンデータのプロット
plot(poly1, lwd = 1.5, add = TRUE)
# 元の tracts データのプロット
plot(tracts, border = "red", add = TRUE)
par(mar = c(5,4,4,2)) # 余白をリセットする
```

## 5.9 ラスタ形式のデータを用いた分析の初歩

本節では，QGISのようなGUIを用いたGISソフトウェアで可能なラスタ形式のデータ操作とオーバーレイについて，Rでの実行方法の概要を紹介する．まず，マップ代数演算と呼ばれるラスタ形式の分析についてその入力データを準備する．ここでは`raster`パッケージの演算およびオーバーレイを用いながら，ラスタ形式データの再分類について紹介する．

なお，これまでも説明してきたことだが，多くのRパッケージはPDF形式でパッケージの内容を説明するユーザーガイドを提供している．このユーザーガイドはパッケージのヘルプの先頭に表示されている．`raster`パッケージもこのユーザーガイドで，本節では紹介しないラスタ形式のデータやそのほかのマルチレイヤーのオブジェクトの作成方法について解説している．さらにこのガイドでは`multi-criteria evaluation`や`multi-criteria analysis`として言及されるラスタ形式のデータ操作や分析方法についても解説しているのでぜひ参考にしてほしい．

ラスタ形式のデータを用いた分析（以下，ラスタ分析）では複数の変数を持つ多数のデータを同時に扱うことが多い．なお，これらのデータは同じ空間的範囲，解像度（グリッドおよびセルのサイズ），投影法，座標系であることが求められる．本節のコードで用いるデータはすべてこの条件を満たす．読者がもし自身のデータを用いて分析する際は，分析の前にこれらの条件を満たしているかを確認しておいてほしい．

### 5.9.1 ラスタ形式のデータの準備

ここでは`sp`パッケージに含まれるMeuse川のデータを説明に用いる．ここでもし自身のラスタ形式データを読み込む場合は`rgdal`パッケージの`readGDAL()`を利用するとよい．この関数を用いることで大抵のラスタ形式のデータを読み込むことができる．また，`meuse.grid`の変数やその内容について，`?meuse.grid`を用いてヘルプで確認しておいてほしい．

```
library(GISTools)
library(raster)
library(sp)
# meuse.grid を読み込む
data(meuse.grid)
# SpatialPixelsDataFrame オブジェクトに変換する
coordinates(meuse.grid)<- ~ x+ y
meuse.grid <- as(meuse.grid, "SpatialPixelsDataFrame")
# 3 つのラスタ形式のレイヤーを作成する
r1 <- raster(meuse.grid, layer = 3) # 距離
```

```
r2 <- raster(meuse.grid, layer = 4) # 土壌タイプ
r3 <- raster(meuse.grid, layer = 5) # 洪水頻度
```

上記コードではmeuse.gridをSpatialPixelsDataFrameに変換し，そこから3つのラスタ形式のレイヤーを作成している．この3つのレイヤーは本節の分析の中心となるデータである．image()を用いて，各レイヤーを視覚的に確認しておこう．

```
image(r1, asp = 1)
image(r2, asp = 1)
image(r3, asp = 1)
```

### 5.9.2 ラスタ形式データの再分類

ラスタ分析では単純な算術演算をよく行う．例えば，ラスタ形式のデータに対する四則演算等である．これらの操作はセル単位で実行される．例えばラスタ形式の加算は以下のような形で実行できる．

```
Raster_Result <- Raster.Layer.1 + Raster.Layer.2
```

ここで，ラスタ形式のデータは数値のみのデータであることを思い出してほしい．仮にRaster.Layer.1とRaster.Layer.2がいずれも1，2，3という値を持っていた場合，これらを数値として単純に加算してしまうとRaster_Resultにおいて得られた値がどちらのデータ由来のものかわからなくなる．先の例に戻ればr2およびr3レイヤーはそれぞれ土壌のタイプ，洪水の頻度として1から3までの値を持つ（meuse.gridのヘルプを参照のこと）．したがって，オーバーレイ操作の結果を理解できるようにラスタ形式データの値を再分類しよう．

ラスタ形式データの再分類にはいくつかの方法がある．

1つ目の方法としては，単純にそれぞれの値を算術演算の中で扱うというものである．この場合，得られる出力結果は入力レイヤーの算術演算の組み合わせとして記述される．以下のコードでは1つの層の値を10倍して加算している．結果として，9つの値の組み合わせが得られた．各データからはその入力データの由来を確認できる．例えば32の場合であれば，r3の3（洪水頻度が50年に1度），r2の2（土壌タイプRd90C/VII）の組み合わせである．このようなオーバーレイ操作を行った結果を図5.15に示した．また，各組み合わせの頻度もtable()の結果として表示している．なお，プロットにはspplot()を用いていることに注意してほしい．

```
Raster_Result <- r2 + (r3 * 10)
table(as.vector(Raster_Result$layer))
```

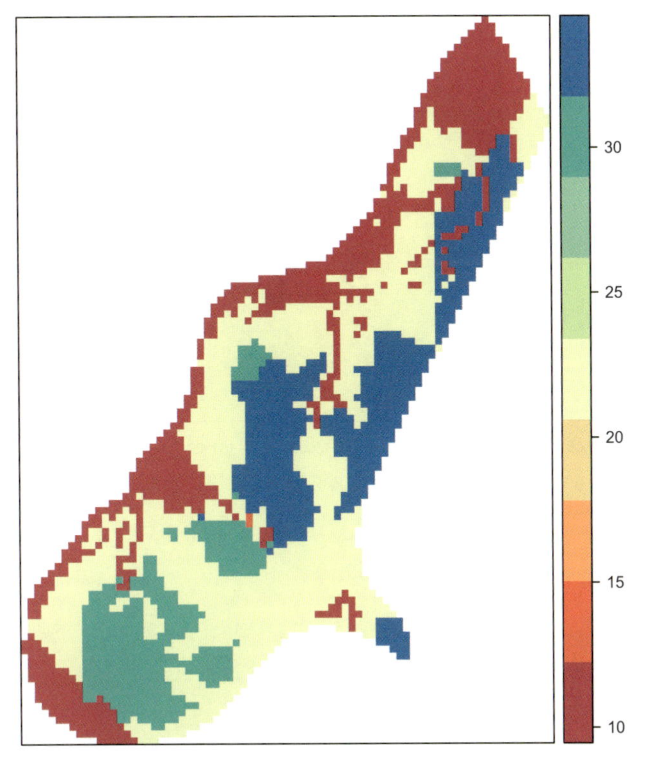


図 5.15 ラスタ形式データの単純なオーバーレイの結果

```
##
##  11  12 13  21  22  23  31  32  33
## 535 242   2 736 450 149 394 392 203
spplot(Raster_Result, col.regions = brewer.pal(9, "Spectral"), cuts = 8)
```

2つ目のアプローチとして論理演算の利用が挙げられる．各レイヤーのセル単位で条件を満たすかどうかを判定し，TRUE または FALSE の値を得る．このレイヤーに対して算術演算を行う．例えば meuse.grid において以下の条件を満たす地域を特定したいとしよう．

- Meuse 川からの距離が 0.5 より大きい
- 土壌タイプが 1 である（これは石灰質の草地であることを示す）
- 洪水頻度の分類が 3 である（これは 50 年に一度の頻度であることを示す）

以上を満たす論理演算は以下の通りである．

```
r1a <- r1 > 0.5
r2a <- r2 >= 2
r3a <- r3 < 3
```

この結果をオーバーレイ操作として算術演算を用いて結合する．今回のように複数の判

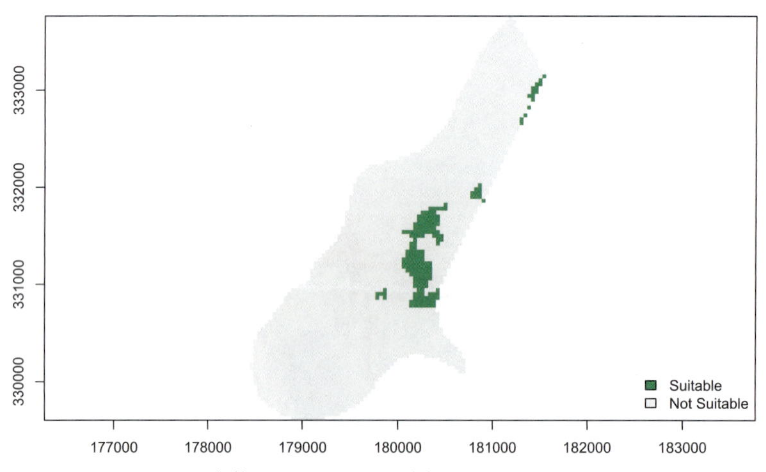


**図 5.16**　AND条件を用いたラスタ形式データのオーバーレイの結果

定条件においてすべての条件を満たす，とする場合は以下のコードのように乗算を用いるとよい．得られた結果を図5.16に図示した．

```
Raster_Result <- r1a * r2a * r3a
table(as.vector(Raster_Result$layer))
##
##    0   1
## 2924 179
plot(Raster_Result, legend = FALSE, asp = 1)
# 凡例を加える
legend(x = "bottomright", legend = c("Suitable", "Not Suitable"),
       fill = (terrain.colors(n = 2)), bty = "n")
```

これは各条件のAND条件と等価であり，共通部分を示している．なおここで，各条件のどれか1つでも満たす場合を図示したいとしよう．これは各条件のOR条件と等価であり，和集合を示す．その結果を図5.17に示した．

```
Raster_Result <- r1a+ r2a+ r3a
table(as.vector(Raster_Result$layer))
##
##   0    1    2   3
## 386 1526 1012 179

# 結果のプロットと凡例の追加
image(Raster_Result, col = heat.colors(3), asp = 1)
legend(x = 'bottomright',
       legend = c("1 Condition", "2 Conditions", "3 Conditions"),
       fill = (heat.colors(n = 3)), bty = "n")
```

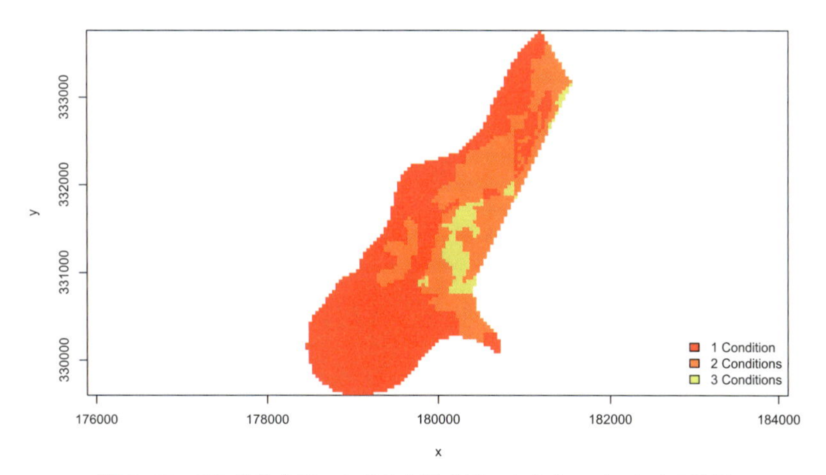


図 5.17　OR 条件を用いたラスタ形式データのオーバーレイの結果

### 5.9.3　その他のラスタ形式データを用いた演算

ここまでラスタ形式データのレイヤーを再分類し，単純な算術演算で結合する例を紹介してきた．なお，以下のコードのように四則演算の他の算術演算を行う関数も適用できる．

```
Raster_Result <- sin(r3) + sqrt(r1)
Raster_Result <- ((r1 * 1000 ) / log(r3) ) * r2
image(Raster_Result)
```

なお，raster パッケージには他の有用な関数も多数含まれている．ここでは，これらの関数について興味のある読者にとって詳細を学ぶきっかけになるように一部を紹介しておこう．

calc() はここまで紹介してきた算術演算と同様の形で，単一のラスタ形式のレイヤーに対する操作を実行できる．calc() を用いる利点は大規模なラスタ形式データに対する複雑な操作の実行速度が速いという点である．

```
my.func <- function(x) {log(x)}
Raster_Result <- calc(r3, my.func)
# これは以下のコードと等価である
Raster_Result <- calc(r3, log)
```

また，前項まで複数のラスタ形式データのレイヤーを結合する算術演算を紹介してきたが，代替策として overlay() を用いることができる．overlay() も calc() と同様に大規模なラスタ形式のオブジェクトに算術演算を適用する際に計算速度が速いという利点がある．

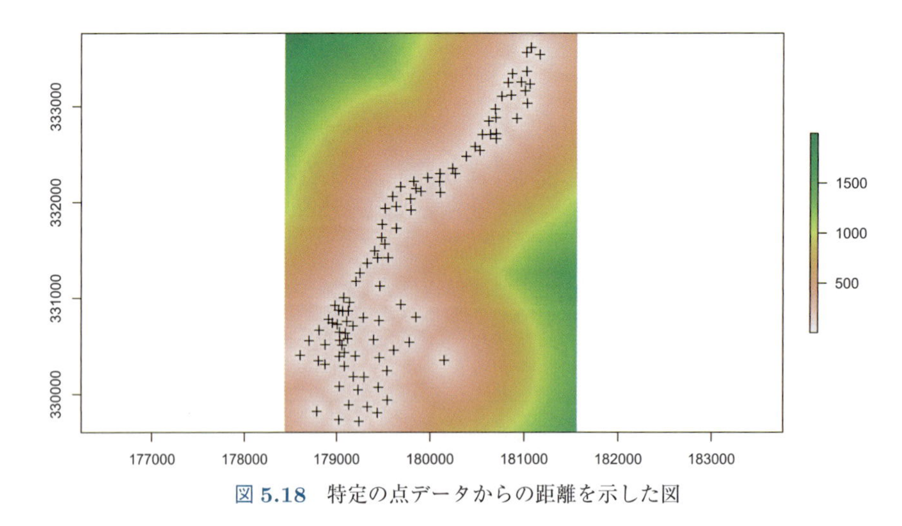


図 5.18　特定の点データからの距離を示した図

```
Raster_Result <- overlay(r2, r3,
                         fun = function(x, y) {return(x + (y * 10))})

#これは stack() を用いる場合と等価である
my.stack <- stack(r2, r3)
Raster_Result <- overlay(my.stack, fun = function(x, y){x + (y * 10)})
```

raster パッケージには特定の目標からの距離を算出する関数も複数用意されている．distanceFromPoints() は特定の点データからのラスタ形式のデータ内のすべてのセルに対する距離を算出する．コストサーフェス (cost surface) ともいうこの結果を図 5.18 に示した．

```
# meuse データを読み込んで点データに変換する
data(meuse)
coordinates(meuse) <- ~ x + y
# 点データの一部を抽出する
soil.1 <- meuse[meuse$soil == 1,]
# まず meuse の範囲に基づいて空のレイヤーを用意する
r <- raster(meuse.grid)
dist <- distanceFromPoints(r, soil.1)
plot(dist)
plot(soil.1, add = TRUE)
```

ラスタ分析について興味を持った読者がいたら sp パッケージと同様に raster パッケージの詳細も学ぶことを勧める．raster パッケージには，近傍を算出する focal() やラスタ形式のセルの値を評価する関数，レイヤーの空間形状を評価する関数等，距離を算出する関数が多数用意されている．

6

# Rによるポイントパターン解析

## 6.1 概要

本章と次章では空間統計学におけるいくつかの重要なアイディアを，Rを用いた統計解析の事例とともに概説する．対象とする範囲はポイントパターン（本章）と空間的に関連付けられた属性（次章）の2つである．オープンソースのソフトウェアであるRの特徴の一つは，Rパッケージがさまざまな作者によって開発され，それぞれが独自のプログラミングスタイルを用いているという点である．特にポイントパターン解析においてはspatstatパッケージが多用され，一方の空間属性の分野ではspdepパッケージが好まれている．spdepパッケージがspパッケージ，maptoolsパッケージ，GISToolsパッケージと同様の方法で空間データを取り扱うのに対し，spatstatパッケージはそうではない．また，特定のタスクによっては他のパッケージを使用することもあり，その場合の作業方式についてはこれらのパッケージとは異なる．困難な試みだと思うかもしれないが，この2つの章の目的は，空間統計の核となるアイディアを紹介することでパッケージの選択における指針を紹介し，データ形式の変換の手助けをすることである．一部のパッケージでは異なるデータ形式を取り扱うが，幸運にも変換作業は概ね単純であり，必要に応じて各章には事例を掲載している．

## 6.2 空間データにおける特徴

ある意味，空間データの統計解析と非空間データの統計解析に取り組む動機には以下のような共通点が見られる．

- データの探索および可視化
- データ生成プロセスのモデル化および較正
- データ生成プロセスに関する仮説検定

とはいえ空間データの統計解析は，そのデータの特性を強く反映したものになる．マッピングおよび地図製作法 (cartography) は，学術的にいえば情報の可視化に含まれるものであり，とりわけ地理的情報に特化しているといえよう．

加えて，空間データの統計解析を進める際に立てる仮説は非常に特徴的である．例えばある事象の空間クラスタの検出とその位置特定や，2 種類の事象（言い換えると，異なる 2 つのタイプの犯罪）が同じ空間分布に属する，といったものだ．また空間データに適用するモデルは確率的な要素が含まれる空間的自己相関を許容しなければならない，という点も特徴的である．例えば，回帰モデルは通常ランダムな誤差項を含むが，データを空間的に参照する場合はそれが近傍点の誤差と相関してしまうことが予想される．このことは位置にかかわらず各誤差項が独立だとする通常の回帰モデルとは異なる．本節の残りの部分では，ポイントパターン（本書で触れる空間データの 2 つの重要な要素のうちの 1 つ）を考察する．

### 6.2.1　ポイントパターン

ポイントパターンとは，確率過程により生成されたと仮定される地理的ポイントの集合である．このとき推定とモデリングにおいて焦点となるのは，不規則過程のモデル（群）とそれらの比較だ．通常，ポイントデータセットは一連の観測された $(x, y)$ 座標，いわゆる $\{(x_1, y_1), (x_2, y_2), \ldots, (x_n, y_n)\}$ で構成される．ここでの $n$ は観測数となる．別の表記方法として，各点をベクトル $\mathbf{x}_i$ で表すこともできる．このとき $\mathbf{x}_i = (x_i, y_i)$ とする．sp パッケージや maptools パッケージなどで用いられるデータ形式を使用すると，これらの座標データは SpatialPoints や SpatialPointsDataFrame オブジェクトとして表現される．また，このデータはランダムであると考えられるので，多くのモデルはランダムポイントの確率密度 $v(\mathbf{x}_i)$ に従う．

その他の重要な要素としては，ポイント間の相互関係が挙げられる．このことについて考える方法の一つは，$\{\mathbf{x}_1, \ldots, \mathbf{x}_{i-1}, \mathbf{x}_{i+1}, \ldots, \mathbf{x}_n\}$ 上にある 1 つの点 $\mathbf{x}_i$ の確率密度を検討することだ．状況によっては $\mathbf{x}_i$ は他の点から独立しているが，異なる状況においてはそうならないこともある．例えば $\mathbf{x}_i$ が伝染病の報告された住所の位置を示す場合，伝染病はそのデータセット内の近傍点で発生する可能性が高くなる（伝染病の性質とはそういうものだが）．そのため，$\{\mathbf{x}_1, \ldots, \mathbf{x}_{i-1}, \mathbf{x}_{i+1}, \ldots, \mathbf{x}_n\}$ の値から独立ではなくなる．

もう 1 つ重要な要素は，マーク付き点過程 (marked point patterns) である．ここでは複数の異なる事象（例えば，強盗事件と空き巣事件）から抽出されたランダムな点を重ね，それら異なる集合間の関係性を検討する．マーク付き (marked) という用語が用いられているが，これはデータセットが，各点がそれぞれ母集団にタグ付け（マーク付け）された一連の点の集合のように見えるためだ．sp パッケージで用いられるデータ形式を使うと，このタグ付けは SpatialPointsDataFrame として表現することができる．しかし，spatstat パッケージでは異なる形式となる．

## 6.3 R によるポイントパターン解析の手法

本節では 2 つの主要なデータ型と適用される可能性のあるモデルの種類を概説しながら，より具体的な手法を R の実装例を用いて説明していく．また本節ではランダムポイントパターンに焦点を当てる．

### 6.3.1 カーネル密度推定

ランダムな 2 次元ポイントパターンを検討するには，各ランダムポイント $\mathbf{x}_i$ が確率密度関数 $f(\mathbf{x}_i)$ を持つ未知の分布から独立して描かれると仮定するのが最も簡単な方法である．この関数は（2 次元ベクトルとして表現される）位置情報を，確率密度上に表す．密度が各ピクセルに割り当てられていると仮定すると，マップ上の任意の領域内のピクセルを合計することでその領域でのイベント発生確率を求めることができる．地理的パターンはときおり非常に恣意的な形状をとってしまうため，一般的には正規分布ではなく未知の $f$ を仮定する方が現実的である．例えば，治安悪化のパターンにこの方法を適用すると，都市の中央から放射状に広がるベルカーブではなく，市街地周辺のいくつかの場所にリスクが高まるエリアがあることがわかる．

$f(\mathbf{x}_i)$ を推定するために使用される一般的な方法はカーネル密度推定 (KDE: kernel density estimation; Silveman, 1986) と呼ばれる．カーネル密度推定は各観測点を中心とした小さな隆起（実際には 2 次元の確率分布）の平均化によって推定を行う．このことについて図 6.1 で図示する．代数的な視点では，任意の座標 $\mathbf{x} = (x, y)$ に対する $f(\mathbf{x})$ の近似は下記によって与えられる．

$$\hat{f}(\mathbf{x}) = \hat{f}(x, y) = \frac{1}{nh_x h_y}\sum_i k\left(\frac{x - x_i}{h_x}, \frac{y - y_i}{h_y}\right) \tag{6.1}$$

それぞれの隆起（図 6.1 中央）は式 (6.1) 内のカーネル関数 $k\left(\frac{x-x_i}{h_x}, \frac{y-y_i}{h_y}\right)$ として現れ，方程式全体は隆起の平滑化の過程を示している．その過程によって右側のパネルのような確率密度が導かれる．$X$ 軸と $Y$ 軸にはそれぞれパラメータ $h_x$ と $h_y$（バンド幅と称されることもある）が存在する．このパラメータの長さによって，各方向の隆起の半径を表している．パラメータ $h_x$ と $h_y$ に変更を加えると推定対象の確率密度の形状が容易に変わる．パラメータ $h_x$ と $h_y$ を小さい値に設定すると推定する分布は必要以上に凹凸な形となり，高い値を設定すると平らな分布が推定される傾向がある．これは $\mathbf{x}_i$ の位置の範囲

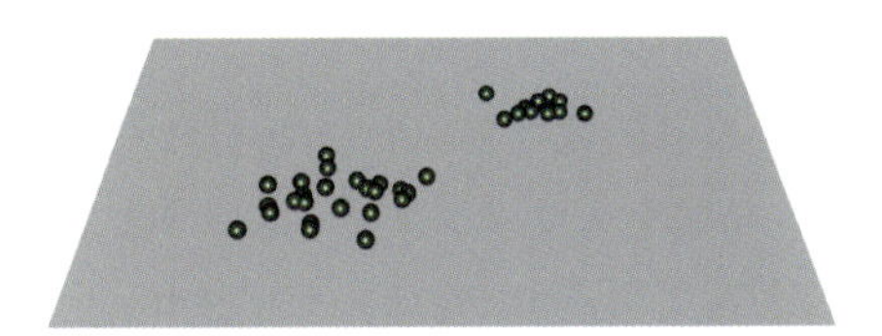
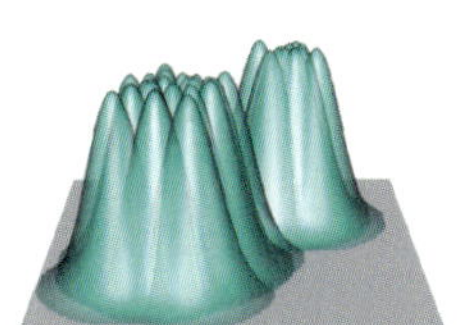
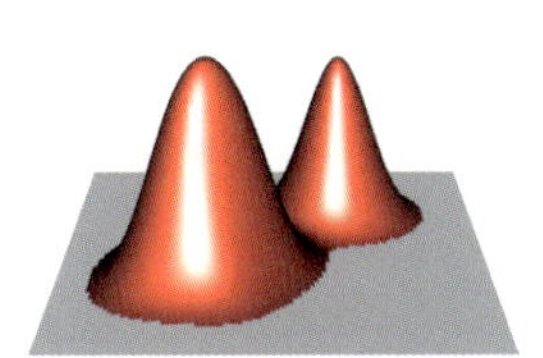

図 6.1　カーネル密度推定：観測点（左），各点を中心とした隆起（中央），確率密度の推定によって隆起を平滑化したもの（右）

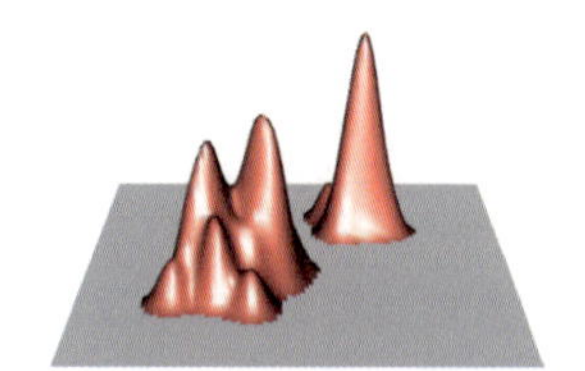
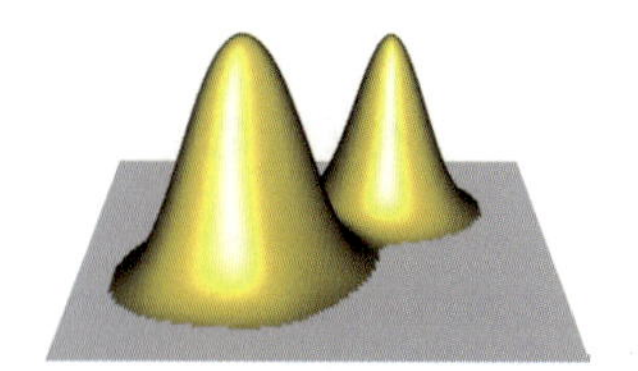
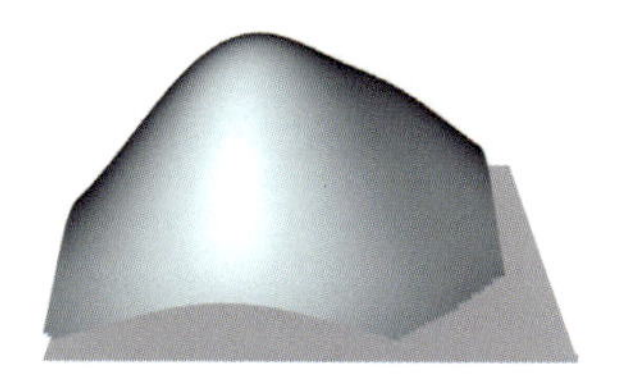

図 6.2　カーネル密度推定とバンド幅の関係：バンド幅 $(h_x, h_y)$ を非常に低い値とした場合（左），適切な値とした場合（中央），非常に高い値とした場合（右）

よりも大きくなり，カーネル関数自体に近似してしまうことによる．つまり高いパラメータは中心点における比較的小さな摂動とほぼ同一のカーネル関数との重ね合わせを与えることになる．

図 6.2 に $h_x$ と $h_y$ を変化させた場合の効果を示す．通常 $h_x$ と $h_y$ はほぼ同様の値を取るが，どちらか 1 つの値がもう一方の値と大きく異なる場合は，$x$ 方向または $y$ 方向のいずれかに偏ったカーネルが生成される．これは強い方向効果がある場合には有用であるものの，以降説明する例では 2 つのパラメータの値が似ている場合に焦点を当てる．バンド幅変更による結果を示すために図 6.1 で使用したものと同一のデータセットを使用し，3 つの異なる $h_x$, $h_y$ を用いてカーネル密度推定を行う．すると非常に低い値を与えた図 6.2 左では分布に多数の頂点が現れ，中央では 2 つの頂点，高い値を与えた右では頂点が 1 つだけとなる．

以上のことより明らかになるのは，データセット $\{\mathbf{x}_i\}$ が与えられた際は適切な $h_x$, $h_y$ を選択する必要があるということだ．より洗練されたアルゴリズムを提供し，適切な値を自動で選択する数々の公式が存在する．ここでは Bowman and Azzalini (1997) および Scott (1992) で提唱されたシンプルなルールを使用する．

$$h_x = \sigma_x \left( \frac{2}{3n} \right)^{\frac{1}{6}} \tag{6.2}$$

$\sigma_x$ は $x_i$ の標準偏差だ．上記の $\sigma_x$ を $y_i$ の標準偏差である $\sigma_y$ へ置き換えると，同様の公式を $h_y$ でも用いることができる．図 6.2 中央に表したカーネル密度推定では，このメソッドを使用して $h_x$ と $h_y$ を選択している．

### 6.3.2　R によるカーネル密度推定

R にはカーネル密度推定を算出するためのコードを提供する数々のパッケージがある．ここでは，本書の前半で紹介した `GISTools` パッケージを使用する．カーネル密度推定マップの作成手順は以下の通りだ．

1. **カーネル密度推定の算出**：カーネル密度推定を行う関数は `kde.points()` と呼ばれ，点のグリッド上にある密度の値を推定し，結果をグリッドオブジェクトとして返す．ここでは 2 つの引数を設定する．推定対象となるポイントのデータセットと，作成されるグリッドオブジェクトの範囲を定めるための地理的オブジェクトだ．

さらに引数を指定することで，バンド幅の指定もでき，今回の事例のようにバンド幅の指定を省略した場合は式 (6.2) によって自動で設定される．ここでは第 3 章で紹介したコネチカット州 New Haven の治安に関するデータセットを例として使用する．データは GISTools パッケージで提供されており，data(newhaven) を実行することで読み込みが可能だ．

2. **カーネル密度推定の描画**：結果は図 6.1，図 6.2 のような 3 次元オブジェクトではなく，色で塗り分けた等高線としてマップされる．この方法だと，他の地理的エンティティの追加も容易だ．level.plot() によってカーネル密度推定から得られたグリッドを描けるが，そのままでは対象となる New Haven の領域を超えた長方形のグリッドとして描画されてしまう．
3. **調査エリアへの描画範囲の固定**：調査対象エリアの境界線にグリッドを固定するため，さらにいくつかのソフトウェアツールを用いる．poly.outer() は新たな SpatialPolygons オブジェクトを提供し，これは事実上，2 番目の引数である SpatialPolygons や SpatialPolygonsDataFrame オブジェクトの形状をした穴を有する長方形として構成される．最初の引数は任意の空間オブジェクト（今回のケースでは New Haven の調査領域の SpatialPolygonsDataFrame）であり，長方形との境界を決定するために使用される．こうして生成されたポリゴンは一種のマスクの働きをし，ポリゴンの外側にあるグリッド部分を上書きする．最後に，extend 引数はこの形状のマスクを各方向に指定された単位分だけ展開する．これはマップ上の他の要素を覆うため，元の長方形（最初の引数のポリゴンと一致）を拡張する必要がある際に有用だ．add.masking() はこのオブジェクトをマップ上へと描画する．調査領域の境界線の一部が上書きされた可能性がある場合（ポリゴンの穴の境界が調査領域の境界と正確に一致するような場合にときおり発生）には，その調査領域を再描画する．

これらのステップを実行するコードを以下に示す．その結果のカーネル密度推定マップが図 6.3 である．

```
# R によるカーネル密度推定
require(GISTools)
data(newhaven)

# 密度算出
breach.dens <- kde.points(breach,lims = tracts)

# レベルプロットの作成
level.plot(breach.dens)
```

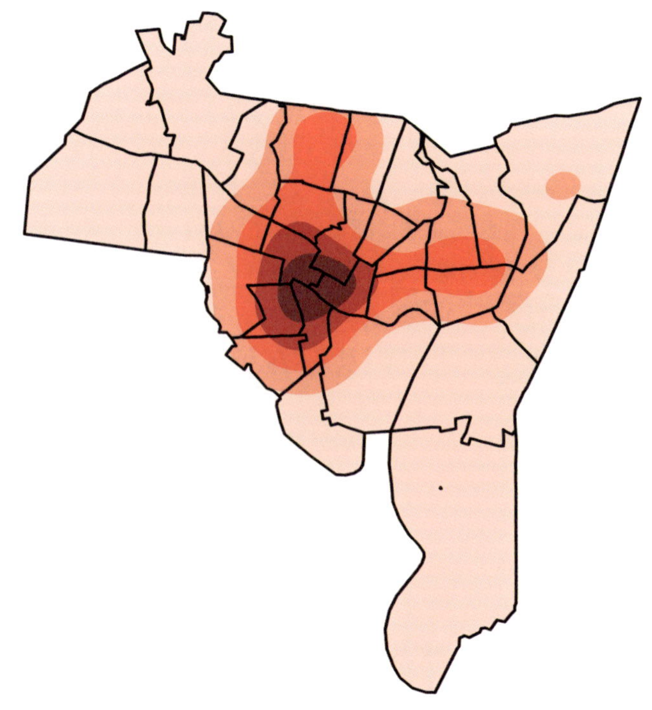

図 6.3　治安悪化事象に関するカーネル密度推定マップ

```
#「マスキング」によって描画範囲を制限する
masker <- poly.outer(breach.dens,tracts,extend=100)

# 地域を加え再度描画
level.plot(breach.dens)
add.masking(masker)
plot(tracts,add=TRUE)
```

**演習問題 6.1**　さらなる練習のために，この地図に縮尺および道路のレイヤーを追加してみよう．この問題では `map.scale()` のヘルプが役に立つ．また，`newhaven` データセットのヘルプに実装例が記載されている．

## 6.4　カーネル密度推定の応用

**補足**

確率密度関数 $f(x, y)$ を推定するだけではなく，カーネル密度推定はポイントデータを可視化するツールとしても有用だ．小さなデータセットであれば，ポイントデータを直接プロットすることですべての情報を表すことができるが，データセットが大きい場合はポイントの相対密

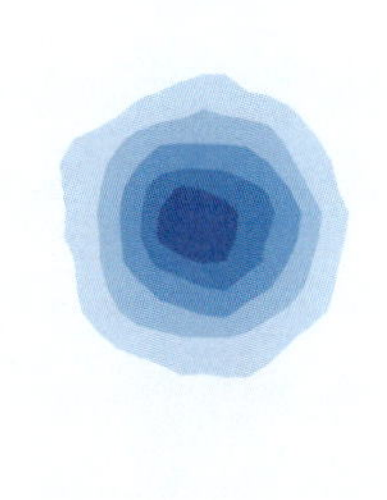

図 6.4　オーバープロットにまつわる問題：ポイントプロット（左）とカーネル密度推定プロット（右）.

度を区別するのが困難になる．ポイントが密集しすぎるとどうしても，マップシンボルが積み重なり正確な数の判断が難しくなるからだ．この事象について図 6.4 に表している．左の図では位置をプロットしている．ここでプロットされた点は 2 次元正規分布によって生成されており，相対密度は中心に向かって増加している．しかし周辺領域を見ると，ドットパターンはほぼ一定の密度を有しているように見える．カーネル密度推定で相対密度を推定することによって，この問題に対処することが可能だ．図 6.4 右のカーネル密度推定プロットでそれを表現している．

カーネル密度推定は比較する際にも有用だ．New Haven のデータセットには，強盗と空き巣に関するデータも含まれている．この 2 つの空間分布の比較は興味深い試みかもしれない．newhaven データセットでは，burgres.f が強盗発生場所についての SpatialPoints オブジェクトであり，burgres.n が空き巣発生場所の SpatialPoints オブジェクトである．小さな複数の図を用いてデータのパターン比較を行う手法 (Tufte, 1990) に基づき，強盗と空き巣それぞれのカーネル密度推定マップを並べて表示してみる．これは下記の R コードによって実現可能だ．基本的には前述のコードブロックを再利用するが，カーネル密度推定の計算対象となる SpatialPoints オブジェクトを置き換え，2 つのマップに適用し結果を並べる．結果を図 6.5 に示す．強盗と空き巣，2 つのパターンにはいくつかの類似点が見られるが，強盗の分布の強いピークが西側にあるのに対し，空き巣の分布のピークは東側に存在しているのがわかる．

```
# R によるカーネル密度比較
require(GISTools)
data(newhaven)

# 2 つの図を並べて表示するため，グラフィックパラメータを調整
# 上部に 2 行分の幅を設け，下部，左，右には幅を設けない
par(mfrow=c(1,2),mar=c(0,0,2,0))

# 強盗事件についての密度計算を行う
brf.dens<-kde.points(burgres.f,lims=tracts)
```

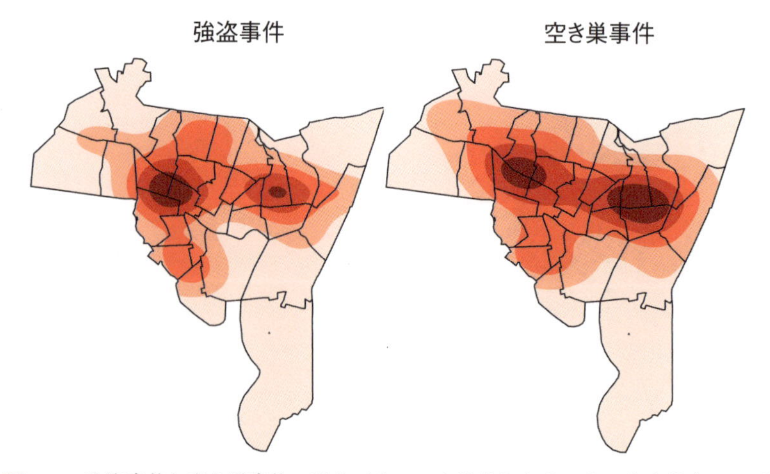


図 6.5　強盗事件と空き巣事件の発生パターンを比較したカーネル密度推定マップ

```
# 前述の「マスキング」を行い，タイトルとともに描画する
masker<-poly.outer(brf.dens,tracts,extend=100)
level.plot(brf.dens)
add.masking(masker)
plot(tracts,add=TRUE)
title("強盗事件")

# 空き巣事件についての密度計算を行う
brn.dens<-kde.points(burgres.n,lims=tracts)

# 前述の「マスキング」を行い，タイトルとともに描画する
masker<-poly.outer(brn.dens,tracts,extend=100)
level.plot(brn.dens)
add.masking(masker)
plot(tracts,add=TRUE)
title("空き巣事件")

# グラフィックパラメータの調整をリセット
par(mfrow=c(1,1))
```

### 6.4.1　Rによるヘキサゴナルビニング

より多くのポイントを有する地理的データセットを可視化する別のツールとして，ヘキサゴナルビニング (hexagonal binning) がある．この手法では，ポイントパターン上に小さな六角形のセルを規則的に重ね，各セル内のポイントの数をカウントする．その後，カウントに応じて各セルに色付けを行う．またこの手法によってオーバープロット問題を克服することができる．しかしヘキサゴナルビニングは GISTools パッケージで直接実

行することができないため，別のパッケージを用いる必要がある．その選択肢の 1 つが fMultivar パッケージである．このパッケージでは hexBinning() によってヘキサゴナルビニングを行う．座標を表す 2 列の行列から，六角形の境界を示すオブジェクトと各六角形のセル内の点の数を算出する．なお，この関数は sp 型の空間データオブジェクトには直接適用できないことに注意されたい．なぜならこの関数は主に任意の種類のデータ（例えば，$x$ と $y$ 変数が地理的座標ではない散布図）に対してヘキサゴナルビニングを適用可能なように設計されているからだ．とはいえ，この種の分析手法を地理的な点に対して用いることははっきりと容認されている．

まず fMultivar パッケージが R にインストールされていることを確認する．もしインストールされていなければ下記を実行する．

```
install.packages("fMultivar",depend = TRUE)
```

それから hexBinning() を実行する．

```
# ヘキサゴナルビニングを実行するためのパッケージを読み込む
require(fMultivar)
# 座標から六角形のセルを作成する
hbins <- hexBinning(coordinates(breach))
```

hbins オブジェクトにはビニング情報，特に各六角形セルの重心と各セル内の点の数が含まれている．

```
head(hbins$x)
## [1] 542284.3 549289.4 550906.0 548211.7 561144.3 547672.8
head(hbins$y)
## [1] 163291.0 165272.6 165933.1 166593.6 166593.6 167254.1
head(hbins$z)
## [1] 1 1 1 1 1 1
```

z は各セル（ビン）の数を表している．またカウントが 0 となるセルは記録されないため，z で表示される最小の値は 1 である．これらをマップ上に描画するためには，各セルの重心に関連するポリゴンの座標をすべて入力する必要がある．変数 u と v には六角形の相対オフセットが含まれているので，これらの変数に重心を追加すると特定のポリゴンを作成することができる．

```
# 六角形セル作成コードブロック
# 描画用の六角形セルをポリゴンとして作成する
u <- c(1,0,-1,-1,0,1)
u <- u * min(diff(unique(sort(hbins$x))))
```

```
v <- c(1,2,1,-1,-2,-1)
v <- v * min(diff(unique(sort(hbins$y))))/3
```

次に，背景地図（米国国勢調査による New Haven の地図）を描画する．最後に，R のループ処理を用いて各六角形の中心を順番にめぐり，適切な六角形ポリゴンを形成し，ポリゴン内の点の数に応じて色の塗り分けを行う．今回のケースでは，ポリゴン内に最大 9 つの点が含まれていることがわかる．

```
max(hbins$z)
## [1] 9
```

したがって，RColorBrewer パッケージの brewer.pal() を介して，9 色のパレットを作成する．ここでは使用する色パレットの最大数が 9 であることに注意されたい．そのため z の最大値が 9 を超えた場合はスケールダウンを行う必要がある．また，本書の執筆時点ではマップ上に六角形セルを描画するための関数があらかじめ用意されているわけではないので，下記のコードではポリゴン描画のような基本的な手法によってこれを実現する（図 6.6）．

```
# 背景地図の描画
plot(blocks)

# 塗り分けのための色パレットを取得
shades <- brewer.pal(9,"Greens")

# それぞれのポリゴンを描画し，色の塗り分けを行う
for(i in 1:length(hbins$x)){
  polygon(u + hbins$x[i], v + hbins$y[i],
          col = shades[hbins$z[i]], border = NA)}

# 地図の再描画
plot(blocks,add=TRUE)
```

**補足**

別な地理表現の方法として，点の数に比例した面積の六角形を描くことも可能だ．これは相対ポリゴン座標を乗算するための変数 scaler を作成することで実現できる（六角形の領域に点の数を反映するため，この変数は各ポリゴン内の点の数の平方根に依拠する）．前述のコードを下記のように変更することで実行できる．描画結果を図 6.7 に示す．

```
# 背景地図の描画
plot(blocks)
```

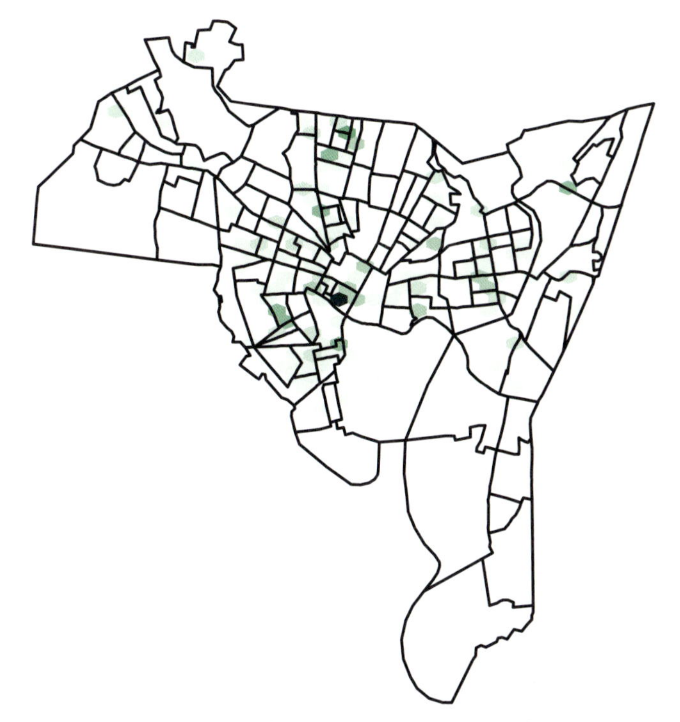

図 6.6　治安悪化事象に関するヘキサゴナルビニング

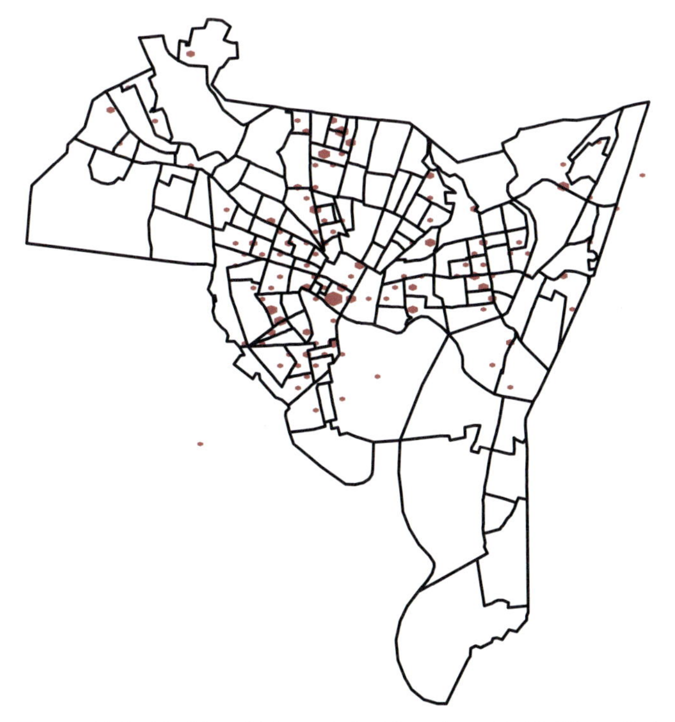

図 6.7　治安悪化事象に関するヘキサゴナルビニング（比例シンボル）

```
# 比例面積算出のための変数を作成
scaler <- sqrt(hbins$z/9)

# それぞれのポリゴンをポイント数に応じた面積で描画する
for(i in 1:length(hbins$x)){
  polygon(u * scaler[i] + hbins$x[i], v * scaler[i] + hbins$y[i],
          col = 'indianred', border = NA)}

# 地図の再描画
plot(blocks,add=TRUE)
```

## 6.5 ポイントパターンの二次解析

本節ではポイントパターンに対する別の分析アプローチを検討する．カーネル密度推定では，一連の点の空間分布は独立しているがそれぞれの分布の強度はさまざまであると仮定していた．一方で本節で述べる二次解析では，点の周辺分布は一定の強度であるが，ポイント全体の結合分布は個々の点の分布と独立していないと仮定する[1)]．このプロセスでは複数のイベントの発生が何らかの形で関連し合っている状況を説明する．例えば伝染性の病気の場合，ある場所で病気発生報告があると近隣の別な場所でも同様の病気発生報告がなされる可能性がある．$K$ 関数 (Ripley, 1981) はこのような状況を表現するのに有用なツールである．$K$ 関数は距離の関数であり，下記の式で表される．

$$K(d) = \lambda^{-1}E(N_d) \tag{6.3}$$

ここでの $N_d$ は記録されたすべてのイベント $\{\mathbf{x}_1, \ldots, \mathbf{x}_n\}$ から無作為に選ばれたイベントの距離 $d$ 内に含まれるイベント $\mathbf{x}_i$ の数を表している．$\mathbf{x}_i$ の分布が独立しており，周辺密度が一定となる主にポアソン過程または完全空間乱数 (CSR: complete spatial randomness) と呼ばれる状況を考慮してみよう．この状況下では，ランダムに選択されたイベントの距離 $d$ 内のイベント数は強度 $\lambda$ に半径 $d$ の円の領域を掛け合わせたものだと予想される．そのため下記のように表現できる．

$$K_{\mathrm{CSR}}(d) = \lambda\pi d^2 \tag{6.4}$$

式 (6.4) は，他のプロセスのクラスタを評価する際のベンチマークとして捉えることができる．距離 $d$ が与えられると，関数 $K_{\mathrm{CSR}}(d)$ は無作為に選択されたイベントの周囲で発生するイベントの予想数を，確率密度が均一であるという過程の下で算出する．したがって $K$ 関数 $K(d)$ を用いるプロセスにおいて $K(d) > K_{\mathrm{CSR}}(d)$ であれば，イベント発生確率が近隣の点で高いことを意味する．あるいは別の言い方をするならば，距離 $d$ に依

[1)] さらに複合的な状況では，個々の分布が独立していないだけでなく周辺分布も強度が異なる．ただし，ここではそれを考慮することは控える．

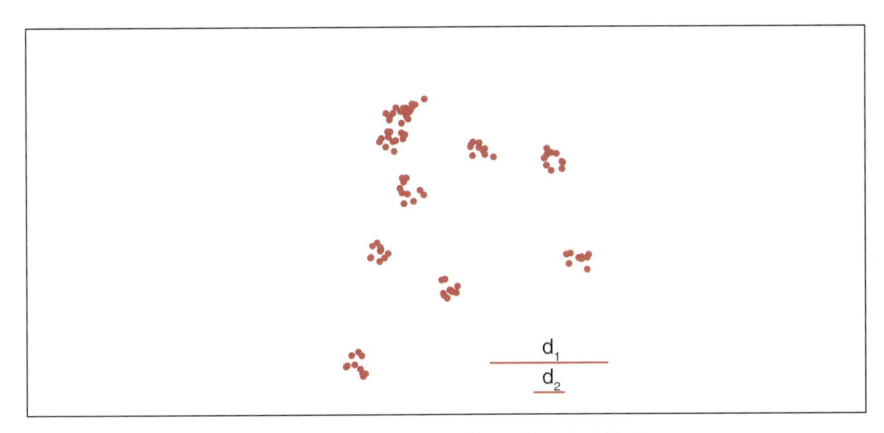


図 6.8　クラスタリングと分散に関する空間的プロセス

存する空間クラスタが存在すると考えられる．同様に $K(d) < K_{\mathrm{CSR}}(d)$ であれば，このスケールにおけるイベント発生が空間的に分散していることを意味する．言い換えると，ある1点でイベントが発生すると，他のイベントが近隣の点で現れにくい（ポアソン過程に従う場合よりも発生確率が低い）と考えられる．

与えられる距離 $d$ の値によって $K(d) - K_{\mathrm{CSR}}(d)$ の大小関係が変動してしまうため，空間スケールの検討は重要である．多くのプロセスではあるスケールで空間的なクラスタリングを示し，別なスケールによって空間的な分散を示す．例えば図 6.8 に示すプロセスでは，$d$ が短い距離（図 6.8 の $d_2$）の場合はクラスタリングされ，CSR と比較して他の点と近い点が存在するが，一方で中ぐらいの距離（図 6.8 の $d_1$）で見た場合は分散し，点の数が少ないことを示している．

データ点 $\{\mathbf{x}_i\}$ のサンプルを扱う際，通常，基礎となる分布の $K$ 関数はわからない．この場合はサンプルを用いて推定を行う必要がある．$\mathbf{x}_i$ と $\mathbf{x}_j$ の間の距離を $d_{ij}$ としたとき，$K(d)$ の推定値は以下の式で与えられる．

$$\hat{K}(d) = \hat{\lambda}^{-1} \sum_{i} \sum_{j \neq i} \frac{I(d_{ij} < d)}{n(n-1)} \tag{6.5}$$

ここで，強度 $\hat{\lambda}$ の推定値は以下のように求められる．

$$\hat{\lambda} = \frac{n}{|A|} \tag{6.6}$$

$|A|$ はポリゴン $A$ によって定義された調査領域の範囲である．また $I(\cdot)$ は括弧内の論理式が真のとき 1 を，偽のとき 0 の値を取るインジケータ関数である．このサンプルがクラスタリングされたプロセスから得られたのか，または分散しているプロセスから得られたのかを検討するには，$\hat{K}(d)$ と $K_{\mathrm{CSR}}(d)$ を比較するのが容易である．

ここでは統計的推論が重要である．もしそのデータセットが CSR プロセスによって生成されていたとしても，$K$ 関数の推定値はサンプリングによる変動に影響を受けるため，$K_{\mathrm{CSR}}(d)$ と完全に一致させることは期待できない．したがって，サンプルが CSR プロセ

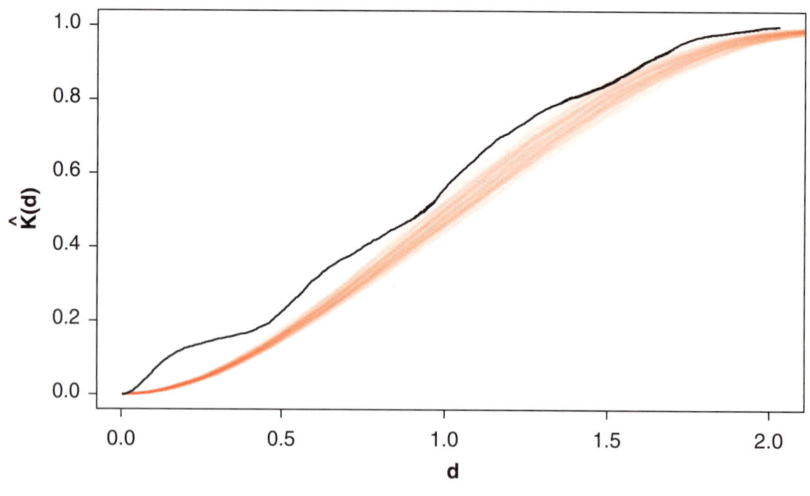


**図 6.9**　CSR に基づく $K$ 関数のサンプル

スによって生成されたものではないという確証を得るためには，CSR の下で期待される $\hat{K}(d)$ の推定値の分布とサンプルの $\hat{K}(d)$ が十分に異なっているかどうかを検証する必要がある．このアイディアを図 6.9 に示す．ここでは図 6.8 に示す点集合の推定値と，100 個のランダムな CSR サンプル（図 6.8 と同数）から算出された 100 個の $K$ 関数推定値を重ねている．この図から，サンプルの推定値は CSR から予測される推定値と大きく異なり，クラスタリングしていることがわかる．

$K$ 関数のためのサンプリング推定におけるもう一つの側面は，$\hat{K}(d)$ が調査領域の形状に依存することである．理論式である $K_{\mathrm{CSR}}(d) = \lambda \pi d^2$ は点が無限の 2 次元平面で生じるという仮定に基づいている．実際のサンプルが有限の調査領域（ここでは $A$ と表記された）から取り出されると，サンプルに基づいた $\hat{K}(d)$ の推定値と理論式から導かれた推定値の乖離が生じる．図 6.9 にも示されているが，$d$ の値が小さいうちは CSR で推定された $K$ 関数のカーブは期待される 2 次方程式の形状に近似する．一方で $d$ が大きい値になるとカーブは平坦なものになる．なぜなら $d$ の値が大きい場合，ランダムな $x_i$ を中心とした半径 $d$ の円と調査領域 $A$ が重なる部分のみ点が観測されるからだ．すると理論的な $K$ 関数の予測する点よりも観測点の数は少なくなる[a]．この効果を継続させていくと，$d$ が十分に大きい場合，点の 1 つを中心とする円は $A$ の全体を包含することになる．この時点で $d$ の値をさらに大きくすると，円に含まれる点の数は変化しなくなる．これが図 6.9 に見られる平坦化効果である．

上記は，調査領域に制約のある CSR を検討するというアイディアである．しかし，もう一つのアイディアでは，調査領域に完全な 2 次元平面上に生成されたすべての点のサブセットを定義する．完全平面プロセスに用いる $K$ 関数の推定には，調査領域上の境界

---

[a] 訳注：半径 $d$ の円内に含まれていても，領域 $A$ に含まれない点は観測されない．この領域 $A$ の制限があることによってサンプルに基づいた観測点は理論値よりも少なくなる．

効果に対してバッファを持たせる必要がある．Ripley(1976) は，式 (6.5) に対し以下の修正を提案した．

$$\hat{K}(d) = \hat{\lambda}^{-1} \sum_{i} \sum_{j \neq i} \frac{2I(d_{ij} < d)}{n(n-1)w_{ij}} \tag{6.7}$$

ここでの $w_{ij}$ とは，$\mathbf{x}_i$ を中心とし $\mathbf{x}_j$ を通過する円と調査領域 $A$ とが重なる領域を指す．式 (6.7) に基づいた $\hat{K}(d)$ を用いることで，推定された $K$ 関数の検討は先述の手法と同様に行うことができる．

**補足**

この例のデータでは，左下頂点 (−1,−1)，右上頂点 (1,1) の正方形である領域 $A$ を用いて生成されたポイントを使用した．ただし実際には $A$ はより複雑な形状（例えば，とある郡の形状をしたポリゴン）となる場合がある．このため図 6.9 に示すような，ときにはシミュレーションを用いたサンプリングによって，$K$ 関数のサンプリングによる変動を評価する必要がある．

### 6.5.1　R による $K$ 関数の応用

R では，推定された $K$ 関数（および他の空間統計的手法）の計算に有用な spatstat パッケージがある．このパッケージでは，本節で述べてきたさまざまなシミュレーションを実行することが可能だ．

先述の $K$ 関数の推定は，spatstat パッケージの Kest() を用いて推定することができる．ここからは野バラの苗の位置 (Hutchings, 1979; Diggle, 1983) について解析していく．データセットは spatstat パッケージから data(bramblecanes) を実行すると読み込むことができる．それらをプロットしたものが図 6.10 である．異なるシンボルはそれぞれ株の年齢を表しているが，はじめはすべての株のポイントパターンについて検討していく．

```
# K 関数コードブロック
# spatstat パッケージの読み込み
require(spatstat)

# 野バラの自生位置に関するデータ (bramblecanes) の取得
data(bramblecanes)
plot(bramblecanes)
```

続いて Kest() を用いて，野バラの分布に従った空間的プロセスの $K$ 関数推定値を得る．correction="border"の引数を与えることで，推定時に式 (6.7) のような境界補正を行うよう指定している．

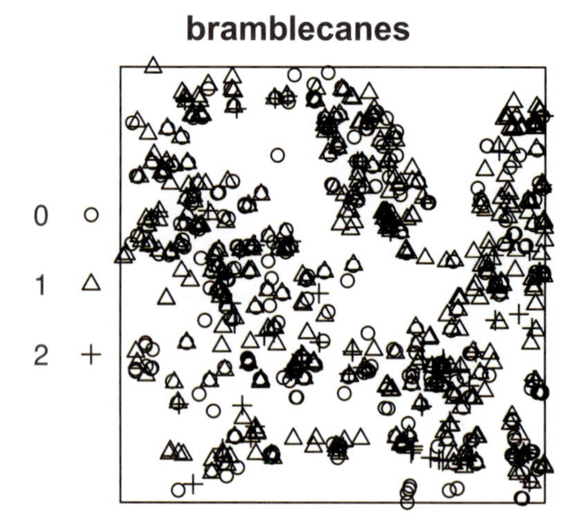


図6.10　野バラの苗の位置

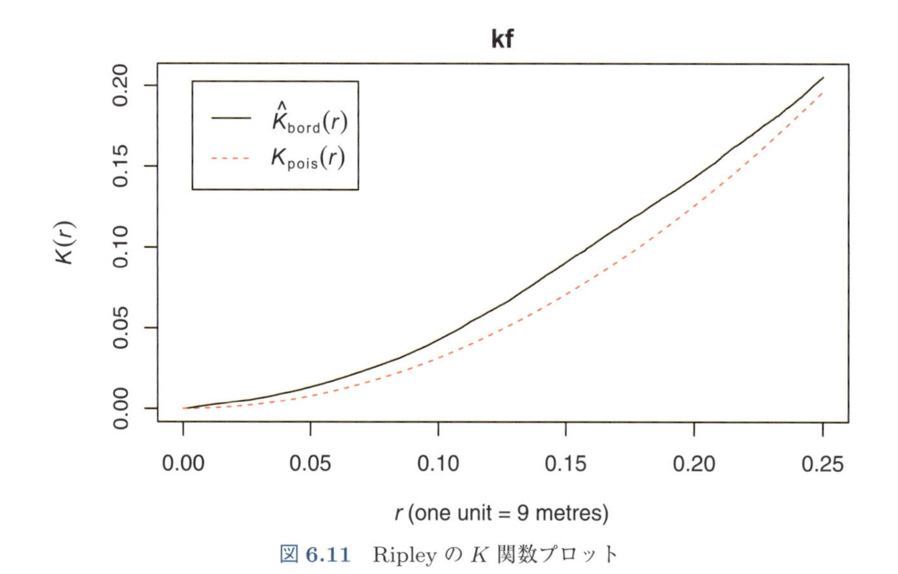


図6.11　Ripley の $K$ 関数プロット

```
kf <- Kest(bramblecanes,correction="border")

# プロット
plot(kf)
```

図6.11に示される通り，$K$ 関数をプロットすることで，推定された関数（ラベル $\hat{K}_{\mathrm{bord}}$）とCSRの理論値である関数（ラベル $\hat{K}_{\mathrm{pois}}$）を比較する．これによりデータがクラスタリングしていることがわかるだろう（全体から推定された $K$ 関数はCSRによる理論関数よりも大きくなる．これはCSRで期待されるより多くの点がそれぞれの近傍に現れることを示唆している）．しかしこのことを説明するには恐らくより厳密な調査を必要

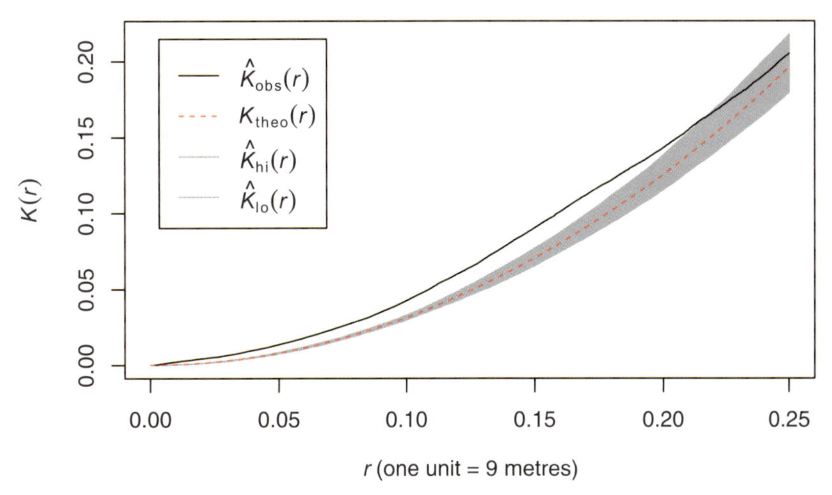


図 6.12　$K$ 関数とエンベロープ

とし，上記のようなシミュレーションによるサンプリングによる変動を考慮することになる．

このシミュレーション手法はエンベロープ解析 (envelope analysis) と呼ばれることがあり，ここでのエンベロープ（変動範囲：envelope）[b]は $d$ の値に対する $\hat{K}(d)$ の最大値と最小値を指す．実行するための関数はそのまま envelope() と呼ばれる．この envelope() は引数として ppp オブジェクトと使用する関数の関数名を取る．今回用いる関数は Kest() だ．envelope() にはこのあと説明する空間分布を記述するような他の関数を与えることもできるが，ここでは Kest() に焦点を当てる．結果となる envelope オブジェクトはプロットが可能だ．実行コードと結果を図 6.12 に示す．

```
#K関数のエンベロープによる
#envelope関数
kf.env <- envelope(bramblecanes,Kest,correction="border")
## Generating 99 simulations of CSR ...
## 1, 2, 3, 4, 5, 6, 7, 8, 9, 10, 11, 12, 13, 14, 15, 16, 17, 18, 19,
## 20, 21, 22, 23, 24, 25, 26, 27, 28, 29, 30, 31, 32, 33, 34, 35, 36,
## 37, 38, 39, 40, 41, 42, 43, 44, 45, 46, 47, 48, 49, 50, 51, 52, 53,
## 54, 55, 56, 57, 58, 59, 60, 61, 62, 63, 64, 65, 66, 67, 68, 69, 70,
## 71, 72, 73, 74, 75, 76, 77, 78, 79, 80, 81, 82, 83, 84, 85, 86, 87,
## 88, 89, 90, 91, 92, 93, 94, 95, 96, 97, 98, 99.
##
## Done.
#プロット
plot(kf.env)
```

[b]訳注：包絡線と呼ばれることもある．

結果から，サンプル推定された $K$ 関数は $d$ がかなり大きくなるまで，CSR でシミュレートされた $K$ 関数の変動範囲よりも高い値を取り続けることがわかる．このことから野バラの苗の位置が実際にクラスタリングを示している，という強い証拠が示唆される．しかし厳密には，推定された $\hat{K}(d)$ と CSR の下でランダムにサンプリングされた推定値の変動範囲との比較は，正式な有意性検定にはなりえない．特にサンプル曲線はいくつかの $d$ 値にまたがって変動範囲と比較することになるため，検定における多重比較の問題が発生する．このことは Bland and Altman (1995) によって詳しく述べられている．端的にいうと，多重比較となるテストを実施すると検定において偽陽性の結果が得られる可能性が高まる，というものだ．テストの目的が CSR の帰無仮説の評価だとすると，$K$ 関数よりもむしろ $\hat{K}_{\mathrm{CSR}}(d)$ から $\hat{K}(d)$ までの 1 つの統計量を算出した方が適切かもしれない．そうすると多重比較を避け，単一の検定を適用することができる．この考え方における統計量の一つが，最大絶対偏差 (maximum absolute deviation, MAD: Ripley, 1977, 1981) だ[c]．これは 2 つの関数間における最大の差の絶対値である．

$$\mathrm{MAD} = \max_{d} |\hat{K}(d) - K_{\mathrm{CSR}}(d)| \tag{6.8}$$

R では以下のように実行する．

```
mad.test(bramblecanes,Kest)
## Generating 99 simulations of CSR ...
## 1, 2, 3, 4, 5, 6, 7, 8, 9, 10, 11, 12, 13, 14, 15, 16, 17, 18, 19,
## 20, 21, 22, 23, 24, 25, 26, 27, 28, 29, 30, 31, 32, 33, 34, 35, 36,
## 37, 38, 39, 40, 41, 42, 43, 44, 45, 46, 47, 48, 49, 50, 51, 52, 53,
## 54, 55, 56, 57, 58, 59, 60, 61, 62, 63, 64, 65, 66, 67, 68, 69, 70,
## 71, 72, 73, 74, 75, 76, 77, 78, 79, 80, 81, 82, 83, 84, 85, 86, 87,
## 88, 89, 90, 91, 92, 93, 94, 95, 96, 97, 98, 99.
##
## Done.


##
## Maximum absolute deviation test of CSR
## Monte Carlo test based on 99 simulations
## Summary function:  K(r)
## Reference function:  theoretical
## Alternative:  two.sided
## Interval of distance values:  [0, 0.25] units (one unit = 9 metres)
## Test statistic:  Maximum absolute deviation
## Deviation = observed minus theoretical
```

[c] 訳注：同様に MAD と称される中央絶対偏差 (median absolute deviation, MAD)，平均絶対偏差 (mean absolute deviation, MAD) とは異なる．

```
##
## data:  bramblecanes
## mad = 0.016159, rank = 1, p-value = 0.01
```

このケースでは，CSR の帰無仮説が有意水準 1% で棄却されることを示す．代替となる検定方法が Loosmore and Ford (2006) によって提唱されており，用いる統計量は以下の通りである．

$$u_i = \sum_{d_k=d_{\min}}^{d_{\max}} \left[\hat{K}_i(d_k) - \bar{K}_i(d_k)\right]^2 \delta_k \tag{6.9}$$

$\bar{K}_i(d_k)$ はシミュレーション上の $\hat{K}(d)$ の平均値であり，$d_k$ は $d_{\min}$ から $d_{\max}$ までの一連のサンプル間の距離，また $\delta_k$ は $\delta_k = d_{k+1} - d_k$ である．この統計量は 2 つの関数間の最大距離ではなく，距離の二乗の総和を測定するものだ．この手法は `spatstat` パッケージの `dclf.test()` として実装されており，`mad.test()` と同様に動作する．

```
dclf.test(bramblecanes,Kest)
## Generating 99 simulations of CSR ...
## 1, 2, 3, 4, 5, 6, 7, 8, 9, 10, 11, 12, 13, 14, 15, 16, 17, 18, 19,
## 20, 21, 22, 23, 24, 25, 26, 27, 28, 29, 30, 31, 32, 33, 34, 35, 36,
## 37, 38, 39, 40, 41, 42, 43, 44, 45, 46, 47, 48, 49, 50, 51, 52, 53,
## 54, 55, 56, 57, 58, 59, 60, 61, 62, 63, 64, 65, 66, 67, 68, 69, 70,
## 71, 72, 73, 74, 75, 76, 77, 78, 79, 80, 81, 82, 83, 84, 85, 86, 87,
## 88, 89, 90, 91, 92, 93, 94, 95, 96, 97, 98, 99.
##
## Done.

##
## Diggle-Cressie-Loosmore-Ford test of CSR
## Monte Carlo test based on 99 simulations
## Summary function:  K(r)
## Reference function:  theoretical
## Alternative:  two.sided
## Interval of distance values:  [0, 0.25] units (one unit = 9 metres)
## Test statistic:  Integral of squared absolute deviation
## Deviation = observed minus theoretical
##
## data:  bramblecanes
## u = 3.3372e-05, rank = 1, p-value = 0.01
```

この結果は先ほどと同様に CSR の帰無仮説が棄却されることを示唆している．出力さ

れた $p$ 値 (p-value) を参照されたい.

### 6.5.2　$L$ 関数

$K$ 関数の代わりに空間的プロセスにおけるクラスタリングの識別を行う手法として，$L$ 関数がある．この関数は $K$ 関数を用いて以下のように定義される.

$$L(d) = \sqrt{\frac{K(d)}{\pi}} \tag{6.10}$$

$K$ 関数の単純な変換であるが，この関数の利点は CSR の下で $L(d) = d$ が成り立つという点にある．つまりは $L$ 関数は傾きが 1 で原点を通る直線となるのだ．推定された $L$ 関数をプロットして視覚的に判断することは，概して 2 次関数から判断するよりも容易であり，その点において $L$ 関数推定は優れた視覚化ツールだといえるだろう．Lest() は Kest() に代わり，$\hat{K}(d)$ に式 (6.10) の変換を適用することで $L$ 関数のサンプル推定を行う．例として，envelope() が $K$ 関数に代わりエンベロープププロット (envelope plot) を作成できたことを思い出してほしい．以下のコードでは，bramblecanes データセットにおいて $L$ 関数を使用した場合のエンベロープププロットを作成する（図 6.13).

```
# L 関数によるエンベロープ
# envelope 関数
lf.env <- envelope(bramblecanes,Lest,correction="border")
## Generating 99 simulations of CSR ...
## 1, 2, 3, 4, 5, 6, 7, 8, 9, 10, 11, 12, 13, 14, 15, 16, 17, 18, 19,
## 20, 21, 22, 23, 24, 25, 26, 27, 28, 29, 30, 31, 32, 33, 34, 35, 36,
## 37, 38, 39, 40, 41, 42, 43, 44, 45, 46, 47, 48, 49, 50, 51, 52, 53,
## 54, 55, 56, 57, 58, 59, 60, 61, 62, 63, 64, 65, 66, 67, 68, 69, 70,
## 71, 72, 73, 74, 75, 76, 77, 78, 79, 80, 81, 82, 83, 84, 85, 86, 87,
## 88, 89, 90, 91, 92, 93, 94, 95, 96, 97, 98, 99.
##
## Done.
# プロット
plot(lf.env)
```

同様に，$K$ 関数の代わりに $L$ 関数を使用して先述の MAD 検定や，DCLF 検定[d]を行える．これらを実行するための mad.test() と dclf.test() もまた，引数として $K$ 関数でないものを指定することが可能だ．実際のところ，Besag(1977) はこの種の検定で $K$ 関数の代わりに $L$ 関数を使用することを推奨している．一例として次のコードにおいて $L$ 関数を使用した MAD 検定を実行する.

[d] 訳注：https://www.rdocumentation.org/packages/spatstat/versions/1.56-0/topics/dclf.test

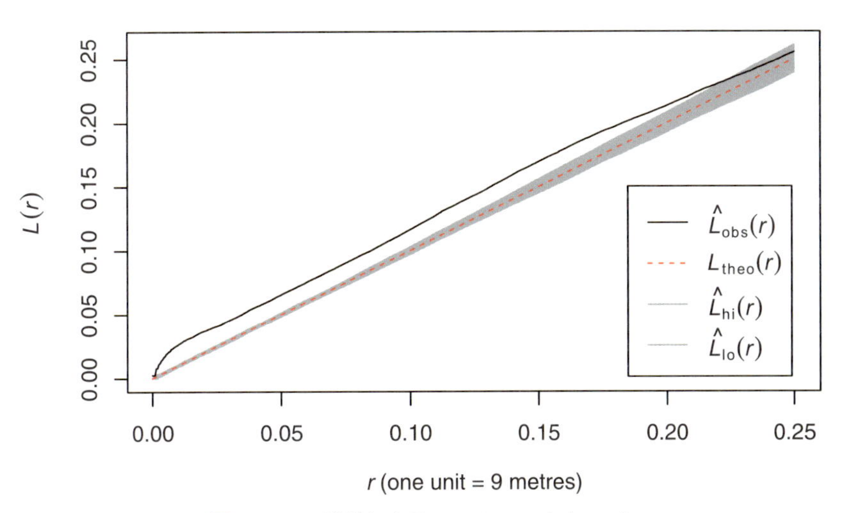


図 6.13　$L$ 関数によるエンベロープブロット

```
mad.test(bramblecanes,Lest)
## Generating 99 simulations of CSR ...
## 1, 2, 3, 4, 5, 6, 7, 8, 9, 10, 11, 12, 13, 14, 15, 16, 17, 18, 19,
## 20, 21, 22, 23, 24, 25, 26, 27, 28, 29, 30, 31, 32, 33, 34, 35, 36,
## 37, 38, 39, 40, 41, 42, 43, 44, 45, 46, 47, 48, 49, 50, 51, 52, 53,
## 54, 55, 56, 57, 58, 59, 60, 61, 62, 63, 64, 65, 66, 67, 68, 69, 70,
## 71, 72, 73, 74, 75, 76, 77, 78, 79, 80, 81, 82, 83, 84, 85, 86, 87,
## 88, 89, 90, 91, 92, 93, 94, 95, 96, 97, 98, 99.
##
## Done.


##
## Maximum absolute deviation test of CSR
## Monte Carlo test based on 99 simulations
## Summary function:  L(r)
## Reference function:  theoretical
## Alternative:  two.sided
## Interval of distance values:  [0, 0.25] units (one unit = 9 metres)
## Test statistic:  Maximum absolute deviation
## Deviation = observed minus theoretical
##
## data:  bramblecanes
## mad = 0.017759, rank = 1, p-value = 0.01
```

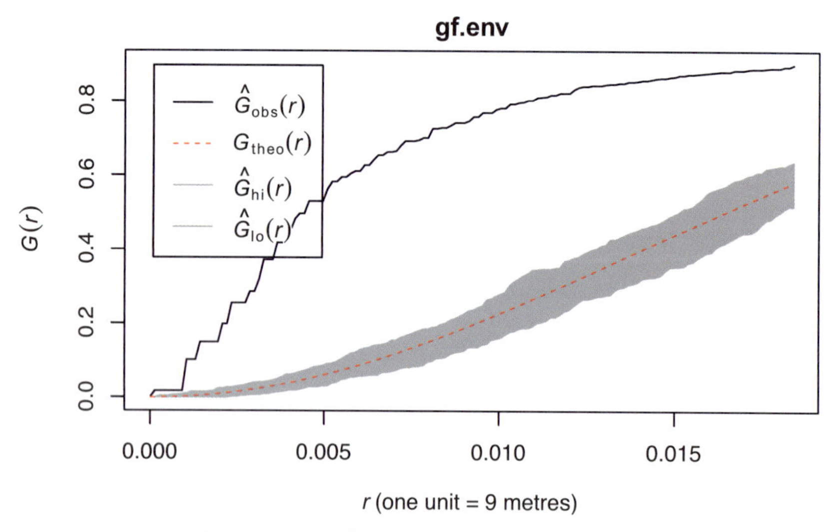


図 6.14　$G$ 関数によるエンベロープププロット

### 6.5.3　$G$ 関数

ポイントパターンにおけるクラスタリングに用いられるもう一つの関数が，$G$ 関数である．これは，ランダムに選択された $\mathbf{x}_i$ の最近傍距離の累積分布だ．したがって距離 $d$ を与える場合，$G(d)$ はランダムに抽出されたサンプルポイントの最近傍距離が $d$ 以下である確率を示す．ここでも spatstat パッケージを使用し Gest() を用いて推定を行うことができる．前項と同様に，envelope()，mad.test()，dclf.test() は Gest() と併用することが可能だ．再び，bramblecanes データを使用して，$G$ 関数のエンベロープププロットを行う (図 6.14).

```
# G 関数によるエンベロープ
# envelope 関数
gf.env <- envelope(bramblecanes,Gest,correction="border")
## Generating 99 simulations of CSR ...
## 1, 2, 3, 4, 5, 6, 7, 8, 9, 10, 11, 12, 13, 14, 15, 16, 17, 18, 19,
## 20, 21, 22, 23, 24, 25, 26, 27, 28, 29, 30, 31, 32, 33, 34, 35, 36,
## 37, 38, 39, 40, 41, 42, 43, 44, 45, 46, 47, 48, 49, 50, 51, 52, 53,
## 54, 55, 56, 57, 58, 59, 60, 61, 62, 63, 64, 65, 66, 67, 68, 69, 70,
## 71, 72, 73, 74, 75, 76, 77, 78, 79, 80, 81, 82, 83, 84, 85, 86, 87,
## 88, 89, 90, 91, 92, 93, 94, 95, 96, 97, 98, 99.
##
## Done.
# プロット
plot(gf.env)
```

$G$ 関数の推定値は，一連の $d$ の値において最近傍距離が $d$ よりも小さくなる割合に基づいている．この場合，描かれた変動範囲は，CSR の下で生成されたサンプルセットにおける所与の $d$ 値の推定値の範囲を表す．理論的に期待される CSR 下の $G$ 関数は以下で表される．

$$G(d) = 1 - \exp(-\lambda \pi d) \tag{6.11}$$

これは図 6.14 に $G_{\mathrm{theo}}$ としてプロットされている．

**補足**

複雑なのは，前述のように，spatstat が sp や GISTools などのような関連パッケージとは異なる方法で空間情報を保存するということだ．これ自体は大きな障害とはならないが，SpatialPointsDataFrame のような型のオブジェクトは spatstat の ppp 形式に変換する必要がある．これは，一連のポイントと調査領域 $A$ を表現するためのポリゴンの両方を含む要約形式であり，SpatialPoints または SpatialPointsDataFrame オブジェクトと SpatialPolygons オブジェクトまたは SpatialPolygonsDataFrame オブジェクトを組み合わせて作成できる．この変換は maptools パッケージの as() と as.ppt() によって実現可能だ．

```
require(maptools)
require(spatstat)

# Bramblecanes データセットは spatstat によって ppp 形式となっている
data(bramblecanes)

# SpatialPoints に変換しプロット
bc.spformat <- as(bramblecanes,"SpatialPoints")
plot(bc.spformat)

# spatstat の用語では window と呼ばれる調査ポリゴンを抽出
# ここでは長方形の形を取る
bc.win <- as(bramblecanes$win,"SpatialPolygons")
plot(bc.win,add=TRUE)
```

また，as.ppp() を介して逆に ppp オブジェクトへの変換も可能だ．これは coordinates() によって算出された SpatialPoints または SpatialPointsDataFrame オブジェクトの座標と as.owin() を介して SpatialPolygons または SpatialPolygonsDataFrame から作成された owin オブジェクトの 2 つの引数を取る．owin オブジェクトは，spatstat が調査領域を表すために使う単一のポリゴンで，ppp オブジェクトの構成要素である．次のコードでは，GISTools パッケージの burgres.n データセットにおける ppp 形式への変換と $G$ 関数の算出およびプロットの出力を行う．

```
br.n.ppp <- as.ppp(coordinates(burgres.n), W=as.owin((gUnaryUnion(blocks))))
br.n.gf <- Gest(br.n.ppp)
plot(br.n.gf)
```

## 6.6　マーク付き点過程

ポイントパターン分析のさらなる発展が，マーク付き点過程の考察である．ここでは1種類の点だけでなくデータセット内の複数種類の点について考えていく．例えば，`newhaven` データセットに含まれる座標点は，複数種類の犯罪に関するものだ．「マーク付き」(marked) という表現は，各座標点が種類ごとにタグ付け（またはマーク付け）されているという意味を持つ．1種類，またはマーク付けされていない点の分析の場合と同様に，点は2次元のランダムデータとして取り扱われる．それぞれの種類の点に対して検定と分析を行うことも可能だ．例えば，CSR の帰無仮説に対して各種類別に検定を行う，またはその種類の $K$ 関数を計算したりするなどがある．一方で異なる種類のポイントパターン間の関係を調べることもできる．例えば2種類の犯罪が独立して発生すると仮定した場合，想定よりも強盗と空き巣の発生箇所が近いか否かを判断することは重要である．

このような種類間の関係を調べる方法の1つが，タイプ $i$ と $j$ のマーク間に cross-$K$ 関数を用いる方法である．この方法は以下によって定義される．

$$K_{ij}(d) = \lambda_j^{-1} E(N_{dij}) \tag{6.12}$$

ここでの $N_{dij}$ はタイプ $i$ のすべてのイベント $\{\mathbf{x}_1, \ldots, \mathbf{x}_n\}$ からランダムに選ばれたイベント $\mathbf{x}_k$ の距離 $d$ に含まれるタイプ $j$ のイベントの数である．また $\lambda_j$ は測定された単位面積あたりのイベントにおけるタイプ $j$ の点過程の強度を示す (Lotwick and Silverman, 1982)．タイプ $j$ の点過程が CSR に従うのであれば，$K_{ij}(d) = \lambda_j \pi d^2$ となる．前節で触れた $K$, $L$, $G$ を用いたシミュレーションベースのアプローチと同様に $K_{ij}(d)$ を計算し，それを仮説サンプルによって求められた CSR による推定値 $K_{ij}(d)$ と比較する．

$K_{ij}(d)$ の推定値は式 (6.5) と同様に算出できる．

$$\hat{K}_{ij}(d) = \hat{\lambda_j}^{-1} \sum_k \sum_l \frac{I(d_{kl} < d)}{n_i n_j} \tag{6.13}$$

この式において $k$ はすべてのタイプ $i$ の点のインデックスを，$l$ はすべてのタイプ $j$ の点のインデックスを指す．$n_i$ と $n_j$ はタイプ $i$ と $j$ それぞれの点の数を示す．式 (6.7) で示した補正を適用することも可能だ．通常の $K$ 関数と $L$ 関数の関係と同様に cross-$K$ 関数に関連する cross-$L$ 関数 $L_{ij}(d)$ も存在する．

### 6.6.1　R による cross-$L$ 関数分析

`spatstat` パッケージには，`Kcross()` と呼ばれる cross-$K$ 関数を計算するための関数があり，cross-$L$ 関数に対応する `Lcross()` も含まれている．これらの関数は引数として `ppp` オブジェクトと，$i$ と $j$ の値を取る．$i$ と $j$ はマークタイプを参照するので，`ppp` オブジェクトの各ポイントのマーク付けが必要だ．これは marks() を使って行うことができる．例えば，bramblecanes オブジェクトの場合，各ポイントは，苗の年齢を 3 段階に分類したもので 0, 1, 2 の順にラベル付けされている (Hutchings, 1979)．マークは factor 型であることに注意されたい．マークの抽出については次のコードで実行できる．

```
marks(bramblecanes)
## [1]   0 0 0 0 0 0 0 0 0 0 0 0 0 0 0 0 0 0 0 0 0 0 0 0 0 0 0 0 0 0 0 0 0 0 0
## [36]  0 0 0 0 0 0 0 0 0 0 0 0 0 0 0 0 0 0 0 0 0 0 0 0 0 0 0 0 0 0 0 0 0 0 0
## [71]  0 0 0 0 0 0 0 0 0 0 0 0 0 0 0 0 0 0 0 0 0 0 0 0 0 0 0 0 0 0 0 0 0 0 0
## [106] 0 0 0 0 0 0 0 0 0 0 0 0 0 0 0 0 0 0 0 0 0 0 0 0 0 0 0 0 0 0 0 0 0 0 0
## [141] 0 0 0 0 0 0 0 0 0 0 0 0 0 0 0 0 0 0 0 0 0 0 0 0 0 0 0 0 0 0 0 0 0 0 0
## [176] 0 0 0 0 0 0 0 0 0 0 0 0 0 0 0 0 0 0 0 0 0 0 0 0 0 0 0 0 0 0 0 0 0 0 0
## [211] 0 0 0 0 0 0 0 0 0 0 0 0 0 0 0 0 0 0 0 0 0 0 0 0 0 0 0 0 0 0 0 0 0 0 0
## [246] 0 0 0 0 0 0 0 0 0 0 0 0 0 0 0 0 0 0 0 0 0 0 0 0 0 0 0 0 0 0 0 0 0 0 0
## [281] 0 0 0 0 0 0 0 0 0 0 0 0 0 0 0 0 0 0 0 0 0 0 0 0 0 0 0 0 0 0 0 0 0 0 0
## [316] 0 0 0 0 0 0 0 0 0 0 0 0 0 0 0 0 0 0 0 0 0 0 0 0 0 0 0 0 0 0 0 0 0 0 0
## [351] 0 0 0 0 0 0 0 0 0 1 1 1 1 1 1 1 1 1 1 1 1 1 1 1 1 1 1 1 1 1 1 1 1 1 1
## [386] 1 1 1 1 1 1 1 1 1 1 1 1 1 1 1 1 1 1 1 1 1 1 1 1 1 1 1 1 1 1 1 1 1 1 1
## [421] 1 1 1 1 1 1 1 1 1 1 1 1 1 1 1 1 1 1 1 1 1 1 1 1 1 1 1 1 1 1 1 1 1 1 1
## [456] 1 1 1 1 1 1 1 1 1 1 1 1 1 1 1 1 1 1 1 1 1 1 1 1 1 1 1 1 1 1 1 1 1 1 1
## [491] 1 1 1 1 1 1 1 1 1 1 1 1 1 1 1 1 1 1 1 1 1 1 1 1 1 1 1 1 1 1 1 1 1 1 1
## [526] 1 1 1 1 1 1 1 1 1 1 1 1 1 1 1 1 1 1 1 1 1 1 1 1 1 1 1 1 1 1 1 1 1 1 1
## [561] 1 1 1 1 1 1 1 1 1 1 1 1 1 1 1 1 1 1 1 1 1 1 1 1 1 1 1 1 1 1 1 1 1 1 1
## [596] 1 1 1 1 1 1 1 1 1 1 1 1 1 1 1 1 1 1 1 1 1 1 1 1 1 1 1 1 1 1 1 1 1 1 1
## [631] 1 1 1 1 1 1 1 1 1 1 1 1 1 1 1 1 1 1 1 1 1 1 1 1 1 1 1 1 1 1 1 1 1 1 1
## [666] 1 1 1 1 1 1 1 1 1 1 1 1 1 1 1 1 1 1 1 1 1 1 1 1 1 1 1 1 1 1 1 1 1 1 1
## [701] 1 1 1 1 1 1 1 1 1 1 1 1 1 1 1 1 1 1 1 1 1 1 1 1 1 1 1 1 1 1 1 1 1 1 1
## [736] 1 1 1 1 1 1 1 1 1 2 2 2 2 2 2 2 2 2 2 2 2 2 2 2 2 2 2 2 2 2 2 2 2 2 2
## [771] 2 2 2 2 2 2 2 2 2 2 2 2 2 2 2 2 2 2 2 2 2 2 2 2 2 2 2 2 2 2 2 2 2 2 2
## [806] 2 2 2 2 2 2 2 2 2 2 2 2 2 2 2 2 2 2
## Levels:  0 1 2
```

**補足**

以下の構文で ppp オブジェクトのマークに値を代入し，更新することもできる．

```
# marks(x) <- ...
```

ここでの...には，ppp オブジェクト内の点 x と同じ数の要素を持つカテゴリ変数 (factor) を生成するような有効なコードが入る．この構文は SpatialPointsDataFrame をマーク付き点過程を表す ppp に変換する場合に有用となる．

次の例では，野バラの苗の年齢カテゴリのレベル 0 とレベル 1 における cross-$L$ 関数を計算しプロットを行う．結果のプロットを図 6.15 に示す．

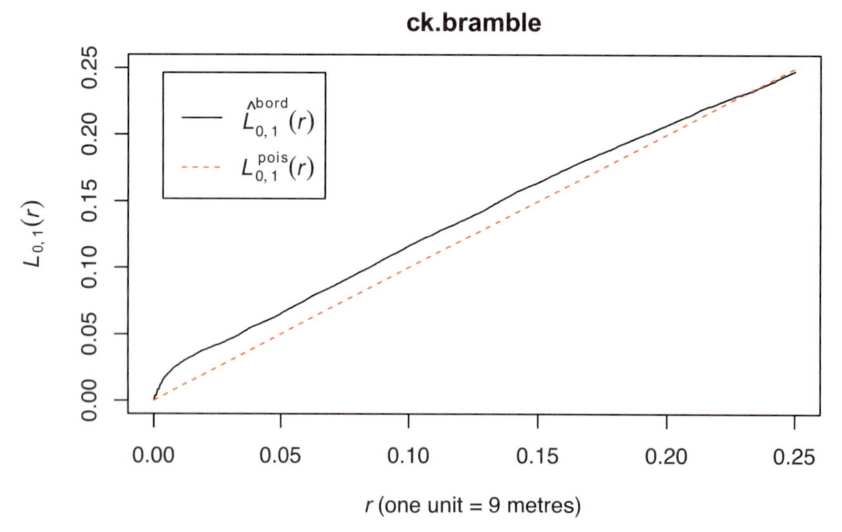


図 **6.15**　bramblecanes データのレベル 0, 1 の cross-$L$ 関数のプロット

```
ck.bramble <-Lcross(bramblecanes, i=0, j=1, correction='border')
plot(ck.bramble)
```

envelope() もまた図 6.16 のように使用できる.

```
ckenv.bramble <-envelope(bramblecanes, Lcross, i=0, j=1,
                         correction='border')
## Generating 99 simulations of CSR ...
## 1, 2, 3, 4, 5, 6, 7, 8, 9, 10, 11, 12, 13, 14, 15, 16, 17, 18, 19,
## 20, 21, 22, 23, 24, 25, 26, 27, 28, 29, 30, 31, 32, 33, 34, 35, 36,
## 37, 38, 39, 40, 41, 42, 43, 44, 45, 46, 47, 48, 49, 50, 51, 52, 53,
## 54, 55, 56, 57, 58, 59, 60, 61, 62, 63, 64, 65, 66, 67, 68, 69, 70,
## 71, 72, 73, 74, 75, 76, 77, 78, 79, 80, 81, 82, 83, 84, 85, 86, 87,
## 88, 89, 90, 91, 92, 93, 94, 95, 96, 97, 98, 99.
##
## Done.
plot(ckenv.bramble)
```

結果により，野バラのやや若い苗（レベル 1）は，非常に若い苗（レベル 0）の近くに存在する傾向があると考えられる．また mad.test() と dclf.test() のいずれも Kcross() と Lcross() を用いることができるため，試してみることも可能だ．次の例では Lcross() および dclf.test() を使用している．

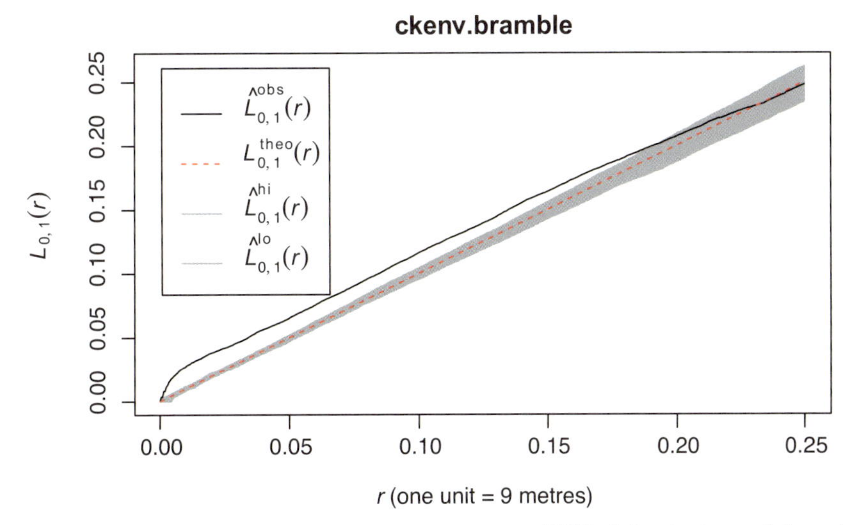


図 6.16 bramblecanes データのレベル 0, 1 の cross-$L$ 関数によるエンベロープププロット

```
dclf.test(bramblecanes,Lcross,i=0,j=1,correction='border')
## Generating 99 simulations of CSR ...
## 1, 2, 3, 4, 5, 6, 7, 8, 9, 10, 11, 12, 13, 14, 15, 16, 17, 18, 19,
## 20, 21, 22, 23, 24, 25, 26, 27, 28, 29, 30, 31, 32, 33, 34, 35, 36,
## 37, 38, 39, 40, 41, 42, 43, 44, 45, 46, 47, 48, 49, 50, 51, 52, 53,
## 54, 55, 56, 57, 58, 59, 60, 61, 62, 63, 64, 65, 66, 67, 68, 69, 70,
## 71, 72, 73, 74, 75, 76, 77, 78, 79, 80, 81, 82, 83, 84, 85, 86, 87,
## 88, 89, 90, 91, 92, 93, 94, 95, 96, 97, 98, 99.
##
## Done.


##
## Diggle-Cressie-Loosmore-Ford test of CSR
## Monte Carlo test based on 99 simulations
## Summary function:  L["0", "1"](r)
## Reference function:  theoretical
## Alternative:  two.sided
## Interval of distance values:  [0, 0.25] units (one unit = 9 metres)
## Test statistic:  Integral of squared absolute deviation
## Deviation = observed minus theoretical
##
## data:  bramblecanes
## u = 4.3982e-05, rank = 1, p-value = 0.01
```

## 6.7 連続する属性を有するポイントパターンの補間

前節ではカテゴリ属性を持つポイントパターンの分析手法を示した．それとは別の問題として，点が海面の高さや土壌伝導率，住宅価格といった連続属性（測定スケール属性）を持つ場合のポイントパターン分析がある．この問題において典型的な課題が補間だ．例えば，とある地点 $\{\mathbf{x}_1, \ldots, \mathbf{x}_n\}$ において $\{z_1, \ldots, z_n\}$ と呼ばれる連続的なサンプルが与えられ，新たな点 $\mathbf{x}$ における $z$ の値を推定するような場合に必要となる．これを可能にする方法は，かなり単純なアルゴリズムや洗練された空間統計モデルに基づく．本節では以下の3つの重要な処理について説明していく．

1. 最近隣補間法 (nearest neighbour interpolation)
2. 逆距離加重法 (inverse distance weighting)
3. クリギング (kriging)

### 6.7.1 最近隣補間法

初めに最近隣補間法について触れる．これは最もシンプルな考え方に基づくものであり，以下のように述べることができる．

- $|\mathbf{x}_i - \mathbf{x}|$ が最小になるような $i$ を見つける
- $z$ の推定値は $z_i$ となる

言い換えると，新たな地点 $\mathbf{x}$ での $z$ を推定に $\mathbf{x}$ に最も近い観測点での $z_i$ の値を用いるということだ．各 $i$ についての最近隣点 $\mathbf{x}_i$ は点集合のボロノイ (Voronoi) ポリゴン[e]の集合を形成する．それを推定値を表す明快な方法として，新たな点 $\mathbf{x}_i$ に対応するボロノイポリゴンの集合としてそれぞれの属性 $z$ を割り当てる．rgeos パッケージにはボロノイポリゴンを直接つくる関数は含まれていないものの，Carson Farmer[2]は実現のためのいくつかのコードを用意し voronoipolygons() という関数を提供している．これは筆者によって少し変更を行い，下記に記載する．修正版コードでは，SpatialPointsDataFrame からポイントを取得し，対応するボロノイポリゴンの属性としてポイントの属性を付与していることに注意されたい．したがって実際には，目的の $z$ 値が入力された SpatialPointsDataFrame 内の属性である場合，この関数を使用すると最近隣補間法が暗黙的に実行されることになる．

この関数では deldir と呼ばれる別のパッケージで実行されるボロノイ計算を利用して

---

[2] http://www.carsonfarmer.com/2009/09/voronoi-polygons-with-r/を参照されたい．

[e] 訳注：ティーセン (Thiessen) ポリゴンとも呼ばれ，各点をそれぞれ結んだ線分の垂直二等分線の交点が各ポリゴンの交点となる．

いるが，このパッケージはSpatial*オブジェクト型を使用しない．したがってこの関数はrgeos, sp, maptoolsのような地理情報ハンドリングとの統合を可能にするフロントエンドを提供する．コードの解釈が難しいといった心配は無用だ．この段階では，そうしなければ実現できないような空間データ操作機能を提供するものと理解すれば十分である．

```
# Carson Farmer によるオリジナルコード
# http://www.carsonfarmer.com/2009/09/voronoi-polygonswith-r/
# 若干の修正を加えたコード
require(deldir)
require(sp)
voronoipolygons = function(layer) {
  crds <- layer@coords
  z <- deldir(crds[,1], crds[,2])
  w <- tile.list(z)
  polys <- vector(mode='list', length=length(w))

  for (i in seq(along=polys)) {
    pcrds <- cbind(w[[i]]$x, w[[i]]$y)
    pcrds <- rbind(pcrds, pcrds[1,])
    polys[[i]] <- Polygons(list(Polygon(pcrds)), ID=as.character(i))}
  SP <- SpatialPolygons(polys)
  voronoi <- SpatialPolygonsDataFrame(SP,
           data=data.frame(x=crds[,1], y=crds[,2],
                           layer@data,
                           row.names=sapply(slot(SP, 'polygons'),
                                        function(x) slot(x, 'ID'))))
  return(voronoi)
}
```

### 具体的なデータを見る

この関数を定義したら，次はテストデータで使用してみる．適したデータセットはgstatパッケージで提供されている．このパッケージでは本節で紹介するほかの2つを含めた空間補間のためのさまざまなツールを提供する．興味深いのは，fulmarというデータフレームだ．データセットの詳細はgstatパッケージを読み込んだあとに?fulmarと入力することで得られる．1998年と1999年の8月と9月の北海オランダ海域上における，海鳥フルマカモメの飛来数を表している．この飛来数のカウントは観測航空機の飛行経路に対応するトランセクト[f)]に沿って行われ，観測領域 0.5 km$^2$ で観測数を割ること

[f)] 訳注：野外調査において調査地に引いた線または線から一定範囲を調査する手法．ここでは調査に用いる線および調査地点を指す．

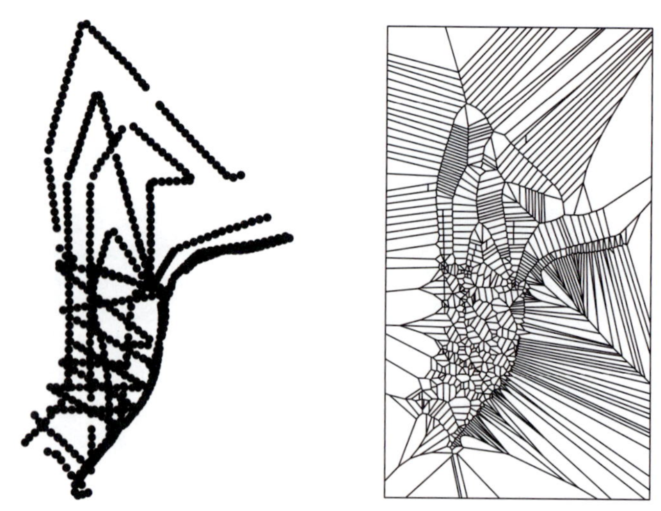

図 6.17　フルマカモメの飛来トランセクト：出現箇所（左），ボロノイ図（右）.

によって密度に変換される.

このセクションと次のセクションでは，上記のデータを分析していく．その前にこのデータを R に読み込み，Spatial*オブジェクトに変換する必要がある．最初に前述の関数 voronoipolygons() を定義するコードを実行し，次の数行のコードで fulmar データセットを読み込み，SpatialPointsDataFrame に変換する．飛来数の密度は，データフレーム fulmar の列 fulmar に格納され，座標点は列 x と y で指定されている．このポイントオブジェクトは，次に，ボロノイポリゴンデータフレームに変換され，最近隣補間を行う．ポイントポリゴンオブジェクトとボロノイポリゴンオブジェクトの両方を作成したら，その後のコードでこれらをプロットする（図 6.17）.

```
library(gstat)
library(maptools)
data(fulmar)
fulmar.spdf <- SpatialPointsDataFrame(cbind(fulmar$x,fulmar$y),fulmar)
fulmar.spdf <- fulmar.spdf[fulmar.spdf$year==1999,]
fulmar.voro <- voronoipolygons(fulmar.spdf)
par(mfrow=c(1,2),mar=c(0.1,0.1,0.1,0.1))
plot(fulmar.spdf,pch=16)
plot(fulmar.voro)

# 描画オプションを元に戻す
par(mfrow=c(1,1))
```

データをプロットすることにより，トランセクトの経路が明確になる．大部分は線形であるものの，オランダの海岸沿いは 1 本の経路が続く．南北方向の経路は，他のジグザグの道と交差し，かなり包括的にカバーできている．北方は網羅率がやや低い．ボロノイ図を見ると，ポリゴンの面積は観測点の密度（点が内部に含まれるとき）によって変化し，エリアの端では無限大のポリゴン（最終的に囲む長方形によって切り取られている）となることに注目されたい．これらはボロノイポリゴンの典型的な特徴だが，これによって空間補間にかなり特殊な性質が与えられる．それを確認するため，最近隣密度のコロプレス図を作成する．今回，`Brewer` パレットの `Purples` を使用し，色が濃いほど密度が高いことを示し，5, 15, 25, 35 羽/km$^2$ で密度のランク分けを行う．`par()` を用いて，プロット時のいくつかの描画パラメータを制御する．`mfrow` パラメータは，描画ウインドウ内に複数のプロットを作成するように R に指示するものだ．プロットは行列と考えることができ，`c(1,2)` は 1 行 2 列の行列，つまり左右一対のプロットとなる．`mar` パラメータはプロット内の描画領域と，割り当てられた領域全体との間の余白を指定するものだ．指定時の 4 つの値で順番に下，左，上，右の余白を cm 単位で指定する．ここでは地図の描画領域を広げるため，これらを小さくしている．この余白領域は通常グラフの軸とタイトルを追加するために使用されるが，軸のないマップを描画する場合は，余白を設ける必要はない．

再び，ボロノイポリゴンの特殊な性質について明らかにしていく．特にエリアの端にある非常に大きなポリゴンが視覚的な補間を行うことによる影響は大きく，ポリゴンの不規則な形状がプロットの解釈において混乱を招いてしまう．このアプローチはときに「お手軽だが精緻ではない」推定ツールとして数値モデルや指標へのインプットに使用されることがあるものの，視覚的アプローチ特有の性質をみせる．調査領域の北東方面の密度を増加させることができたとしても，ポリゴンの形状やサイズにおけるさまざまな歪みの影響により任意の複雑なパターンを識別することは困難である．このアプローチにおいて最も問題となるのは，補間された面（ポリゴン）が不連続であること，特にサンプル内の地点においてその不連続性は人工的なものであるということだ．これらの理由から，本節で取り上げる他 2 つの方法が適している．次のコードでは図 6.18 を生成する．

```
library(gstat)
library(GISTools)
sh <- shading(breaks=c(5,15,25,35),
              cols=brewer.pal(5,'Purples'))
par(mar=c(0.1,0.1,0.1,0.1))
choropleth(fulmar.voro,fulmar.voro$fulmar,shading=sh,border=NA)
plot(fulmar.voro,border='lightgray',add=TRUE,lwd=0.5)
choro.legend(px='topright',sh=sh)
```

### 6.7.2　逆距離加重法

逆距離加重法 (IDW: inverse distance weighting) を用いた補間のアプローチでは，位置 $\mathbf{x}$ での $z$ の値を推定するために，単一の最近傍点だけに頼るのではなく，付近の観測

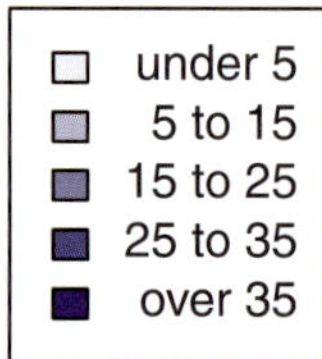


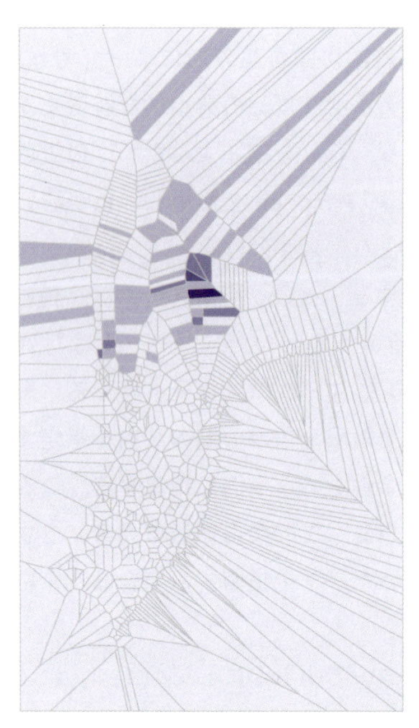

**図 6.18**　フルマカモメの出現密度に関する最近隣推定

点の加重平均が取られる．$\mathbf{x}$ に近い $z$ の観測値を補間において重要視する，という考えに基づいて距離の近い点にはより大きな重みが与えられる．特に，$w_i$ を $z_i$ の重みとすると，位置 $\mathbf{x}$ における $z$ の推定値は以下の式で表現される．

$$\hat{z}(\mathbf{x}) = \frac{\sum_i w_i z_i}{\sum_i w_i} \tag{6.14}$$

ここで

$$w_i = |\mathbf{x} - \mathbf{x}_i|^{-\alpha} \tag{6.15}$$

このとき $\alpha \geq 0$ であり，基本的に $\alpha = 1$ または $\alpha = 2$ のように逆数または平方根の逆数が与えられる．

**補足**

IDW と他の方法との間には興味深い関係が存在する．$\alpha = 0$ の場合，すべての $i$ に対して $w_i = 1$ となり，$z$ は位置に関係なくすべての $z_i$ の平均となる．また，$w_i$ と $w_k$ の比（このとき $k$ は $\mathbf{x}$ に最近隣点のインデックス）は次の関係となることに留意されたい．

$$\left.\begin{array}{ll} \left(\dfrac{|\mathbf{x} - \mathbf{x}_k|}{|\mathbf{x} - \mathbf{x}_i|}\right)^{\alpha} & i \neq k \text{ のとき} \\ 1 & i = k \text{ のとき} \end{array}\right\} \tag{6.16}$$

したがって $\alpha \to \infty$ ならば重み付けは $w_k$ へと偏り，$z$ の推定値は最近隣の推定値になりやすくなる．

もし $\mathbf{x}$ の値が $\mathbf{x}_i$ の値の1つと一致する場合は，$w_i$ は $\infty$ となるため，重み付けに問題が生じる．しかし，そのときIDWによる推定値は $z_i$ の値と定義される．異なる多くの観測値（例えば $k$）がすべて同じ場所で得られた場合，$\mathbf{x}_{i1} = \mathbf{x}_{i2} = \cdots = \mathbf{x}_{ik}$ の推定値は $z_{i1}, z_{i2}, \ldots, z_{ik}$ の平均値となる．

**補足**

$\mathbf{x}$ がデータ点 $\mathbf{x}_i$ と一致する際のIDWの定義は，IDWが以下のように書けることを意識すると理解しやすい．

$$\hat{z}(\mathbf{x}) = \frac{\sum_i d_i^{-\alpha} z_i}{\sum_i d_i^{-\alpha}}, \text{ ここで } d_i = |\mathbf{x} - \mathbf{x}_i| \tag{6.17}$$

分子と分母に $d_i^{\alpha}$ を掛け合わせると

$$\hat{z}(\mathbf{x}) = \frac{z_i + d_i \sum_{k \neq i} d_k^{-\alpha} z_k}{1 + d_i \sum_{k \neq i} d_k^{-\alpha}} \tag{6.18}$$

$d_i \to 0$ という制限下においては，この式は上記の定義 (6.17) の $z_i$ にすぎない．またこれらが同じ位置にある場合，$d_{i1} = d_{i2} = \cdots = d_{ik} = d$ となるため分母と分子に $d$ を掛けることで下記が得られる．

$$\hat{z}(\mathbf{x}) = \frac{z_{i1} + z_{i2} + \cdots + z_{ik} + d \sum_{k \notin \{i_1, i_2, \ldots, i_k\}} d_k^{-\alpha} z_k}{k + d \sum_{k \notin \{i_1, i_2, \ldots, i_k\}} d_k^{-\alpha}} \tag{6.19}$$

また $d \to 0$ のとき $z_{i1}, z_{i2}, \ldots, z_{ik}$ の平均値が得られる．

### gstat パッケージによるIDWの算出

IDW補間を計算するにはいくつかの方法がある．ここでは`gstat`パッケージの検討を行う．このパッケージはここで扱う空間補間の第3のアプローチであるクリギング（6.8節）においても役立つ．つまりこのパッケージの知識は第2と第3の両方の方法に対して有用だ．ここでは以前に使用された`fulmar`データセットを使用してパッケージを示していく．次のコードではIDW補間を実行し，補間された平面のプロットを行う．まずIDW推定値を計算する一連のサンプルポイントが必要となる．`maptools`パッケージの`spsample()`はサンプルグリッドを生成する．

`SpatialPolygonsDataFrame`クラスのデータとして多くの点が与えられた場合，引数`type ='regular'`を指定すると，ポリゴンを覆う点の規則的なグリッドを持つ`SpatialPointsDataFrame`が生成される．グリッドの密度は，グリッド点の数が与えられた点の数に可能な限り近くなるようにする[3]．この過程で約6000ポイントのグリッドが作成される．前述のオブジェクト`fulmar.voro`は矩形の形状を有しているため長方形のグリッドが作成されることになる．

---

[3]点の数が正確に一致するようなグリッドを見つけることは必ずしも可能なわけではない．

このあと idw() を使用して IDW 推定値を算出する．ここではモデルを指定する必要があり（例えばここでの fulmar~1 は簡易な補間を行うことを意味する）．$\mathbf{x}_i$ の位置は fulmar.spdf にあり，推定が行われるポイントは s.grid として与えられる．引数である idp（補間距離パラメータ）は IDW における $\alpha$ の値であり，ここでは 1 を設定している．

```
library(maptools) # パッケージ呼び出し
library(GISTools) # パッケージ呼び出し
library(gstat)    # gstat パッケージの呼び出し

# 一連のポイントを用いてサンプルグリッドを定義する
# IDW によって推定を行う．alpha=1 に設定

s.grid <- spsample(fulmar.voro,type='regular',n=6000)
idw.est <- gstat::idw(fulmar~1,fulmar.spdf, newdata=s.grid,idp=1.0)
## [inverse distance weighted interpolation]
```

**補足**

なぜ idw() が gstat::idw と表記されるのか疑問に思うかもしれない．これは以前読み込んだパッケージ (spatstat) にも idw という同名の関数があるからだ．この記法を用いることで R に gstat パッケージの関数を使いたいと宣言している．spatstat がロードされていない場合，この表記は必要ない．単に idw の表記で目的の関数が実行できる．しかし spatstat が使用されたセッションと同じセッションにいる場合，どちらの関数が呼び出されるかを保証することは困難となる．そこで gstat::idw を使うことで曖昧さを取り除いている．

オブジェクト idw.est は var1.pred と呼ばれる変数の各サンプル点における IDW 推定値 (事実上は長方形のグリッド) を含む SpatialPointsDataFrame だ．次の数行のコードではグリッド内の一意の $X$ および $Y$ 座標を抽出し，var1.pred を行列 predmat に変換している．

```
# グリッド内の一意の x,y 座標を抽出
# 予測値と形式をグリッド値の行列として抽出
ux <- unique(coordinates(idw.est)[,1])
uy <- unique(coordinates(idw.est)[,2])
predmat <- matrix(idw.est$var1.pred,length(ux),length(uy))
```

ここで次のコードを実行すると，同様のアプローチを使用した $\alpha = 2$ の場合の補間が作成される．IDW の結果が idw.est2 および predmat2 のマトリクスに格納される．

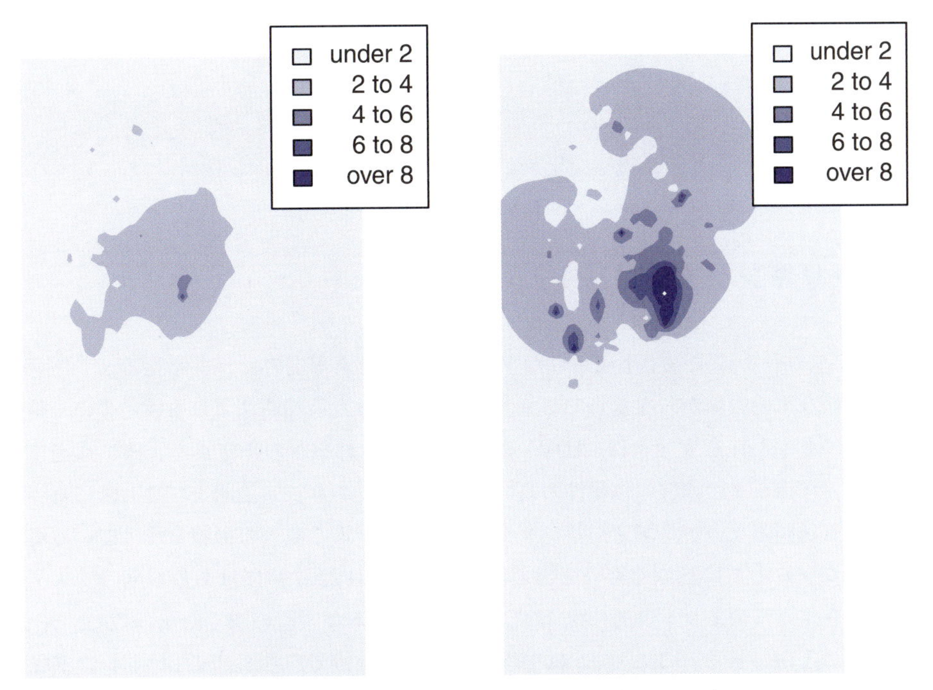


図 6.19 IDW による補間（左：$\alpha = 1$，右：$\alpha = 2$）

```
idw.est2 <- gstat::idw(fulmar~1,fulmar.spdf, newdata=s.grid,idp=2.0)
## [inverse distance weighted interpolation]
predmat2 <- matrix(idw.est2$var1.pred,length(ux),length(uy))
```

最後にこれらの補間はいずれも filled.contour() によってプロットされる．この関数は既存のプロットに等高線を追加することに注意されたい．色と罫線が NA に設定された fulmar.voro オブジェクトをプロットすることはやや特殊なやり方ではあるものの，等高線プロットを追加可能な正確な範囲で空白のプロットウインドウを作成する便利な方法である．最後に.filled.contour() はシェーディングとレベルごとの閾値を指定する方法が異なり，GISTools パッケージのメソッドを使用して凡例を作成する．次のコードによって図 6.19 を生成する．

```
#地図の描画．最初の plot コマンドでは何も表示されない
par(mar=c(0.1,0.1,0.1,0.1),mfrow=c(1,2))
plot(fulmar.voro,border=NA,col=NA)
.filled.contour(ux,uy,predmat,col=brewer.pal(5,'Purples'),
                levels=c(0,2,4,6,8,30))

# 凡例の追加
sh <-shading(breaks=c(2,4,6,8), cols=brewer.pal(5,'Purples'))
choro.legend(px='topright',sh=sh,bg='white')
```

```
plot(fulmar.voro,border=NA,col=NA)
.filled.contour(ux,uy,predmat2,col=brewer.pal(5,'Purples'),
                levels=c(0,2,4,6,8,30))
choro.legend(px='topright',sh=sh,bg='white')
```

## 6.8　クリギングアプローチ

IDW アプローチによって生成されたフルマカモメ飛来密度のマップを見ると，任意の線形不連続な平面領域からなる点であり，少なくとも最近隣補間法よりも満足のいく結果に見える．しかし注意すべきは，IDW 補間では常にそれぞれの測定点を正確に通過することである．データが非常に信頼性の高い測定の結果であり決定論的なプロセスに基づくものであれば問題ないが，測定やサンプリングがランダムな誤差の影響を受けている場合や確率的なプロセスに基づくものである場合，観測された $z_i$ 値にはある程度のランダム変動が存在する．つまり本質的に $z_i$ は真の値にランダムな要素を加えた $z_i = T(\mathbf{x}_i) + E_i$ と考えることができる（ここで $E_i$ は平均 0 のランダム値であり，$T(\mathbf{x}_i)$ はトレンド成分を指す）．このような状況下では $z_i$ よりも $T(\mathbf{x}_i)$ を推定する方が有用だが，残念ながら，IDW 補間はこの処理を行わない．問題となるのはこのメソッドでは $z_i$ を通過するため，データ内のトレンドによるノイズを補間してしまうということだ．これは IDW 補間の透視図で顕著となる．$\alpha = 1$ と $\alpha = 2$ の IDW 補間面で見られる突出は，ランダムなノイズの影響があることの表れである．次の R コードはこれらのプロットを作成している（図 6.20 参照）．

```
par(mfrow=c(1,2),mar=c(0,0,2,0))
persp(predmat,box=FALSE)
persp(predmat2,box=FALSE)
```

$\mathbf{x}_i$ の位置で複数の観測が行われた場合，ここで補間された値は，$T(\mathbf{x}_i)$ の推定可能な

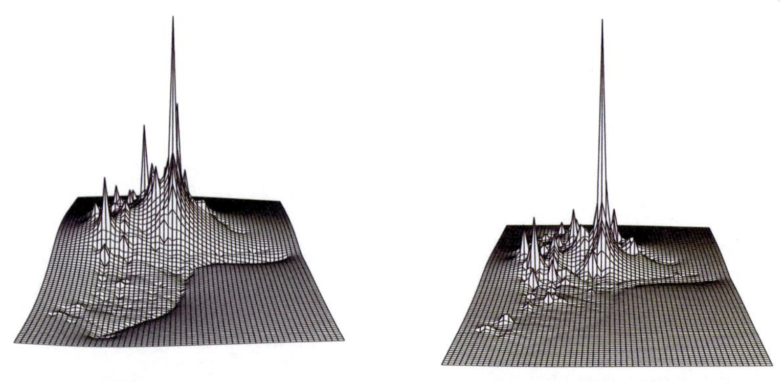

**図 6.20**　IDW の 3D プロット（左：$\alpha = 1$；右：$\alpha = 2$）

推定値であり観測された $z$ 値の平均となるが，ほとんどの場合は各点で単一の観測のみが発生するため，補間手法における代替案を考慮する必要がある．このときの候補の1つがクリギングである (Matheron, 1963)．このアプローチの背景にある理論は比較的複雑 (Cressie, 1993) だが，簡単な概要を述べる．この方法に関する別の概要についてはBrunsdon(2009) を参照のこと．

### 6.8.1 クリギング

クリギングでは観測された量 $z_i$ は確率過程の結果としてモデル化される．

$$z_i = f(\mathbf{x}_i) + v(\mathbf{x}_i) + \epsilon_i \tag{6.20}$$

ここで $f(\mathbf{x}_i)$ は決定論的なトレンド関数であり，$v(\mathbf{x}_i)$ は確率関数，$\epsilon_i$ は観測のランダム誤差である．トレンド関数は回帰モデルでよく見かける種類の関数（例えば線形や2次関数），または単に定数を返す関数（例えば平均値）を取る．$\epsilon_i$ は点 $\mathbf{x}_i$ での測定誤差またはサンプリング誤差に関する確率変数であり，平均0，分散 $\sigma^2$ の正規分布に従うと仮定する．この誤差はときにナゲット効果 (nugget effect) と呼ばれる．クリギングは当初鉱業分野に適用されミネラル濃度の推定に使用されてきた．当時は連続量としてモデル化されていたものの，実際には金のような鉱物は小さな金塊として得られ，特定の場所で採取された採掘サンプルには金塊が発見されたか否かによって高度に局所化された変動性が存在した．この効果はフルマカモメの観測データにもよく表れている．適切な時期と場所で観測飛行を行えば鳥の群れを見つけられるが，わずかに異なる飛行経路を取った飛行隊や，わずかに早い時期または遅い時期に実施した飛行隊は鳥の群れを見逃す可能性がある．

最後の項は確率関数 $v(\mathbf{x})$ だ．おそらくこの説明は最も難解なものとなる．このコンセプトについてもう少し詳しく知りたければ，次項を読んでほしい．しかしクリギングアプローチを信頼することができていれば，次項は飛ばしても構わない．

### 6.8.2 確率関数

ここでは単なる乱数ではなく，関数全体が確率的である場合について述べる．

確率関数の簡単な例は，$a$ と $b$ が乱数（例えば平均0，分散 $\sigma_a^2, \sigma_b^2$ の独立な正規分布）である $f(x) = a + bx$ だ．これらの関数は直線であるため，$v(x)$ はランダムな傾きと切片を持つ直線として考えることができ，任意に与えられた値 $x$ に対する $v(x)$ の期待値とその分散が何であるかを求められる．

任意の値 $x$ に対する $v(x)$ の平均値の導出は以下のように求められる．

$$E(v(x)) = E(a) + E(b)x \tag{6.21}$$

これは $E(a) = E(b) = 0$, $E(v(x)) = 0$ であるため成り立つ．このことはいくつかのランダムな直線のサンプルが生成された場合，その平均値を取ると $x$ に関係なく0に近いものが得られることを意味する．しかし，$v(x)$ の平均値は 0 に近似するかもしれないが，その分散は $x$ によってどのように変化するのだろうか？　$a$ と $b$ は独立なので，

$$\mathrm{Var}(v(x)) = \sigma_a^2 + x^2\sigma_b^2 \tag{6.22}$$

したがって $v(x)$ の期待値の分散は $x$ の絶対値が大きいほど大きくなる．

最後に関数が 2 つの $x$ の値，例えば $x_1$ と $x_2$ で評価された場合を考える．$v(x_1)$ と $v(x_2)$ の相関は前述同様だが少し複雑となり以下のように表される．

$$\frac{\sigma_a^2 + x_1x_2\sigma_b^2}{\sqrt{(\sigma_a^2 + x_1^2\sigma_b^2)(\sigma_a^2 + x_2^2\sigma_b^2)}} \tag{6.23}$$

ここでは初期確率関数に関連して相関関数を定義する考え方に基づいている．場合によってはこの概念を逆にし，2 変量の相関関数の観点から確率関数を定義することも可能だ．この考え方はクリギングと地理統計学の根幹となるものだ．しかしこの場合，上記の考え方に対し，いくつかの発展的な条件が適用される．

- これらの関数はスカラー $x$ ではなくベクトル $\mathbf{x}$ に対して定義されている．
- 定常性：相関関数は，2 つのベクトル間の距離にのみ依存する．例えば相関関数 $\rho$ の場合 $\rho(|\mathbf{x}_1 - \mathbf{x}_2|) = \rho(d)$ である．
- 基本的にこの相関関係はバリオグラムの観点[g)]から定義される：$\gamma(d) = 2\sigma^2(1-\rho(d))$.
- 関数 $v(\mathbf{x})$ は直接指定されていないものの $\gamma(d)$ および一部の観測データから遡ることによって推論される．

最後の修正は実際には慣例に過ぎない．クリギングを実践する人のほとんどは相関や共分散ではなくこのようにポイント間の関係を指定する．その過程が静的なものである場合，以下のように求められる．

$$\gamma(d) = \frac{1}{2}E[(v(\mathbf{x}_1) - v(\mathbf{x}_2))^2] \tag{6.24}$$

ここでは $\mathbf{x}_1$ と $\mathbf{x}_2$ の間の距離が特定の範囲に入る場合の $v(\mathbf{x}_1)$ と $v(\mathbf{x}_2)$ の二乗差平均を取ることで，データから経験的に推定している．

すべてのケースにおいてこれらの関数形が有用なセミバリオグラムとなるわけではないが，表 6.1 に示した関数群は有用性がよく知られている．

これらの関数すべてにおいて，$v(\mathbf{x}_1)$ と $v(\mathbf{x}_2)$ との間の相関度合いは，距離が増加するにつれて弱まると仮定される．$a$ および $b$ は分散のスケールや近くの観測値の相関度合いをそれぞれ制御するパラメータである．Matérn セミバリオグラムの場合，$\kappa$ は付随する形状パラメータであり，$K_\kappa(\cdot)$ は次数 $\kappa$ の変形ベッセル関数 (modified Bessel function) を指す．$K = 1/2$ の場合，これは指数型セミバリオグラムに相当し，$\kappa \to \infty$ とするとガウス型セミバリオグラムに近似する．

---

[g)] 訳注：データが距離や方向とどのような関係を持つかを測定するための尺度．

表 6.1 主なセミバリオグラム関数

| 名称 | 関数形 |
|---|---|
| 指数型 | $\gamma(d) = a(1 - \exp(-d/b))$ |
| ガウス型 | $\gamma(d) = a\left(1 - \exp\left(-\frac{1}{2}d^2/b^2\right)\right)$ |
| Matérn | $\gamma(d) = a\left(1 - \left(2^{\kappa-1}\Gamma(\kappa)\right)^{-1}(d/b)^{\kappa}K_{\kappa}(d/b)\right)$ |
| 球型 | $\gamma(d) = \begin{cases} a(\frac{3}{2}(d/b) - \frac{1}{2}(d/b)^3) & d \leq b \text{ のとき} \\ a & \text{その他} \end{cases}$ |

### 6.8.3 セミバリオグラム推定

前述したように式 (6.24) はセミバリオグラム推定の手法として利用できる．基本的にすべての点対称な距離はバンドとしてグループ化され，$v(\mathbf{x}_1)$ と $v(\mathbf{x}_2)$ の平均二乗差が各バンドごとに計算される．上に列挙したセミバリオグラム関数の 1 つ（または別の関数）について，セミバリオグラム曲線を当てはめる．これはバンド別の平均二乗差に対して最も当てはまりのよい $a$ と $b$ の値を見つける目的も兼ねる．Matérn セミバリオグラムの場合 $\kappa$ は正確な最適値を見つけるのではなく，少数の値でサンプリングされることに注意されたい．

これを行うと $v(\mathbf{x})$ が明示的に測定されていなくとも，$\gamma(d)$ の推定が可能となる．gstat パッケージではセミバリオグラムの推定を variogram() によって行う．引数 boundaries は算出時の距離バンドを指定する．今回は fulmar データセットに対して使用するため，境界は 250 km まで 5 km ごとに設定する．この結果は evgm というオブジェクトに格納している．上述のようにバンド別に求められた平均により推定されたセミバリオグラム evgm に続いて，セミバリオグラム曲線，今回のケースでは Matérn 曲線の当てはめを行う．当てはめるカーブの種類の指定には vgm() を用いる．引数は順に，$a$ の推定値，セミバリオグラムの種類の指定（Mat は Matérn，Exp は指数型，Gau はガウス型，Sph は球型）である．次の 2 つの引数はそれぞれ $b$ と $\kappa$ だ．fit.variogram() は上述の設定と evgm を引数に取り，最適なセミバリオグラムを得るためのパラメータ調整を行う．結果は plot() を用いてプロットされる（図 6.21 参照）．

```
evgm <-variogram(fulmar~1,fulmar.spdf, boundaries=seq(0,250000,l=51))
fvgm <-fit.variogram(evgm,vgm(3,"Mat",100000,1))
plot(evgm,model=fvgm)
```

セミバリオグラムの当てはめが終わると，補間を実行することが可能だ．fit.variogram() はセミバリオグラムのパラメータと同様に，前述のナゲット効果の分散を推定する．これが完了すると，$i = 1, \ldots, n$ における $\mathbf{x}_i$ の $z_i$ 値の集合かつ $\gamma(d)$ の推定が可能である場合に，任意の位置 $\mathbf{x}$ における $f(\mathbf{x})$ および $v(\mathbf{x})$ を推定することができる．この時点でトレンド $f(\mathbf{x})$ の推定は考慮されていないが，これを従来の回帰手法を使

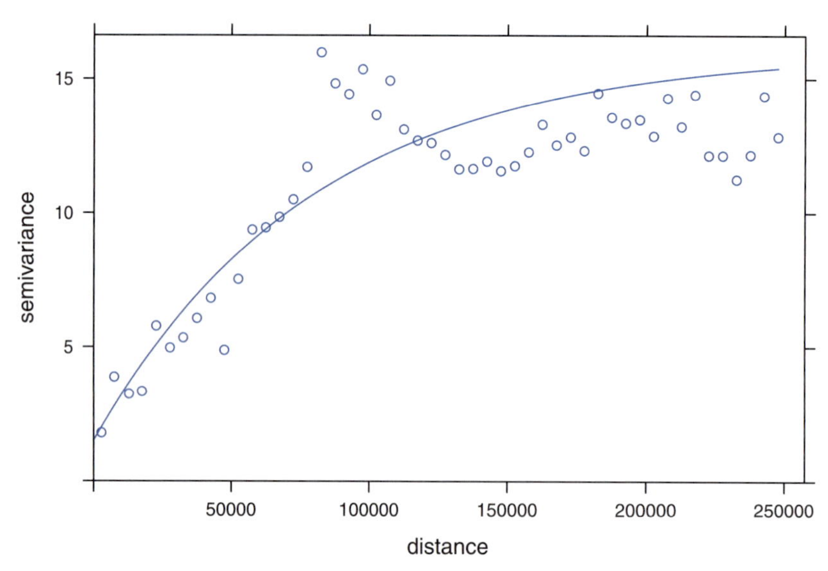


図 6.21　クリギングのセミバリオグラム

用して推定することが可能だ．この値の較正と $\mu + v(\mathbf{x})$（実質的には補間値）の推定は，通常クリギング (ordinary kriging) と呼ばれる手法を用いて同時に実行することができる（Wackernagel, 2003, p.31）．

算出方法として，補間は重み付けされた $z_i$ の組み合わせ $\sum_i w_i z_i$ によって成される．行列内において $w_i$ が $z_i$ に適用される重みである場合，$\hat{\mu}$ は $\mu$ の推定値であり，$d_{ij}$ は $\mathbf{x}_i$ と $\mathbf{x}_j$ の間の距離である．また $d_i$ はサンプル位置 $\mathbf{x}_i$ と補間を実行したい任意の場所 $\mathbf{x}$ との間の距離を示す．

$$\begin{bmatrix} w_1 \\ \vdots \\ w_n \\ 1 \end{bmatrix} = \begin{bmatrix} \gamma(d_{11}) & \dots & \gamma(d_{1n}) & 1 \\ \vdots & \ddots & \vdots & \vdots \\ \gamma(d_{n1}) & \dots & \gamma(d_{nn}) & 1 \\ 1 & \dots & 1 & 0 \end{bmatrix}^{-1} \begin{bmatrix} \gamma(d_1) \\ \vdots \\ \gamma(d_n) \\ 1 \end{bmatrix} \tag{6.25}$$

しかし `gstat` パッケージを使うと `krige()` という関数が用意されているため，これを一から実装する必要はない．この関数は `idw()` と同様に使用できる．ただし，セミバリオグラムモデルを指定する必要がある点が異なる．この処理の実行は以下のように行われ，以前と同様に `fulmar` データの密度表面の描画が行われる．クリギング処理を行うメリットとして，統計モデルから導出された推定値と同様に補間された推定値の分散を得られる．これらは `var1.pred` に `var1.var` とともに格納され，推定値の信頼性を示す意味で有用である．以下では，補間値とその分散が計算され，等高線プロットで示されている（図 6.22）．

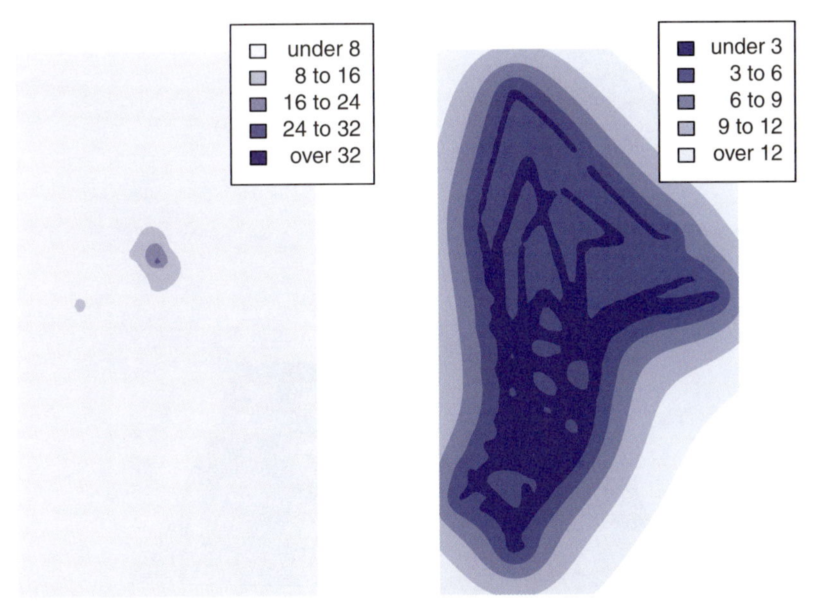


図 6.22 fulmar データセットの密度推定（左）と分散（右）

```
krig.est <-krige(fulmar~1, fulmar.spdf, newdata=s.grid, model=fvgm)
## [using ordinary kriging]
predmat3 <-matrix(krig.est$var1.pred,length(ux),length(uy))
par(mar=c(0.1,0.1,0.1,0.1),mfrow=c(1,2))
plot(fulmar.voro,border=NA,col=NA)
.filled.contour(ux,uy,pmax(predmat3,0),col=brewer.pal(5,'Purples'),
                levels=c(0,8,16,24,32,40))
sh <- shading(breaks=c(8,16,24,32), cols=brewer.pal(5,'Purples'))
choro.legend(px='topright',sh=sh,bg='white')

errmat3 <-matrix(krig.est$var1.var,length(ux),length(uy))
plot(fulmar.voro,border=NA,col=NA)
.filled.contour(ux,uy,errmat3,col=rev(brewer.pal(5,'Purples')),
                levels=c(0,3,6,9,12,15))
sh <- shading(breaks=c(3,6,9,12), cols=rev(brewer.pal(5,'Purples')))
choro.legend(px='topright',sh=sh,bg='white')
```

図は補間値と分散を示している．分散を示した地図上において，調査時の飛行経路に近い場所の分散が最も小さい（信頼性が高い）ことに注意されたい．一般に，補間は観測位置に近い場所が最も信頼性が高い場所となる．

最後に 3D マップで確認すると，補間された表面はまだかなり粗いものの $z_i$ のすべてを直接通過することはしなくなるため，IDW 実施時の表面の「スパイク」の一部が取り除かれたことがわかる（図 6.23）．

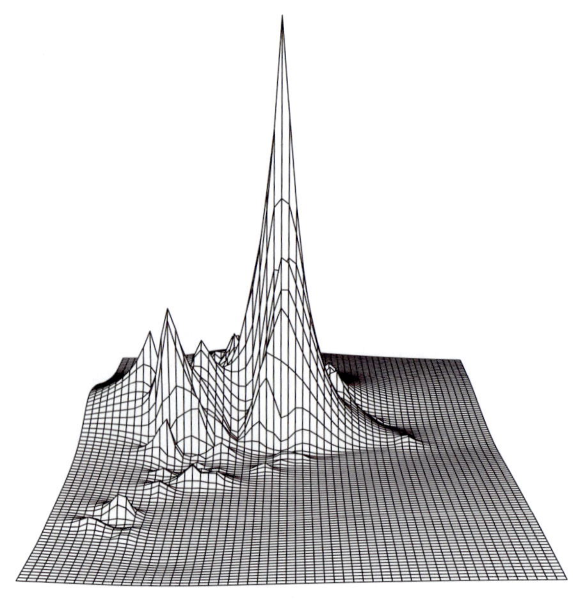

図 6.23　クリギング法による補間後の 3D プロット

```
persp(predmat3,box=FALSE)
```

**演習問題 6.2**　fulmar データに指数型のバリオグラムを当てはめた立体透視図とマップを作成しなさい．他のバリオグラムモデルを指定するには，fit.variogram() のヘルプを参照するとよい．

## 6.9　結論

本章では，2次元の点のランダムパターン（補間に関連する測定値を含む）を解析するための多くのテクニックを概説した．重要なポイントは，点過程の確率密度関数が変化すると仮定しそれを推定する1次アプローチと，点の空間分布の間の依存性を考慮する $K$ 関数と関連トピックおよびクリギングを含む2次アプローチの2点だ．本章ですべてを示せたわけではないが，概要の提示にはなっただろう．さらなる発展として $H$ 関数 (Hansen et al., 1999) の spatstat パッケージでの実装や，普遍クリギング (universal kriging; Wackernagel, 2003) を調べてみるとよい．なお，この普遍クリギングでは補間に際してトレンド関数が用いられるため，定数を返す関数を仮定する前述の通常クリギングと比べてより複雑である．

# 7

# Rによる地理空間属性分析

## 7.1　概要

空間的に関連付けられた（空間参照される）観測値とは通常のデータセットと非常によく似た種類のものである．例えば，観測値の集合[1] $\{z_1, \ldots, z_n\}$ などだ．唯一の違いは，各観測値がある形式の空間（通常はポイントまたはポリゴン）に関連付けられているという点である．ポイントパターン分析でモデル化されたプロセスとは異なり，ポリゴンまたはポイントは静的で非ランダムな存在と見なされる．このとき，観測値 $\{z_1, \ldots, z_n\}$ はランダムな数量を表している．よく用いられるモデルの１つでは，$z_i$ の確率分布は空間参照およびデータから推定されるその他のパラメータに依存する．例えば各観測値 $z_i$ が空間位置 $(x_i, y_i)$ によって参照される場合，分散 $\sigma^2$ と平均 $a + bx_i + cy_i$ を持つ正規分布によってモデル化することができ，$z_i$ は空間位置とパラメータ $a$, $b$, $c$ と $\sigma$ に依存することになる．この種のモデルは，米国の州の東部の住宅価格が西部よりも低いか高いかなど，幅広い地理的傾向をモデリングするのに役立つ．例えば，このような状況は州が海岸にあり，概して海岸に近い住宅がより高価格となるような場合に当てはまるかもしれない．

別のアプローチとして，空間参照されている観測値 $z_i$ と $z_j$ の間の相関をモデル化する方法が挙げられる．例えば変数 $\{z_1, \ldots, z_n\}$ は点 $\{(x_1, y_1), \ldots, (x_n, y_n)\}$ 間の距離に依存する分散共分散行列（変数 $z$ の各組合せの共分散）を持つ多変量正規分布に従うと考えられるかもしれない．あるいは，観測値がポイントではなくポリゴンに紐づいている場合（$z$ が郡の失業率であり，各郡の境界がポリゴンで表されている場合など），それらの相関または共分散はポリゴンの隣接行列（各ポリゴンの組み合わせが共通の境界を共有しているか否かを示す 0-1 の行列）の関数となりうる．ここでは過程がランダムであると考えることもできる（最後の例では海岸に近接しているため固定パターンとは異なる）が，空間パターンを示している場合もある．例えば近隣の畑のグループが土壌特性の共有によって

---

[1] $x$ と $y$ はしばしば座標を示すために用いられるため，ここでは $z$ を使用する．

類似の値を示す場合などだ.

## 7.2 ペンシルベニア州の肺ガンデータ

本節では本章の最初の例で使用するデータセットについて紹介する. このデータセットは2002年の郡単位の肺ガン患者数のデータである. この患者数には民族性 (かなり広い人種カテゴリ「白人」「その他」), 性別, 年齢 (「40歳未満」「40〜59歳」「60〜69歳」「70歳以上」), また郡単位の喫煙者の情報が含まれる. 人口データは2000年の10年国勢調査で得られ, 肺ガンおよび喫煙データはペンシルベニア州保健局のウェブサイトから入手している[2]. これらのデータはすべて SpatialEpi パッケージによって提供されるため, 本章のコードを試す前に SpatialEpi パッケージと依存関係にあるパッケージをインストールする必要がある. R のコマンドラインからこれを行うには, コンピュータがインターネットに接続されており, 適切な権限を持っていることを確認してから以下のコードを実行されたい.

```
install.packages('SpatialEpi',depend=TRUE)
```

GISTools パッケージと組み合わせることで pennLC というオブジェクトに格納されているこのデータセットを使うことができる. このデータセットは多くの要素を持つリストだ.

- geo：各郡の地理的重心の緯度経度を有した郡IDの表
- data：郡ID, 患者数, 人種, 性別, 年齢で細分化された人口表
- smoking：郡ID, 喫煙者比率の表
- spatial.polygon：各郡の境界を緯度経度で表した SpatialPolygons オブジェクト (地理的座標)

例えば GISTools と rgdal パッケージを用いると, 一般的な方法でペンシルベニア州での喫煙比率のコロプレス図を作成できる. 以下のコードでは (以前の章のテクニックを使用して), ペンシルベニア州を地理座標系からゾーン17の UTM 投影[3]に変換する. spTransform() で指定されているように, この州は EPSG コード[4]3724 である. 次に, シェーディングオブジェクトを肺ガン患者比率から作成する (百分率に再スケールされた後, smk に格納される). これらは図7.1に示すように, コロプレス図と凡例を作成するために使用される. 図は 8 cm × 8 cm を想定した描画ウインドウに作成されることに注意されたい. ウインドウのサイズを変更するか凡例が確実に表示されるように par(mar = c(0,0,0,0)) を設定する必要がある.

---

[2] http://www.dsf.health.state.pa.us/

[3] http://www.history.noaa.gov/stories_tales/geod1.html

[4] http://www.epsg.org/

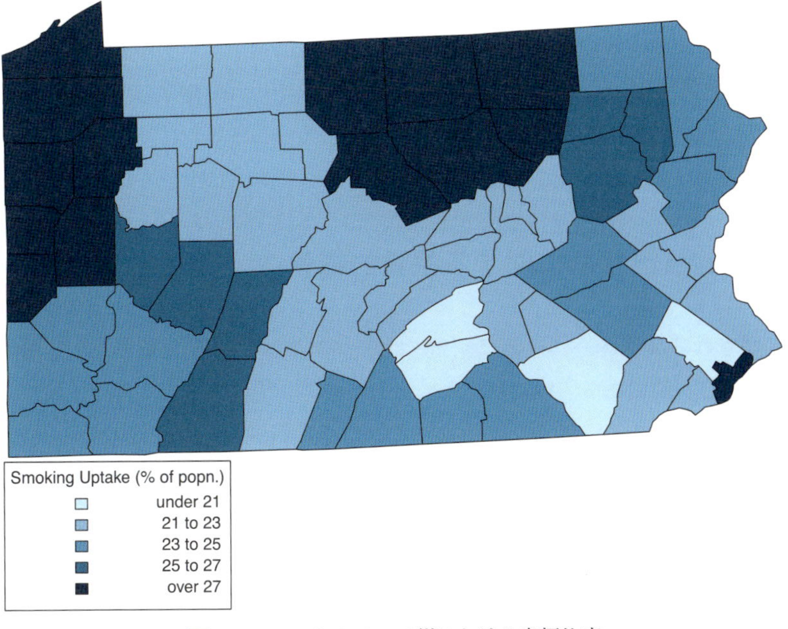


図 7.1　ペンシルベニア州における喫煙比率

```
# 必要なパッケージがロードされていることを確認
require(SpatialEpi)
require(GISTools)
require(rgdal)

# ペンシルベニア州肺ガンデータの読み込み
data(pennLC)

# SpatialPolygon の抽出
penn.state.latlong <- pennLC$spatial.polygon

# ゾーン 17 の UTM 投影への変換
penn.state.utm <- spTransform(penn.state.latlong,
                              CRS("+init=epsg:3724 +units=km"))

# 喫煙比率の取得
smk <- pennLC$smoking$smoking * 100

# シェーディングオブジェクトを用意し，コロプレス図と凡例を表示
shades <- auto.shading(smk,n=6,cols=brewer.pal(5,'Blues'))
choropleth(penn.state.utm,smk,shades)
choro.legend(538.5336,4394,shades,title='Smoking Uptake (% of popn.)')
```

このコードによりペンシルベニア州の喫煙比率のコロプレス図が作成される．見ると，喫煙比率はある程度の空間的クラスタリングを示す傾向があることがわかる．より高い喫煙率を有する郡は一般により高い喫煙率の他の郡と近接し，喫煙率が低い郡に関しても同様である．これは喫煙率，死亡率のパターンおよび人口の階層化に使用されるクラスでは極めて一般的な事象である．この種の空間的クラスタリングについては次節で見ていく．

## 7.3　空間的自己相関に関する視覚的探索

空間参照される属性データ（特に測定スケールデータ）のうち重要な記述統計量の 1 つが空間的自己相関である．図 7.1 ではペンシルベニア州の隣接する郡の住民が同様の喫煙率を有する傾向にあることがわかった．これは空間属性データが他のデータと異なり，他のデータに使用されるモデルが必ずしも適切ではないことを示唆している．特に多くの統計的検定とモデルは，一連の測定値の中の各観測値が他と独立して分布するという仮定に基づいているため，$\{z_1, \ldots, z_n\}$ について，それぞれの $z_i$ が確率密度を持ち，例えば正規分布に従うものとしてモデル化される．

$$\phi(z_i|\mu, \sigma) = \frac{1}{\sqrt{2\pi\sigma^2}} \exp\left[-\frac{(z_i - \mu)^2}{2\sigma^2}\right] \tag{7.1}$$

ここで $\mu$ と $\sigma$ はそれぞれデータの分布の母集団平均と標準偏差を表す．しかし分布自体は重要な問題ではない．より重要なのは各 $z_i$ についての分布が他の観測値 $\{z_1, \ldots, z_{i-1}, z_{i+1}, \ldots, z_n\}$ とは独立しているという仮定である．このとき結合分布は以下の通りである．

$$\Phi(\mathbf{z}) = \prod_{i=1}^{n} \phi(z_i|\mu, \sigma) \tag{7.2}$$

$\mathbf{z}$ はベクトル $(z_1, \ldots, z_n)^T$ を表す．この一般的な前提をここで重要視する理由は，空間データにとってはこれが真実でないことが多いからだ．図 7.1 は $i$ と $j$ をペンシルベニア州内の隣の郡のインデックスとした場合に，2 つの観測値 $z_i$ と $z_j$ が独立しているとは考えにくい状態であることを示唆している．より現実に即したモデルは，近くの観測値とある程度の相関関係を有すると思われる．この種の相関は空間的自己相関と呼ばれる．空間的自己相関をモデル化する方法はいくつかあるが，このセクションでは視覚的探索について検討を行う．

図 7.1 の画像が本当に相関関係を示しているという仮説を精査することから始めよう．これは以降の節で有意性検定によって確かめることができるが，ここではいくつかの便利な視覚的アプローチを概説する．まず最初の方法は，地図に見られるパターンとランダムなパターンのセットを比較することだ．観測された喫煙率を郡にランダムに割り当てる．今回は 6 つのマップを作成する．1 つは実際のデータに基づいており，残りはランダムな配列を使用して作成する．これらは，$3 \times 2$ の長方形グリッド配列で描かれており，こ

れのランダムな部分は sample() を用いる．1番目の引数としてベクトルが与えられた場合，この関数はその引数をランダムに並び替えて戻り値とする．2番目の整数引数 (n) が第1引数の長さよりも小さい場合はランダムに選択された n 個の要素だけが返され，並び替えなく描画される．したがって次のコードブロックの sample(1：6,1) 式は1から6までの数字をランダムに選択し，sample(smk) は喫煙率をランダムに並び替えたものを返す．つまりはこのコードには2つのランダムな要素が存在する．この2段階のランダム化により，実装者は6つのマップのどれが真のデータを表すかを知ることができない．精査中に明らかに異なるパターンが1つあり，これがマップのどれにあたるかが一目で明らかであれば，自己相関の強い視覚的証拠があるといえる．

```
# 描画パラメータの設定：6 つのプロットを 2 行 3 列で行う
# 通常よりも余白を小さく設定して地図を大きく見せる

par(mfrow=c(3,2),mar=c(1,1,1,1)/2)

# どれが本当のデータかわからないようランダム化
real.data.i <- sample(1:6,1)

# 地図を 6 枚プロット。5 つがランダムで 1 つは真のデータ
for (i in 1:6) {
  if (i == real.data.i) {
    choropleth(penn.state.utm,smk,shades)}
  else {
    choropleth(penn.state.utm,sample(smk),shades)}
}

# 描画設定の初期化
par(mfrow=c(1,1))
```

これらのマップ（図 7.2 参照）を描いたあと，6つのマップを見比べ，どのマップが実際のデータだったか確認する．

```
real.data.i
## [1] 1
```

ここでの結果は算出プロセスにランダム性を含むため，実際に取得した結果と同じにはならない．このアプローチのメリットの1つは，ランダムなマップにも同様に隣接郡のグループがいくつか表示されることだ．これは一般的な事象で，人間の目は地図内の規則性に頼りがちであり，空間的なクラスタリングのないプロセスによってデータが生成されてもクラスタを識別してしまう傾向がある．このことを踏まえると，視覚的クラスタ識別

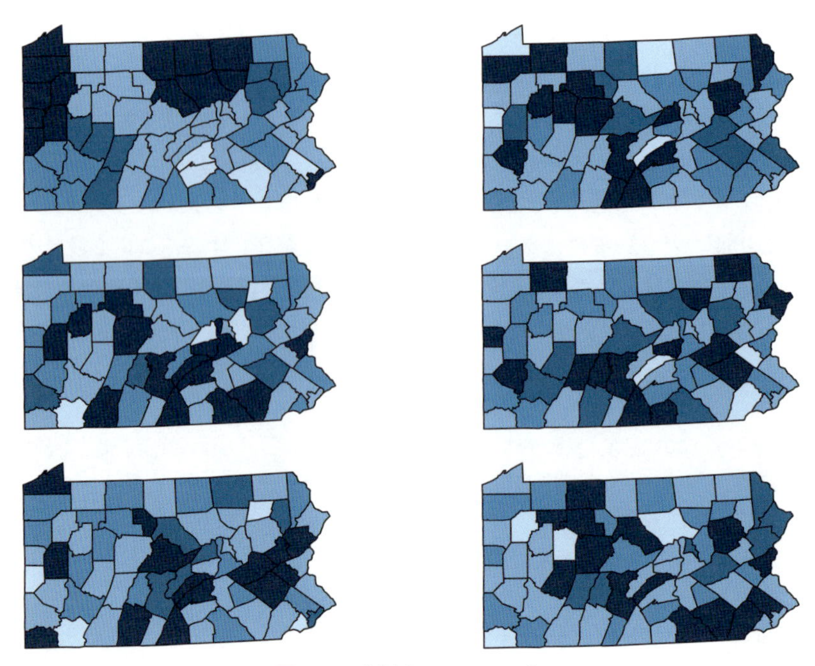

図 7.2　喫煙率のランダム化

をより堅牢にするためには今述べたような手順が必要である理由がわかる．このアプローチは，Wickham et al.(2010) によって提唱された．

### 7.3.1　隣接郡および平均ラグプロット

別の視覚的アプローチは，各郡の値をその隣り合う郡の平均値と比較することである．これは spdep パッケージの lag.listw() によって実現できる．このパッケージは空間参照，特にペンシルベニア州のデータのような SpatialPolygons クラスのデータを扱うための多くのツールを提供する．各郡がどの郡に隣接しているかのリストがあれば，平均ラグプロットの生成が可能だ．隣接の定義はいくつか存在するが，共通しているのは境界の一部（または異なる例においては他のポリゴン）を共有する郡を隣接とするというものだ．これがクイーン型 (the queen's case) であれば，1つの角だけ共有する郡も隣接と見なされる．より限定的なルーク型 (the rook's case) の場合，隣接郡が共有する境界は線形の辺でなければならない．これを図 7.3 に示す．

どちらの場合の隣接リストも spdep パッケージの poly2nb() を使って抽出可能だ．これらは nb オブジェクトに格納され，各ポリゴンに隣接するポリゴンのリストとなる．

```
require(spdep)
penn.state.nb <- poly2nb(penn.state.utm)
penn.state.nb
## Neighbour list object:
```

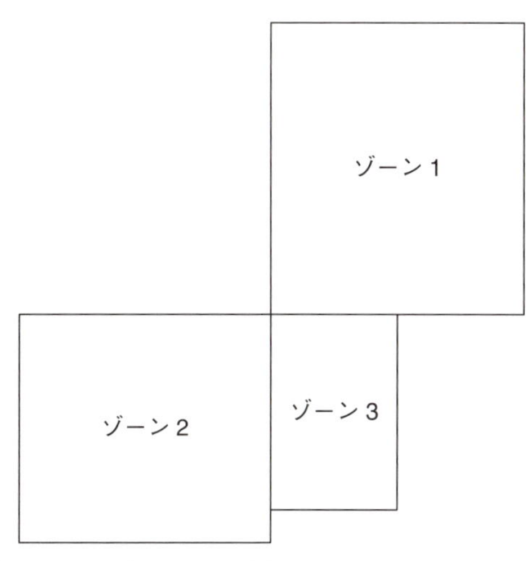


図 7.3 ルーク型とクイーン型における近隣：ゾーン 1 とゾーン 2 はクイーン型によってのみ隣接，ゾーン 1, 3 とゾーン 2, 3 はいずれの定義の下でも隣接と見なされる．

```
## Number of regions: 67
## Number of nonzero links: 346
## Percentage nonzero weights: 7.70773
## Average number of links: 5.164179
```

上記のコードブロックで見られるように，nb オブジェクトを出力すると，各ポリゴンの平均隣接個数（この場合は 5.164）などのさまざまな特性の一覧が見られる．デフォルトではクイーン型によって隣接が算出されることに注意してほしい．ルーク型の隣接を算出するには，任意の引数 poly2nb() に queen = FALSE を追加すればよい．

nb オブジェクトをプロットすることも可能だ．これは隣接関係をネットワークとして表す（図 7.4 参照）．

```
plot(penn.state.utm,border='lightgrey')
plot(penn.state.nb,coordinates(penn.state.utm),add=TRUE,col='red')
```

このネットワークをプロットするには，各ノードの位置も指定する必要があることに注意してほしい．これらは nb オブジェクトに対して plot() を用いる際の第 2 引数になっており，coordinate(penn.state.utm) は UTM 座標においてペンシルベニア州内各郡の代表点を抽出している．最後に，ルーク型とクイーン型の隣接を比較するのにも役立つプロットを提示する（図 7.5 参照）．

```
# ルーク型による隣接郡算出
penn.state.nb2 <- poly2nb(penn.state.utm,queen=FALSE)
# 背景となる地図のプロット
plot(penn.state.utm,border='lightgrey')
```

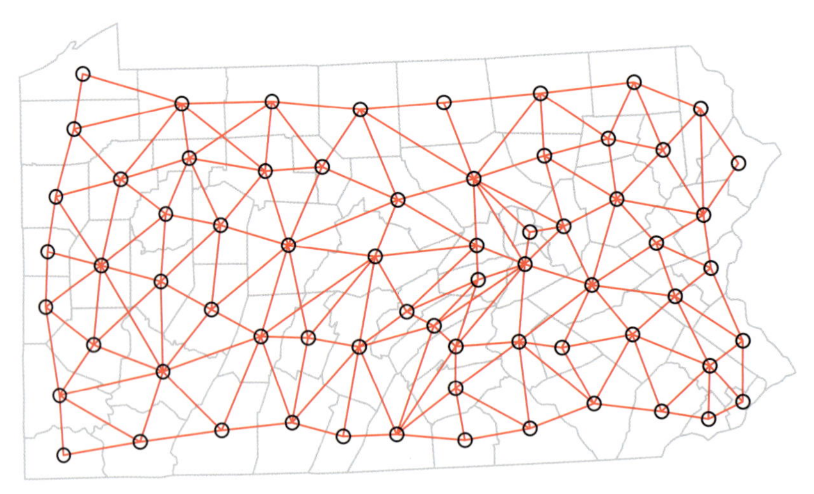

図 7.4　ネットワーク表現を用いたペンシルベニア州の隣接郡（クイーン型）

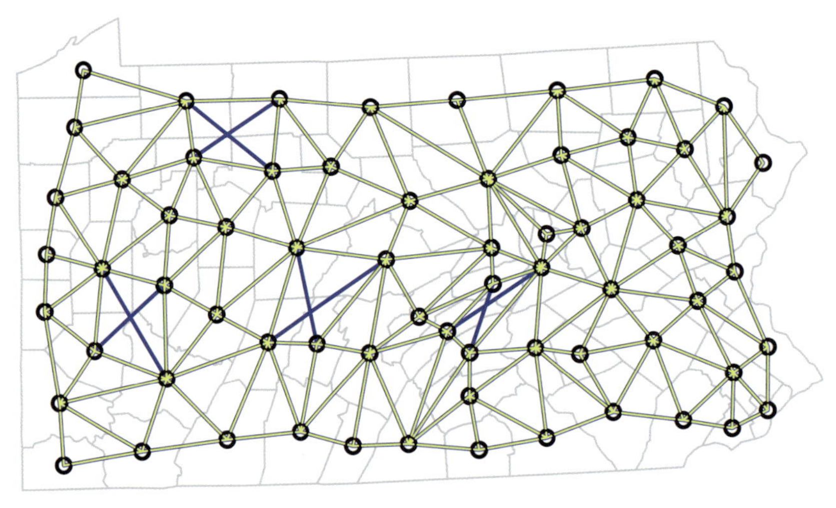

図 7.5　ペンシルベニア州内の隣接郡の比較（ルーク型とクイーン型）．

```
# クイーン型による隣接郡の情報をネットワークとしてプロット
plot(penn.state.nb,coordinates(penn.state.utm),
     add=TRUE,col='blue',lwd=2)
# ルーク型による隣接郡を重ねる
plot(penn.state.nb2,coordinates(penn.state.utm),add=TRUE,col='yellow')
```

ネットワーク上の青色の線分によって，クイーン型による隣接が示されており，これらは 8 つ存在する．ここではルーク型による隣接を用いて話を進める．次に平均ラグプロットを考える．前述のようにこれはポリゴン $i$ の隣接の $z$ 値の平均に対する各ポリゴン $i$ の $z_i$ をプロットしたものだ．$\delta_i$ がポリゴン $i$ の隣接のインデックスの集合であり，$|\delta_i|$ がこの集合の要素の数であるとすると，この平均 $\tilde{z}_i$ は以下のように表される．

$$\tilde{z}_i = \sum_{j \in \delta_i} \frac{1}{|\delta_i|} z_i \tag{7.3}$$

つまり平均ラグとは，隣接のポリゴンの値の加重平均である．今回の場合，重みは各隣接リスト内で同じだが，場合によっては重みがポリゴン中心間の距離に反比例する場合など，異なる場合もある．隣接のリストとその重みをともに保存するために，spdep パッケージの別の種類のオブジェクトである listw が使われる．この listw オブジェクトは spdep パッケージの nb2listw() を用いて nb オブジェクトから作成することが可能だ．

```
#（ルーク型による）隣接郡のリストを listw オブジェクトに変換
penn.state.lw <- nb2listw(penn.state.nb2)
penn.state.lw
## Characteristics of weights list object:
## Neighbour list object:
## Number of regions: 67
## Number of nonzero links: 330
## Percentage nonzero weights: 7.351303
## Average number of links: 4.925373
##
## Weights style: W
## Weights constants summary:
##    n   nn S0       S1       S2
## W 67 4489 67 28.73789 274.6157
```

この関数は，デフォルトでは式 (7.3) による重み付けを行い，上記の結果のように Weights style：W として表現される．ほかに指定可能な重み付けの方法も考えられる．さらに調べたい場合は?nb2listw コマンドによるヘルプを参照されたい．listw オブジェクトを取得すると，lag.listw() で空間平均ラグ（すなわち $\tilde{z}_i$ のベクトル）が計算される．この計算を行い，結果を地図にプロットする（図 7.6 参照）．

```
smk.lagged.means <- lag.listw(penn.state.lw,smk)
choropleth(penn.state.utm,smk.lagged.means,shades)
```

最後に平均ラグプロットの生成を行う．これは $X$ 軸に $z_i$，$Y$ 軸に $\tilde{z}_i$ を取った散布図だ．さらにその散布図に直線 $x = y$ をリファレンスラインとして追加する．近くのポリゴンが同じ $z_i$ 値を持つ傾向がある場合，プロットには線形傾向となるはずだ．しかし各 $z_i$ が独立していると，$z_i$ は $\tilde{z}_i$ と無相関となり，このプロットにパターンは現れない．以下は図 7.7 を図示するコードである．

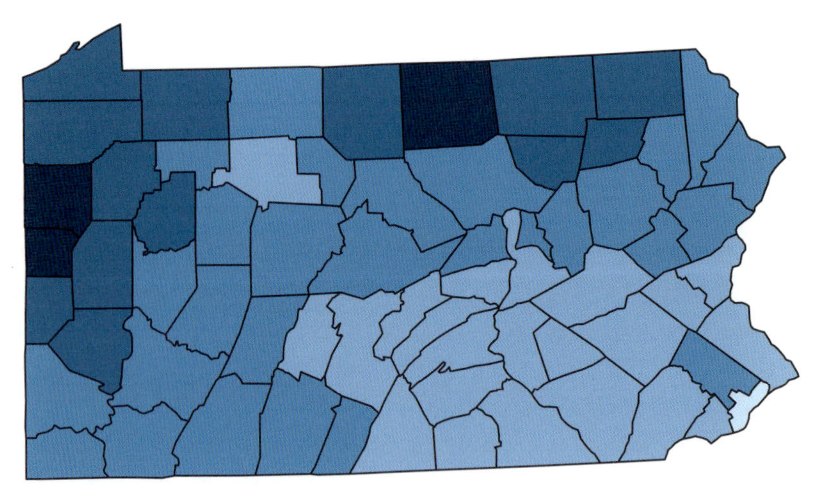

図 **7.6**　喫煙率の平均ラグプロット

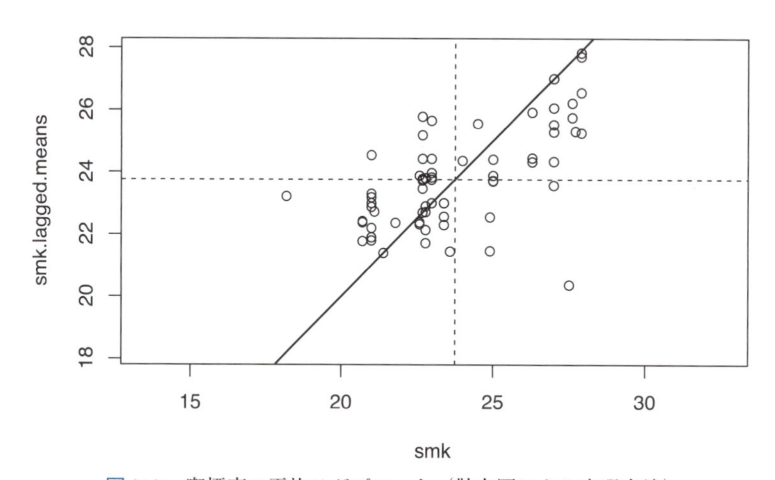


図 **7.7**　喫煙率の平均ラグプロット（散布図による表現方法）

```
plot(smk,smk.lagged.means,asp=1,xlim=range(smk),ylim=range(smk))
abline(a=0,b=1)
abline(v=mean(smk),lty=2)
abline(h=mean(smk.lagged.means),lty=2)
```

abline(a=0,b=1) コマンドで $x = y$ の直線を図に追加しており，続く 2 つの abline コマンドでは変数の平均値に点線の水平線と垂直線を追加している．この 2 つの点線によってつくられる左下と右上の象限に多くの点があるという事実は，$z_i$ と $\tilde{z}_i$ との間にある程度の正の相関があることを示唆している．これは一般に $z_i$ が平均値以上であれば $\tilde{z}_i$ も同様となり，逆に $z_i$ が平均よりも小さいときは $\tilde{z}_i$ も平均より小さくなる傾向があることを示す．

この手順は Moran プロットまたは Moran 散布図とも呼ばれる (Anselin, 1995, 1996).

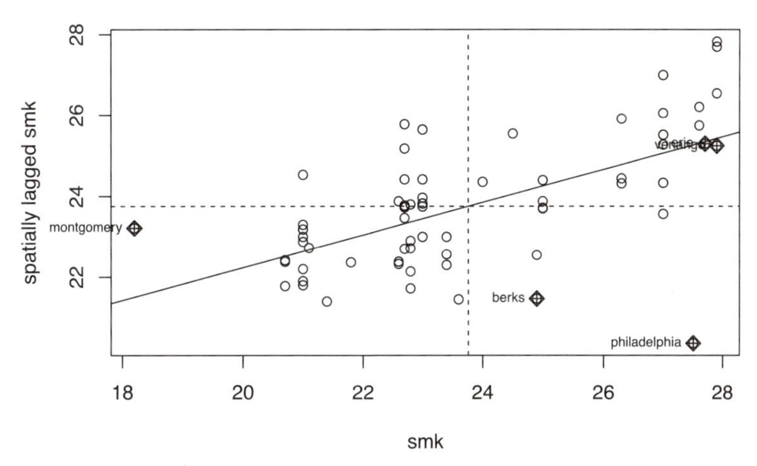


図 7.8　喫煙率の平均ラグプロット（Moran プロットを用いた表現方法）

実際には上記のステップを組み合わせた `moran.plot()` と呼ばれる関数がすでに存在する．しかしこの手順を順を追って実行する行為は，spdep パッケージで隣接データを扱う方法を実証するのに役立つ．以下 `moran.plot()` による実行例を示す．

```
moran.plot(smk,penn.state.lw)
```

以前のコードに加えて，このアプローチでは図 7.8 に示すように散布図により当てはまる線を与えるような，全体において影響が大きい点をも識別する．例えば Belsley et al.(1980) または Cook and Weisberg(1982) を参照されたい．

**演習問題 7.1**　更なる改善点は，ランダム化による並び替えアプローチでは相関による空間的影響を考慮していなかったが，観測値は実際に相関していたということだ．ランダム化されたデータは実際のデータを並び替えたものであるため，$z_i$ にある特定の値が割り当てられると，他の郡はこの値を取ることができない[5]．このシミュレーションの代替案として，置換を伴うサンプリングに基づいて各郡に値を割り当てる方法を検討する[a]．このケースでは観測された正確な喫煙率ではなく，観測値は独立していると仮定した上でデータの累積分布関数の経験的推定値を調整する．この代替案を実行するために，前述の図 7.2 の作成コードを変更しなさい．

（ヒント：ヘルプ機能を用いて `sample()` の任意の引数について調べるとよい）

## 7.4　Moran の $I$ 統計量：自己相関の指標

本節では 7.3 節の探索的アプローチをさらに深掘りしていく．前述したように自己相関

[5] データに繰り返し値がない限り，同様の引数が適用される．

[a] 訳注：ランダム化において復元抽出を行う方法を検討する．

は，関係するポリゴンの近くの $z_i$ 値の傾向である．一対の変数間の依存性を測定するピアソン相関係数のように，自己相関を測定するための係数（指標）も存在する．非常に一般的に使われているのが，Moran の $I$ 統計量 (Moran, 1950) だ．

$$I = \frac{n}{\sum_i \sum_j w_{ij}} \frac{\sum_i \sum_j w_{ij}(z_i - \bar{z})(z_j - \bar{z})}{\sum_i (z_i - \bar{z})^2} \tag{7.4}$$

ここで $w_{ij}$ は重み行列である $\mathbf{W}$ の $(i, j)$ 番目の要素であり，ポリゴン $i$ と $j$ の間の依存度を定義する．前述の場合と同じように，これは隣接のポリゴンである可能性がある．そうするとポリゴン $i$ と $j$ が隣接している場合は $w_{ij} = 1$，そうでなければ $w_{ij} = 0$ としたり，行列の行の合計が 1 となるように標準化することができる．この時 $\mathbf{Wz}$ は 7.3 節で定義された平均ラグの $\tilde{z}_i$ のベクトルである．

**補足**

行列 $\mathbf{W}$ には先述の `listw` オブジェクトと同様の情報が含まれる．そのこと自体は確かに事実だが，`listw` オブジェクトでは情報の格納のされ方が異なり，よりコンパクトな方法で格納される．`listw` オブジェクトは各ポリゴンについてその隣接のリストとそれに関連する重みを示し，非隣接のポリゴンについては何も格納されない．一方，$\mathbf{W}$ 行列には $n \times n$ の要素が存在する．$\mathbf{W}$ の各行には，すべての $n$ 個のポリゴンに関する情報が含まれているが，多くの場合 $w_{ij} = 0$ である．R による行列演算は一般に計算効率が悪い．例えば $\mathbf{Wz}$ は空間的平均ラグのベクトルだが，`W %*% z` として直接計算するとそれぞれの数に 0 が乗算され，結果としてこれらの 0 が足し合わされる．多くのポリゴンがあり，それぞれに 4 つまたは 5 つの隣接ポリゴンが存在する場合，行列演算によるストレージのオーバーヘッドは非常に高くなり，行列の大部分も 0 で埋められる．

上記のように `listw` オブジェクトの方が計算上の利点があるのだとすると，なぜ行列での情報格納を考慮する必要があるのだろうか？　重要な理由が 2 つ存在する．まず Moran の $I$ 統計量のような数量の代数的性質を考える際，行列形式は操作が簡単である．次に `listw` オブジェクトの方がよりコンパクトな情報格納がなされる場合がほとんどであるものの，これには隣接のポリゴンのインデックスとそれに関連する重みの 2 つのデータが格納される．つまり隣接関係を非常に広く許容する方法で定義した場合，$\mathbf{W}$ には 0 の要素がほとんどなくなり，ストレージのオーバーヘッドは一般の行列のオーバーヘッドを超える可能性があるのだ．0 のない行列は $n^2$ 項目の情報を必要とするが，リスト形式では $2n^2$ を必要とする．この状況では，たとえ `listw` オブジェクトであったとしても計算に時間がかかることになる．これは例えば逆行列のような入力値があり，計算結果に 0 がほとんどないような場合にも当てはまる．

$\mathbf{W}$ の行の合計が 1 になるように標準化されている場合，$\sum_i \sum_j w_{ij} = n$ であることに留意することも重要だ．これを用いて式 (7.4) を整理すると，以下のようにできる．

$$I = \frac{\sum_i \sum_j w_{ij} q_i q_j}{\sum_i q_i^2} \tag{7.5}$$

ここで $q_i = z_i - \bar{z}$ は，$z$ の平均値によって中心化された $z_i$ である．$q_i$ のベクトルを $\mathbf{q}$ と書くと，式 (7.5) はベクトル行列形式でまとめて書くことができる．

$$I = \frac{\mathbf{q}^T \mathbf{W} \mathbf{q}}{\mathbf{q}^T \mathbf{q}} \tag{7.6}$$

$q_i$ を図 7.7 または図 7.8 のような平均ラグプロットとして描画し，そこに回帰直線が当てはまる場合，$I$ はこの直線の傾きとなることが確認できる．これは係数の解釈において有用だ．値が大きければ大きいほど，近くにある $z_i$ 値の間には強い相関関係があることが示唆される．さらに状況によってはこの値がマイナスになることもありうる．すると近くの $z_i$ 値の間にある程度の逆相関があり，マップ上は市松模様のパターンとなることが示唆される．この状況は例えば，会社が州全体に均等に店舗チェーンを配置した際，店舗が配置された 1 つの郡の隣接郡には店舗がないことが示されるような場合を指す．

### 7.4.1 R による Moran の $I$ 統計量

spdep パッケージには与えられたデータセットと **W** 行列から Moran の $I$ 統計量を評価する関数が存在する．先述したように，**W** 行列は listw オブジェクト形式で保存する方が計算効率がよい場合があり，これは Moran の $I$ 統計量の算出のために行われる．Moran の $I$ 統計量を計算するために使われる関数は moran.test() と呼ばれ，以下のように使うことができる．

```
moran.test(smk,penn.state.lw)
##
##  Moran's I test under randomisation
##
## data:  smk
## weights: penn.state.lw
##
## Moran I statistic standard deviate = 5.4175, p-value = 3.022e-08
## alternative hypothesis: greater
## sample estimates:
## Moran I statistic       Expectation          Variance
##       0.404431265      -0.015151515       0.005998405
```

上記のコードは実際の Moran の $I$ 統計量以外にも多くの値を提供している．ペンシルベニア州の喫煙率データの $I$ 統計量は約 0.404 となる．

ここでは問題ないが，しばしば問題となる点は，喫煙率が独立しているという仮定において自己相関プロセスモデルを用いる妥当性が十分に示唆されるほど，$I$ 統計量が高い値かの判断である．ここには 2 つの問題がある．

1. この $I$ 統計量の値は絶対的なスケールにおいて比較的大きいレベルか？
2. 喫煙率が独立しているか否かによって，観察された $I$ 統計量がより大きい値をとったり，逆に小さな値をとったりする可能性はあるか？

前者はベンチマーク問題である．相関関係と同様に Moran の $I$ 統計量は無次元の性質だ．そのため例えば与えられたポリゴンと関連する $\mathbf{W}$ 行列を使って，面積ごとに正規化された降雨率は，降水量が測定されたかどうかにかかわらず，mm（ミリメートル）またはインチで測定される．しかし相関は常に $[-1, 1]$ の範囲内とあるように制限されており，0.8 の値を解釈することは容易だ．Moran の $I$ 統計量の範囲は $\mathbf{W}$ 行列によって異なり，これは計算可能である (de Jong et al., 1984)．ここでの $\mathbf{W}$ 行列において $I$ 統計量は $-0.579$〜$1.020$ の範囲となる．したがって絶対的なスケールでは，今回報告された値は合理的な程度の空間的自己相関があることを示唆している．

**補足**

$I$ 統計量の最大値と最小値は $(\mathbf{W} + \mathbf{W}^T)/2$ の固有値の最大値と最小値であることが知られている (de Jong et al., 1984)．固有値が何であるかわからない場合もあまり心配する必要はないが，より詳しく知りたいのであれば，一般に Marcus and Minc(1988) のような線形代数の入門教科書で議論されている．`listw` オブジェクトから $I$ 統計量の最大値と最小値を見つける R の関数を以下で定義する．`listw2mat()` は `listw` オブジェクトを行列に変換する．

```
moran.range <- function(lw) {
  wmat <- listw2mat(lw)
  return(range(eigen((wmat + t(wmat))/2)$values))
}
moran.range(penn.state.lw)
## [1] -0.5785577  1.0202308
```

2 番目の問題は，本質的に古典的な統計推論の問題である．空間的自己相関がないという帰無仮説を仮定したとき，算出された Moran の $I$ 統計量が観測されたものと同じくらい（またはより極端な）ものとなる確率はどれくらいか？　この確率は空間的自己相関がないという帰無仮説に基づいた $p$ 値である．

しかし帰無仮説である「空間的自己相関なし」はかなり広範な考え方であるため，ここではさらに 2 つの仮説を検討する．まず最初に各 $z_i$ が平均 $\mu$ と分散 $\sigma^2$ の独立した正規分布に従うという仮説だ．この仮定の下では $I$ 統計量は平均 $E(I) = -1/(n-1)$ でほぼ正規分布に従っていることがわかる．この分布の分散は非常に複雑だ．詳しい式を見ることに興味のある読者は，例えば Fotheringham et al.(2000) を参照されたい．分散が $V_{\text{norm}}(I)$ と示されている場合，検定統計量は以下となる．

$$\frac{I - E(I)}{V_{\text{norm}}(I)} \tag{7.7}$$

これは平均 0 と分散 1 でほぼ正規分布に従うため，$p$ 値は標準正規分布との比較によって得られる．

もう 1 つの検定方法は，7.3 節で説明したランダム化のアプローチのより正式なやり方だ．この場合 $z_i$ の分布については仮定されていないが，ポリゴンに対して $z_i$ の任意の復元抽出が同様に起こるだろう．したがって，帰無仮説は依然として「空間パターンなし」の 1 つだが，観測データは条件付きとなる．この帰無仮説の下で $I$ 統計量の平均と分散を計算することが可能だ．前述のように，$I$ 統計量が $E(I) = -1/(n-1)$ の場合の期待値について，分散の公式は正規分布の仮定の公式とは異なるだけでなく複雑化する．詳細については再び Fotheringham et al.(2000) を参照されたい．この分散を $V_{\mathrm{rand}}(I)$ とおくと検定統計量は次のようになる．

$$\frac{I - E(I)}{V_{\mathrm{rand}}(I)} \tag{7.8}$$

この場合，式 (7.8) の記述統計量の分布も正規分布に近く，この式の結果を平均 0 と分散 1 の正規分布と比較して $p$ 値を得ることもできる．2 種類の検定の両方とも，前述の `moran.test()` を介して R から実行可能だ．前述したように Moran の $I$ 統計量そのものと同様に，この関数はいくつかの追加情報を表示している．この出力を再度見ると，Moran の $I$ 統計値の期待値，分散および検定統計値が出力されていることがわかる（検定統計値は `Moran I statistic standard deviate` とラベル付けされている）．デフォルトでは $z_i$ の復元抽出（ランダム化）を行った場合の帰無仮説を用いる．つまり $V_{\mathrm{rand}}(I)$ が使用される．ここで先ほどの `moran.test(smk,penn.state.lw)` の出力をもう一度見ると，喫煙率については $I > 0$ という別の仮説を支持し，帰無仮説を棄却するという強い示唆があることがわかる．

引数 `randomisation` を用いて正規分布の仮定を可能にし，つまりは $V_{\mathrm{norm}}(I)$ を代わりに使うこともできる．

```
moran.test(smk,penn.state.lw,randomisation=FALSE)
##
##  Moran's I test under normality
##
## data:  smk
## weights: penn.state.lw
##
## Moran I statistic standard deviate = 5.4492, p-value = 2.53e-08
## alternative hypothesis: greater
## sample estimates:
## Moran I statistic       Expectation          Variance
##       0.404431265      -0.015151515       0.005928887
```

結果により，$z_i$ が独立して正規分布に従う場合の帰無仮説を棄却する強力な示唆が得られ，$I > 0$ の対立仮説が支持されることがわかる．

### 7.4.2　シミュレーションアプローチ

前述の検定では，平均 0 と分散 1 の正規分布で検定統計量を近似していた．しかしこの分布は漸近的である．つまり $n$ が増加するにつれて，検定統計量の実際の分布は正規分布に近づく．これが起こる速度はポリゴンの配置に影響を受ける．基本的に近似が妥当といえる $n$ の値は，他のケースよりも小さいとされている (Cliff and Ord, 1973, 1981).

この理由から，理論的ではあるが近似的なアプローチを使用する代わりに，シミュレーションベースのアプローチを採用することが合理的かもしれない．シミュレーションアプローチでは，復元抽出を考慮したランダム化の仮説のように，7.3 節と同様に R の `sample()` を使用して，データのランダムな順列を多数（例えば 10,000）描画し，ポリゴンに割り当てる．ランダムに描かれた順列ごとに，Moran の $I$ 統計量が計算される．これは，ランダム化の仮定における帰無仮説に基づいた Moran の $I$ 統計量の描画サンプルを提供する．真の Moran の $I$ 統計量はデータから計算される．帰無仮説が真である場合，観測データを描く確率は，ポリゴン間の $z_i$ の他の復元抽出を行った場合と同様だ．したがって，$M$ がシミュレーションの総数であり，かつシミュレートされた Moran の $I$ 統計量の値が観測値を超えた場合，$m$ がその回数であれば，観測値の Moran の $I$ 統計量と同等またはそれ以上の値を得る確率は以下のように求められる．

$$p = \frac{m+1}{M+1} \tag{7.9}$$

この方法論は Hope(1968) によるものである．`spdep` パッケージの `moran.mc()` で，このシミュレーションを行うことが可能だ．

```
moran.mc(smk,penn.state.lw,10000)
##
##  Monte-Carlo simulation of Moran's I
##
## data:  smk
## weights: penn.state.lw
## number of simulations + 1: 10001
##
## statistic = 0.40443, observed rank = 10001, p-value = 9.999e-05
## alternative hypothesis: greater
```

3 番目に指定している引数はシミュレーションの数を示す．ここでも $z_i$ の復元抽出によって，$I > 0$ という対立仮説を支持し，帰無仮説を棄却するという強力な示唆が得られる．

## 7.5　空間回帰モデル

前節で議論した Moran の $I$ 統計量は，空間的自己相関の指標と考えられる．しかしこの時点まで，空間的自己相関する空間過程のモデルについては考慮してこなかった．本節では空間自己回帰モデルと呼ばれる2つの空間モデルについて検討を行う．基本的に，隣接するポリゴンの $z_j$ の値を用いて，ポリゴンの $z_i$ 値を回帰する．考慮される2つのモデルは，同時自己回帰 (SAR: simultaneous autoregressive) モデルと条件付き自己回帰 (CAR: conditional autoregressive) モデルと呼ばれるものだ．それぞれの場合において，モデルは $\mathbf{W}$ 行列に依存した分散共分散行列がより早期に考慮される，$\mathbf{z}$ の多変量分布と考えることができる．

SAR モデルは次のように定義される．

$$z_i = \mu + \sum_{j=1}^{n} b_{ij}(z_j - \mu) + \epsilon_i \tag{7.10}$$

ここで $\epsilon_i$ は平均0と分散 $\sigma_i^2$（すべての $i$ に対してしばしば $\sigma_i^2 = \sigma^2$ が成り立つため $\epsilon_i$ の分散は範囲内で一定）を持つ正規分布に従う．$E(z_i) = \mu$ と $b_{ij}$ は $b_{ii} = 0$ となるような定数であり，ポリゴン $i$ がポリゴン $j$ に隣接していない場合は一般に $b_{ij} = 0$ である．したがって $b_{ij} = \lambda w_{ij}$ となりうる．ここで，$\lambda$ は空間依存の程度を指定するパラメータである．$\lambda = 0$ のときは依存関係はない．正の場合は正の自己相関が存在し，負の場合は負の自己相関が存在する．$\mu$ は標準正規分布モデルと同様に全体的なレベル定数である．$\mathbf{W}$ の行が合計1に標準化されている場合，$z_i$ に対する $\mu$ からの偏差は，それと隣接する $z_j$ 値に対する $\mu$ からの偏差に依存する．

一方 CAR モデルは以下のように定義される．

$$z_i | \{z_j : j \neq i\} \sim N\left(\mu + \sum_{j=1}^{n} c_{ij}(z_j - \mu), \tau_i^2\right) \tag{7.11}$$

上記の定義に補足して，$N(\cdot,\cdot)$ は通常の平均および分散を持つ正規分布を表し，$\tau_i^2$ は $\{z_j : j \neq i\}$ によって与えられる $z_i$ の条件付き分散である．$c_{ij}$ は $c_{ii} = 0$ となるような定数であり，SAR モデルの $b_{ij}$ と同様にポリゴン $i$ がポリゴン $j$ に隣接していない場合 $c_{ij} = 0$ を取る．一般的なモデルは，$c_{ij} = \lambda w_{ij}$ を設定する．$\mu$ と $\lambda$ は SAR モデルと同様の解釈である．Cressie(1991) の詳細な議論では，空間依存行列としてさらに行列 $\mathbf{B} = [b_{ij}]$ と $\mathbf{C} = [c_{ij}]$ を参照している．このモデルは，$\mathbf{z}$ での多変量正規分布として表すことが可能だ．

$$\mathbf{z} \sim N(\mu\mathbf{1}, (\mathbf{I} - \mathbf{C})^{-1}\mathbf{T}) \tag{7.12}$$

ここで $\mathbf{1}$ はサイズ $n$ の1の列ベクトルであり，$\mathbf{T}$ は $\tau_i$ で構成される対角行列である．詳しくは Besag(1974) を参照されたい．またここでは行列 $(\mathbf{I} - \mathbf{C})^{-1}\mathbf{T}$ が対称行列でなければならないことに注意してほしい[6)]．さらに $\mathbf{W}$ 行列の行が正規化され，$c_{ij} = \lambda w_{ij}$ のモデルが使用される場合，$\tau_i$ は $[\sum_j c_{ij}]^{-1}$ に比例しなければならない．

---

[6)] また正方行列でもある．

## 7.6　R による空間回帰モデルの最適化

SAR モデルは spdep パッケージの spautolm() によって最適化することができる．これは lm() および類似する関数と同様の表記法を使ってモデルを指定する．次項では SAR モデルと CAR モデルを発展させ，隣接する $z_i$ の値ではない予測変数について検討していく．しかし今のところ，基本モデルとして，予測変数の平均値の定数項だけ用いた線形モデルの表記法を使用する．これは，式 (7.10) または (7.11) でいうところの $\mu$ に該当する．これは単純に Var.Name~1 と表記され，Var.Name 部分を実際の変数名で置き換える（これまでの節で使用した喫煙率の例で用いるならば smk など）．加えて，引数 family は，SAR モデルまたは CAR モデルのどちらを用いるかを指定する．この関数は回帰モデルオブジェクトを返す．このオブジェクトは係数，近似値などの値の抽出を可能にする．使用例は次の通りだ．

```
sar.res <- spautolm(smk~1,listw=penn.state.lw)
sar.res
##
## Call:
## spautolm(formula = smk ~ 1, listw = penn.state.lw)
##
## Coefficients:
## (Intercept)      lambda
##  23.7689073   0.6179367
##
## Log likelihood: -142.8993
```

このことから，小数点以下 3 桁で表すと $\lambda = 0.618$ および $\mu = 23.769$ であることがわかる．$\mu$ の推定値に対する解釈は容易だが，出力された $\lambda$ の妥当性を判断するのは難しい．1 つの方法は，$\lambda$ の標準誤差を見ることである．これは空間自己回帰モデルの結果オブジェクト内の lambda.se 要素にアクセスすることで得られる．

```
sar.res$lambda.se
## [1] 0.1130417
```

95% 信頼区間は標準的な方法（$\lambda \pm$ 標準誤差の 2 倍 によって与えられる範囲）で特定することができる．

```
sar.res$lambda + c(-2,2) * sar.res$lambda.se
## [1] 0.3918532 0.8440201
```

前述と同様に，結果は $\lambda = 0$ の帰無仮説の状況が発生する確率が非常に低いことを示唆している．

**補足**

同様に CAR モデルの最適化を行うことも可能であり，$\lambda$ の信頼区間を得ることもできる．今回の例では spautolm() の引数 family を指定することによって実現されている．

```
car.res <- spautolm(smk~1,listw=penn.state.lw,family='CAR')
car.res
```

しかし本書執筆時点では，この関数のヘルプで次の内容が指摘されている．

> この関数は（まだ）CAR モデルで用いられる際の空間重み行列の非対称化を防いでいない．数値問題（特に収束）と，使用される正確な空間重み行列に関する不確実性の両方が再現を困難にしていると思われる...

上記のコードの実験結果はここで同様の収束問題が発生することを示唆しているため[b)]，R の例では SAR モデルに注目して進める．

### 7.6.1 予測変数を含むモデル：2 変数の例

CAR モデルと SAR モデルのいずれも，自己相関効果を組み込むだけでなく予測変数を含むように変更することができる．これは定数 $\mu$ を各 $z_i$ ごとの観測固有の $\mu_i$ で置き換えることによって実現可能だ．$\mu_i$ は予測変数（例えば $P_i$）の関数である．$\mu_i$ と $P_i$ の関係が線形であれば，SAR の場合は次のように書くことができる．

$$z_i = a_0 + a_1 P_i + \sum_{j=1}^{n} b_{ij}(z_j - a_0 - a_1 P_i) + \epsilon_i \tag{7.13}$$

ここで $a_0$ と $a_1$ は，回帰モデルにおける有効な切片と傾きである．この種のモデルと一般の最小二乗モデル (OLS) との主な違いは，OLS の場合 $z_i$ 値は独立していると見なされるが，このモデルでは近くの $z_j$ 値が予測変数だけでなく $z_i$ に影響を及ぼすということだ．

R によって式 (7.13) のようなモデルを最適化するには，単に spautolm() のモデルの引数に予測変数を含めればよい．次の例では 2002 年のペンシルベニア州の郡別肺ガン罹患率という新しいデータ項目を用いて，変数 $z_i$ として使用する．このケースにおいては喫煙率の役割は予測変数 $P_i$ の値へと変更された．一連の実行は 2 段階のプロセスで達成される．

- 郡ごとの肺ガン罹患率を計算する

b) 訳注：コード実行時に重みが対称ではない旨の警告が出力される．

- 回帰モデルを計算する

最初の段階として，plyr パッケージを使用してデータの操作を行う．pennLC はリスト型であり，data と呼ばれる要素の 1 つは，ペンシルベニア州の各郡の人口（肺ガン罹患率）を人種（「白人」「その他」），性別（「男性」「女性」），年齢（「40 歳未満」「40〜59 歳」「60〜69 歳」「70 歳以上」）によって細分化したデータフレームであることを思い出してほしい．データフレームの形式は，郡の列と 3 つの基礎情報の列を用いて，郡，年齢，性別，人種のグループを表現している．さらに 2 つの列は，その郡内における基本情報グループごとの罹患件数と，郡内の基礎情報グループの全体人数を示す．

```
head(pennLC$data)
##    county cases population race gender      age
## 1   adams     0       1492    o      f Under.40
## 2   adams     0        365    o      f    40.59
## 3   adams     1         68    o      f    60.69
## 4   adams     0         73    o      f      70+
## 5   adams     0      23351    w      f Under.40
## 6   adams     5      12136    w      f    40.59
```

例えば Adams 郡では，40 歳未満の女性かつ非白人[7]の総人口 1,492 人のうち，肺ガン発生件数が 0 件だったことがわかる．plyr パッケージを使って，各郡の年齢，人種，性別のすべての組み合わせに対する総数を示すデータフレームを作成することができる．

```
require(plyr)
totcases <- ddply(pennLC$data, c("county"), numcolwise(sum))
```

**補足**

plyr はさらに調べる価値がある非常に強力なパッケージだ．詳しくは Wickham(2011) を参照されたい．これはデータの操作において split-apply-combine[c] によるアプローチを提供する．さまざまな形式の変数に対してこの手法を適用するために，いくつかの関数が提供されており，ここでは ddply() を使用する．この例ではデータセットが pennLC$data で与えられ，factor 型（または character 型）の列名を 1 つ指定する (county)．データフレームは，より小さいデータフレームのリストとして分割され，county 変数の各値の単位で 1 つとなる．次にこれらのデータフレームのそれぞれに関数が適用され，変換されたデータフレームのリストを返す．多くの場合，新しいデータフレームはより小さい単位のものであり，分割から生じたデータフレームのうち選択されたいくつかの行についての要約統計量や総和またはカウントからなるただ 1 つの行を有する．最後に，変換されたデータフレームのリストは，行単位のスタックによって結合され，新しいデータフレームを生成する．以上のような流れにより，split-

[7] データ内において ‘o’ は ‘other’，つまり非白人を意味する．
[c] 訳注：http://had.co.nz/plyr/

apply-combine による処理がなされる.

上記のコードでは各郡のサブセットデータフレームに適用される関数は引数 numcolwise(sum) によって与えられる. ベクトルに適用される通常の sum() を, データフレーム内のすべての数値列を合計するように拡張したものであり, 数値列の合計で1行のデータフレームを生成する. この例で対象となる列は肺ガンの罹患件数と人口だ. この関数をデータの各サブセットに適用すると, 郡ごとの肺ガン罹患件数合計と人口の合計が再結合され, totcases オブジェクトとして郡名, 郡全体の肺ガン罹患件数, および郡の総人口を含むデータフレームが作成される.

```
head(totcases)
##       county cases population
## 1      adams    55      91292
## 2  allegheny  1275    1281666
## 3  armstrong    49      72392
## 4     beaver   172     181412
## 5    bedford    37      49984
## 6      berks   308     373638
```

補足

numcolwise(sum) というコードはちょっと不思議なものに見えるかもしれない. numcolwise() は関数であるものの通常と異なり, 別の関数名を引数として受け取り, さらに別の関数を出力として返す. 入力関数は基本的な R の数値ベクトルに対して適用される関数であることが仮定されている. これは numcolwise() によって変更され, データフレームに対して行単位で入力関数を適用する新しい関数を生成し, 結果として単一行のデータフレームを返す. この例では sum が入力関数であるので, 数値型の列に対してのみ有効であることに留意されたい. numcolwise() はこれを可能にし, 変更された関数は数値型の列の出力データフレーム内の値のみを返す. この例ではあまり意味をなさないが, mean や median のような関数を numcolwise() やユーザ定義の数値関数への入力として使うことも可能だ.

よって上記のように, この例において出力したい関数は ddply() の引数として与えられ, split-apply-combine における apply 部分 (適用部分) に使用されることになる.

郡ごとの肺ガン罹患件数および人口のデータフレームを作成したあと, 10,000 人あたりの肺ガン罹患率の計算を行う. これは totcases データフレームに新しい列として追加される.

```
totcases <- transform(totcases, rate=10000*cases/population)
```

結果 totcases は 3 つの列を持った, 回帰モデルへの入力データとして準備される. このデータについて (head() を使って) データの確認を行い, 図 7.9 のような箱ひげ図を

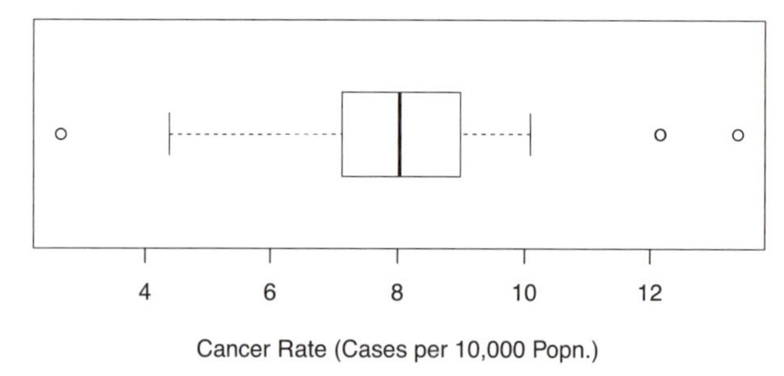


図 **7.9**　肺ガン罹患率の箱ひげ図（ペンシルベニア州，2002 年）

プロットする．

```
head(totcases)
##       county cases population     rate
## 1      adams    55      91292 6.024624
## 2 allegheny  1275    1281666 9.947990
## 3 armstrong    49      72392 6.768704
## 4     beaver   172     181412 9.481181
## 5    bedford    37      49984 7.402369
## 6      berks   308     373638 8.243273
# 肺ガン罹患率の分布の確認
boxplot(totcases$rate, horizontal=TRUE,
        xlab='Cancer Rate (Cases per 10,000 Popn.)')
```

以上により，空間回帰モデルを最適化することが可能となった．前述のようにここでの応答変数 $z_i$ は肺ガン罹患率であり，予測変数は喫煙率である．この場合，追加の加重変数が変数 population に基づいて追加され，$z_i$ が実際に肺ガン罹患率の平方根となることに注意されたい．これは平方根変換によってポアソン分布に従うカウントデータの分散を安定させることができる (Bartlett, 1936) ためであり，ここで確率変数となる肺ガン罹患件数がポアソン分布に従う変数と仮定されるという事実を考慮したものだ．罹患率の平方根は基本的に以下のように算出され，

$$\sqrt{\frac{\text{肺ガン罹患件数}}{\text{人口}}} \tag{7.14}$$

人口は定量と仮定されるので，肺ガン罹患件数はほぼ一定の分散を持ち，正規分布に概ね従うことになる．これを人口の平方根で割ると，人口に反比例する分散が得られる．ここまでの流れでこの式における人口による重み付けが適切であることが確認できる．これらの事実を考慮して，SAR モデルを最適化し評価することができる．

```
sar.mod <- spautolm(rate~sqrt(smk), listw=penn.state.lw,
                    weight=population, data=totcases)
summary(sar.mod)
##
## Call:
## spautolm(formula = rate ~ sqrt(smk), data = totcases,
##          listw = penn.state.lw, weights = population)
##
## Residuals:
##      Min       1Q   Median       3Q      Max
## -5.45183 -1.10235 -0.31549  0.59901  5.00115
##
## Coefficients:
##             Estimate Std. Error z value  Pr(>|z|)
## (Intercept) -0.35263    2.26795 -0.1555    0.8764
## sqrt(smk)    1.80976    0.46064  3.9288 8.537e-05
##
## Lambda: 0.38063 LR test value: 6.3123 p-value: 0.01199
## Numerical Hessian standard error of lambda: 0.13984
##
## Log likelihood: -123.3056
## ML residual variance (sigma squared): 209030, (sigma: 457.19)
## Number of observations: 67
## Number of parameters estimated: 4
## AIC: 254.61
```

出力における Coefficients セクションは，標準回帰モデルと同様の方法で解釈を行う．結果により喫煙率が肺ガン罹患率に影響を与えること，または少なくとも肺ガン罹患率に影響しないという帰無仮説を棄却する根拠がある ($p = 8.537 \times 10^{-5}$ ) ことがわかる．Lambda セクションでは，$\lambda = 0$ という帰無仮説における $p$ 値を提供する．つまり肺ガン罹患率にある程度の空間的自己相関があるということだ．ここでは $p = 0.01199$ となるため有意水準 5% のレベルでは帰無仮説を棄却するが，有意水準 1% のレベルでは棄却できない．

したがって，ここでの分析は喫煙率が肺ガン罹患率に関連していることを示唆しており，肺ガン罹患率は空間的に自己相関している．これはおそらく肺ガンに影響する他の要因（おそらく年齢または職業に関連するリスク）が地理的に集中しているためだ．これらの要因はモデルには含まれていないため，肺ガン罹患率を介してそれらの空間的配置に関する情報が推測される可能性がある．

### 7.6.2 その他の課題

上記の分析によって，空間的プロセスにおけるペンシルベニア州の肺ガン罹患について合理的な洞察を得た．しかしこの分析ではいくつかの近似を行っている．平方根による近似を使用するのではなく直接的なポアソンモデルを使用していれば，より正確なモデルが得られた可能性がある．実際，独立した $z_i$ モデルが必要とされるのであれば，$z_i$ を罹患件数として glm() によるポアソン回帰を行うことでモデル構築が可能であった．しかし自己相関誤差項を有するポアソンモデルの構築は容易ではない．考えられる方法の1つは，この種のモデルにベイジアンマルコフ連鎖モンテカルロ法を用いることであろう (Wolpert and Ickstadt, 1998)．R ではこのタイプの手法は RJags パッケージを用いて実現可能である[8]．

### 7.6.3 空間回帰におけるトラブルシューティング

本項では，**W** 行列に基づく空間モデルの諸問題について検討を行う．これらの問題は Wall(2004) に示されている．この検討は，空間モデルにおける特殊な状況を見極め，R を介したインタラクティブな探索に対し，その問題が分析に影響を及ぼすかどうかを判断する重要な方法である．ここからの例では spdep パッケージで提供されているオハイオ州 Columbus の犯罪データを見ていく[9, d]．次のコードを実行すると，オハイオ州 Columbus の地域のシェープファイルが読み込まれ，マップが作成される（図 7.10）．

```
columbus <- readShapePoly(
  system.file("etc/shapes/columbus.shp",package="spdep")[1])

# Columbus の地図をプロット
plot(columbus, col = "wheat")

# それぞれのエリアにラベルを追加
text(coordinates(columbus), as.character(1:49), cex = 0.8)

# きれいに見えるよう描画ボックスを設定
box(which = "outer", lwd = 2)
```

このデータセットは多くの研究で使用されている．各隣接地域には「平均住宅価格」「盗難発生率」「平均収入」などの属性がいくつか用意されている．しかし本項の例ではこれらは考慮しない．なぜなら **W** 行列が暗示する相関構造に焦点を当てていくからである．ここではクイーン型に基づいて隣接リストをデータから抽出する．SAR モデルでは

[8] http://cran.r-project.org/web/packages/rjags/index.html
[9] http://www.rri.wvu.edu/WebBook/LeSage/spatial/anselin.html
[d] 訳注：詳細は R コンソールにて ?columbus を実行，または，https://nowosad.github.io/spData/reference/columbus.html を参照．

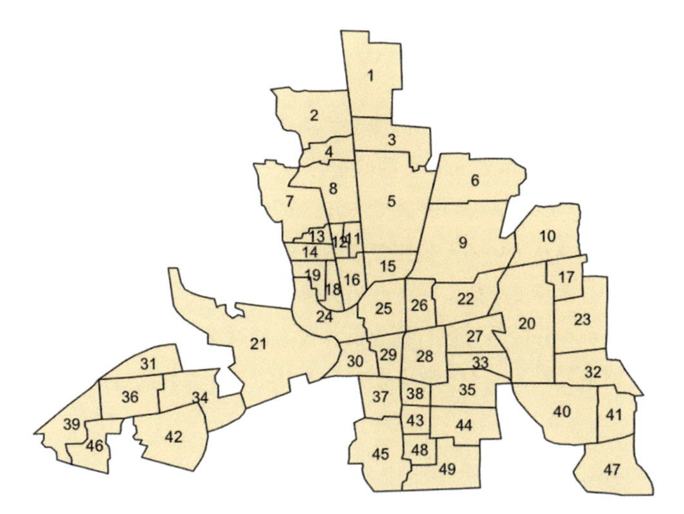


図 7.10　オハイオ州 Columbus のシェープファイルによる隣接地域とラベル

この隣接関係が重要な役割を果たす．特にポリゴンの隣接関係についてはルーク型とクイーン型のように選択肢が存在する．どちらも `SpatialPolygonsDataFrame` クラスのオブジェクトである `columbus` から計算可能だ．

```
# クイーン型に基づいた隣接関係の抽出と出力
col.queen.nb <- poly2nb(columbus,queen=TRUE)
col.queen.nb
## Neighbour list object:
## Number of regions: 49
## Number of nonzero links: 236
## Percentage nonzero weights: 9.829238
## Average number of links: 4.816327
# ルーク型に基づいた隣接関係の抽出と出力
col.rook.nb <- poly2nb(columbus,queen=FALSE)
col.rook.nb
## Neighbour list object:
## Number of regions: 49
## Number of nonzero links: 200
## Percentage nonzero weights: 8.329863
## Average number of links: 4.081633
```

2 つの変数 `col.queen.nb` と `col.rook.nb` には，それぞれクイーン型とルーク型で算出された隣接関係の情報を含む．見るとクイーン型では，ルーク型よりも隣接関係が 36 個多いことがわかる．

Wall(2004) などは，一定の $\sigma^2$ 項を持つ SAR モデルでは以下となり，$(\mathbf{I} - \lambda\mathbf{W})$ は可逆行列であることを示している．

$$\mathrm{Var}(\mathbf{z}) = (\mathbf{I} - \lambda\mathbf{W})^{-1}[(\mathbf{I} - \lambda\mathbf{W})^{-1}]^T\sigma^2 \tag{7.15}$$

したがって前述のように，空間自己回帰モデルは本質的に非独立の誤差項を有する回帰モデルであり $\lambda = 0$ の場合は独立した観測を持つモデルと同等となる．よって分散共分散行列は，変数 $\mathbf{W}$, $\sigma^2$ および $\lambda$ の関数であり，$Y$ は一般性を失うことなく $\sigma^2 = 1$ となるようにスケーリングされていると仮定できる．そのとき，分析対象の地域の隣接関係の定義に関して，$\lambda$ のさまざまな値に対する相関構造を調べることが可能である．以下の R のコードで $\lambda$ と $\mathbf{W}$ から分散共分散行列を計算する関数を定義する．ここでは $\mathbf{W}$ 行列ではなく隣接関係を格納したオブジェクトが使用されるが，これには同じ情報が含まれている．

```
covmat <- function(lambda,adj) {
  solve(tcrossprod(diag(length(adj)) - lambda*listw2mat(nb2listw(adj))))
}
```

tcrossprod() は行列 $\mathbf{X}$ を取り，$\mathbf{X}\mathbf{X}^T$ を返す．solve() は逆行列を求める．これらは分散共分散行列に限らず相関行列算出の基礎としても役立つ．

```
cormat <- function(lambda,adj) {
  cov2cor(covmat(lambda,adj))
}
```

ここでエリア 41 とエリア 47 の相関関係と $\lambda$ を調べることができる．作成されたプロットを図 7.11 に示す．

```
# 有効なλの値の範囲を設定
lambda.range <- seq(-1.3,0.99,l=101)
# 対応する相関関係を格納するための配列を作成
cor.41.47 <- lambda.range*0
#相関関係の格納
for (i in 1:101) cor.41.47[i] <- cormat(lambda.range[i],
                                        col.rook.nb)[41,47]
#相関関係のプロット
plot(lambda.range,cor.41.47,type='l')
```

この結果は妥当に思える．$\lambda$ の値が大きいほどエリア間の相関が高くなり，$\lambda = 0$ は相関がないことを表す．$\lambda$ の符号は相関の符号を意味する．しかし今度は同様のプロットをエリア 40 とエリア 41 との間で考慮する（図 7.12 参照）．

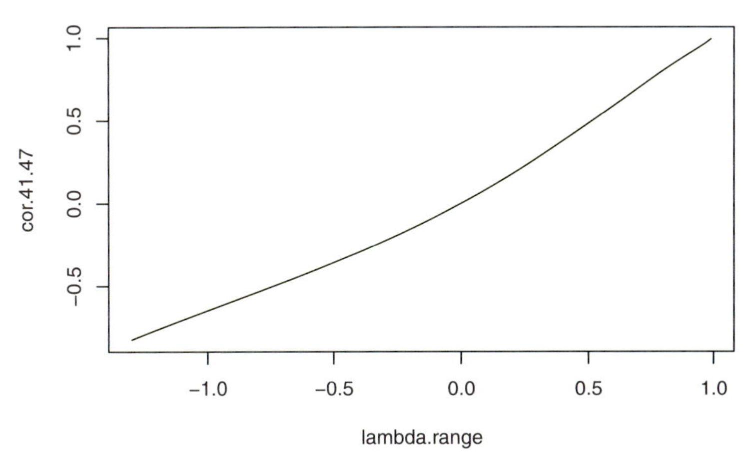


図 **7.11** エリア 41 と 47 の間における λ と相関関係

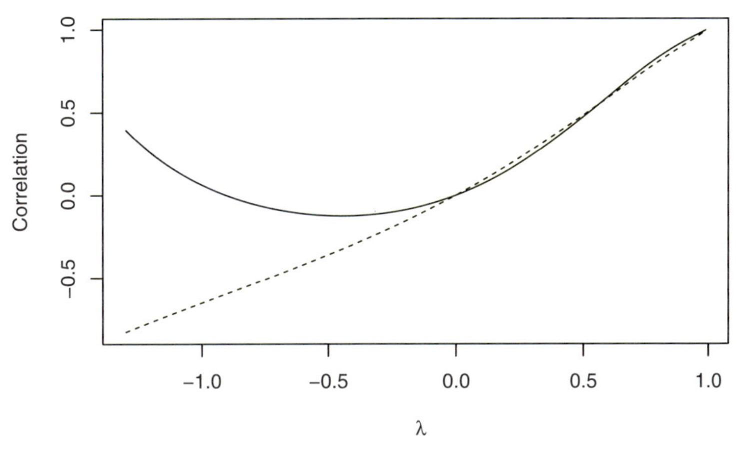


図 **7.12** エリア 40 と 41 の間における λ と相関関係

```
# まず直前の図（エリア 41 と 47 の関係）を参照用として追加
plot(lambda.range,cor.41.47,type='l',
     xlab=expression(lambda),ylab='Correlation',lty=2)
# エリア 40 と 41 の間の相関について計算
cor.40.41 <- lambda.range*0
for (i in 1:101) cor.40.41[i] <- cormat(lambda.range[i],
                                        col.rook.nb)[40,41]
# 結果をプロット
lines(lambda.range,cor.40.41)
```

ここでは何か不思議なことが起こっているようだ．λ が約 −0.5 を下回ると，エリア 40 とエリア 41 との間の相関が増加し始め，約 −0.7 付近の点で再び正の相関に転じる．これは λ がしばしば空間的関連性の指標と呼ばれるのに対して，やや直感に反しているように思える．例えば Ord(1975) では，$w'_{ij}$ は位置 $i'$ における位置 $j$ の相互作用の程度を

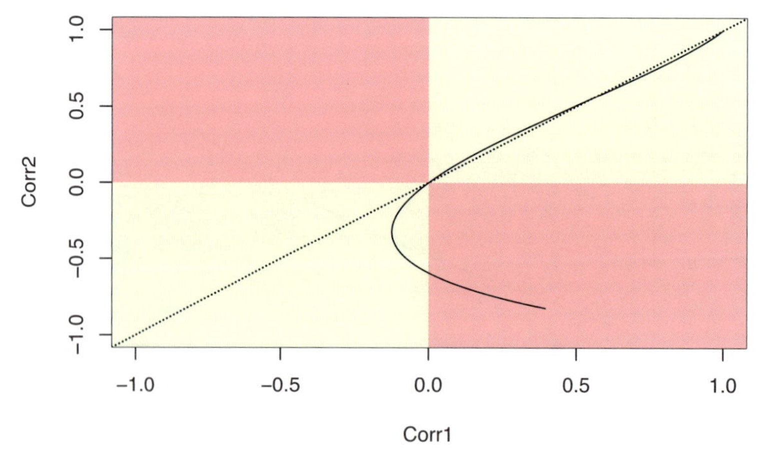


**図 7.13**　2種類のポリゴンのペアの相関関係に関するパラメトリック曲線

表すと述べている．$\lambda$ が正の場合については，最初エリア 40 と 41 の相関はエリア 41 と 47 の相関よりも小さいが，$\lambda$ が約 0.5 を超えるとその大小関係は逆転する．これは前述の符号逆転よりも顕著ではない．この件に関する診断のために有用なプロットは，パラメータ $\lambda$ を持つ 2 つの相関のパラメトリック曲線である（図 7.13 参照）．

```
# 最初に，空の描画エリアを定義（type='n'）
plot(c(-1,1),c(-1,1),type='n',xlim=c(-1,1),ylim=c(-1,1),
     xlab='Corr1',ylab='Corr2')
# 象限を定義
rect(-1.2,-1.2,1.2,1.2,col='pink',border=NA)
rect(-1.2,-1.2,0,0,col='lightyellow',border=NA)
rect(0,0,1.2,1.2,col='lightyellow',border=NA)
# x=y となる参照用の直線を追加
abline(a=0,b=1,lty=3)
# 曲線の追加
lines(cor.40.41,cor.41.47)
```

このプロットはバッテンバーグプロットと呼ばれる[e]．右上からこの線に沿って見ていくと，$\lambda$ がその最大値から減少していく過程での 2 つの相関関係が示される．点線は $x = y$ のリファレンスラインである．曲線がこれを横切ると 2 つの相関の値のバランスが変化したということになる．おそらく重要な特徴は，カーブの傾きが「倍増する」ということだ．そこからわかるのは，$\lambda$ の特定の範囲にて相関の一方が増加し他方は減少するということである．象限も重要だ．もし曲線がピンク色の象限のうちの 1 つに入ると，これは相関の一方が正であり他方が負であることを示唆する．これは空間的関連性の尺度としての $\lambda$ の解釈を考えると，おそらく直感に反している．今回の例の場合，曲線は「倍

[e] 訳注：色を付けた象限の様子がバッテンバーグケーキ (Battenburg cake) に酷似しているため．

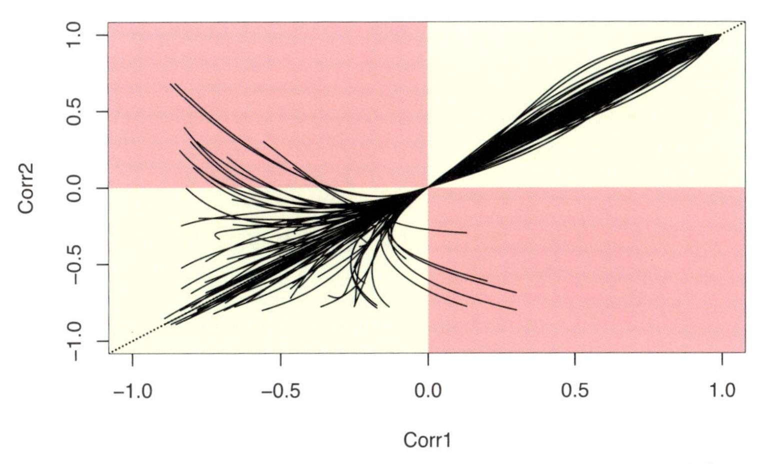


図 **7.14** 100 個のサンプルによる相関関係に関するパラメトリック曲線

増」の後，ピンクの象限に入っている．

各エリアのペアが軸を共有するように設定された 100 のランダムなペアの相関について見ていく（図 7.14 参照）．結果を見ると「倍増と逆転」およびピンクの象限内に入る曲線が珍しい問題ではないことが示唆されているようだ．さらに正の $\lambda$ 値の範囲では，相関係数にかなりの変動幅がある．加えてその変動状況は一貫しておらず，相関係数の大小関係は頻繁に変化している．

```
# 空の描画エリアを定義 (type='n')
plot(c(-1,1),c(-1,1),type='n',xlim=c(-1,1),ylim=c(-1,1),
     xlab='Corr1',ylab='Corr2')
# 象限を定義
rect(-1.2,-1.2,1.2,1.2,col='pink',border=NA)
rect(-1.2,-1.2,0,0,col='lightyellow',border=NA)
rect(0,0,1.2,1.2,col='lightyellow',border=NA)
abline(a=0,b=1,lty=3)     # 参照用に x=y の直線を追加
# 曲線の追加
set.seed(310712)     # 再現性担保のため，最初に乱数の種 (seed) を設定しておく
for (i in 1:100) {
  r1 <- sample(1:length(col.rook.nb),1)
  r2 <- sample(col.rook.nb[[r1]],2)
  cor.ij1 <- lambda.range*0
  cor.ij2 <- lambda.range*0
  for (k in 1:101) cor.ij1[k] <- cormat(lambda.range[k],
                                        col.rook.nb)[r1,r2[1]]
  for (k in 1:101) cor.ij2[k] <- cormat(lambda.range[k],
                                        col.rook.nb) [r1,r2[2]]
  lines(cor.ij1,cor.ij2)
}
```

これは Wall(2004) に見られるパターンと非常によく似ている．$\lambda$ の値が負のときにいくつかの相関が正になり，一方，他の相関は負のままであるという状況だ．以前にも述べたように，$\lambda$ の変化に伴って相関の大小関係が変わるため，隣接するいくつかのエリアにおいて特定の $\lambda$ 値に対して他のエリアよりも相関が高くなるものの，相関の大小関係に関する状況は流動的である．最終的に，いくつかの隣接エリアの組み合わせでは $\lambda$ の負の値に対して相関の符号逆転が発生し，他の組み合わせにおいては発生しないこともある．本項の目的は，Wall(2004) の問題を注目することもその一部ではあったが，これらを探索するために使用できる R の可視化表現を紹介し，それによって直感に反するような動きを見つけられるということを学んだ．一般的な法則として，筆者は規則的なグリッドに基づいてエリアを扱うときにはこの事象が大きく発生しないことを発見したが，今回例に挙げたような不規則なグリッドではかなり頻繁に発生する．これは CAR モデルにおける Besag and Kooperberg(1995) の理論的議論に対する経験的な裏付けとなる．

8

# 局所的な空間分析

## 8.1 概要

これまでの章では，地理的な現象のモデルをいくつも使ってデータ分析を行ってきた．使ったモデルの多くが持つ特徴の一つとして，地理データによる影響が均質であるという仮定がある．例えば，$K$ 関数とその類似の方法は点同士の相互依存関係を点の間の距離に着目してモデル化している．$K$ 関数それ自身は，ある点から半径 $r$ の中で出会う可能性がある点の数をモデル化するものだ．しかし，ここには一般的な仮定として，それらの関係は相対的な距離のみに依存している，ということがある．つまり，位置 $\mathbf{x}$ の点を中心とする半径 $r$ の円に入る点の数の期待値は，$r$ の値のみに依存し，$\mathbf{x}$ には依存しない．同様に，前章で取り上げたSAR モデルでは，係数 $\lambda$ によって，ポリゴン $i$ のある属性が隣接するポリゴンの値に依存する度合いが定められる．しかし．$\lambda$ は全ポリゴンに対して同じ値を取る．これはやはり，地理的な相互関係というのは位置に関係がない，ということを示唆している．

これはある種の仮説検定に影響を及ぼしうる．例えば，前章では $\lambda = 0$ という帰無仮説を検定した．この例では仮説は5% 水準で棄却された．このことから，分析対象の現象（この例では喫煙率だった）は地理的に独立であることがわかる．しかし，その事実自体は，高水準や低水準になるのがどの地域か，ある地域では独立性があるが別の地域ではそうではないのか，といったことを推理するのには役に立たない[1]．本章では，地理的な現象に生じる空間的なばらつきに注目することを試みる方法を数多く紹介する．ここで最も重要な概念が 2 つある．1 つは指標分解だ．これは，Moran の $I$ 統計量といった指標を各地からのデータの貢献度に基づいて分解し，局所効果を特定する，といったものだ．もう 1 つは移動ウインドウ (moving window) 法だ．これは，分析の対象とする領域をず

[1] 実際，このモデルを採用するなら，地理的な独立性は均質であるという事前仮定をおく必要がある．

らしながら計算を行い，データ内にある空間をまたがる関係性のばらつきを特定するというものだ．

## 8.2 データのセットアップ

本章で使う主なデータセットは，ノースカロライナ州の乳幼児突然死症候群 (SIDS) についてのデータで，Getis and Ord (1992) に掲載されているものだ．このデータは，spDataパッケージによって提供されている．

このパッケージに含まれるデータはシェープファイル形式になっており，readShapePoly() で読み込むことができる．シェープファイルは地理座標系（例えば緯度と経度）になっている．しかし，本章で扱ういくつかの例では，郡の重心間の距離が必要になるので，投影座標系が望ましい．ここではEuropean Petroleum Survey Group(EPSG) の ID 2264 の測地パラメータが使われる．単位はマイルで表される．この操作を行うためのコードを以下に示す[a]．結果の地図（投影座標系）は図 8.1 に示す．

```
# rgdalパッケージを読み込む
require(maptools)
require(rgdal)
# ノースカロライナのシェープファイルを読み込む
nc.sids <- readShapePoly(
  system.file("shapes/sids.shp", package = "spData")[1],
  ID = "FIPSNO",
  proj4string = CRS("+proj=longlat +ellps=clrk66")
)
# EPSG コード 2264 に変換する（単位はマイル）
nc.sids.p <- spTransform(nc.sids,CRS("+init=epsg:2264 +units=mi"))
# ノースカロライナ州をプロットする
plot(nc.sids.p)
# 縮尺を加える
lines(c(480,480,530,530),c(25,20,20,25))
text(505,10, "50 Miles")
```

最後の 2 つのコマンドは地図に縮尺を加えるものだ．座標はマイルで与えられるので，縮尺の基線は 480 から 530 に引かれている．この縮尺は他の地図でも繰り返し使う．R の利点の一つは，プログラミング言語であることだ．縮尺用のコマンドを自作関数にまとめることができる．こうしておけば，他の地図にも縮尺を描くのが簡単になる．

---

[a] 訳注：実行すると「Warning: use rgdal::readOGR or sf::st_read」という警告が出るように，現在は readShapePoly() は非推奨となっている．警告で推奨されている sf パッケージの st_read() によるシェープファイルの読み込みは付録 A.10 で説明する．

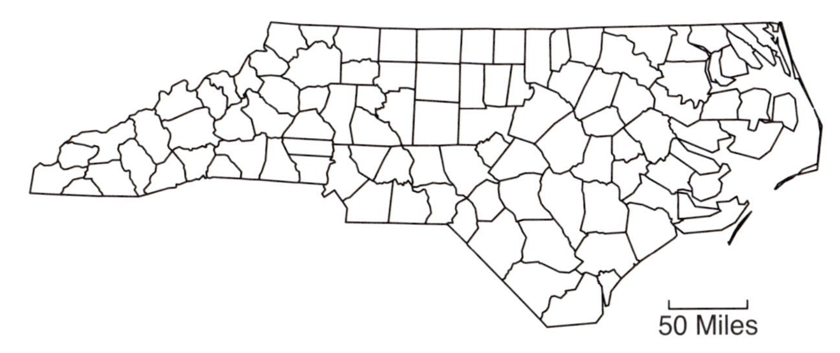


図 8.1 ノースカロライナ州の地図

```
add.scale <- function() {
  lines(c(480, 480, 530, 530), c(25, 20, 20, 25))
  text(505, 10, "50 Miles")
}
```

## 8.3 局所空間統計量

本章の目的が局所的な空間データ解析であることを思い起こして，Anselin(1995) によって提案された局所空間統計量 (LISA: local indicators of spatial association) という概念を見ていこう．彼が述べるところによれば，LISA には次の 2 つの要件がある．

- 各観測についての LISA は，その観測点の周辺での近似値の地理的クラスタリングがどれくらい有意かを示す指標になる．
- 全観測の LISA の合計は，大域的な空間統計量に比例する．

各観測の LISA に対して統計的検定を適用することができるはず，ということは，観測点 $i$ 周辺でのクラスタリングへの局所的な寄与が 0 と有意に異なるかどうかを検定することもできるはずである．これは，空間的クラスタリング（あるいは空間的斥力）が有意に存在するのはどの場所かを特定するためのフレームワークを提供してくれる．LISA の例としてはじめに取り上げるのは，Moran の $I$ 統計量に関連するものがよいだろう．この統計量は以下の式で定義されることを思い出してほしい．

$$I = \frac{n}{\sum_i \sum_j w_{ij}} \frac{\sum_i \sum_j w_{ij}(z_i - \bar{z})(z_j - \bar{z})}{\sum_i (z_i - \bar{z})^2} \tag{8.1}$$

ここで，$z_i$ はポリゴン $i$ に関連する測定値であり，$w_{ij}$ はポリゴン $i$ と $j$ が隣接しているかどうかを示すバイナリ変数だ．隣接していなければ 0，隣接していれば $\frac{1}{|\delta_i|}$ となる．$|\delta_i|$ はポリゴン $i$ が隣接しているポリゴンの数とする．この式は以下のように変形できる．

$$I = n\left(\sum_k (z_k - \bar{z})^2\right)^{-1}\left[\sum_k\sum_j w_{kj}\right]^{-1}\sum_i I_i \tag{8.2}$$

ただし，

$$I_i = (z_i - \bar{z})\sum_j w_{ij}(z_j - \bar{z}) \tag{8.3}$$

とする．$n(\sum_k (z_k - \bar{z})^2)^{-1}\left[\sum_k\sum_j w_{kj}\right]^{-1}$ は $i$ に依存せず，$z_i$ が与えられたときは定数として扱うことができるという点に注意すれば

$$I = (\text{定数}) \times \sum_i I_i \tag{8.4}$$

となる．

ここで，$I_i$ は LISA である．これまでと同様に，$q_i = z_i - \bar{z}$ を使うと

$$I_i = q_i\sum_j w_{ij}q_j \tag{8.5}$$

と書くことができる（$q_i$ は平均との差に補正された値）．つまり，$I_i$ は，$q_i$ と，ポリゴン $i$ の隣接ポリゴンの $q_j$ の平均値を掛け合わせた値になる．$q_i$ も，ポリゴン $i$ の隣接ポリゴンの $q_j$ の平均値も，いずれも平均以上であればこの統計量は大きくなり，ポリゴン $i$ の周辺に平均以上の値を持つクラスタが存在することを示唆している．ポリゴン $i$ とその隣接ポリゴンがいずれも平均以下の場合も同様である．このように，$I_i$ は局所的なクラスタリング（平均値より高いか低いかは問わない）の指標だと考えることができる．また，$q_i$ の符号と $\sum_j w_{ij}q_j$ の符号が異なり，$I_i$ が大きな負の値であれば，局所的な「斥力」が働いていることを示している．つまり，隣接するポリゴンが反対方向に極端に大きい値を持っている．最後に，$I_i$ の値が（負の方向にも正の方向にも）特に大きくないなら，クラスタや斥力の存在は証拠不十分ということになる．

各 $I_i$ について，空間的連関はないという帰無仮説に対して有意差検定を行うことができる．Anselin (1995) には，前章で議論したランダム性を仮定した帰無仮説（$z_i$ の値をポリゴン間で並べ替えても同等である，というもの）に基づいた $I_i$ の標本平均と標本分散を求める式が掲載されている．この文献から，以下の式の値を検定量として使うことができる．

$$\frac{I_i - E[I_i]}{\mathrm{Var}[I_i]^{0.5}} \tag{8.6}$$

`spdep` パッケージに含まれる R の関数 `localmoran()` は $I_i$ の値を計算する．引数には，$z_i$ と，$z_i$ に隣接するポリゴンの重み付け情報を保持する `listw` オブジェクトを取る．この関数の結果は行列形式になっており，以下の列を含んでいる．

1. 局所的な Moran の $I$ 統計量 $I_i$
2. 帰無仮説における $E(I_i)$

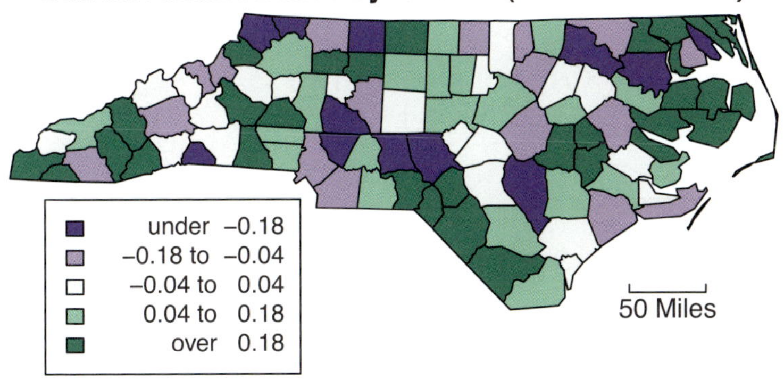


図 **8.2** 正規化された Moran の $I$ 統計量

3. 帰無仮説における $\mathrm{Var}(I_i)$
4. 式 (8.6) から計算される検定量
5. 4. の検定量が正規分布に近似すると仮定して求めた $p$ 値

以下のコードは，1979 年の乳幼児 1000 人あたりの SIDS の発生率を計算し，局所的な Moran の $I$ 統計量を計算し，図 8.2 の地図を生成するものだ．この地図には基本的な $I_i$ の値がプロットされている．

```
# 地図の描画のため GISTools パッケージを用いる
require(GISTools)
require(spdep)
# ノースカロライナ州に含まれるポリゴンについての listw オブジェクトを計算する
nc.lw <- nb2listw(poly2nb(nc.sids.p))
# 1979 年の SIDS の発生率（1000 人あたり）を計算する
sids79 <- 1000 * nc.sids.p$SID79 / nc.sids.p$BIR79
# 局所的な Moran の I 統計量を計算する
nc.lI <- localmoran(sids79,nc.lw)
# シェーディングを計算
sids.shade <- auto.shading(c(nc.lI[, 1], -nc.lI[, 1]),
                           cols = brewer.pal(5, "PRGn"))
# 地図を描画
choropleth(nc.sids.p, nc.lI[, 1], shading = sids.shade)
# 凡例とタイトル，縮尺を加える
choro.legend(100.0, 80.0, sids.shade, fmt = "%6.2f", cex = 0.9)
title("Sudden Infant Death Syndrome (Local Moran's I)")
add.scale()
```

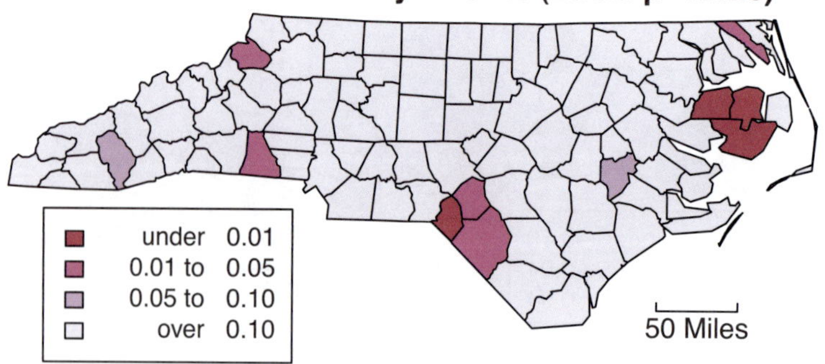


図 8.3　局所的な Moran の $I$ 統計量の $p$ 値

**補足**

上のコードにある `auto.shading(c(nc.lI[, 1], -nc.lI[, 1]),...)` というコマンドについては少し説明が必要だろう．これの目的は，0 に対して対称なシェーディングの分類をつくることにある．

図 8.2 の凡例を見ればどういうことかわかるだろう．これがうまくいくのは，ベクトル `x` に対して `c(x, -x)` が対称なリストを返すからだ．ここで対称というのは，前半は $x_i \in X$ で後半は $-x_i \in X$ になっているという意味だ．こうしておくと，通常の四分位点を計算すれば対称な値になることが保証される．そして，デフォルトだと，`auto.shading()` が返すシェーディングの区切りとして通常の四分位点が使われる．この関数は`-max(abs(x))` から `max(abs(x))` の範囲のシェーディングの分類を作成するが，すべての分類に `x` の値が入るとは限らないことに注意しよう．0 に対して対称な分類を使おうというのは，`x` の値が正の方向にも負の方向にも均等に分布しているかを見たい，という理由もある．

ここで示された地図を見るだけでも，$I_i$ に正の値も負の値も含まれることの証拠になる．しかし，上で考えたように，各値についての $p$ 値を見るのも有用だ．これを地図に反映するコードを以下に示した（結果は図 8.3）．今回は，古典的な $p$ 値の基準に従ってシェーディングを手動でつくり（つまり，シェーディングの区間を直接指定する），それを用いた．

```
# シェーディングを自分で作成
pval.shade <- shading(c(0.01, 0.05, 0.1),
                      cols = rev(brewer.pal(4, "PuRd")))
# 地図を描画
choropleth(nc.sids.p, nc.lI[, 5], shading = pval.shade)
# 凡例，タイトル，縮尺を追加
choro.legend(100.0, 80.0, pval.shade, fmt = "%6.2f", cex = 0.9)
title("Sudden Infant Death Syndrome (Local p-value)")
add.scale()
```

補足

上のコードで使った`rev()`は，リスト中の要素を逆向きに並べ替える．今回は，Brewer[b)]の`PuRd`というパレットの色の並びを反転させている．このパレットは紫から赤のグラデーションになっている．明るい紫から始まり，徐々に暗い赤になっていく．`RColorBrewer`パッケージによって提供されるBrewerのパレットはすべて，明るい色から暗い色の並びになっている．これは普通の使い方であれば便利で，暗い色を高い値に対応させてコロプレス図を描くことができる．しかし，$p$値の場合，「強い」効果は低い値に結びついているので，暗い色から明るい色に並んでいるパレットが好ましい．`rev()`を使っているのはこのためだ．

図8.3を見ると，$p$値が顕著に低い場所がどこかわかる（Washington郡など）．これは，高い値か低い値のクラスタがある可能性を示唆している．Washington郡（$p$値が0）の実際の発生率を調べてみると，とても低い値のクラスタがここにあることを示唆している．$p$値が低い地域としてほかにはScotland郡がある．こちらは発生率がとても高く，高い値のクラスタがここにあることを示唆している．

**演習問題 8.1**　$p$値が0.05以下の郡を抽出してその一覧を表示し，図8.3が正しいか確かめてみよう．場所を特定するには，`identify()`を使うことができる．Rのコンソールで，以下のコマンドを打って，知りたい場所をクリックしてみよう．

```
identify(coordinates(nc.sids.p), labels = nc.sids.p$NAME)
```

すべて選択し終えたら，ESCキーを押そう．すると，クリックした郡の名前が地図中に表示されるはずだ．

## 8.4　さらなる問題点

これまでの分析では，局所的なMoranの$I$統計量の$p$値を地図にプロットし，顕著な特徴を持つ国，つまり，SIDS発生率に関して隣接する郡同士でクラスタになっている可能性がある地域を可視化する方法を示した．しかし，このアプローチをそのまま用いるには注意すべき難点が2つある．

- 多重比較検定
- $I_i$が正規分布に従うという仮定

これらは，この研究に特有の問題のように思われるかもしれないが，多くは一般的に当てはまるものだ．このため，これを順に検討していくことは有用である．

---

b) 訳注：`http://colorbrewer2.org`

### 8.4.1　多重比較検定

先ほどの分析では，100 の郡が登場した．図 8.3 の地図のシェーディングに従うと，9 の郡が $p \leq 0.05$ であるように見える．しかし，5% 有意水準で検定を行うとするならば，帰無仮説が真であると仮定した場合に偽陽性（つまり，$I_i$ が，実際には帰無仮説（ランダムな値）であるのに，有意だと判定されてしまう）になってしまう確率が 0.05 ある．つまり，何の空間的現象も起こっていない場合でも，期待値としては $100 \times 0.05 = 5$ 郡が「有意」と判定されてしまい，偽陽性になってしまう可能性がある．有用なアプローチの一つは，データ中で有意であると観測された結果の数を二項分布と比べることだ．しかし，これは究極的には，局所的な Moran の $I$ 統計量の主目的を損ねてしまう．なぜなら，これだと「分析対象の領域全体について」空間的現象があるかないかの検定を行うことになり，特定の地域を対象とするものではないからである．この場合，標準的な Moran の $I$ 統計量と比べて何ら利点はない．

しかし，LISA ベースのアプローチの利点として強調してきたのは，クラスタリングが発生しているのか否かだけではなく，どこで起こっているかまでを特定できるということだった．問題が起こるのは，この 2 つの質問に対して同時に答える手法が往々にして必要になるからだ．もし「偽陽性率」，つまり，帰無仮説が真であるときに $I_i$ が有意だと判定してしまう確率が 0 であるなら，$I_i$ が見つかりさえすれば確実にクラスタリングが発生していることになる．しかし，偽陽性率は 0 ではない．そして，この不都合な真実を踏まえると，有用なアプローチとして，1 つ以上の有意な $I_i$ を発見したことをもってクラスタリングが存在していると誤って判定してしまう確率を求めるというやり方がある．個別の $p$ 値とそれに関連する検定を個別の郡に対して行う．検定が独立に行われると仮定すると，それぞれが偽陽性率 $p$ を持っている．すると，偽陽性の結果にならない確率は各郡に対して $1 - p$ となる．郡の数が $n$ だとすると，偽陽性の結果がまったくない確率は $(1 - p)^n$ となる．そして，すべての郡を見たときに 1 つ以上の偽陽性の結果を得る確率 $p^*$ は以下の式になる．

$$p^* = 1 - (1 - p)^n \tag{8.7}$$

これを踏まえると，$p^*$ は各郡に対する検定のアンサンブルの $p$ 値と見なすことができる．これは，「クラスタリングがない」という帰無仮説の全体に対する検定の偽陽性率でもある．$p$ 値が十分小さい場合はさらに単純化して，以下のように近似することもできる．

$$p^* \approx np \tag{8.8}$$

ここで，全体の $p^*$ 値を計算するために各郡の個別の $p$ 値を求めることが必要だとすると，式 (8.7) は以下のように変形でき，

$$p = 1 - (1 - p^*)^{\frac{1}{n}} \tag{8.9}$$

あるいは上の近似を用いると以下のようになる．

$$p \approx \frac{p^*}{n} \tag{8.10}$$

ここで，$n = 100$ であり，$p^*$ 値は 0.05 以下であることが必要なので，R を電卓として使って全郡についての $p$ 値を計算すると以下の値になる．

```
1 - (1 - 0.05) ^ (1/100)
## [1] 0.0005128014
```

ここから，クラスタリングがどこにも存在しないという帰無仮説を誤って棄却してしまう可能性を 0.05 にするには，各郡が検定しなければならない $p$ 値の水準はおおよそ $5 \times 10^{-4}$ になることがわかる．式 (8.8) と式 (8.10) の近似を使うアプローチは Bonferroni の補正 (Bonferroni $p$-value adjustment) として知られている（例えば Šidák, 1967)．R においては，上でやった「電卓」的なやり方をしなくても，`p.adjust()` という関数を使うことができる．これはやや異なる方法で補正を行う．全郡に対する $p$ 値を有意と判定する水準を補正する代わりに，$p$ 値自体を補正するのだ．そうすると，補正された $p$ 値を $p^*$ の有意水準と比較できるようになる．上の方法で検定を行うには，各郡の $p$ 値をまとめて `p.adjust(pvals, method="bonferroni")` に渡すと補正された各郡の $p$ 値が返ってくるので，それを $p^*$ の有意水準と比較すればよい．この方法を使えば，特異な場所を特定し，なおかつ全体の偽陽性率も制御することができる．例えば，補正された郡の $p$ 値を 0.05 と比較すると，何の空間パターンもないという仮説を誤って棄却してしまう可能性が 0.05（5%）という条件下で検定を行うことができる．

この発想を使って今度は，SIDS のデータについて前に求めた局所的な Moran の $I$ 統計量の $p$ 値を補正し，それを地図に描いてみよう（図 8.4)．

```
# シェーディングを自分でつくる
pval.shade <- shading(c(0.01, 0.05, 0.1),
                      cols = rev(brewer.pal(4, "PuRd")))
# 地図を描画（p.adjust() に注目）
choropleth(nc.sids.p, p.adjust(nc.lI[, 5], method = "bonferroni"),
           shading = pval.shade)
# 凡例，タイトル，縮尺を追加
choro.legend(100.0, 80.0, pval.shade, fmt = "%6.2f", cex = 0.9)
title("Sudden Infant Death Syndrome (Bonferroni Adjusted p-value)")
add.scale()
```

これによって，実際に顕著なパターンが見られるところが明らかになった（いくつかの郡は $p$ 値を補正したあとも有意となっている)．そして，非空間的現象からの乖離に顕著に貢献しているのは Washington 郡周辺のパターンであることもわかった．興味深いこ

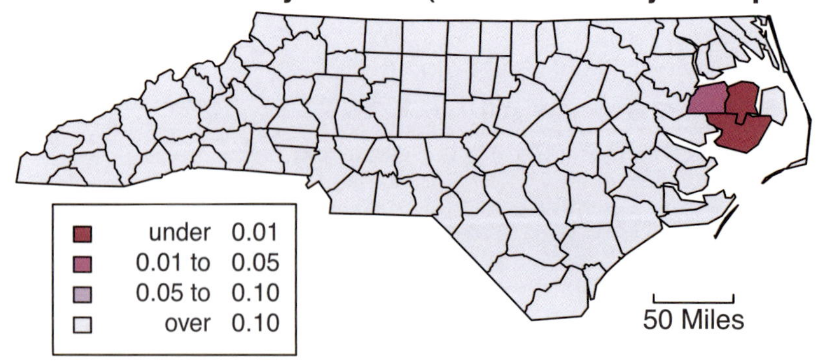


図 8.4　局所的な Moran の $I$ 統計量の $p$ 値（Bonferroni の補正）

とに，ここで検出されたのは発生率がとても低いグループだ．

**補足**

$p^*$ の概念についてやや異なる観点から説明すると，空間的連関がないという帰無仮説を誤って棄却する確率は，すべての郡の中で最も小さい $p$ 値を誤って棄却する確率と等しい．すべての検定に対して同じ閾値が適用されるとすると，もし最小の $p$ 値がこの閾値を下回るなら，少なくとも 1 つの郡が誤って有意であると判定されるという事態と等価となる．典型的には，片側検定（上側）が用いられるので，$I_i$ の値が大きければ $p$ 値は小さくなる．これを踏まえると，局所的な標準化された Moran の $I$ 統計量を，最大 $n$ の標準正規変量 (SNV) の分布と比較すればよい．

### 8.4.2　Bonferroni の補正の問題点

Bonferroni の補正は，本当は有意でないのに有意と判定してしまうという過誤を 1 つでも起こしたくない場合には役に立つ．複数の検定のうち 1 つの反証だけが顕著であると考えられるようなときはこれに当てはまる．しかし，他のやり方の方が適切である状況もいくつかある．Permeger (1998) は，Bonferroni の補正についていくつかの問題点に言及している．中でも最も重要な指摘は，第二種過誤に関連するものだ．ここまで本章は，第一種過誤と呼ばれるものに焦点を当ててきた．第一種過誤とは，帰無仮説が実際には真なのに誤って棄却してしまうという過誤（偽陽性）だ．第二種過誤は，帰無仮説は偽だが，検定がそれを棄却しそこなうという過誤（偽陰性）だ．Permeger が述べているように，「第一種過誤は（中略）第二種過誤を増大させることなしに（中略）減らすことはできない（中略）そして，第二種過誤も第一種過誤に劣らない間違いなのだ」．

Bonferroni の補正は全体の第二種過誤を厳密に制御しようとするが，これを使うことの不都合な副作用として，特異値を見つける検出力が減じてしまうということがある．偽陽性の結果になってしまう可能性が高くても，本物の特異値を検出する可能性がより高い，という別の手法はいくつも存在する．しかし，Holm (1979) によれば，偽陽性率がBonferroniの補正よりも高くはならないことを保証しつつ，常に第二種過誤が少ない，という顕著な代替手法が一つある．この手法は以下の通りだ．

1. 補正されていない $p$ 値を並べ替え，$\{p_{[1]}, p_{[2]}, \ldots, p_{[n]}\}$ とラベル付けする．$p_{[1]}$ が最も低い値で，$p_{[n]}$ が最も高い値になる．
2. $p_{[1]}$ に ${p'}_{[1]} = 1 - (1 - p_{[1]})^n$ という補正を適用する（近似を使う方法でもよい）．
3. $p_{[2]}$ に ${p'}_{[2]} = 1 - (1 - p_{[2]})^{n-1}$ という補正を適用する（近似を使う方法でもよい）．
4. $m = 2, \ldots, n$ についても同様に ${p'}_{[m]} = 1 - (1 - p_{[m]})^{n-m+1}$ という補正を適用していく（近似を使う方法でもよい）．
5. $\alpha$ を第一種過誤全体の許容値として，$p_{[i]} < \alpha$ となる帰無仮説をすべて棄却する．

補足

このやり方の背後にある理論について補足すると，Bonferroniの補正では，$k$ 個の郡（あるいはより一般的にいえばポリゴン）が本当に特異であれば，標準的なBonferroniの補正だと偽陽性率は過剰に見積もられている．こうした状況では，補正する必要がある多重検定の数は $n$ ではなく $n - k$ だけだ．これは，残りの $k$ 個の検定は実際に帰無仮説が偽であるという状況で行われるため，有意であるという結果は偽陽性ではなく真陽性だからだ．このため，データ中に帰無仮説からの明らかな乖離がある可能性を受け入れるなら，Bonferroniの補正は保守的である．つまり，このやり方は第一種過誤に上限を設けるが，厳密に指定しているわけではない．どの $k$ 個の検定が顕著な特異点と関連しているか，またおそらくは $k$ の値自体も既知ではないため，これまでの議論はすべてBonferroniの補正が保守的であるということを示している．

Holmの補正もまた保守的ではあるが，最小の $p$ 値 $p_{[1]}$ が帰無仮説が真である観測と結びついている場合，他の $p$ 値を求める検定の結果にかかわらず，$n$ 個の多重検定の補正を行えば必ず $\alpha$ という第一種過誤の上限が適用される．しかし，最小の $p$ 値が本当は特異値である $k$ 個の検定と結びついている場合を考えてみよう．すると，検定の結果は偽陽性に影響しない．この場合は $n - 1$ 個の $p$ 値について考える．先ほどのやり方をこの絞り込んだデータセットに対して適用することができ，特に，残りの $p$ 値の中で最も小さい $p_{[2]}$ について考える．この場合も，やはりBonferroniの補正が適用できるが，今度は $n$ 個ではなく $n - 1$ 個の多重検定に対してとなる．同様に，$p_{[3]}$ を $n - 2$ 個の多重検定に対して補正を行う，といった具合に，同じ処理を適用していく．以上の記述はHolmの手法の正当性を大まかに説明したものだ．ちなみに，$p_{[1]}$ だけではなく，Holmの補正を行った値は，Bonferroniの補正によるものと比べて，有意であると判定される値の幅が大きくなる．しかし，いずれの手法も第一種過誤に対しては同じ上限を持っている．これはHolmの手法を使った方が本当の特異値である $I_i$ を検知する可能性が高いことを示唆している

Holmの補正はRでも使うことができる．関数は同じ`p.adjust()`で，`method = "holm"`という引数を使う．補正された $p$ 値の地図（図8.5）を生成するコードは以下の通りだ．

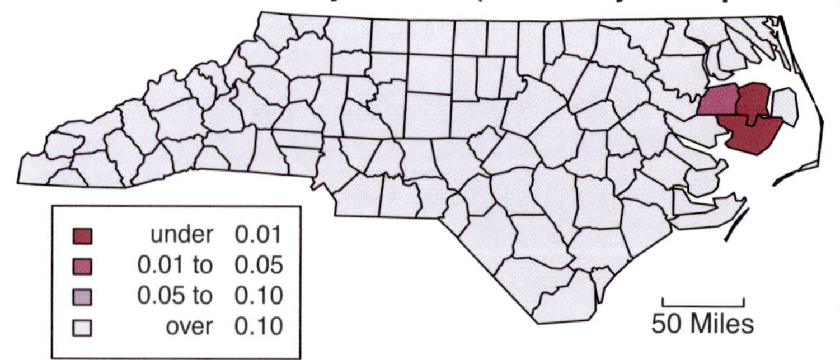


図 **8.5**　局所的な Moran の $I$ 統計量の $p$ 値（Holm の補正）

```
# シェーディングを自分でつくる
pval.shade <- shading(c(0.01, 0.05, 0.1),
                      cols = rev(brewer.pal(4, "PuRd")))
# 地図を描く（p.adjust() に注目，今回は Holm の手法を用いている）
choropleth(nc.sids.p, p.adjust(nc.lI[, 5], method = "holm"),
           shading = pval.shade)
# 凡例，タイトル，縮尺を加える.
choro.legend(100.0, 80.0, pval.shade, fmt = "%6.2f", cex = 0.9)
title( "Sudden Infant Death Syndrome (Holm Adjusted p-value)")
add.scale()
```

蓋を開けてみると，ハイライトされているのはこの地図でも同じ場所だ．この結果にはややがっかりするかもしれないが，他の特異点がもし存在すればこちらの手順の方がそれを検出する可能性は高かった，ということは少なくともいえる．

また，局所的な Moran の $I$ 統計量には保守的になる理由がさらに 2 つある，ということも特筆に値するだろう．1 つは，補正の計算が，各検定が独立であるという仮定の下に行われるということだ．実際，$I_i$ は $z_i$ だけでなく隣接ポリゴンの値 $z_j$ にも依存しているという事実から，1 つ以上の隣接ポリゴンを共有しているようなポリゴンの組に絞って検定を行うと実際に正の相関が見られる．実際，Šidák(1967) の説明によれば，各検定の結果に相関がある場合でも，Bonferroni の補正を行った $p$ 値は，もはや正確な値ではないが，なお保守的な検定に使うことができる．これは Holm の補正にも当てはまる．保守的になる理由のもう 1 つは，式 (8.8) と式 (8.10) で近似を使っていることだ．近似的に補正された $p$ 値は常に正しい値より高くなる．

### 8.4.3 False Discovery Rate

多重検定に対するまったく異なるアプローチとして，false discovery rate (FDR) という概念を導入した Benjamini and Hochberg (1995) の成果に基づくものがある．2 人が提案しているのは，第一種過誤を統制すべき量と見なす代わりに，有意と判定されたが誤報である検定の割合を制御するということだ．この割合は，分母として用いるのは実際に有意と判定された検定の数であって，第一種過誤のように帰無仮説が真である検定の数ではない．2 人は検定の手順についても提案しており，これは Holm の補正と似ている．望ましい FDR の値が所与のとき，

1. Holm の補正のときのように，$p$ 値を並べ替え，順序付きリスト $\{p_{[1]}, p_{[2]}, \ldots, p_{[n]}\}$ にする．
2. $p_{[k]} \leq \frac{k}{n} \times \mathrm{FDR}$ を満たすような最大の整数 $k$ を探す．
3. $j = 1, \ldots, k$ に対して，結果 $p_{[j]}$ はすべて有意であると判定する．

FDR 補正を R で計算するにはやはり p.adjust() を使う．今回は引数に method = "fdr"を指定する．

```
# シェーディングを自分でつくる
pval.shade <- shading(c(0.01, 0.05, 0.1),
                      cols = rev(brewer.pal(4, "PuRd")))
# 地図を描く（p.adjust() に注目，今回は FDR の手法を用いている）
choropleth(nc.sids.p, p.adjust(nc.lI[, 5], method = "fdr"),
           shading = pval.shade)
# 凡例，タイトル，縮尺を加える
choro.legend(100.0, 80.0, pval.shade, fmt = "%6.2f", cex = 0.9)
title("Sudden Infant Death Syndrome (FDR Adjusted p-value)")
add.scale()
```

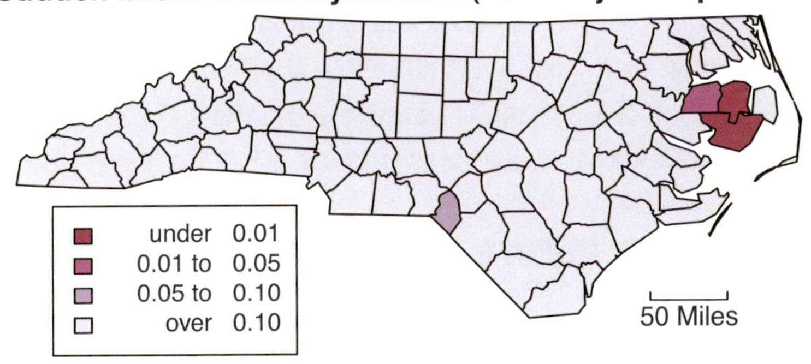


図 8.6　局所的な Moran の $I$ 統計量の $p$ 値（FDR 補正）

結果の地図を図 8.6 に示した．今回は，Scotland 郡もややゆるい 10% という水準ではあるが有意と判定されている．

### 8.4.4　どの手法を使うべきか

まとめると，多重比較検定の問題に対処するための方法は数多く存在する．そして，運のよいことにそのうちいくつかは R においても p.adjust() を介して使うことができる．

しかし，Bonferroniの補正は一般的にHolmの補正より劣っていることを注記しておきたい．いずれも第一種過誤を抑えるために使われるものだが，Holmの補正の方が第二種過誤が低く（最悪でも同じ値に）なる．`p.adjust()`のヘルプページから引用すると，「Bonferroniの補正をそのまま使う理由はなさそうだ．なぜなら，任意の仮定の下で有効なHolmの補正の方が優れているからである」．Bonferroniの補正には歴史的な重要性がある．そして，多重検定についての概念を理解する上で教育的に有効なのは間違いない．しかし，今日の実務においてはHolmの補正に取って代わられるべきである．

このため，本書で取り上げた手法のうち選ぶべきものは，一般的には，第一種過誤を制御するHolmの補正，FDRを制御するBenjaminiとHochbergの補正のいずれかということになる．どちらがよいかはおそらく分析の目的によるだろう．ここでの分析は大きく次の2つの種類に分類することができる．

- **存在するかどうか**：クラスタリングが少しでも存在するかどうかを判別したい，という意図のもの．局所的なアプローチを使う場合，見つかったクラスタの場所を特定するという利点が加わる．この場合，第一種過誤（とHolmの手法）が適切だ．なぜなら，第一種過誤は，どこかにクラスタリングが存在していると誤って宣言してしまう確率だからである．例を挙げると，ある種類の疾病が空間的なクラスタリングを形成しているかどうかを調べるのが目的の疫学的研究ではこのアプローチが有用である．
- **絞り込み**：この場合は，クラスタが存在していることは前提とした上で，クラスタの可能性がある場所の絞り込みが焦点になる．この場合，結果に1つ偽陽性が含まれていたところで大して問題ではなく，FDRが適切だ．FDRを使うと誤報の数を少なく（例えば5%）抑えることができる．

最後に注記しておきたいのは，標準的なBenjamini and Hochberg (1995) のFDRを制御するアプローチは，$p$値が独立か正の相関がある場合にのみ有効だということだ．しかし，Benjamini and Yekutieli (2001) の検定はやや強力ではないがあらゆる状況で機能する．`p.adjust()`においては`method`に`"BY"`を指定すると使うことができる．

## 8.5　正規性の仮定と局所的なMoranの$I$統計量

多重検定に対処するための最も適切な方法を検討するのと同様に，郡ごとの$p$値の計算の背後にある分布についての仮定にも疑問を持つことが重要だ．前述の例では，ランダム仮説の下，標準化された$I_i$の値はおおよそ正規性を持つと仮定していた．この漸近的な仮定は$I_i$が多数の$z_i$の値に依っている場合はもっともなものだが，$z_i$の数が少なければ不適切かもしれない．幸運にも，これはRで確かめることができる．ランダム分布から生成される曲線をシミュレーションしてみよう．

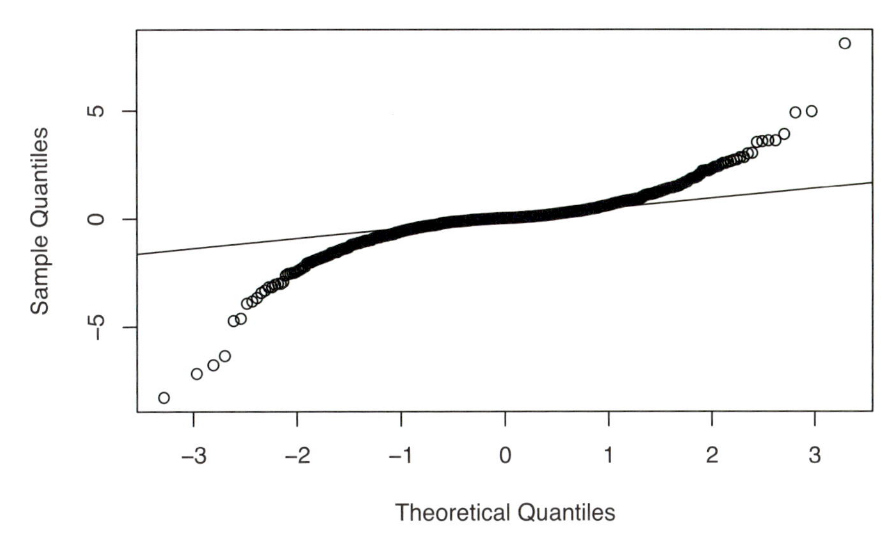


図 8.7　標準化された $I_i$ が正規性の仮定からどれくらい逸脱しているかを評価するための $Q$-$Q$ プロット

```
# 局所的な Moran の I 統計量のシミュレーション結果を入れるための行列をつくる
sim.I <- matrix(0, 1000, 100)
# シミュレーションを走らせる．生成された分布を評価するため，4 列目にある
# 標準化された局所的な Moran の I 統計量を使う
for (i in 1:1000) {
  sim.I[i, ] <- localmoran(sample(sids79), nc.lw)[,4 ]
}
```

シミュレーション結果の値を手に入れたので，各ポリゴンのシミュレーション結果の値の正規性をチェックすることができるようになった．各行は，各郡についてのシミュレーションされた局所的な Moran の $I$ 統計量を保持している．このため，第 1 列には Alamance 郡のシミュレーションされた局所的な Moran の $I$ 統計量が含まれている．視覚的に正規性を確認するには，$Q$-$Q$(quantile-quantile) プロットが便利だ (Wilk and Gnanadesikan, 1968)．これは，サンプリングされた値を，正規分布を仮定したときの対応する分位数に対してプロットする．もし値が正規分布（あるいはそれに近い分布）に従っているなら，結果のプロットは直線になるはずだ．ここで，シミュレーションした $I_i$ の値の $Q$-$Q$ プロットを基準線とともに描いてみよう（図 8.7）．

```
qqnorm(sim.I[, 1], main = "Alamance County")
qqline(sim.I[, 1])
```

ここから，Alamance 郡の標準化された局所的な Moran の $I$ 統計量の分布は，正規分

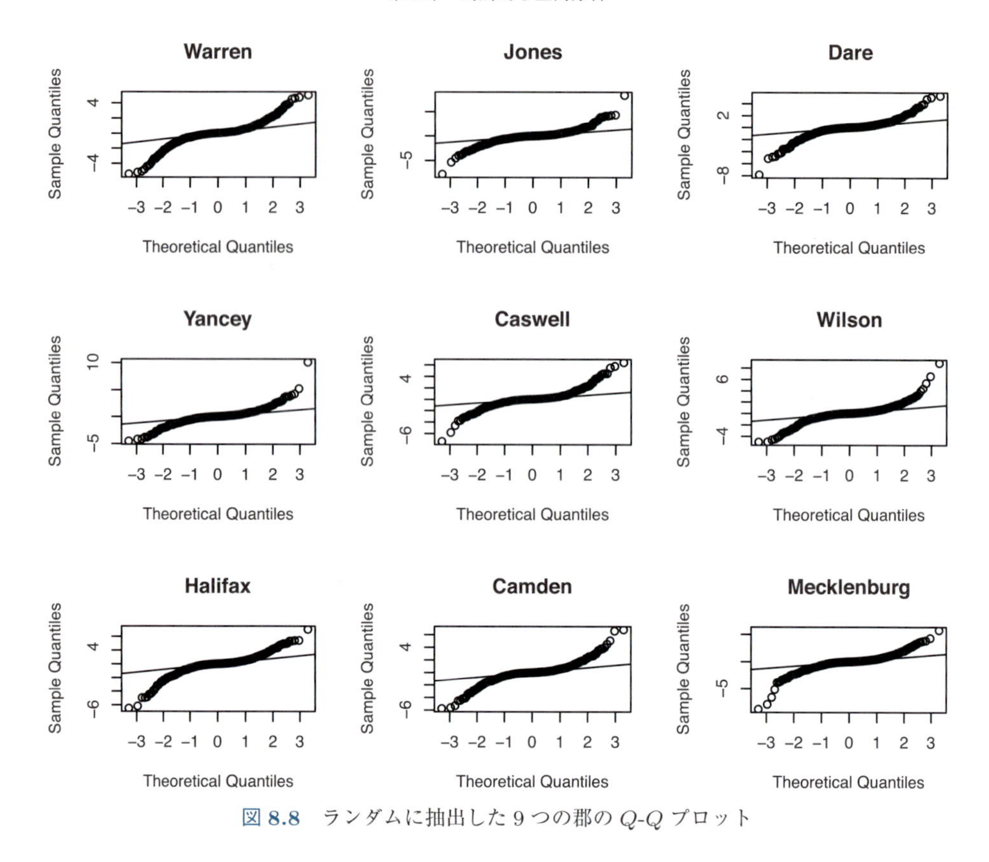


図 8.8　ランダムに抽出した 9 つの郡の $Q$-$Q$ プロット

布から大きく離れているようである．この図を見ると，右側のシミュレーション値は基準線より上に，左側は基準線より下にきている．これは，値が大きい方の分位点の値は正規分布よりも大きく，値が小さい方の分位点は正規分布よりも小さくなることを示している．

局所的な Moran の $I$ 統計量の分布は対称なように見えるが，正規分布より顕著に裾が重いようだ．一般的に，これは正規分布を仮定して $p$ 値を計算すると実際の値より小さくなるということである．残念ながら，これは第一種過誤率が予想よりも高いということを意味する．

このチェックをランダムに抽出した 9 個の郡に対して繰り返してみよう．mfrow パラメータは 3 行 3 列の $Q$-$Q$ プロットを作成するために指定している．結果は図 8.8 に示した．

```
# 3 × 3のプロットの枠を設定
par(mfrow = c(3, 3))
# 100 個の郡から 9 個を選ぶ
samp <- sample(100, 9)
# 選ばれた各郡について Q-Q プロットを作成する
for (cty in samp) {
  place <- nc.sids.p@data$NAME[cty]  # 郡の名前
```

```
  qqnorm(sim.I[, cty], main = place) # Q-Q プロット
  qqline(sim.I[, cty])               # 基準線
}
```

少しは違いがあるようだが，選ばれた郡の標準化された Moran の $I$ 統計量はすべて，同じ裾が重いパターンを示している．この 9 郡はランダムに選ばれたものなので，上のコードを実行してもおそらく図 8.8 とは別の郡が選ばれるだろう．すべての郡について調査するのは読者への宿題とする．

こうした理由から，標準化された Moran の $I$ 統計量を正規分布に近似して行う分析を信頼するのはよい考えとはいえないかもしれない．しかし，上で真の分布を調査するために使ったシミュレーションのテクニックは，Hope のモンテカルロ検定（第 7 章で使ったもの）においても利用できる．これは，各郡について，シミュレーションの結果から得られた標準化された Moran の $I$ 統計量のうち，データの実測値以上のものの個数を数えればよい．この一つのやり方として，sweep() という関数を使うという方法がある．

```
mc.pvals <- (colSums(sweep(sim.I, 2, nc.lI[, 4], ">=")) + 1) /
                                                  (nrow(sim.I) + 1)
```

**補足**

sweep() は次の形式で呼び出される．

```
sweep(X,margin,sweepvals,fun)
```

引数は，行列 X，行方向 (1) か列方向 (2) かを指示する margin，行列の行（margin = 1 のとき）または列（margin = 2 のとき）の数と同じ長さのベクトル sweepvals，そして最後に 2 変数関数の名前 (fun) がくる．関数は-や*といったものだ．この関数は，sweepvals の各要素を対応する X の行（または列）に対して減算（あるいは fun に与えられた関数）を行う，というものだ．これは例えば次のように，行列 X の各列をその列の平均で中心化する，といった際によく使われる．

```
sweep(X, 2, colMeans(X), "-")
```

colMeans() は X の各列の平均を返し，2 変数関数は引用符を付けた形式（つまり，“-” はマイナスを表す）で指定することができる．同様に，以下は X の各行を合計が 1 になるように正規化する．

```
sweep(X, 1, rowSums(X), "/")
```

シミュレーションによる局所的な Moran の $I$ 統計量がそれぞれ実際の値以上かを示す論理値の行列を得るには，以下のようにする．

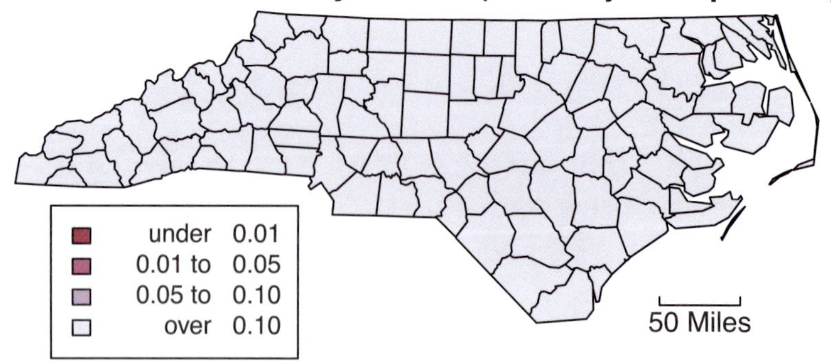


図 8.9　局所的な Moran の $I$ 統計量のシミュレーションによる $p$ 値（FDR 補正）

```
sweep(sim.I, 2, nc.lI[, 4], ">=")
```

ここでの 2 変数関数は “>=” だ．これは論理値を返す．最後に，R において論理値は 0 か 1 の値として扱われるので，論理値ベクトルの sum() を取ると TRUE の個数を数えることができる．このため，colSums() を上の行列に使えば，シミュレーションされた値のうち実測値より極端なものの個数を各列ごと（つまり，郡ごと）に数えたベクトルが得られる．この個数は，第 7 章で説明した Hope の手法を使うと $p$ 値に変換できる．

次に，ここから，ランダム性を仮定したときの各郡についての $p$ 値の組を得ることができる．これを，Holm の手法や FDR の手法を使って補正し，前節でやったように地図にプロットしてみよう．今回は，SIDS の特異点の絞り込みの方に関心があるとしよう．すると，適切な地図を描くコードは次のようになる．

```
# par(mfrow) をリセット
par(mfrow = c(1, 1))
# 自分でシェーディングを作成
pval.shade <- shading(c(0.01, 0.05, 0.1),
                      cols = rev(brewer.pal(4, "PuRd")))
# 地図を描く (p.adjust() に注目，今回は FDR の手法を用いている)
choropleth(nc.sids.p, p.adjust(mc.pvals, method = "fdr"),
           shading = pval.shade)
# 凡例，タイトル，縮尺を加える
choro.legend(100.0, 80.0, pval.shade, fmt = "%6.2f", cex = 0.9)
title("Sudden Infant Death Syndrome (FDR Adjusted p-value)")
add.scale()
```

これを見ればわかるように，正規分布への近似の問題を考慮するためにシミュレーションを行ったとき，結果が裾の重い分布になっているということは，この方法だと特異な結果を検知できないことを示唆している．

## 8.6 Getis と Ord の $G$ 統計量

空間的特異点を検出するのに使われる別の統計手法として，$G$ 統計量がある (Getis and Ord, 1992; Ord and Getis, 2010)．局所的な Moran の $I$ 統計量と同様に，各ポリゴン $i$ には対応する統計量 $G_i$ が存在する．これは次のように定義される．

$$G_i = \frac{\sum_{j=1}^{n} z_j v_{ij}(d)}{\sum_{j=1}^{n} z_j} \tag{8.11}$$

$v_{ij}(d)$ はポリゴン $i$ と $j$ の重心間の距離が $d$ より小さければ 1，それ以外なら 0 になる[2)]．これは $z_i$ 全体のうち，ポリゴン $i$ から距離 $d$ 以内に集中しているものの割合だと考えられる．ただし，この統計量が意味を持つのは $z_i$ が非負の値（0 を含む）のときだけだ．例えば，先に使った SIDS 発生率はこの条件を満たす．これは明らかに負の値にはならず，0 は調査対象の期間に SIDS が 1 つも記録されなかったという状況を意味する．反例としては，各郡の人口の純移動数が挙げられる．これは負の値にも正の値にもなりうる．Moran の $I$ 統計量と $G$ 統計量についてのさらなる議論は Getis and Ord(1992) に詳しい．

$G$ 統計量は R で計算することができ，spdep パッケージの localG() を使う．$v_{ij}$ の情報は，Moran の $I$ 情報量のときと同じように listw オブジェクトによって表される．重みは常に 0 か 1 であるという点は異なる．そして，隣接しているかどうかではなく，ポリゴンの重心間の距離によって値が定義される．まず，dnearneigh() を使って SpatialPolygonsDataFrame である nc.sids.p から nb オブジェクトを作成する．この関数が引数に取るのは，nc.sids.p の重心の座標に加えて 2 つの値，最小距離と最大距離だ．次にこれを listw オブジェクトに変換する．style = "B"は重みが 0 か 1 のシステム（例えば，各行をそれぞれの合計が 1 になるように正規化した場合はこれにあてはまらない）のときに選ぶオプションで，"B"はバイナリの B だ．この変換を行うコードは次のようになる．$d = 30$ マイルとし，重心をつないだ線を図 8.10 にプロットする．

```
# nb オブジェクトを作成する
nc.nb.g <- dnearneigh(coordinates(nc.sids.p), 0, 30)
# 対応する listw オブジェクトを作成する
nc.lw.g <- nb2listw(nc.nb.g, style = "B")
# 郡をプロットする
plot(nc.sids.p)
```

2) 元の論文では $w_{ij}$ が使われているが，本書では同じ記号をすでに Moran の $I$ 統計量を計算するのに使っている．

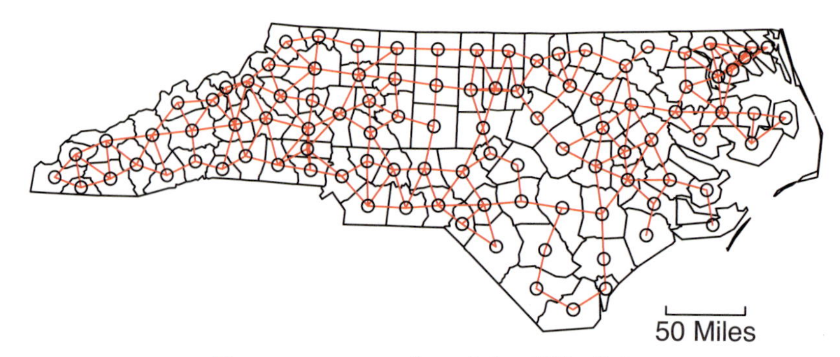


図 8.10　$d=30$ マイルのときの郡間の接続

```
# v[i, j] の情報を加える
plot(nc.nb.g, coordinates(nc.sids.p), add = TRUE, col = "red")
# 縮尺を加える
add.scale()
```

$v_{ij}$ の情報が作成されれば，局所的な $G$ 統計量を計算することが可能になる．局所的な Moran の $I$ 情報量のときと同じように，ランダム性を仮定する帰無仮説の下での $E(G_i)$ と $\mathrm{Var}(G_i)$ の値が推測できる．そして，またこれを理論上の正規分布と比較するか，（もしこちらの方が適切なら）モンテカルロ検定にかけることもできる．$E(G_i)$ と $\mathrm{Var}(G_i)$ を与える式は Getis and Ord(1992) に載っている．spdep パッケージの localG() はこれらの正規化された $G_i$ 統計量を返す．次の例はこの関数を使ってコロプレス図（図 8.11）を描くものだ．

```
# 局所的な G 統計量を作成
nc.lG <- localG(sids79, nc.lw.g)
# シェーディングを作成
sids.shade <- auto.shading(c(nc.lG, -nc.lG),
                           cols = brewer.pal(5, "PRGn"))
# コロプレス図を描く
choropleth(nc.sids.p, nc.lG, shading = sids.shade)
# 凡例を加える
choro.legend(100.0, 80.0, sids.shade, fmt = "%5.2f", cex = 0.9)
# タイトルを加える
title("Sudden Infant Death Syndrome (Cases per 1000 Popn)")
# 縮尺を加える
add.scale()
```

一般的にこれは SIDS 発生率が他と比べて高い，または，低い場所をハイライトする．しかし，この結果については，局所的な Moran の $I$ 統計量のときと同じく，より正式な推論のフレームワークを用いて検討することが重要だ．これには，これまでの節で多重検

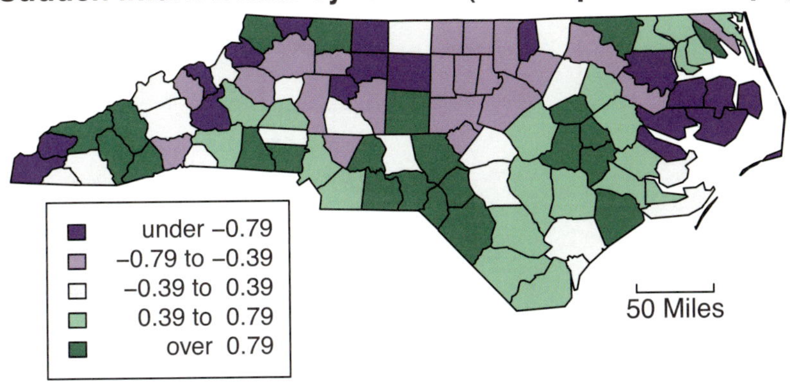


図 8.11　正規化された $G_i$ 統計量の地図

定に関して説明した概念を援用することができる．まず考えるべきは，正規化された $G_i$ 統計量について正規性を仮定することは理にかなっているかどうか，ということだ．これを調べるのに，前と同じく $Q$-$Q$ プロットを使う．ここでも，モンテカルロ法を使ってランダムなシミュレーションによるデータセットを生成する．

```
# シミュレーションによる局所的な G 統計量を入れる行列を作成
sim.G <- matrix(0, 1000, 100)
# シミュレーションを走らせる．この結果の分布を評価に使う
for (i in 1:1000) sim.G[i, ] <- localG(sample(sids79), nc.lw.g)
```

そして，郡をランダムに抽出し，それらの $Q$-$Q$ プロット（図 8.12）を調べる．ここでまた，ランダムな性質ゆえに，次のコードを実行した結果はここで示すものとは違う図になるであろうということに注意しよう．

```
# 3 × 3 のプロットの枠を設定
par(mfrow = c(3, 3))
# 100 個の郡から 9 個を選ぶ
samp <- sample(100, 9)
# 選ばれた郡それぞれについて Q-Q プロットを作成する
for (cty in samp) {
  place <- nc.sids.p@data$NAME[cty]  # 郡の名前
  qqnorm(sim.G[, cty], main = place) # Q-Q プロット
  qqline(sim.G[, cty])               # 基準線
}
```

有意な差の証拠が少し認められるようではあるが，$G_i$ についての正規分布への近似は $I_i$ のときほど問題ではないように見える．筆者はこの理由が，$I_i$ は 2 次の式であるのに

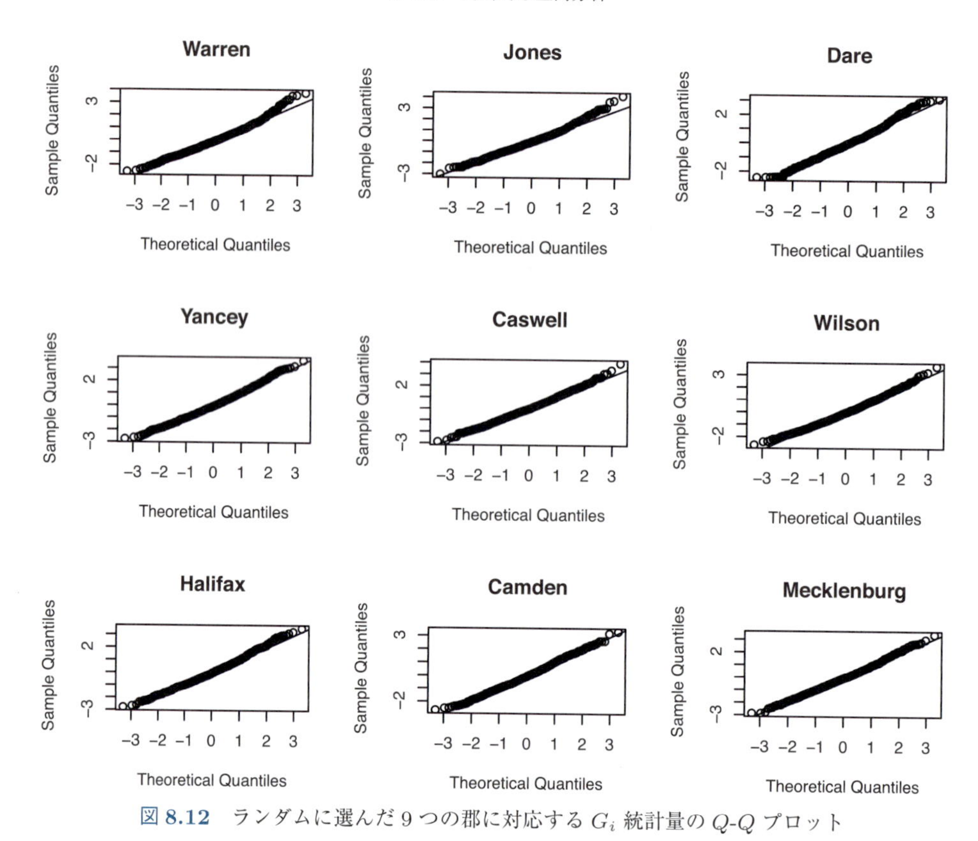


図 8.12　ランダムに選んだ 9 つの郡に対応する $G_i$ 統計量の $Q$-$Q$ プロット

対して $G_i$ が線形の式であることだと推測している．しかし，より厳格な説明が可能になるまでにはさらなる調査が必要だ．ランダムに選ばれた例のうちいくつかでは値が大きい方の裾がやや重くなっており，ここで使っている $p$ 値は片側検定（値が大きい側）によるものなので，予防的措置として，各郡に対してモンテカルロ予測を使うということが考えられる．

```
mc.pvals.g <- (colSums(sweep(sim.G, 2, nc.lG, ">=")) + 1) /
                                              (nrow(sim.G) + 1)
```

ここでも FDR の手法を用いて，補正された局所的な $p$ 値をプロットしてみよう（結果は図 8.13）．

```
# par(mfrow) をリセットする
par(mfrow = c(1, 1))
nc.lpv.g <- p.adjust(mc.pvals.g, method = "fdr")
lpv.shade <- shading(c(0.001, 0.01, 0.05, 0.10),
                     cols = rev(brewer.pal(5, "BuGn")))
choropleth(nc.sids.p, nc.lpv.g, shading = lpv.shade)
```

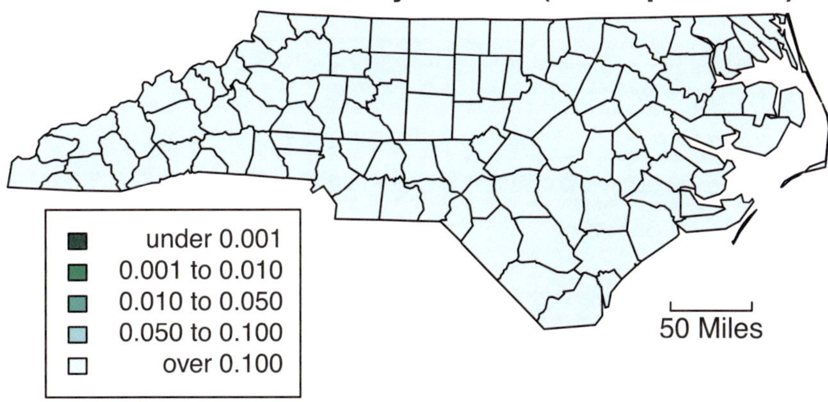


図 **8.13** 局所的な $G$ 統計量に対する FDR 補正された局所的な $p$ 値

```
choro.legend(100.0, 80.0, lpv.shade, fmt = "%5.3f", cex = 0.9)
title("Sudden Infant Death Syndrome (Local p-values)")
add.scale()
```

この地図が示唆するのは，ランダム性を仮定した帰無仮説の下では SIDS 発生率が有意に高いと判定されるであろう郡をこの手法は検出できていない，ということだ．

**補足**

おそらく，いずれの郡も特異であると判定されていないときにまで地図を描くのはやりすぎに見えるだろう．これを調べる手っ取り早い方法は all() を使うことだ．この関数は，引数の配列のすべての要素が TRUE であるときのみ単一の TRUE を返す．

```
all(c(TRUE,FALSE,TRUE,TRUE))
## [1] FALSE
all(c(TRUE,TRUE,TRUE))
## [1] TRUE
```

これは補正された $p$ 値がそれぞれ 0.05 以上かどうかという一般的なテストと組み合わせることができる．

```
all(nc.lpv.g >= 0.05)
## [1] TRUE
```

このコードが FALSE である場合のみ，$p$ 値の地図をプロットする必要がある．

他の関数で関連するものとして any() がある．これは同様の動きをするが，いずれかの入力が TRUE であれば TRUE を返す．使い方は同様だ．

```
any(nc.lpv.g < 0.05)
## [1] FALSE
```

この場合は，このコードが TRUE である場合のみ，$p$ 値の地図を描く必要がある．

$G$ 統計量の別の用途として，$d$ の値を変化させたときにクラスタの検出結果が変わるかを調べ，それによってクラスタリングのスケールを特定するということもできる．これを R で行うための 1 つの方法は，距離 $d$ を与えると上で見た局所的な $G_i$ 統計量の検定を行ってくれる関数を作成し，複数の距離に対して繰り返し処理を行うことだ．この関数を，ここでは以下のように定義する．

```
g.test <- function(d, spdf, var) {
  spdf.nb <- dnearneigh(coordinates(spdf), 0, d)
  spdf.lw <- nb2listw(spdf.nb, style = "B")
  true.G <- localG(var, spdf.lw)
  sim.G <- matrix(0, 10000, length(var))
  for (i in 1:10000) sim.G[i, ] <- localG(sample(var), spdf.lw)
  return(
    (colSums(sweep(sim.G, 2, nc.lI[, 4], ">=")) + 1) / (nrow(sim.I) + 1))
}
```

この関数は，距離，SpatialPointsDataFrame オブジェクト，そして各ポリゴンに紐づいた変数（つまり $z_i$ のベクトル）を引数に取り，10,000 回試行のモンテカルロシミュレーションによる $p$ 値（Holm の補正か FDR 補正が必要）を各ポリゴンについて返す．はじめに試したように，上で説明した all() を使って，ノースカロライナ州の郡のうちどれか 1 つでも特異だと判定されるものがあるかを検出する．これを $d$ の値の範囲全体に対して調べる．

```
dists <- seq(30, 100, by = 5) # 30 マイルから 100 マイルまで 5 刻みで
p.results <- matrix(0, 100, 15)
i <- 1                         # p.results ベクトルのためのカウンタ
for (d in dists) {
  p.results[, i] <- p.adjust(g.test(d, nc.sids.p, sids79),
                             method = "fdr")
  i <- i + 1
}
flag.p <- p.results < 0.05
apply(flag.p, 2, any)
##  [1] FALSE FALSE FALSE FALSE  TRUE FALSE  TRUE  TRUE FALSE  TRUE
## [11]  TRUE FALSE  TRUE FALSE  TRUE
```

ここで，いくつかの郡が特異だと判定される距離があることがわかる．その距離は，以下のように示される．

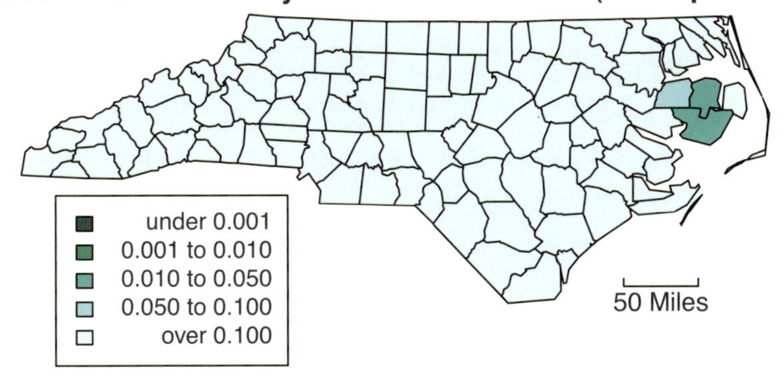


図 8.14　局所的な $G$ 統計量に対する FDR 補正された局所的な $p$ 値（$d = 100$ マイル）

```
dists[apply(flag.p, 2, any)]
## [1]  50  60  65  75  80  90 100
```

これによって，いくつかの郡が特異だと判定される距離から 1 つを選んで $p$ 値を地図に描くことが可能になる．例えば，以下のコードを実行すると図 8.14 が得られる．

```
choropleth(nc.sids.p, p.results[, dists == 100], shading = lpv.shade)
choro.legend(100.0, 80.0, lpv.shade, fmt = "%5.3f", cex = 0.9)
title("Sudden Infant Death Syndrome d=100 miles (Local p-values)")
add.scale()
```

いくつかの検定を行ったが，FDR を使うのは同じだった．本質的には，この量は割合であり，すべての検定（いずれも FDR を 0.05 に制御している）で紐づいた郡すべての値を足し合わせても，やはり FDR が同じ水準に制御される処理になる．したがって，FDR 補正と組み合わせた $G$ 統計量の利点は，距離の値を変えながら検定を行うことができる点だ．ここでは，クラスタは大きな値の $d$ について考えたときのみ現れる傾向があるようだ．

## 8.7 地理的加重法

より探索的なアプローチとして，地理的加重法がある（例えば Brunsdon et al., 1996 を参照）．この概念は，重み付けが適用できるある種の統計的手法（例えば回帰）を使って，サンプリングした点に対して各点を中心とした重み付け方法を使ってその手法の重み付けバージョンを計算する．重み付け手法はカーネル密度推定（第 6 章参照）に使われるものと似ている．この移動カーネル手法は，変数間の関係の地域差を特定したり，場合によっては，単一の変数の分布の特徴の変化を調べるのに使われる．分布の特徴の変化というのは，例えば，ある量（住宅価格など）の標準偏差がある地域において他地域より高くなっているかどうか，などである．

### 8.7.1 要約統計量の概観

地理的加重 (geographically weighted, GW) 法について紹介するためには，要約統計量を取り巻く概念について思い出しておくと役に立つ．これらは，大きなデータセットを要約する基本的な統計量だ．例えば，あるデータセット，ここでは仮に 1 万個の住宅価格があるとする．それを見ていると，典型的な住宅価格がどのようなものかを知るためにこれらの平均を計算したくなるかもしれない．同様に，住宅価格がこの平均周辺にどの程度広がっているのかを把握するために標準偏差を使うかもしれない．最後に（これが最もわかりづらいが），分布の対称性（つまり，その分布の両側の裾が長く伸びているかどうか，または値が平均周辺にかなり均等に分布しているのかどうか）を測るために歪度を使うこともできる．一般的にこれらは，完全ではないにしても，「データ削減」と呼ばれる (Ehrenberg, 1982) ものに関する有用な手法だ．有用だというのは，いくつかの分位点があれば，関心があるとても巨大なデータセットの変数について，典型的な値だけでなく分布の特徴まで要約することができるという点である．

地理的加重要約統計量 (Brunsdon et al., 2002) も似ているが，上で述べたように，これは移動ウインドウを使って要約統計量を計算するので，データセット中のさまざまな地域にずらしながら使えば上の特徴を地図上に表すことができる．例えば，London の平均住宅価格が Liverpool と異なるかを見ることができる．このやり方で平均を見るのは普通ではない．しかし，平均の水準をこのように考えるのはよくあることだが，移動ウインドウで標準偏差の地理的なばらつきを推定することも考えられる．そして，住宅価格が他の地域よりばらついているか，局所的な分布の歪みはあるかを見ることもできる．これによって，住宅価格の分布の傾斜が地域間で変化しているかどうかがわかる．

また，相関も有用な 2 変数の要約統計量だ．これは 2 つの変数がどの程度関連しているかを測るものだ．この測定として最もよく用いられるのは，Pearson の相関係数だ．繰り返すが，地理的加重相関の考え方は，移動ウインドウの手法を使ってこの相関の度合いが地理的に変化するか，というものだ．例えば，いくつかの場所では床面積が住宅価格と強い相関があるかもしれないが，他の場所ではあまりない．具体的には，小さい家が歴史的関心や文化的関心によって通常より高い価値を持つ場合にそうなる．

最後に，平均，標準偏差，歪度と相関係数には，すべて頑健で等価な概念がある．中央値，四分位範囲 (interquartile range, IQR)，四分位不均衡 (quantile imbalance) だ．これらが頑健だというのは，整列した値の配列に基づいて計算された値だという意味である．1 変数の要約統計量に関しては，変数が昇順に並び替えられていれば，中心点を $Q_2$，第 1 四分位点を $Q_1$，第 3 四分位点を $Q_3$ とすると，中央値は $Q_2$，四分位範囲は $Q_3 - Q_1$，そして四分位不均衡は

$$\frac{Q_3 - 2Q_2 + Q_1}{Q_3 - Q_1}$$

となる.

四分位不均衡は他のものと比べてあまり有名ではないかもしれないが，基本的には，第1四分位点と中央値の差，そして中央値と第3四分位点の差を計測するものだ．これによって分布の傾斜を測定することができる．この方法は頑健に見える．とても高かったり低かったりする値が1つや2つ含まれても $Q_1$ や $Q_2$ や $Q_3$ の値は変わらないので，要約統計量には影響しない．繰り返しになるが，これらには地理的加重法を適用することができる（詳しくは Brunsdon et al., 2002 を参照）.

最後に，Spearman の順位相関係数は Pearson の相関係数の頑健なバージョンだ．各変数の各値を順位で置き換える．1つ目の変数の値について，最も小さい値を1に，次に小さい値を2に，という具合に置き換えていく．2つ目の変数に対しても同様の手順を行う．その後，これらの順位化された変数に対して Pearson の相関係数を計算する．

`GWmodel` パッケージには地理的加重法のためのツールが数多く用意されている．このパッケージによって提供されている地理的加重要約統計量は以下の一覧の通りだ．

| 統計量 | 計測対象 | 頑健性 | 1変数か2変数か |
|---|---|---|---|
| 平均 | 全体の水準 | なし | 1変数 |
| 標準偏差 | ばらつき | なし | 1変数 |
| 歪度 | 非対称性 | なし | 1変数 |
| 中央値 | 全体の水準 | あり | 1変数 |
| 四分位範囲 | ばらつき | あり | 1変数 |
| 四分位不均衡 | 非対称性 | あり | 1変数 |
| Pearson の相関係数 | 相関 | なし | 2変数 |
| Spearman の相関係数 | 相関 | あり | 2変数 |

### 8.7.2 R による地理的加重要約統計量

本項の例では，英国の全国住宅組合 (Nationwide Building Society) から入手できる住宅価格のデータを用いる．これは1991年にこの住宅組合の住宅ローン付きで購入された住宅のサンプルだ．

```
library(GWmodel)
data(EWHP)
head(ewhp)
##   Easting Northing PurPrice BldIntWr BldPostW Bld60s Bld70s Bld80s
## 1  599500   142200    65000        0        0      0      0      1
## 2  575400   167200    45000        0        0      0      0      0
## 3  530300   177300    50000        1        0      0      0      0
## 4  524100   170300   105000        0        0      0      0      0
## 5  426900   514600   175000        0        0      0      0      1
## 6  508000   190400   250000        0        1      0      0      0
```

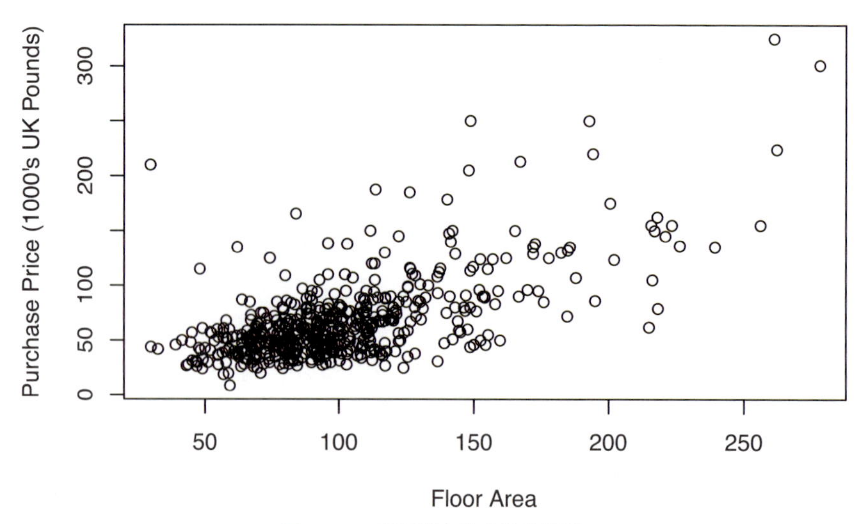


図 8.15　床面積と住宅購入価格

```
##    TypDetch TypSemiD TypFlat    FlrArea
## 1        0        1       0   78.94786
## 2        0        0       1   94.36591
## 3        0        0       0   41.33153
## 4        0        0       0   92.87983
## 5        1        0       0  200.52756
## 6        1        0       0  148.60773
```

これを見てわかるように，住宅購入価格 PurPrice が他の住宅設備の情報とともに記録されている．例えば，平方メートル単位の床面積 (FlrArea) がある．

また，住宅価格を 1000 で割っておくと，グラフや地図を描くときにラベルが重なりにくくなると同時に，かなり複雑な計算をする際に数値の丸め誤差を避けることができる．

```
ewhp$PurPrice <- ewhp$PurPrice / 1000
```

床面積と購入価格の関係を見るには，R の標準的なコマンド plot() を使えばよい．

```
plot(ewhp$FlrArea, ewhp$PurPrice,
     xlab = "Floor Area", ylab = "Purchase Price (1000's UK Pounds)")
```

結果は図 8.15 に示した．この図から，小さな床面積でかなり高価な家がいくつかあることと，かなり大きな家で比較的安価な家があることがわかる．要約統計量も見てみよう．まず，平均と標準偏差だ．

```
mean(ewhp$PurPrice)
## [1] 67.347
```

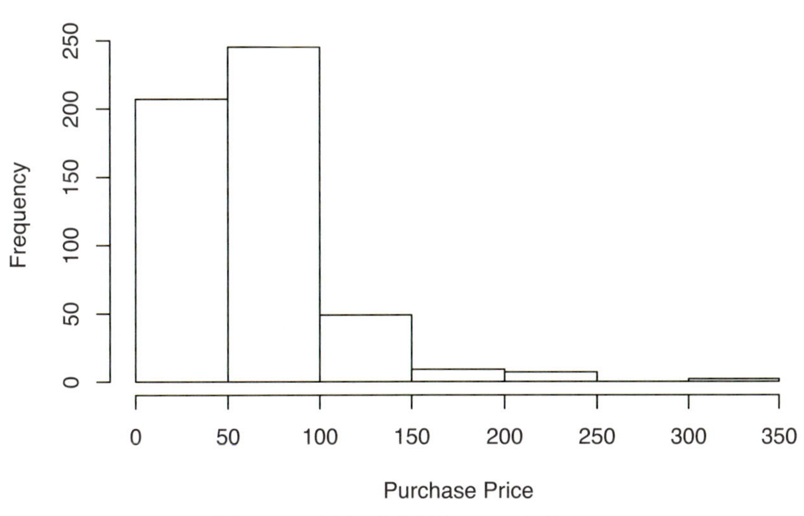


図 8.16 英国の住宅価格のヒストグラム

```
sd(ewhp$PurPrice)
## [1] 38.75477
```

歪度は e1071 パッケージの関数で計算できる.

```
library(e1071)
skewness(ewhp$PurPrice)
## [1] 2.441269
```

この値から，この分布は正の方向に強く歪んでいることがわかる．右側の裾が長く伸びているはずだ．つまり，中心に典型的な住宅価格のグループがあるとともに，裾が長い高価な住宅価格のグループがあるということだ．ヒストグラムを描くコマンドを使ってこれを確かめよう（図 8.16).

```
hist(ewhp$PurPrice, xlab = "Purchase Price",
     main = "Housing Cost Distribution")
```

住宅の空間的ではない要素について調べたので，今度は地理的加重要約統計量を見てみよう．先に説明したように，GWmodel パッケージには地理的加重要約統計量のための関数が数多く用意されている．これらは SpatialPointsDataFrame オブジェクト（あるいは SpatialPolygonsDataFrame オブジェクトに対して）計算を行う．ewhp データフレームから東距と北距を取り出して，houses.spdf という SpatialPointsDataFrame をつくってみよう．

図 8.17　EWHP データセット（1991 年）に含まれる住宅の位置

```
houses.spdf <- SpatialPointsDataFrame(ewhp[, 1:2], ewhp)
```

次に，イングランドとウェールズの境界線を SpatialPolygon として読み込み，住宅の場所を点でプロットするとともにこの境界線もプロットしよう．

```
data(EWOutline)
plot(ewoutline)
plot(houses.spdf, add = TRUE, pch = 16)
```

プロットは図 8.17 のようになるはずだ．

これで，地理的加重要約統計量を計算できるようになった．計算を行ってくれるのは gwss() という関数で，SpatialPointsDataFrame オブジェクト，要約統計量を計算したい変数，そして移動ウインドウのバンド幅を引数に取る．ここでは 50 km の移動ウインドウにする．上で議論した統計量がすべて単一のオブジェクトとして返される．これを localstats1 という変数に代入しよう．

```
localstats1 <- gwss(houses.spdf, vars = c("PurPrice", "FlrArea"),
                    bw = 50000)
```

このオブジェクトにはいくつかの要素が含まれている．最も重要なものはおそらく，各データ点の場所についての局所的な要約統計量の結果を含んだ空間的データフレームだろう．これは localstats1$SDF（これ自体が SpatialPointsDataFrame になっている）に格納されている．このデータフレーム要素にアクセスするだけなら，data.frame (localstats1$SDF) というコードを使う．先頭のいくつかの観測だけを見るには，以下のようにする．

```
head(data.frame(localstats1$SDF))
##   PurPrice_LM FlrArea_LM PurPrice_LSD FlrArea_LSD PurPrice_LVar
## 1    61.47969  101.44210     30.38428    38.77779      923.2044
## 2    62.57194   96.72913     32.68179    39.75198     1068.0997
## 3    86.36999   94.38158     40.72227    37.59890     1658.3034
## 4    87.81406   94.92197     41.53786    37.66060     1725.3942
## 5    67.74730  117.02072     53.57232    43.03838     2869.9934
## 6    89.51224   95.36838     49.55524    38.41052     2455.7214
##   FlrArea_LVar PurPrice_LSKe FlrArea_LSKe PurPrice_LCV FlrArea_LCV
## 1     1503.717      1.465978     1.328137    0.4942166   0.3822653
## 2     1580.220      2.498220     1.791065    0.5223075   0.4109618
## 3     1413.677      1.953608     1.687729    0.4714863   0.3983711
## 4     1418.321      2.036613     1.656645    0.4730207   0.3967532
## 5     1852.302      1.238753     1.058190    0.7907669   0.3677843
## 6     1475.368      2.380058     1.581146    0.5536141   0.4027595
##   Cov_PurPrice.FlrArea Corr_PurPrice.FlrArea
## 1             858.5513             0.6969353
## 2            1078.6943             0.8063441
## 3            1104.6068             0.7145582
## 4            1139.5739             0.7218727
## 5            2459.2045             0.9531620
## 6            1482.3767             0.7715712
##    Spearman_rho_PurPrice.FlrArea Easting Northing optional
## 1                      0.5158254  599500   142200     TRUE
## 2                      0.7290336  575400   167200     TRUE
## 3                      0.6176430  530300   177300     TRUE
## 4                      0.6293769  524100   170300     TRUE
## 5                      0.8160508  426900   514600     TRUE
## 6                      0.6828798  508000   190400     TRUE
```

変数名とその説明は以下の表の通りである.

| 変数名 | 変数に含まれる要約統計量 |
|---|---|
| X_LM | 地理的加重平均 |
| X_LSD | 地理的加重標準偏差 |
| X_Lvar | 地理的加重分散 |
| X_LSKe | 地理的加重歪度 |
| X_LCV | 地理的加重変動係数 |
| Cov_X.Y | 地理的加重共分散 |
| Corr_X.Y | 地理的加重 Pearson の相関係数 |
| Spearman_rho_X.Y | 地理的加重 Spearman の相関係数 |

地理的加重変動係数は, 地理的加重標準偏差を地理的加重平均で割ったものだ. また,

X と Y には実際のデータの変数名が入る．

次に，局所的な地理的加重要約統計量を指定すればその地図を描いてくれる小さな関数を定義してみよう．まず，RColorBrewer パッケージを読み込む．これはカラーパレットのマッピングをつくるのに便利なツールだ．

```
require(RColorBrewer)
```

そして，次のように関数を定義する．

```
quick.map <- function(spdf, var, legend.title, main.title) {
  x <- spdf@data[, var]
  cut.vals <- pretty(x)
  x.cut <- cut(x, cut.vals)
  cut.levels <- levels(x.cut)
  cut.band <- match(x.cut, cut.levels)
  colors <- brewer.pal(length(cut.levels), "Reds")
  par(mar = c(1, 1, 1, 1))
  plot(ewoutline, col = "grey85")
  title(main.title)
  plot(spdf, add = TRUE, col = colors[cut.band], pch = 16)
  legend("topleft", cut.levels, col = colors, pch = 16, bty = "n",
         title = legend.title)
}
```

簡単に説明すると，この関数が行っているのは次のようなことだ．

1. 関心がある地理的加重要約統計量を gwss オブジェクトから取り出す
2. 「いい感じ」の等間隔の分類の範囲を探す
3. 各点の地理的加重要約統計量がどの分類の区間に当てはまるか計算する
4. 分類の各区間を表すためのカラーパレットを決める
5. 地図の周りの余白の大きさを決める
6. 英国の国境をプロットする
7. タイトルを追加する
8. 色分けされた gwss の点をプロットする
9. 凡例を追加する

この関数を呼び出すには以下のようにする．

```
quick.map(gwss.object, variable.name, legend.title, main.map.title)
```

これを踏まえると，地理的加重平均の地図（図 8.18）を作成するには，以下のように

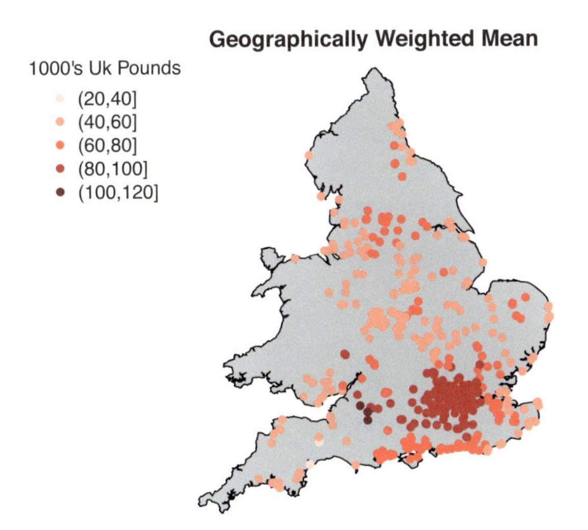


図 8.18 地理的加重平均

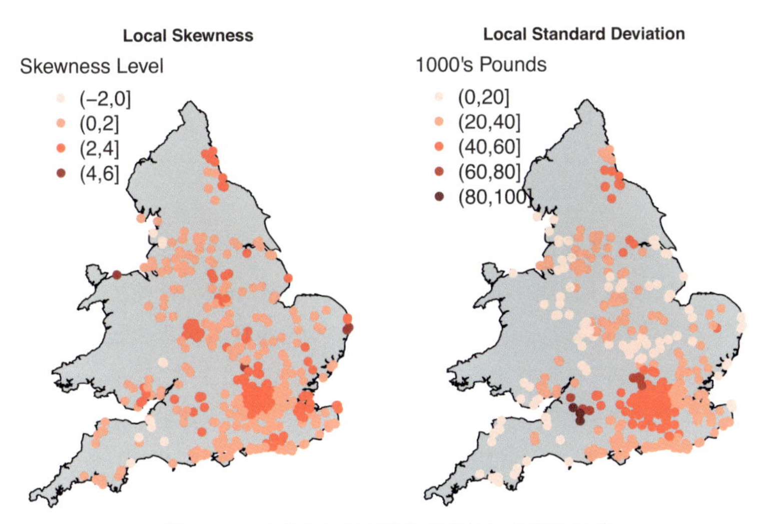


図 8.19 地理的加重歪度と地理的加重標準偏差

する.

```
quick.map(localstats1$SDF, "PurPrice_LM", "1000's Uk Pounds",
          "Geographically Weighted Mean")
```

次に，地理的加重歪度と地理的加重標準偏差（図 8.19）を見てみよう.

```
par(mfrow = c(1, 2), cex.main = 0.8)
quick.map(localstats1$SDF, "PurPrice_LSKe", "Skewness Level",
          "Local Skewness")
quick.map(localstats1$SDF, "PurPrice_LSD", "1000's Pounds",
          "Local Standard Deviation")
```

図を横に並べて見比べると比較しやすい．このアイディアは，Tufte(1983) 等に提唱されているものだ．ここで，局所的な歪度と標準偏差の空間パターンの違いがはっきり見てとれる．2 つのパターンは顕著に異なっている．歪度に表れている興味深い傾向は，London の西側に向かっているパターンだ．標準偏差に関しては南東部により強いパターンが見られる．これは，ここには比較的変動が大きい住宅が多くあることを示唆している．さらに北側に目をやると，北東部にやや変動が見られるものの，全体的に変動は小さいようだ．

歪度はウェールズの南部とイングランドの南西部で最も高くなっている．これは，こうした場所ではとても高額な住宅が少数あるときに見られる「長い裾」が顕著にあることを示している．この説明として考えられるのは，こうした場所は「休暇用」の住宅に人気がある，ということだ．休暇用の住宅には専用の二次市場が存在し，その価格は比較的裕福な買い手によって釣り上がる．こうした住宅は，住宅ローンの助けによって購入されることはおそらくあまりないが，近隣の住宅にも同様の価格上昇が起こる．しかし，これはただの仮説であり，さらなる調査が必要だ．ここでは，探索的分析の重要性が示された．基本的な手法では簡単には特定できないパターンと，そこから考えられうる説明について気付くことができた．これによって，そうでなければ見つからなかったような現象が発見されるだろう．

### 8.7.3　関係の非定常性を探索する

PurPrice と FlrArea 間の地理的加重相関係数を地図にすることもできる．これによって，この 2 つの変数の連関の強さの地理的なばらつきを探索することが可能になる．以下がそのためのコードで，実行すると図 8.20 ができる．ここで expression(rho) という新たな R のコードが登場している．R では，テキストだけでなく数学的記法を画像の中に入れることができる[c]．今回は Pearson の相関係数に通常使われる数学記号 $\rho$ を入れている．

```
# par(mfrow) をリセットする
par(mfrow = c(1, 1))
quick.map(localstats1$SDF, "Corr_PurPrice.FlrArea",
          expression(rho), "Geographically Weighted Pearson Correlation")
```

これを見ると，最も強いつながりは北東部およびイースト・アングリアの一部に見られる．これが示唆するのは，このデータでは，物件のサイズが価格に強く結びついているということだ．南東部では全体的に低くなっている．ここではおそらく，天候や物件がガレージ付きか，公共施設に近いか，といった他の要因がより重要なのだろう．上で説明したように gwss オブジェクトには Spearman の相関係数も含まれている．地図のペア（図

[c] 訳注：使用できる記法の種類などの詳細は ?plotmath で確認できる．

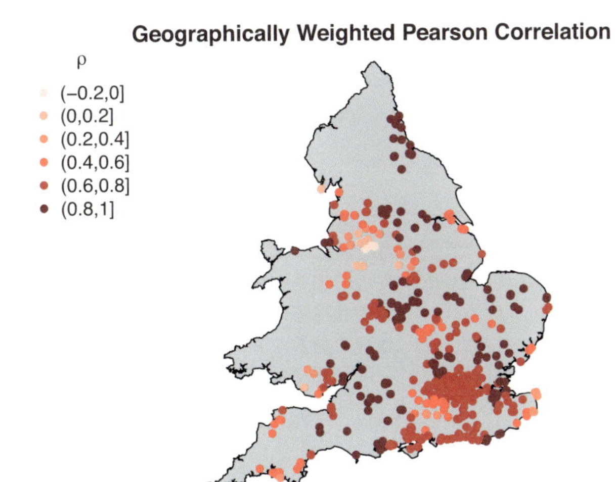


図 8.20　地理的加重 Pearson の相関係数

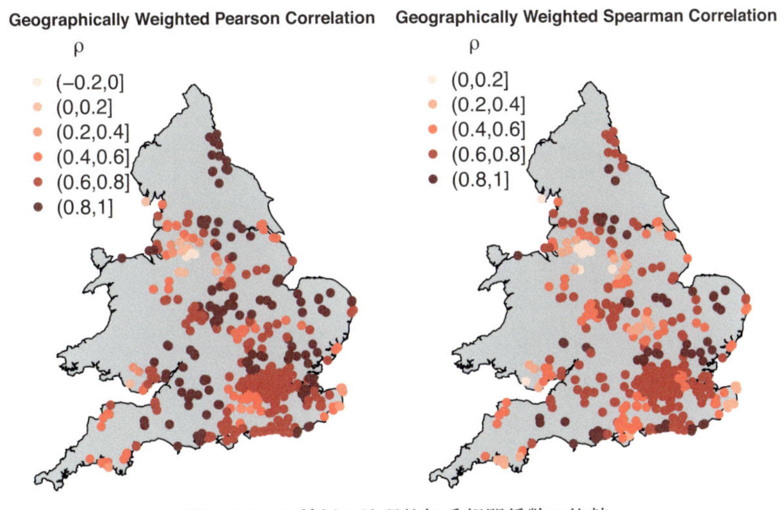


図 8.21　2 種類の地理的加重相関係数の比較

8.21）を描くと 2 種類の相関を比較するのに便利である．

```
par(mfrow = c(1, 2), cex.main = 0.8)
quick.map(localstats1$SDF, "Corr_PurPrice.FlrArea",
          expression(rho),"Geographically Weighted Pearson Correlation")
quick.map(localstats1$SDF, "Spearman_rho_PurPrice.FlrArea",
        expression(rho),"Geographically Weighted Spearman Correlation")
```

今回は，「小さな複数の図を用いる」手法によって，2 種類の局所的な相関係数のパターンはかなり似通っていることがよく示されている．

### 8.7.4　頑健な四分位点ベースの局所的な要約統計量

先に議論したように，地理的加重要約統計量には四分位点ベースのものがあり，これらも gwss() の結果に含まれている．先に紹介した要約統計量に加えて，いくつかの頑健なバージョンのものが提供されている．

| 変数名 | 変数に含まれる要約統計量 |
|---|---|
| X_Median | 地理的加重中央値 |
| X_IQR | 地理的加重四分位範囲 |
| X_QI | 地理的加重四分位不均衡 |

gwss() でこれらを得るには，quantile = TRUE のオプションを加えるだけでよい．以下のコードは，それを行い，地理的加重中央値の地図（図 8.22）を生成する．

```
# par(mfrow) をリセットする
par(mfrow = c(1, 1))
localstats2 <- gwss(houses.spdf, vars = c("PurPrice", "FlrArea"),
                    bw = 50000, quantile = TRUE)
quick.map(localstats2$SDF, "PurPrice_Median", "1000's UK Pounds",
          "Geographically Weighted Median House Price")
```

最後に，他の 2 つの頑健な地理的加重要約統計量，地理的加重四分位範囲と地理的加重四分位不均衡について調べよう．

```
par(mfrow = c(1, 2), cex.main = 0.8)
quick.map(localstats2$SDF, "PurPrice_IQR", "1000's UK Pounds",
          "Geographically Weighted Interquartile Range")
quick.map(localstats2$SDF, "PurPrice_QI", "1000's UK Pounds",
          "Geographically Weighted Quantile Imbalance")
```

四分位範囲は標準偏差とよく似ている．四分位不均衡は，北東部に極端な水準があるのは住宅価格の中央値が平均と比べて顕著に低いことに関連しているかもしれないが，おそらく歪度のパターンとはやや異なる．しかし，先の議論を思い出すと，これら 2 つの計測は質的にまったく異なるので，四分位不均衡と歪度を直接比較することはあまり有用ではない．前者が注目しているのは分布の 50% の「中央」の形状だが，後者は値が大きい側と小さい側の裾の対比なのだ．

### 8.7.5　地理的加重回帰法

地理的加重法に関するトピックとしてここで最後に取り上げるのは，地理的加重回帰法 (geographically weighted regression, GWR: Brunsdon et al., 1996; Fotheringham et al., 2002) だ．これまでの項と同じく，これは複数の変数間の関係を調べるために使われ

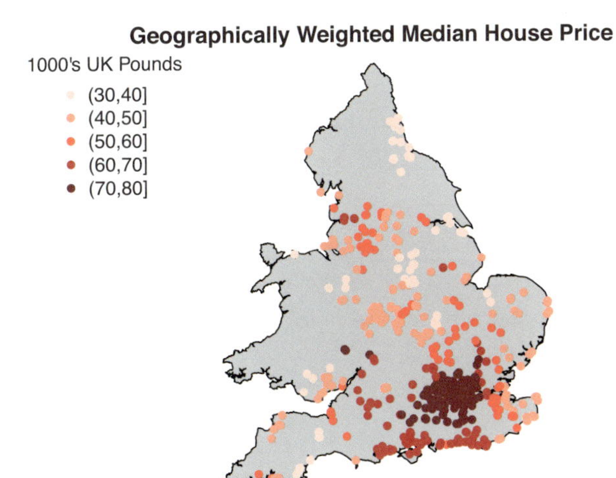


図 8.22 地理的加重中央値

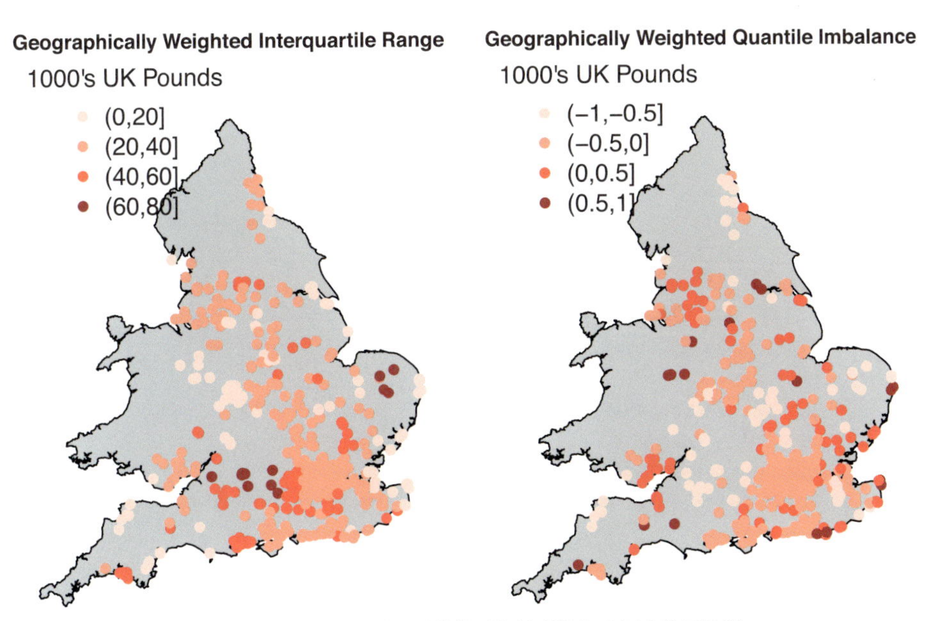


図 8.23 地理的加重四分位範囲と地理的加重四分位不均衡

る．発想としては，以下の回帰モデルをフィットさせるというものだ．

$$z_i = a_0(u_i, v_i) + a_1(u_i, v_i)X_i + \varepsilon_i \tag{8.12}$$

$z_i$ は位置 $i$ で観測された属性値，$(u_i, v_i)$ はこの位置の座標[3]，$X_i$ は位置 $i$ に紐づいた説明変数，$a_0$ と $a_1$ は座標 $(u, v)$ を引数に取る関数，そして $\varepsilon_i$ は平均 0，分散 $\sigma^2$ の正規分布に従う乱数だ．単純なモデルでは $\varepsilon_i$ は独立である．これは基本的には回帰モデルで，係数が空間によって異なることが許容される点が変わっている．この手法のさらなる詳

[3] 典型的には，位置 $i$ が点ではなくポリゴンなら，$(u_i, v_i)$ はその重心の座標を表す．

細や拡張については上記の参考文献を参照されたい．地理的加重相関と同じく，2 変数間[4]の関係の変化を調べるという発想だ．GWmodel パッケージには地理的加重回帰を計算するツール群が組み込まれており，gwr.basic() という関数を使うことができる．以下は，$z_i$ を購入価格，$X_i$ を床面積としたときのモデルに対する地理的加重回帰分析を行っている．

```
gwr.res <- gwr.basic(PurPrice ~ FlrArea,
                     data = houses.spdf, bw = 50000, kernel = "gaussian")
```

ここで，この関数に引数として渡されているのは，PurPrice ~ FlrArea という回帰モデルの指定，変数と位置に関する情報を含む SpatialPointsDataFrame オブジェクト，そしてバンド幅 bw だ．バンド幅は，他の地理的加重法と同じく，カーネルの半径になる．結果（と多数の関連情報）は gwr.res という変数に保管され，これは gwrm クラスのオブジェクトになっている．地理的加重回帰のオブジェクトを表示するとモデルの要約が得られる．

```
gwr.res
##    ***********************************************************************
##    *                       Package   GWmodel                             *
##    ***********************************************************************
##    Program starts at: 2018-05-05 12:27:08
##    Call:
##    gwr.basic(formula = PurPrice ~ FlrArea, data = houses.spdf, bw = 50000,
##     kernel = "gaussian")
##
##    Dependent (y) variable:  PurPrice
##    Independent variables:  FlrArea
##    Number of data points: 519
##    ***********************************************************************
##    *                    Results of Global Regression                     *
##    ***********************************************************************
##
##    Call:
##     lm(formula = formula, data = data)
##
##    Residuals:
##     Min       1Q  Median       3Q      Max
## -80.216 -17.081  -3.486  12.126 189.418
##
##    Coefficients:
##                Estimate Std. Error t value Pr(>|t|)
##    (Intercept)  1.06953    3.68851    0.29    0.772
##    FlrArea      0.65649    0.03419   19.20   <2e-16 ***
```

---

[4] 複数の説明変数を扱うように拡張することも可能である．

```
##
##    ---Significance stars
##    Signif. codes:  0 '***' 0.001 '**' 0.01 '*' 0.05 '.' 0.1 ' ' 1
##    Residual standard error: 29.64 on 517 degrees of freedom
##    Multiple R-squared: 0.4163
##    Adjusted R-squared: 0.4152
##    F-statistic: 368.7 on 1 and 517 DF,  p-value: < 2.2e-16
##    ***Extra Diagnostic information
##    Residual sum of squares: 454113.2
##    Sigma(hat): 29.63717
##    AIC:  4994.667
##    AICc:  4994.713
##    ***********************************************************************
##    *          Results of Geographically Weighted Regression              *
##    ***********************************************************************
##
##    *********************Model calibration information*********************
##    Kernel function: gaussian
##    Fixed bandwidth: 50000
##    Regression points: the same locations as observations are used.
##    Distance metric: Euclidean distance metric is used.
##
##    ****************Summary of GWR coefficient estimates:******************
##                    Min.   1st Qu.    Median   3rd Qu.    Max.
##    Intercept -42.69977  -3.07665   4.49376   6.54110 18.4242
##    FlrArea     0.32526   0.59356   0.71910   0.79193  0.9441
##    ************************Diagnostic information*************************
##    Number of data points: 519
##    Effective number of parameters (2trace(S) - trace(S'S)): 28.68578
##    Effective degrees of freedom (n-2trace(S) + trace(S'S)): 490.3142
##    AICc (GWR book, Fotheringham, et al. 2002, p. 61, eq 2.33): 4839.509
##    AIC (GWR book, Fotheringham, et al. 2002,GWR p. 96, eq. 4.22): 4815.208
##    Residual sum of squares: 312583.2
##    R-square value:  0.5982225
##    Adjusted R-square value:  0.5746685
##
##    ***********************************************************************
##    Program stops at: 2018-05-05 12:27:09
```

gwr.res 中の項目の1つにSDFという名前のものがある．これはSpatialPointsDataFrameまたはSpatialPolygonsDataFrameのオブジェクトで，元のデータと紐づいた各位置での $a_0(u,\ v)$ と $a_1(u,v)$ の推定値を含んでいる．これまで局所的な要約統計量に対して行ったようにこれを地図にプロットしてみよう．次のコードを実行すると図 8.24 が生成される．

```
# par(mfrow) をリセットする
par(mfrow = c(1, 1))
```

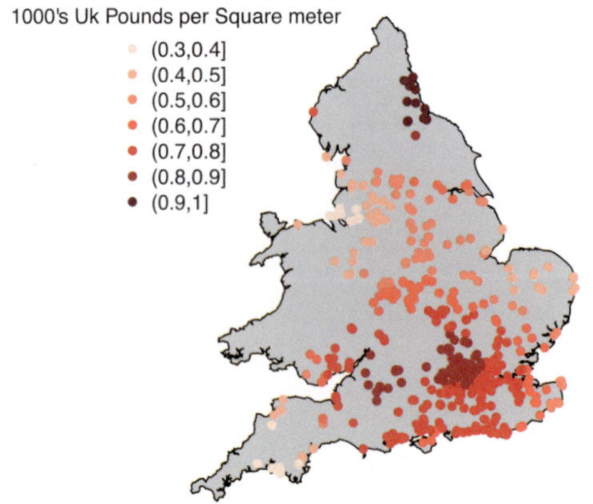


図 **8.24**　地理的加重回帰係数

```
quick.map(gwr.res$SDF, "FlrArea", "1000's Uk Pounds per Square meter",
          "Geographically Weighted Regression Coefficient")
```

ここで興味深い結果の一つは，イングランド北東部では，実際には平均価格の水準はかなり低いにもかかわらず，比較的高い値の係数になっていることだ．考えられる説明としては，北東部のデータセットにかなり高価格な住宅が 2 つ含まれているということがある．これらの住宅は床面積も大きい．これは以下のコードによって描かれた図 8.25 に見ることができる．

```
# 座標を取得
xy <- coordinates(gwr.res$SDF)
# イングランド東北部の点からの距離を計算する
dne <- sqrt(rowSums(sweep(xy, 2, c(452300, 517200), "-") ^ 2))
# 各位置の距離は 75km より小さいかどうか
in.ne <- dne < 75000
# 北東部のデータの散布図とそれ以外のデータの散布図を比較する
plot(houses.spdf$FlrArea, houses.spdf$PurPrice, type = "n",
     xlab = "Floor area (sq. m.)",
     ylab = "Purchase Price (1000's pounds)")
points(houses.spdf$FlrArea[!in.ne],
       houses.spdf$PurPrice[!in.ne], col = "grey85", pch = 16)
points(houses.spdf$FlrArea[in.ne],
       houses.spdf$PurPrice[in.ne], col = "black", pch = 16)
```

これを見ると，局所的な外れ値の問題がわかる．この外れ値は，データセット全体からすれば典型から外れるというほどではないが，その地域の中では異常な値だ．局所的な外れ値によってパターンが本来とは異なるようになってしまうのを避けるためには，

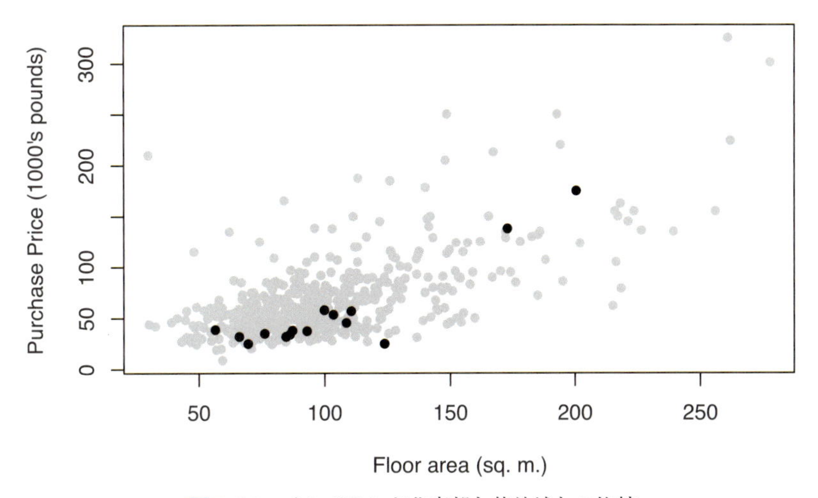


図 8.25　イングランド北東部と他地域との比較

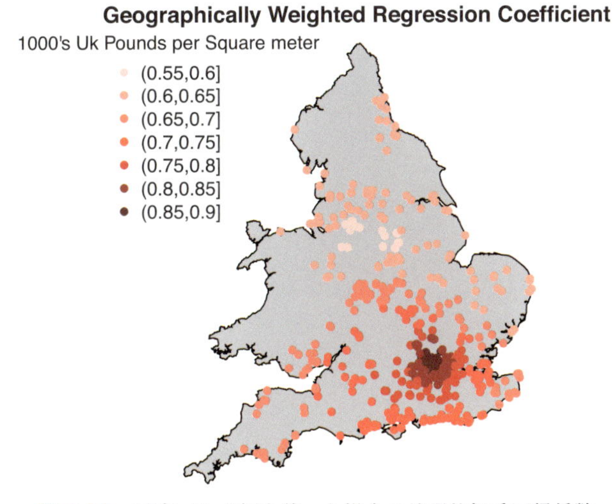


図 8.26　可変バンド幅を使った場合の地理的加重回帰係数

バンド幅の選択を可変にするというのも手段の一つだ．これは例えば，Fotheringham et al.(2002) に詳しい．この手法では，$a_0(u,v)$ と $a_1(u,v)$ が推定された各点でカーネルのバンド幅を指定するのではなく，使うデータの個数を指定する．バンド幅は，この観測数を含むように選ばれる．こうすると，観測が疎な場所ではバンド幅は大きくなり，観測が密な場所では小さくなる．`adaptive = TRUE` のオプションを指定すると `gwr.basic()` はこの方法を使うようになる．この場合，`bw` には含めるべき観測数を指定する．ここでこの手法を使って先ほどと同様のコードを走らせてみよう．結果は図 8.26 に示す．

```
gwr.res.ad <- gwr.basic(PurPrice ~ FlrArea, data = houses.spdf,
                        adaptive = TRUE, bw = 100, kernel="gaussian")
```

```
quick.map(gwr.res.ad$SDF, "FlrArea",
          "1000's Uk Pounds per Square meter",
          "Geographically Weighted Regression Coefficient")
```

生成された地図は北東部の外側に地理的パターンがあるのは同様だが，北東部にあった異常に高い値の係数は存在しなくなっている．

GWmodel パッケージには他にも数多くのオプションが用意されている．例えば，Harris et al.(2010) に提案されている地理的加重回帰法の外れ値に対処する別の方法や，共線性を見つけるための診断方法が多数ある．共線性は，地理的加重回帰法の（そしておそらく他の回帰の種類でも）問題で，複数の説明変数が相関を示すときに起こる．GWmodel パッケージには他の地理的加重法もまた用意されている．例えば主成分分析 (Harris et al., 2011) などである．

# 9

# Rとインターネット上のデータ

## 9.1 概要

これまでの数章は地理データ分析，特に統計的なアプローチに焦点を絞ってきたが，本章は，地理データを扱う上でまた別の重要な点，インターネットからのデータ取得を取り上げる．Rからインターネット上のデータにアクセスする方法はたくさんある．もっと昔に執筆していれば，本章はもっとウェブスクレイピングに重点を置いたものになっていたことだろう．ウェブスクレイピングというのは，人間に読みやすい形式の出力(HTMLファイル）からプログラムによって目的の情報を抽出し，データを「採掘」することだ．

例えば，まず，天気予報や株価の情報が掲載されているウェブサイトをHTML形式でダウンロードする．これはウェブブラウザがやっていることと同じだ．次に，その中身から関心がある情報を含んでいる部分のパターンを探す．例えば，株価の表や，日毎の予想最高気温・予想最低気温の表などである．

こういったことがまだ可能な場合もあるだろうが，今や状況は二分されている．組織によっては，オープンデータの利用を公式に呼びかけ，API(Application Program Interfaces)を提供している場合もある．APIを使えば，コンピュータが解読できる形式のデータを直接取得することができる．他方で，上記のような方法で大量にスクレイピングされて使われているとは知らず，より複雑な仕組みをウェブサイトに導入してしまう組織もある．そうした場合，スクレイピングという手段はもはや使えない．

APIが使える場合，Rには，APIを扱うための一般的なツールや，特定のデータ提供者（例えばGoogle）に対して使うように設計された多数のパッケージが用意されている．これに加えて，ウェブスクレイピングを行うこともできるし，ウェブ上から直接ファイルとして入手できるデータもある．

しかし，ここで注意喚起が必要だろう．インターネットから入手したデータの問題の一つは，APIリクエストやファイル名，あるいはデータセット自体のフォーマットをデータ提供者がときおり変更するということだ．このため，ある時点で動いていたやり方が永遠に動くという保証はない．一般的にこの問題は修正不能なものではない．ウェブサイトの改変があれば，普通，ファイルが違う名前になったり，API が変更されたりする．既存のコードをこれに合わせて修正すれば，もう一度動作するようになるだろう．

このため，データにアクセスするコードを書くための原則を理解しておくことは重要だ．コードのことを魔法のように特定の項目を持つデータを出現させる神秘的な呪文だと思ってはいけない．また，この可変性を踏まえると，私はここで筆者として警告を記しておかねばならない．フォーマットの変更についてつい先ほど述べたことはつまり，本書に登場する例も，執筆時には問題がなくても今後も変更なしに永遠に動くと保証することはできない．

注目すべきは，本章で取り上げる例ではさまざまな方法でインターネット上のデータにアクセスしていることだ．ネットワーク環境や使っている OS によって，インターネット上の情報にアクセスするのに使う状況や技術に関するルールはさまざまだ．このため，たとえウェブサイトに変更がなくても，ネットワーク環境によってはデータのダウンロードに失敗する例もある．成功させるためには，別のネットワーク環境を使ったり（例えば，公共施設からではなく自宅から作業するとか），OS の設定を変えたり（ただし，その結果何が起こっても自己責任で）することが必要かもしれない．

## 9.2　データへの直接アクセス

まずは，インターネットから直接データをダウンロードするという場合を考えてみよう．R でこれを実現する方法はいくつも存在する．このインターネット上のデータセットが単純にテキストファイルなら，コマンドによっては引数にファイル名を指定する代わりにその URL を指定するだけでよいこともある．例えば，`read.csv()` や `read.table()` がそうだ．単純な例としてここでは，プリンストン大学のウェブサイトにある，出生率と社会的環境，人口計画のデータをいくつかの国について記録したものを使ってみよう[1]．以下のコードを実行すると，`read.table()` が URL からデータを読み取り，結果が `fpe` という名前のデータフレームに代入される．

```
fpe <- read.table(
                  "http://data.princeton.edu/wws509/datasets/effort.dat")
head(fpe)
##           setting effort change
## Bolivia        46      0      1
## Brazil         74      0     10
## Chile          89     16     29
```

[1] データの詳細は `https://data.princeton.edu/R/readingData.html` を参照．

```
## Colombia          77        16        25
## CostaRica         84        21        29
## Cuba              89        15        40
```

このデータは，他のデータとまったく同じように解析することができる．変数の散布図行列（図 9.1）を描いて，3 つの変数間の関係について調べてみよう．`panel=panel.smooth` というオプションは，loess 平滑化 (Cleveland, 1979) による曲線を各散布図に追加する．

```
pairs(fpe, panel = panel.smooth)
```

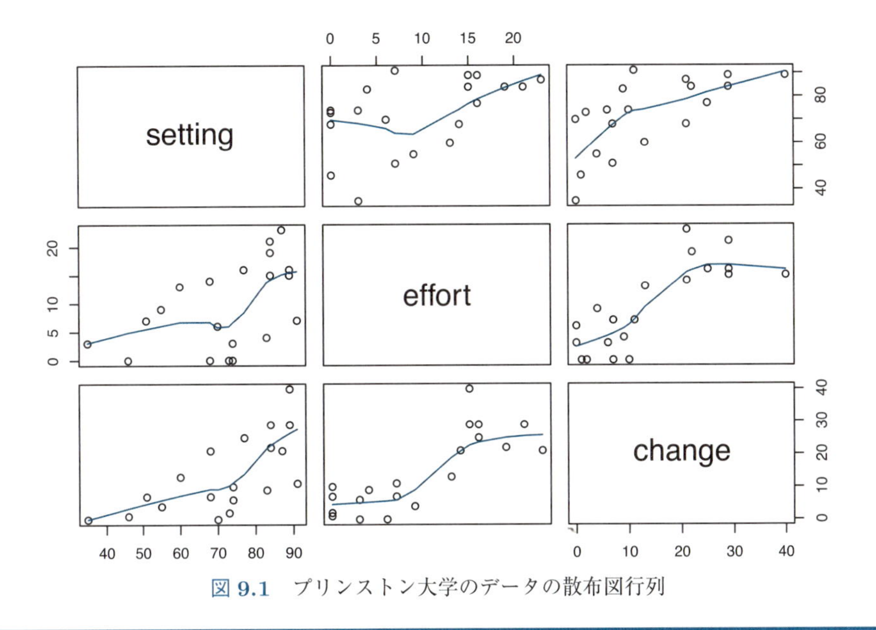


図 9.1　プリンストン大学のデータの散布図行列

**補足**

残念ながら，UNIX ベースのシステムではこのアプローチは `http:` で始まる URL に対してしか動かず，`https:` で始まる URL は動かない[a]．しかし，こうした URL も `RCurl` パッケージを使うとアクセスできる．これについては本章の中で後述する．

同様に，`source()` を使ってインターネット上のコードにアクセスすることもできる．この好例を Bioconductor プロジェクト[2]に見ることができる．ホームページの記述によれば「Bioconductor は，高スループットの遺伝子データを解析し理解するためのツールを提供するオープンな開発のソフトウェアプロジェクト．基本的に R 言語をベースにしている」．このプロジェクトはさまざまなパッケージを提供しており，基本のパッケージ群と多数の発展的なパッケージに分かれている．その目的はどちらかといえば特定の

---

[2] `http://www.bioconductor.org`

[a] 訳注：翻訳時点では `https:` で始まる URL も使えるようになっている．

分野への応用のためのコード開発だが，もっと一般的な使い方のものもある．例えば，Rgraphviz パッケージはグラフ構造を可視化し，igraph パッケージの代わりに使うことができる[b]．

Bioconductor の基本パッケージ群（R 3.0.1 以降で利用可能）をインストールするには，以下を実行する．

```
source("http://bioconductor.org/biocLite.R")
biocLite()
```

次に，Rgraphviz をインストールする．次のコマンドを実行しよう．

```
source("http://bioconductor.org/biocLite.R")
biocLite("Rgraphviz")
```

いずれのコードにも以下のコマンドが登場したのに気づいただろうか．

```
source("http://bioconductor.org/biocLite.R")
```

このコマンドは Bioconductor のウェブサイト上に置かれているコードを実行する．ただし，リモートサーバ上でプロセスを実行しているわけではないという点にも注意してほしい．リモートのコードがユーザのマシン上の R へと読み込まれ，そのマシン上で実行されるのだ．ここでの関心事はリモートコードの実行方法で Rgraphviz の使い方ではないが，次に短い例を示す．例では datasets パッケージによって提供されている state.x77 というデータフレームを使う．このデータには，米国の各州について次の変数が記録されている．

- 1975 年 7 月 1 日時点の推定人口 (Population)
- 1974 年の一人あたり所得 (Income)
- 1970 年の非識字率，単位は人口あたりの百分率 (Illiteracy)
- 1969 年から 1971 年の平均余命 (Life Exp)
- 1976 年の人口 10 万人あたりの（故意，過失）殺人率 (Murder)
- 1970 年の高校卒業率 (HS Grad)
- 1931 年から 1960 年で，首都や主要都市で最低気温が氷点下だった日数の平均 (Frost)
- 面積，単位は平方マイル (Area)

各変数間の相関を計算し，相関係数の絶対値が 0.5 を超える変数のペアを記録する．そして，これらのペアにエッジをつなぐ[c]．次に，エッジの重なりを抑えるように設計され

[b]訳注：Graphviz によるデータ作成には DiagrammeR パッケージが便利．

[c]訳注：ある要素を表す点を「ノード」，ノードとノードの関係を表す線を「エッジ」と呼ぶ．

たレイアウト下で，グラフを調整する，つまり，ノードの位置が指定される．最後に描画を行う[3]．以下のコードはこの手順を実行するものだ．結果を図 9.2 に示している．

```
# 必要なパッケージの読み込み
require(Rgraphviz)
require(datasets)
# state.x77 のデータセットを読み込み
data(state)
# 接続しているノード（ここでは相関係数の絶対値が 0.5 を超えるもの）
connected <- abs(cor(state.x77)) > 0.5
# グラフを作成．ノード名は列名になる
conn <- graphNEL(colnames(state.x77))
# エッジを生成．connected が TRUE の変数をつなげる
for (i in colnames(connected)) {
  for (j in colnames(connected)) {
    if (i < j) {
      if (connected[i, j]) {
        conn <- addEdge(i, j, conn, 1)
      }
    }
  }
}
# グラフのためのレイアウトを作成
conn <- layoutGraph(conn)
# 描画のためのパラメータをいくつか指定
attrs <- list(node = list(shape = "ellipse",
                          fixedsize = FALSE, fontsize = 12))
# グラフをプロット
plot(conn, attrs = attrs)
```

図 9.2 に示されたように，人口と面積の変数は他の変数と強い結びつきを持たない（他の変数は州の平均や率だったのに対して，この 2 つの変数は州の大きさに直接比例しているという点については指摘しておきたい）．非識字率が，他の変数との結びつきを最も多く持っている．

[3]先述の通り，ここでの主目的は Rgraphviz の詳細なチュートリアルではないが，コードにはコメントを入れた．さらに詳細については Rgraphviz のビネット (http://www.bioconductor.org/packages/2.12/bioc/vignettes/Rgraphviz/inst/doc/Rgraphviz.pdf) を参照されたい．

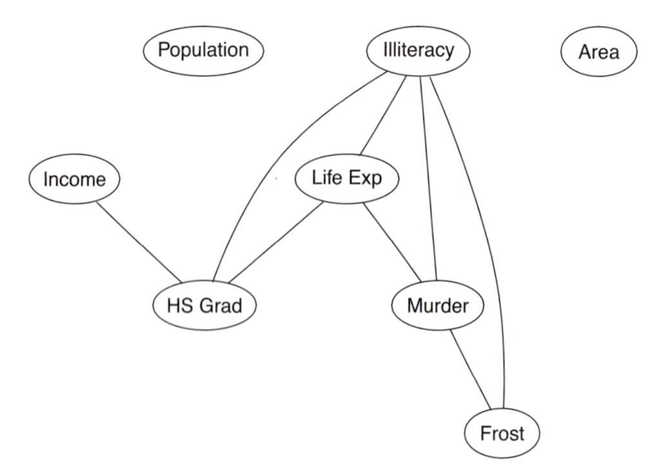


図 9.2　Rgraphviz による図

## 9.3 RCurl を使う

RCurl パッケージ[4)]には，ウェブ上のデータにアクセスするための機能が数多く備わっている．基本的にこのパッケージが提供しているのは，R をウェブクライアントのようにふるまわせるためのツール群である．

具体的には，さまざまなヘルパ関数がある．最も基本的なものが getURL() だろう．この関数は，URL（HTTPS や例えば FTPS といったその他のプロトコルもサポートされている）を与えるとその URL に置かれているデータを返す．この結果は，ウェブページに使われている HTML ファイル（ウェブスクレイピングにも使われる）のこともあれば，プレーンテキスト（例えば CSV ファイル）のこともある．後者の場合をここでは考えてみよう．1871702.csv というファイルが英国政府のサーバに置かれている．ここには 2010 年の英国の重複剝奪指標 (Index of Multiple Deprivation; IMD)[5)]が CSV フォーマットで記録されている．この指標は，さまざまな観点（詳細は，例えば Department for Communities and Local Government(2012) を参照のこと[d)]）の剝奪の度合いを複合したもので，CSV ファイルには各観点の剝奪スコアと順位，総合スコア[6)]と順位が，各 Lower layer Super Output Area (LSOA)[e)]について記録されている．英国には全部

4) 詳細は http://www.omegahat.org/RCurl/.

5) Open Government Licence v2.0 でライセンスされた公共セクターのデータを含む．

6) スコアが高いほど剝奪の度合いが高いことを示す．

d) 訳注：日本語であれば，貧困統計ホームページ (https://www.hinkonstat.net/) に詳しい．「貧困指標（統計）の種類」から「剝奪 (deprivation) アプローチ」を参照してほしい．

e) 訳注：英国の国家統計局が統計を作成する単位の一つ．平均 1,500 人ほどが 1 つの LSOA に含まれる．

で 32,482 の LSOA がある．LSOA からより大きな地理区分（例えば Government Office Regions; GOR[f]）への対応表も用意されている．

このファイルの URL 全体は以下のコードに出てくる．見てわかる通り，この URL は HTTPS プロトコルを使う．getURL() を使ってこのファイルの内容を temp に読み込む[g]．getURL() は URL のデータを単一の文字列で返す．文字列には改行コードのような制御文字も含む．データはこのままでは特に有用ではない．ファイルの内容は CSV ファイルになっており，これを読み取ってデータフレームに入れるのは read.csv() などのコマンドを使うのが理想的で，幸いにして textConnection() を介せばこれが可能になる．引数に文字列（getURL() の結果など）を渡すと，この関数はコネクションをつくる．コネクションとは，疑似ファイルのようなもので，通常は入力としてファイル名を取る関数にも渡すことができる．疑似ファイルの中身は textConnection() に渡した引数の中身の文字列そのままになっている．このため，getURL() によって取得したデータを一時的に変数に格納し，その変数を textConnection() の入力に渡し，最後にこれを read.csv() に渡す．そうすれば，ファイルの中身は読み取られデータフレームになる．以下はこの一連の流れを Mac ユーザのためにコードにしたものだ（Windows ユーザについては後述）．

```
library(RCurl) # RCurl パッケージを読み込む
# URL の中身を読み取り，temp に入れる
stem <- "https://www.gov.uk/government/uploads/system/uploads"
file1 <- "/attachment_data/file/15240/1871702.csv"
temp <- getURL(paste0(stem, file1))
# textConnection() を使って temp の中身を CSV ファイルであるかのように読み取る
imd <- read.csv(textConnection(temp))
# 中身の確認．はじめの 10 行を表示
head(colnames(imd), n = 10)
## [1] "X.html..body.You.are.being..a.href.https...assets.publishing.
##      service.gov.uk.government.uploads.system.uploads.attachment_
##      data.file.15240.1871702.csv.redirected..a....body...html."
```

Windows ユーザはこの行を無視し，

```
temp <- getURL(paste0(stem, file1))
```

また，この行

f) 訳注：2011 年 3 月末まで存在した政府事務所 (Government Office) の管轄地域の区分．現在も統計上の単位としては使われている．

g) 訳注：現在は read.csv() に直接 HTTPS の URL を渡すことができるので，RCurl を使う必要はない．この段落は読み飛ばして問題ない．

```
imd <- read.csv(textConnection(tmp))
```

は，次のコードと置き換えよう．

```
imd <- read.csv(paste0(stem, file1))
```

このようにして（HTTPS プロトコルを使った URL から）CSV ファイルをいくつも読み込む場合は，以下のように read.csv.https() を定義しておくと，1 コマンドで処理を済ますことができて便利だ．Mac では以下のようにする．

```
read.csv.https <- function(url) {
  temp <- getURL(url)
  return(read.csv(textConnection(temp)))
}
```

Windows では以下である．

```
read.csv.https <- function(url) return(read.csv(url))
```

この関数を使って，英国の各 GOR についての IMD の箱ひげ図をつくってみよう．結果は図 9.3 に示す．

```
# CSV データをダウンロードして imd2 に入れる
imd2 <- read.csv.https(paste0(stem, file1))
# GOR の名前が左の余白に入るようにプロット領域の周りの余白を調整する
par(mar = c(5, 12, 4, 2) + 0.1)
# 箱ひげ図を描く
# las 引数は，Y 軸のラベルが水平に，X 軸のラベルが垂直になるように指定している
boxplot(IMD.SCORE ~ GOR.NAME, data = imd2, horizontal = TRUE, las = 2)
```

箱ひげ図を見ると，英国の各地方で傾向が異なっている．IMD の中央値が最も低いのは英国東部と南東部だが，London の値は高い．北東部は最も高い中央値になっている．しかし，LSOA ごとの IMD で見ると，最も高い値は英国東部にある．また，いくつかの GOR は他と比べて分布の裾野が顕著に右に伸びている．これは，いくつかの地方では小さな「剥奪地区」が発生しがちであることを示唆している．英国各地での分布形状がさまざまであることからも，地理的加重要約統計量がデータ探索に有用なツールとなりうることがわかる．

## 9.4　API を扱う

「生」のテキストファイルを提供するだけでなく，「調理済み」のデータを提供してくれ

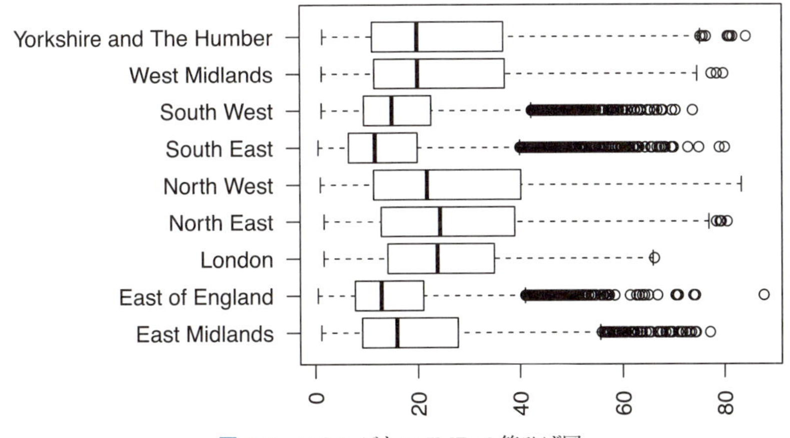


図 9.3 GOR ごとの IMD の箱ひげ図

るウェブサイトも数多くある．データとは例えば，ある地域で売り出し中のすべての一戸建て住宅，ある矩形領域内で発生したすべての犯罪といったものだ．データの取得は多くの場合，クライアントからリクエストを送信し，そのあとサーバが応答を返す，という形式になる．返すべき情報，例えば，犯罪地域の中心の位置といった事柄がリクエストによって指定される．これらのリクエストは URL の一部として指定可能なことが多い．この指定のためのプロトコルとはつまり API だ．例えば，`police.uk` のウェブサイトは以下の形式のリクエストを受け付ける．

```
http://data.police.uk/api/crimes-street/all-crime?lat=<緯度>
  &lng=<経度>&date=<年月>
```

山括弧の項目は実際の値が入る．例えば次のようなリクエストだ．

```
http://data.police.uk/api/crimes-street/all-crime?lat=53.401422
  &lng=-2.965075&date=2013-04
```

実際のリクエストには改行は入らないことに注意してほしい．ここでは単に URL をページに収めるために折り返しているに過ぎない．このリクエストに対して，指定した経緯度から半径 1 マイルで<年月>の 1 ヶ月に起こったすべての犯罪のデータが返される．このことから，リクエストは複数の名前付き引数（ここでは `lat` や `lng`，`date`）から構成されていることがわかるだろう．

上のようにリクエストを組み立て，単純に `getURL()` で結果を取得することももちろん可能だ．しかし，`getForm()` という関数を使うこともできる．この関数は，名前付きのパラメータを R 上の名前付きパラメータという形式で同じように指定することができる．

例えば以下のような指定の仕方になる[h]．

```
crimes.buf <- getForm(
  "http://data.police.uk/api/crimes-street/all-crime",
  lat = 53.401422,
  lng = -2.965075,
  date = "2013-04")
```

機能としては同じだが，こちらの形式の方が読みやすい．これは古いコードを再度読む際に有用なことだ．しかし，注記しておくと，getURL() のときと同じくこの関数が返すデータはそのまま使える形式ではない．先ほどと同じく，単一の文字列になっている．違いは，今回は CSV 形式ではなく JavaScript Object Notation(JSON) 形式になっていることだ．JSON はより洗練されたフォーマットで，名前付きの要素のリストや配列，その他のデータ形式を表現できる．特に，リストのリスト，さらにそのリストといった構造を表現できる．crime データはこのフォーマットで返ってくる．JSON フォーマットの文字列が表すデータは，要素のリストから成っており，それぞれの要素が 1 つの犯罪に対応している．各要素もまたリストになっており，少なくとも以下の要素を含んでいる．

- カテゴリ (category)
- ID(persistent_id)
- 発生した月 (month)
- 発生地点の情報のリスト (location)：おおよその緯度 (latitude) と経度 (longitude)，通りの詳細情報 (street) と ID(id) と名前 (name) で，名前にはどれくらい場所が特定されているかを表す情報も含まれる（例えば「Florizel 通り，またはその周辺」）
- 発生地点の種類 (location_type)：Force（通常の警察）か BTP（British Transport Police：英国鉄道警察）のいずれか

実際にはさらに多くの項目が存在するが，ここでは上に挙げたもののみに絞って考える．これらの項目からは位置とデータ，犯罪の種類がわかる．crimes.buf を文字列から使いやすい R のオブジェクトに変換するには，rjson パッケージの fromJSON() を使うとよい．

```
require(rjson)
crimes <- fromJSON(crimes.buf)
```

これで変数 crimes には上に記した項目が格納されたリストが代入された．以下のよう

[h] 訳注：police.uk の API が返すのは直近 3 年程度のデータだけなので，このコードは 2013-04 という日付が古すぎて動かない．過去データは https://data.police.uk/data/archive/にアーカイブされているのでそれをダウンロードすることはできる．

に中身を表示して確認してみよう．

```
crimes[[1]]
## $category
## [1] "anti-social-behaviour"
##
## $location_type
## [1] "Force"
##
## $location
## $location$latitude
## [1] "53.408246"
##
## $location$street
## $location$street$id
## [1] 912187
##
## $location$street$name
## [1] "On or near Adderley Street"
##
##
## $location$longitude
## [1] "-2.949301"
##
##
## $context
## [1] " "
##
## $outcome_status
## NULL
##
## $persistent_id
## [1] "865f4241f44bea75b34ffc7f02924d5ab9cfad6db1824f4fdd9305f68b558641"
##
## $id
## [1] 23097276
##
## $location_subtype
## [1] " "
##
## $month
## [1] "2013-04"
```

これは，北緯 53.401422 度，西経 2.965075 度の位置から半径 1 マイル内で 2013 年 4 月に起こった犯罪の全リストの 1 番目の項目だ．これは複雑な情報を保持するのに便利なフォーマットだ．例えば，通りの名前と ID が 2 重に入れ子になったリストに入れられている．しかし，R のほとんどのデータ分析では，より扱いやすいベクトルや行列，データフレームの形式を使う．次のステップは，crimes から関連する情報を抜き出すことだ．これは次の 2 段階の処理を経る．

1. リストの各要素から必要な情報を抽出する関数をつくる
2. sapply() を使ってリストの各要素にその関数を適用し，結果を結合した配列を得る

これをコードにすれば以下のようになる．getLonLat() は経緯度を抽出する．

```
getLonLat <- function(x) as.numeric(c(x$location$longitude,
                                      x$location$latitude))
crimes.loc <- t(sapply(crimes, getLonLat))
head(crimes.loc)
##        [,1]  [,2]
## [1,] -2.949 53.41
## [2,] -2.949 53.41
## [3,] -2.949 53.41
## [4,] -2.949 53.41
## [5,] -2.949 53.41
## [6,] -2.949 53.41
```

as.numeric() を使ったのは，latitude と longitude が文字列になっているためだ．sapply() は 1 列 1 要素，という列方向の結果を返すことに注意してほしい．データフレームや行列は，通常，1 行 1 要素という行方向の形式になる．このため t() で行と列を転置している．

次に，各犯罪についての属性データのうちいくつかを抽出しよう．やり方は同じだ．

```
getAttr <- function(x) c(x$category, x$location$street$name,
                         x$location_type)
crimes.attr <- as.data.frame(t(sapply(crimes, getAttr)))
colnames(crimes.attr) <- c("category", "street", "location_type")
head(crimes.attr)
##                category                   street location_type
## 1 anti-social-behaviour On or near Adderley Street         Force
## 2 anti-social-behaviour On or near Adderley Street         Force
## 3 anti-social-behaviour On or near Adderley Street         Force
## 4 anti-social-behaviour On or near Adderley Street         Force
## 5 anti-social-behaviour On or near Adderley Street         Force
## 6 anti-social-behaviour On or near Adderley Street         Force
```

ここで，作成された行列は as.data.frame() によってデータフレームに変換されている．できたデータフレームから先頭の数行を取り出して見てみよう．これらの犯罪は英

国の Liverpool で起こっており，BTP が管轄の犯罪は基本的に鉄道の駅（例えば Liverpool Central）と関連していることがわかるだろう．犯罪は地理的な識別子を持っているが，今回は特定の通りの名前にはなっていない．最後に，座標と属性情報を合わせて SpatialPointsDataFrame にしてみよう．

```
library(GISTools)
crimes.pts <- SpatialPointsDataFrame(crimes.loc, crimes.attr)
# 投影法を指定する．今回は単純に地理座標を用いる
proj4string(crimes.pts) <- CRS("+proj=longlat")
# 注：head() は SpatialPointsDataFrames には使えない
crimes.pts[1:6, ]
##        coordinates                category                        street
## 1 (-2.949, 53.41) anti-social-behaviour On or near Adderley Street
## 2 (-2.949, 53.41) anti-social-behaviour On or near Adderley Street
## 3 (-2.949, 53.41) anti-social-behaviour On or near Adderley Street
## 4 (-2.949, 53.41) anti-social-behaviour On or near Adderley Street
## 5 (-2.949, 53.41) anti-social-behaviour On or near Adderley Street
## 6 (-2.949, 53.41) anti-social-behaviour On or near Adderley Street
##   location_type
## 1         Force
## 2         Force
## 3         Force
## 4         Force
## 5         Force
## 6         Force
```

データのサブセットを取ればさらに別の SpatialPointsDataFrame をつくることもできる．反社会的行動の事件 (anti-social-behaviour) のみの集合をつくるには次のようにする．

```
asb.pts <- crimes.pts[crimes.pts$category == "anti-social-behaviour", ]
```

器物損壊と放火 (criminal-damage-arson) のみの集合であれば次のようにする．

```
cda.pts <- crimes.pts[crimes.pts$category == "criminal-damage-arson", ]
```

これらのデータはあとで詳しく調べるが，ひとまず今は反社会的行動と器物損壊・放火の発生地区を比較のため図に落としてみよう（図 9.4）．

```
plot(asb.pts, pch = 16, col = "grey70")
plot(cda.pts, pch = 16, col = "black", add = TRUE)
```

```
legend("bottomright", c("Antisocial behaviour", "Criminal damage"),
       col = c("grey70", "black"), pch=16)
```

図 9.4 反社会的行動と器物損壊・放火の発生地点

特筆すべき点は，座標は緯度と経度として保管されているので，普通であればこれをそのまま $X$ 座標と $Y$ 座標としてプロットすると歪んだ地図になるはずが，plot() は座標系を（proj4string から）認識して変換してくれるということだ．図 9.4 のように，いずれの点の分布も正円状になっている．しかし，この座標変換がなければ，これらの点の分布は楕円形に見えていたはずだ．

### 9.4.1 統計的な「マッシュアップ」をつくる

本項では，先ほどとはまた別の API を使い，そこから取得した情報を police.uk の API と組み合わせて使う．新しい API は Nestoria[7]だ．この API は，現在売り出し中の住宅の情報を提供してくれる．使い方は getForm() を police.uk に対して使ったときとかなり似ている[8]．この API はさまざまな情報を返すが，とりわけ重要なのは，提示価格と緯度，経度が含まれている点だ．例えば，以下を実行すればベッドルームが 3 つあるテラスハウスのデータを 50 サンプル取得し，JSON から R のオブジェクトへと変換することができる．

[7] http://nestoria.co.uk

[8] この API を使うときは，http://www.nestoria.co.uk/help/api のガイドラインに従うこと．

```
terr3bed.buf <- getForm("https://api.nestoria.co.uk/api",
                        action = "search_listings",
                        place_name = "liverpool",
                        encoding = "json",
                        listing_type = "buy",
                        number_of_results = 50,
                        bedroom_min = 3, bedroom_max = 3,
                        keywords = "terrace")
terr3bed <- fromJSON(terr3bed.buf)
```

encoding というキーワード名は，Nestoria の API のパラメータであると同時に getForm() が直接使う引数でもあるので，警告が表示される．しかし，今回は，Nestoria のパラメータとして解釈されており，実際，この例では API に渡す必要があるパラメータだ．このため，警告は無視してよい．

以上の結果は terr3bed$response$listings にリストとして格納された．リストの各要素の中には，さらにいくつかの要素が入っている．ここでとりわけ注目したいのは price，longitude，そして latitude だ（この API に指定する他のパラメータや結果の要素については公式サイト[9]を参照）．次のようにすればこの 3 つを取り出してデータフレームにすることができる．

```
getHouseAttr <- function(x) {
  as.numeric(c(x$price / 1000, x$longitude, x$latitude))
}
terr3bed.attr <- as.data.frame(t(sapply(terr3bed$response$listings,
                                        getHouseAttr)))
colnames(terr3bed.attr) <- c("price", "longitude", "latitude")
head(terr3bed.attr)
##    price longitude latitude
## 1 150.00    -2.926    53.42
## 2  69.95    -2.840    53.42
## 3  74.95    -3.034    53.38
## 4  56.00    -2.930    53.42
## 5  67.50    -2.951    53.43
## 6  79.00    -2.948    53.43
```

prices を 1000 で割っているが，これは単に数字を表示するとき短くしたいというだけだ．次に，これらのデータを police.uk のデータと結合する．基本的に，ここでの目標は terr3bed.attr にデータを追加することだ．具体的には，各住宅から半径 1 マイル以内で 2013 年 4 月中に発生した住居侵入の件数を追加する．これによって，各住宅の周

[9] http://www.nestoria.co.uk/help/api

囲で住居侵入が起こる頻度を測ることができる．この発生率を住宅の値段と比較する．調査対象をベッドルームが3つあるテラスハウスに絞ることによって，住宅自体の属性が寄与する価格への影響をほぼコントロールできると期待される．

この新しい変数をつくるには，以下に示すコードのようにする．

```
# 住居侵入率を保持するための burgs 列を作成する
terr3bed.attr <- transform(terr3bed.attr, burgs = 0)
# 各住宅について処理を繰り返す
for (i in 1:50) {
  # まず，住宅の経緯度から半径 1 マイル以内の犯罪を取得し，
  # JSON から R のオブジェクトへと変換する
  crimes.near <- getForm(
                   "http://data.police.uk/api/crimes-street/all-crime",
                   lat = terr3bed.attr$latitude[i],
                   lng = terr3bed.attr$longitude[i],
                   date = "2013-04")
  crimes.near <- fromJSON(crimes.near)
  crimes.near <- as.data.frame(t(sapply(crimes.near, getAttr)))
  # 次に，category 列から住居侵入の件数を数え上げ，それを burg 列に代入する
  terr3bed.attr$burgs[i] <- sum(crimes.near[, 1] == "burglary")
  # サーバへの負荷を避けるため，次の API リクエストまでしばらく時間をあける
  Sys.sleep(0.7)
  # 注： このコードをすべて実行するには 1，2 分かかる
}
```

このコードが本質的に行っていることは，住宅価格のデータフレームの各レコードについて police.uk の API に問い合わせを行うということだ．実行が終われば，価格と住居侵入率を散布図にプロットしてみよう．いくつかの住宅の価格が桁外れに高いので，$Y$ 軸には対数スケールを用いる．以下のコードの結果を図 9.5 に示す．

```
plot(price ~ burgs,
     data = terr3bed.attr, log = "y",
     xlab = "Burglaries in a 1-mile radius",
     ylab = "House Price (1000s pounds)")
```

この散布図は，価格と住居侵入率の間には反比例の関係があることを示す証拠だ．最後に，回帰モデルをフィットしてみよう．ここでも $Y$ は対数値にする．

```
summary(lm(log(price) ~ burgs, data = terr3bed.attr))
##
## Call:
```

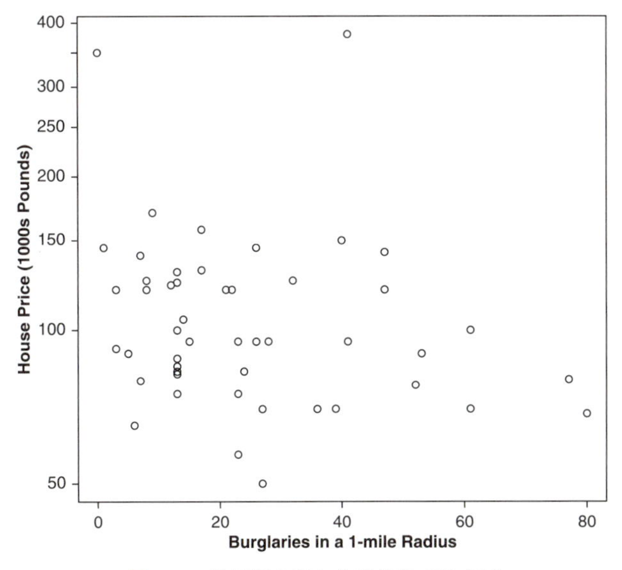


図 9.5 住居侵入率と住宅価格の散布図

```
## lm(formula = log(price) ~ burgs, data = terr3bed.attr)
##
## Residuals:
##    Min     1Q  Median     3Q    Max
## -0.714 -0.231  -0.051  0.172  1.373
##
## Coefficients:
##             Estimate Std. Error t value Pr(>|t|)
## (Intercept) 4.73979    0.08671   54.66   <2e-16 ***
## burgs      -0.00421    0.00279   -1.51     0.14
## ---
## Signif. codes: 0 '***' 0.001 '**' 0.01 '*' 0.05 '.' 0.1 ' ' 1
##
## Residual standard error: 0.376 on 48 degrees of freedom
## Multiple R-squared: 0.0451,Adjusted R-squared: 0.0252
## F-statistic: 2.27 on 1 and 48 DF, p-value: 0.139
```

この結果は，住居侵入率が上がるほど住宅価格が下がるという強い負の影響があることを示している．

Nestoria の API に関して最後に気をつけなくてはいけない問題は，情報がリアルタイムに更新されているということだ．つまり，リクエストに対して返ってくるのはその時点で売りに出されている住宅のリストだ．これは，上記のコードを将来実行すると返ってくるデータは異なるので，ここに示したものと同じ結果になるとは限らないということを意味している．また，将来この分析コードを実行する際には2013年4月よりも新しい年月を指定すべきだ．2013年4月という年月は本書執筆時点で最新のものである．

## 9.5　専用パッケージを使う

RCurlパッケージを使って数多くのAPIにアクセスすることは可能だが，Googleマップや Twitterといった特定のAPIへのアクセスに特化したRパッケージも数多く存在する．こうしたパッケージの主な利点は，パッケージにあらかじめ定義された関数を使えば，APIのデータの展開，あるいは他のデータとのマージが可能になることだ．RgoogleMapsパッケージがこの例だ．これを使うと，Googleマップのタイルをダウンロードして地図の背景として使うことができる．タイルはラスタ画像として保存され，$X$方向と$Y$方向にそれぞれ$-320$から320の範囲を持つピクセル方式の座標系になっている．このパッケージには，地図タイルをダウンロードする関数と，他の座標系（主に緯度経度）をこのシステムの座標系に変換する関数がプロットを行うために用意されている．

次の例では，前節でダウンロードして図9.4を描くのに使った犯罪に関するデータ，特にasb.ptsを用いてRgoogleMapsパッケージの使い方を示す．もし今のRセッションにasb.ptsが定義されていなければ，9.4節のコードを再実行してほしい．

RgoogleMapsパッケージのGetMap()は，指定した緯度と経度を含むGoogleマップのタイルを指定したズームレベルで探し出す．ここで使う緯度と経度は，前にリバプールの例に使った探索範囲の円の中心座標と同じものだ．zoom引数（数字が大きいほどズームインする）の14という数字は，データ中の犯罪をすべて含むように試行錯誤して決めている．

```
require(RgoogleMaps)
LivMap <- GetMap(c(53.401422, -2.965075), zoom = 14)
```

このコードは$640 \times 640$ピクセルのタイルを取得し，LivMapというオブジェクトに格納する．タイルにはLivMap$myTileとすればアクセスできる．rasterImage()というRの関数を使うと，これをプロット中に加えることができる．取得した地図は犯罪データのプロットの背景として使う．これには，空のプロット（$X$軸$Y$軸ともに$-320$から320の範囲）を描いてビットマップ画像をそこに加える関数backdrop()を定義しておくと便利だ．この背景の上に点やポリゴンなどを描いていくことができる．この関数は次のように定義できる．

```
backdrop <- function(gmt) {
  # X軸とY軸の範囲を指定
  limx <- c(-320, 320)
  limy <- c(-320, 320)
```

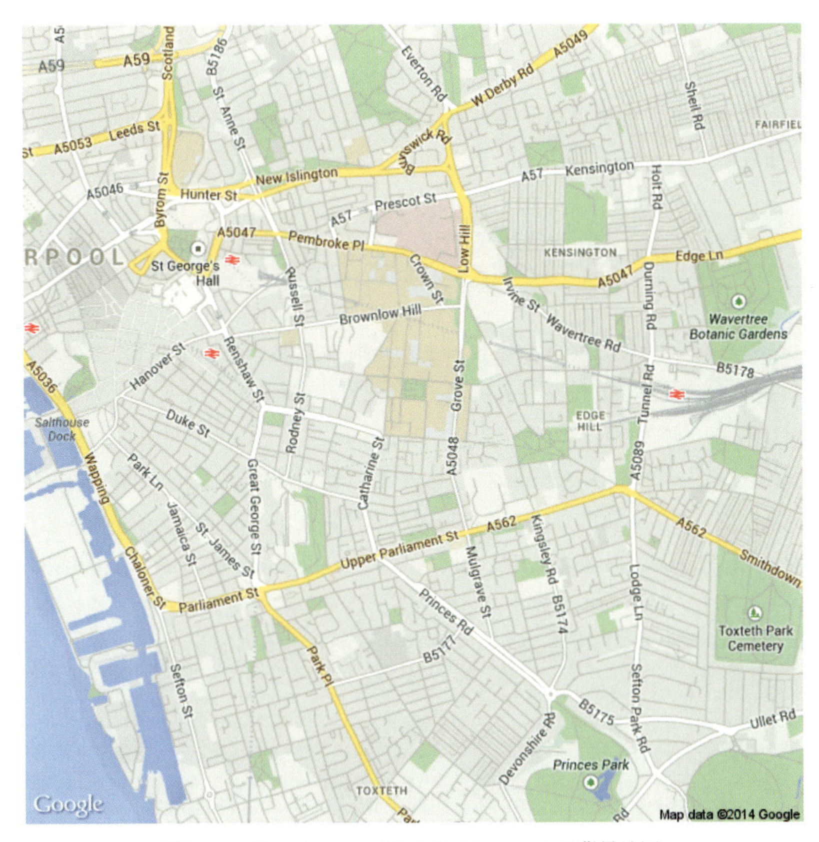


図 **9.6**　Google マップによる Liverpool の背景地図

```
  # マップをウインドウ全体が埋まるサイズにする
  par(mar = c(0, 0, 0, 0))
  # 空のプロットを描画
  plot(limx, limy,type = "n", asp = 1,xlab = "", ylab = "",
       xaxt = "n", yaxt = "n", bty = "n")
  # 枠を描画
  box()
  # ラスタ画像で埋める
  rasterImage(gmt$myTile, -320, -320, 320, 320)
}
```

関数を定義したので，背景の地図は次のようにすれば描画できる（図 9.6）．

```
backdrop(LivMap)
```

`LatLon2XY.centered()` は，タイルと，経緯度の組を引数に取り，そのタイル中のピクセルの位置に対応する変換された座標の組を返す．この座標系は，原点を中心にしており，ピクセルの位置は $X$ 方向と $Y$ 方向にそれぞれ $-320$ から 320 の範囲内でラベル付けできる．この関数は3つの引数を取る．ダウンロードしたGoogleマップのオブジェクト，緯度のベクトル，経度のベクトルだ．ここでは，asb.pts から取り出した経緯度を渡してみよう．

```
asb.XY <- LatLon2XY.centered(LivMap,
                    coordinates(asb.pts)[, 2], coordinates(asb.pts)[, 1])
```

coordinates() は緯度と経度を asb.pts から取り出す．取り出されたものは経度，緯度の順に並ぶが，LatLon2XY.centered() の引数は逆順になっている．座標の引数に，まず2列目の値，次に1列目の値，という順番で渡されているのはこのためだ．変換された2つのオブジェクトの中で newX と newY という項目にGoogleマップのタイル上での座標が入っている．本質的にはこれは地図への投影だが，特定のタイル内への投影という点で特殊だ．このタイル画像の中心は (0, 0) という座標を持っており，座標の値は背景のラスタ画像上のピクセル位置を表している．こうして，犯罪データを背景の上にプロットすることが可能になる．次のコードは反社会的行動を背景の上にプロットするものだ．結果は図9.7に示す．

```
backdrop(LivMap)
points(asb.XY$newX, asb.XY$newY, pch = 16, col = "darkred", cex = 1.5)
points(asb.XY$newX, asb.XY$newY, pch = 16, col = "white", cex = 0.75)
```

上のコードでは各地点について2つの点が描かれている．これによって図9.7に示すように点が2色のものになり，地図中で目立たせることができる．しかし，ここで与えられている犯罪発生地点は大まかなものに過ぎないということを思い出してほしい．図9.7を注意深く見れば，これらの点の多くは通りの中間地点に打たれていることがわかるだろうこれは，事件が実際にその場所で発生したのではない．実際には「Brownlow Hillの近く」といった形で指定されており，点の位置はその記述に沿って与えられたものに過ぎない．このため，ここでつくった地図は，広域的な傾向を特定する（例えば，より多くの事件が起こっているのは都市のどのあたりかを特定する）には有用だが，より地理的に精緻な分析（例えば，通りの角は他の場所に比べて反社会的行動が起こりやすいかどうかを調べる）には向かない．

位置があまり厳密ではないことを踏まえると，より「視覚的に嘘のない」やり方は，より大きな点を描くことだ．そうすれば地理的な精度が高くないことを仄めかすことができる．また，点をやや透明にすれば，近接する点がたくさんある場合がわかりやすい．以下のコードでつくったプロットを図9.8に示す．

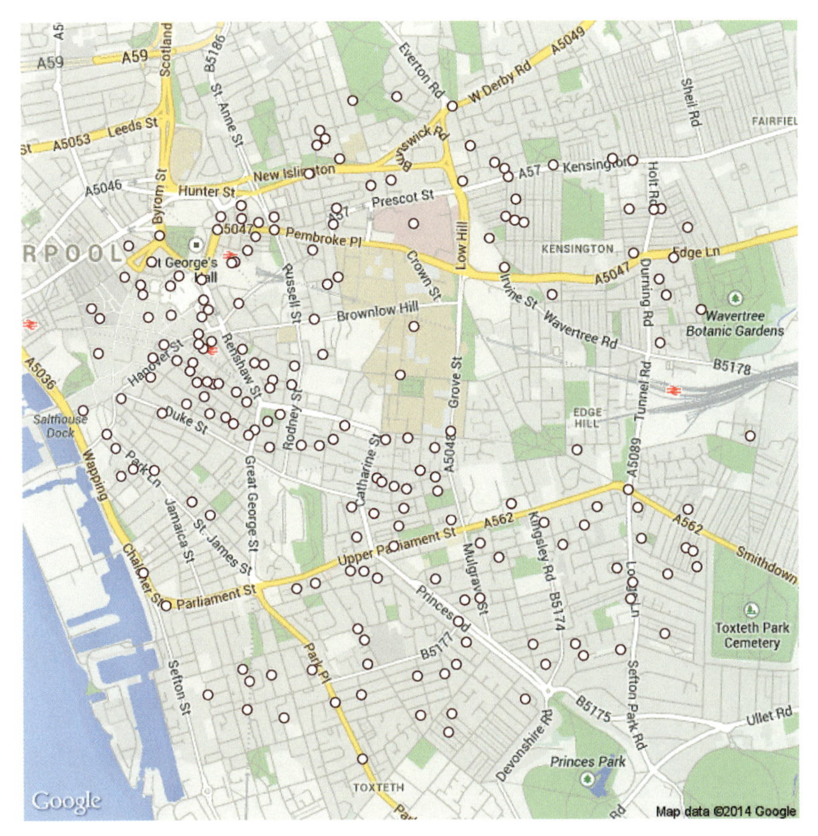


図 **9.7** 反社会的行動の発生地点

```
backdrop(LivMap)
points(asb.XY$newX, asb.XY$newY,
      pch = 16, col = rgb(0.7, 0, 0, 0.15), cex = 3)
```

別のやり方としては，第 6 章で行ったようにカーネル密度推定を使うという手もある．この地図を見ると，とても大きな「ホットスポット」が Dale 通りの真南に出現していることが見てとれるだろう．ここはこの街の中心商業区で，たくさんのバーやクラブが建っている．London 通りの西にももう一つホットスポットが見える．

ここでさらに考慮が必要なのは，データの範囲だ．`police.uk` の API による提供データの性質上，返ってくるデータセットは問い合わせした地点の半径 1 マイル内の点からなるものなので，ここでつくった地図にはその範囲外には犯罪はないように見える．しかし，犯罪が見当たらないのは，犯罪が存在しないからではなく，データの偏りによるものであることを理解しておこう．こうした理由から，この地図のデータが与えられていない部分は「グレーアウト」しておくのがよさそうだ．地図のグレーアウトした領域はなお周辺の地理を示すが，そこは調査地域には含まれないということを視覚的に示唆している．グレーアウト効果を与えるには，半透明な灰色のポリゴンを地図上に描き加えればよい．

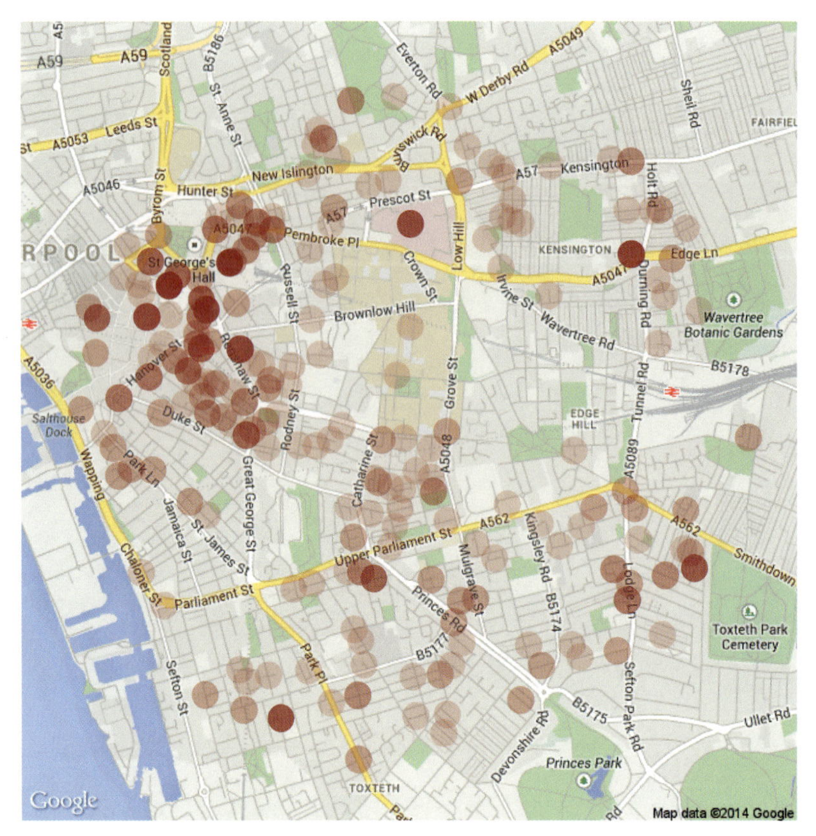


**図 9.8**　不正確さをわかりやすくした反社会的行動の発生地点

ポリゴンの形状は長方形で地図タイルと同じ領域になっているが，半径 1 マイルの円で切り抜かれている．このため，円の中心は長方形と同じになっている．

この長方形をつくるには，円の半径を Google マップのタイルの単位で表す必要がある．この値を手早くかつほぼ正確に求めるには，その地図の南西の角と北東の角の緯度と経度の情報が Google マップのタイルオブジェクトに含まれていることに注目しよう．ある点 $P$ の緯度は，赤道上の点と点 $P$ を大圏で結んだ線の角度から定まる．大圏とは，所与の球面の下で最大の半径を持つ円のことだ．ここでは地球は真球であるという単純化した仮定をおいている．こうすれば，タイルの北端と南端の緯度をそれぞれ $\phi_1$，$\phi_2$ とおくと，タイルの上限と下限とそれぞれ同じ緯度を持つ 2 点と地球の中心がつくる角度は $\phi_1 - \phi_2$ になる．（よくあるように）角度が弧度法ではなく度数法で測定されているとすると，この角度は，

$$\frac{\pi}{180}(\phi_1 - \phi_2) \tag{9.1}$$

であり，基礎的な幾何学の知識から，（地球の表面上の）2 点を結ぶ直線の長さは，ちょうど上の弧度法の角度に地球の半径 $R$ を掛け合わせたものになる．

$$\frac{R\pi}{180}(\phi_1 - \phi_2) \tag{9.2}$$

NASA Earth Fact Sheet[10]によると，地球の平均半径は 6371.0 km（3959 マイル）である．ただし，これは近似であり実際には地球の半径は真球のように一定ではない．このため，体積から求めた平均半径（つまり，真球だったら体積が地球と同じになるような半径）をここでは用いる．探索範囲の半径は 1 マイルなので，タイルの南から北への距離は次のようにして計算できる．

```
# 地図タイルの辺の長さを計算する
# BBOX$ur と BBOX$ll はそれぞれ地図タイルの北東と南西の緯度経度を含む
dist.ns <- (3959*pi/180)*(LivMap$BBOX$ur[, 1]-LivMap$BBOX$ll[, 1])
dist.ns
## [1] 2.262983
```

Google 座標系ではこの距離は 640 単位なので，換算係数は $640/2.263 = 282.8126$ になる．つまり，Google 単位系での半径 282.8126 は 1 マイルを表す．以下のコードでこれを視覚的に確かめてみよう．

```
# ピクセルからマイルへの換算係数をセットする
cf <- 282.8126
theta <- seq(0, pi * 2, l = 100) # 円周上の点の角度
# (sin,cos) 円は半径 1 ラジアンなので cf を掛けて 1 マイルをピクセル単位に換算
circle <- cbind(sin(theta), cos(theta)) * cf
backdrop(LivMap)                          # 背景の地図を描く
# 円を描く（地図の中心はピクセル座標の (0,0) になっている点に注意）
polygon(circle, col = rgb(0.5, 0, 1, 0.1))
# 映画館をプロットする．半径 1 マイルの円と比べるために使う
points(asb.XY$newX, asb.XY$newY, pch = 16, col = "blue")
```

図 9.9 を見れば，このやり方がとてもうまくいくことがわかる．最も遠い点は，地図上に描かれた半径 1 マイルの例とほぼ同じ場所に打たれている．しかし，この近似がうまくいったのは主に，ここで用いた 5 平方マイルほどの領域であれば地球表面の曲率は無視できる程度だという事実のおかげだ．

最後に，この情報を使ってグレーアウトした地図をつくってみよう．グレーアウトの円をつくるのに使ったポリゴンは，円の境界と合わせるために長さが 0 の切込みが入っていることに注意しよう．次のコードを実行すると図 9.10 に示す地図ができる．

[10] http://nssdc.gsfc.nasa.gov/planetary/factsheet/earthfact.html

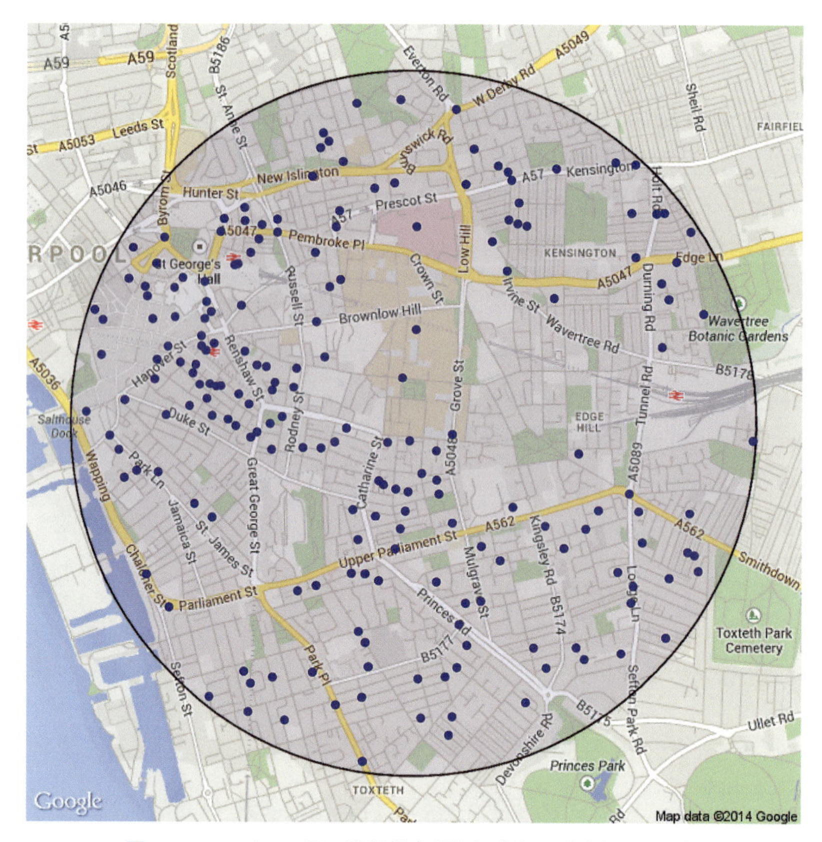


図 9.9　1 マイルの円の半径推定がどれくらい正確かのテスト

```
hole.bg <- rbind(
  circle,
  1.02 * cbind(c(0, -320, -320, 320, 320, 0),
               c(320, 320, -320, -320, 320, 320))
)  # 円形の穴があいた長方形のタイルと同じ形状を持つポリゴンになる
backdrop(LivMap) # 背景の地図を描く
points(asb.XY$newX, asb.XY$newY,
       pch = 16, col = rgb(1, 0, 0, 0.1), cex = 3) # 犯罪をプロットする
# 穴の開いたタイルを描く
polygon(hole.bg, col = rgb(0, 0, 0, 0.2), border = NA)
```

**演習問題 9.1**　上記のコードで，円の半径は 320 よりやや大きい（実際には 320 の 1.02 倍）．なぜこうなるのか考えてみよう．

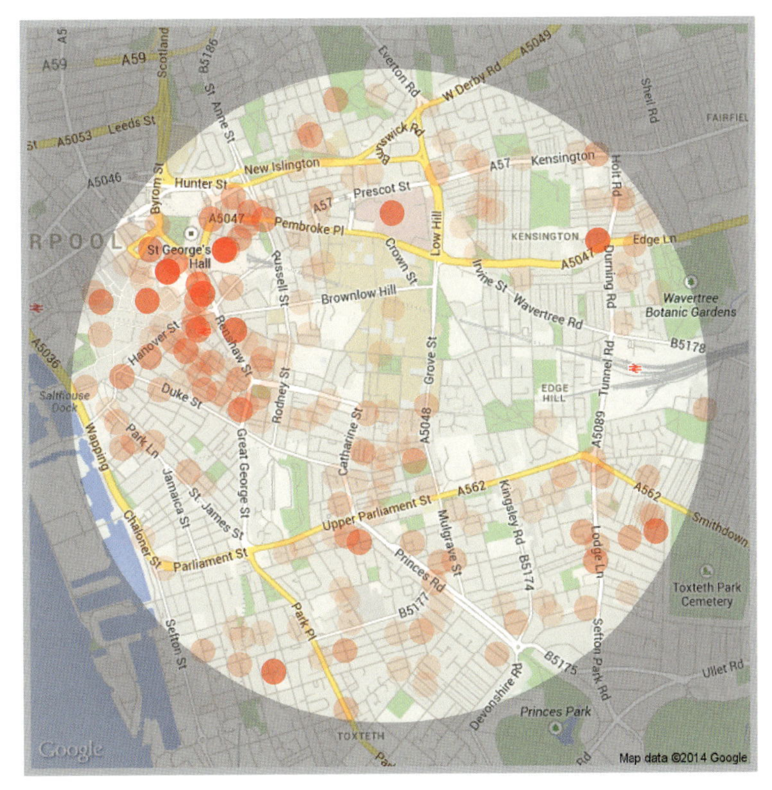


図 9.10　調査区域外はグレーアウトさせた反社会的行動の地図

## 9.6 ウェブスクレイピング

本章で紹介するウェブベースの情報収集の最後のトピックは，ウェブスクレイピングだ．先に述べたように，これはおそらくウェブから情報を取得する最も古い方法であり，具体的にはHTMLコードから直接情報を読み取って人間が読める形にするといった作業を行う．このプロセスは，USB TV チューナーを通して文字多重放送から情報を抜き出したかつての技術を受け継ぐものだ[11]．API の登場によって近年こうした技術が使われる機会は減ったが，以前として必要になるときがある．R によるウェブスクレイピングで使われる手法は，典型的には，テキストのパターン検索やパターン抽出といったテクニックだ．多くの場合，これには正規表現が使われる．例えば，Aho(1990) を参照されたい．正規表現は検索するパターンを文字列で指定する方法だ．最も単純な表現はそのままの文字列だ．例えば，`"chris"`というパターンは，`c`，`h`，`r`，`i`，`s`という順に現れる 5 文字を指している．このため，`"chris brunsdon"`という文字列はこの表現にマッチする．順番に並ぶ 5 文字が含まれているからだ．しかし，`"lex comber"`という文字列はマッチ

[11] 例えば `http://nxtvepg.sourceforge.net/man-ttx_grab.html`

しない．また，正規表現は大文字と小文字を区別するので"Chris Brunsdon"もマッチしない．

もし"Chris"と"chris"のいずれかを含む文字列を探したいなら，"[Cc]hris"という正規表現を使うとよい．これは，その角括弧の位置に角括弧内のいずれかの文字を持つ文字列とマッチする．角括弧の中には任意の数の文字を入れることができる．また，文字を範囲指定することもできる．例えば，"[0-9]"は任意の数字1文字にマッチする．また，後置修飾子もいくつかある．例えば，文字やパターンの後ろに"+"を付けると，その文字やパターンの1回以上の繰り返しを意味する．" [0-9]+ "は数字すべてとその前後のスペースにマッチする（スペースもマッチの対象である点に注意）．他の修飾子やパターン指定子も数多く存在する．特筆すべきものは以下だ．

- "*":この記号が後ろに付くパターンは0回以上の繰り返しになる．例えば，"Chris[0-9]*"は，"*"の前にあるのが"[0-9]"なので，"Chris"や"Chris1"，"Chris2013"といった文字列のいずれにもマッチする．
- "?":この記号が後ろに付くパターンは0回か1回の繰り返しになる．例えば，"-?[0-9]+"は，?の前にあるのが"-"なので，正の数でも負の数でも数字全体にマッチする．
- ".":このパターンはあらゆる文字にマッチする．例えば，"#.*"は，"#"に続く任意の文字の組み合わせを表すので，Twitter のハッシュタグにマッチする．
- "^":このパターンは行頭にマッチする．例えば，"^[0-9]"は，数字で始まる行にマッチする．
- "$":このパターンは行末にマッチする．例えば，"!$"はエクスクラメーションマークで終わる行にマッチする．
- "\":この記号が特殊記号の前につくと，その特殊記号は固有の意味ではなくただの文字としてマッチに使われる．例えば，"\.doc"は，ドットが任意の文字にマッチするのではなく単なる文字として扱われるので，".doc"にマッチする．

上に並べたものは，正規表現というかなり複雑なトピックのほんの概要だ．完全な説明は Friedl(2002) を参照されたい．

これらのパターンを使う関数が R にはいくつか存在する．grepl() は2つの引数を取り，1つ目にパターンが，2つ目には長さ1以上の文字列ベクトルがくる．パターンにマッチする文字列には TRUE を，マッチしない文字列には FALSE を返す．

```
grepl("Chris[0-9]*", c("Chris", "Lex", "Chris1999", "Chris Brunsdon"))
## [1]  TRUE FALSE  TRUE  TRUE
```

また，grep() はマッチした要素のインデックスを返す．

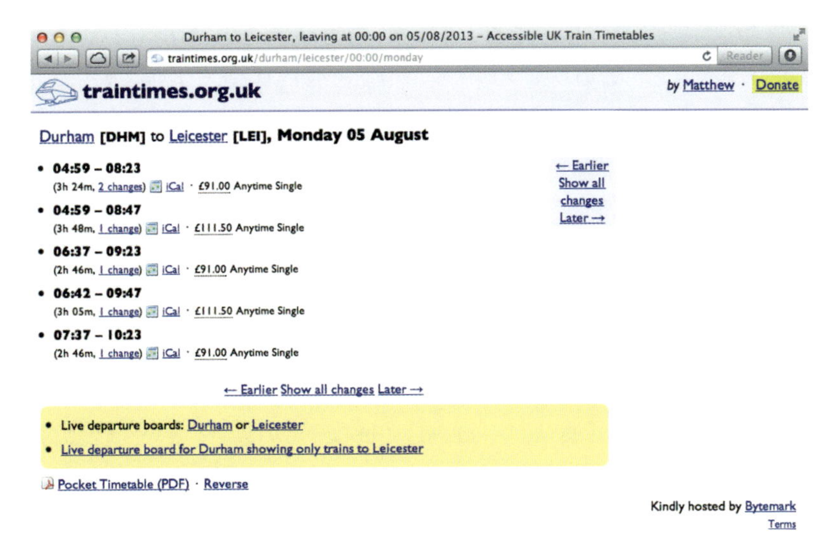


図 9.11　Accessible UK Train Timetables の典型的なウェブページ

```
grep("Chris[0-9]*", c("Chris", "Lex", "Chris1999", "Chris Brunsdon"))
## [1] 1 3 4
```

grep() に value=TRUE というオプションを指定すると，マッチした文字列自体が返ってくる．

```
grep("Chris[0-9]*", c("Chris", "Lex", "Chris1999", "Chris Brunsdon"),
     value = TRUE)
## [1] "Chris"          "Chris1999"      "Chris Brunsdon"
```

これらの関数は，ウェブスクレイピングで HTML コードから求める情報を含む行を探し出すための鍵となる R のツールだ．以降の具体的な例を見ると使い方がよくわかるだろう．

### 9.6.1　電車の時刻のスクレイピング

Accessible UK Train Timetables[12)]は，シンプルなインタフェースから英国の列車の時刻表情報を見ることができるウェブサイトである（図 9.11）．このサイトは非公式だが，掲載されている謝辞にあるように，公式サイトである National Rail Enquiries[13)]から情報を使うことを許可されている．この非公式サイトを使うことの利点は，とてもシンプルな検索システムが用意されていることだ．例えば，`http://traintimes.org.uk/durham/leicester/00:00/monday` という URL は，リクエスト時の次の月曜の午前 0 時以降で，Durham 発 Leicester 行きの電車の時刻の一覧を返す．

12) `http://traintimes.org.uk/`
13) `http://www.nationalrail.co.uk/`

このウェブページから出発時刻と到着時刻の情報を抜き出したいとしよう. readLines() を使うと，このウェブページの中身の HTML を文字列ベクトルとして読み込む（HTML ファイルの 1 行が文字列ベクトルの 1 つの要素になる）ことができる. なお，これは単純に URL のみの HTTP リクエストなので，RCurl はここでは必要ない.

```
web.buf <- readLines(
            "http://traintimes.org.uk/durham/leicester/00:00/monday")
```

興味があれば，コンソールに web.buf と打ち込んでどんな HTML か見てみるとよいだろう. 次に，grep() を使って電車の発車時刻と到着時刻に対応する HTML の行を抽出しよう. これらはすべて「dd:dd - dd:dd」(dd は 2 つの数字) という形式になっている. 例えば,「04:59 - 08:23」といった具合だ. これに対する適切な正規表現は, "[0-2][0-9]:[0-5][0-9].*[0-2][0-9]:[0-5][0-9]"だ. 時間の 1 つ目の数字は 0 か 1 か 2 であり，分の 1 つ目の数字は 5 を超えないという事実を考慮している.

```
times <- grep("[0-2][0-9]:[0-5][0-9].*[0-2][0-9]:[0-5][0-9]", web.buf,
          value = TRUE)
```

先ほどと同じく，times と打ち込めば，求める行が抽出されたことを確かめられる. 先ほどの段階では，求める情報を含む行全体を取り出した. 次の段階では，特に必要な情報だけを取り出そう. 各行には"[0-2][0-9]:[0-5][0-9]"というパターンが 2 回登場する. grep() と同類の関数として gregexpr() がある. この関数は，入力の文字列でパターンの先頭がマッチした位置を返す. あわせて，マッチした長さの情報も返す. パターンが 1 回以上見つかる場合は複数の位置がベクトルとして返される.

```
locs <- gregexpr("[0-2][0-9]:[0-5][0-9]", times)
# times[1] についてのマッチを表示
locs[[1]]
## [1] 46 60
## attr(,"match.length")
## [1] 5 5
## attr(,"index.type")
## [1] "chars"
## attr(,"useBytes")
## [1] TRUE
```

この結果，times から抽出された文字列には 2 つマッチがある. 1 つは出発時刻，もう 1 つは到着時刻だ. 文字列中の時刻の場所を x とすると，x と x+1 の位置にある文字は時間で，x+3 と x+4 の文字は分を表す. 次のコードでは，これらの情報をそれぞれ抜き出して数値に変換する. 最後に，このようにしてできたデータフレームに新しい列をつくり，所要時間を十進数の時間にしたものを格納する．

```
timedata <- matrix(0, length(locs), 4)
ptr <- 1
for (loc in locs) {
  timedata[ptr, 1] <- as.numeric(substr(times[ptr],loc[1],loc[1]+1))
  timedata[ptr, 2] <- as.numeric(substr(times[ptr],loc[1]+3,loc[1]+4))
  timedata[ptr, 3] <- as.numeric(substr(times[ptr],loc[2],loc[2]+1))
  timedata[ptr, 4] <- as.numeric(substr(times[ptr],loc[2]+3,loc[2]+4))
  ptr <- ptr + 1
}
colnames(timedata) <- c("h1", "m1", "h2", "m2")
timedata <- transform(timedata, duration = h2 + h2 / 60 - h1 - m1 / 60)
timedata
##    h1 m1 h2 m2  duration
## 1   5  0  8 23 3.1333333
## 2   5  0  6 22 1.1000000
## 3   6 46  7  9 0.3500000
## 4   7 29  8 23 0.6500000
## 5   6 38  9 23 2.5166667
## 6   6 38  8 19 1.5000000
## 7   8 29  9 23 0.6666667
## 8   6 44  9 46 2.4166667
## 9   6 44  8 42 1.4000000
## 10  8 52  9 46 0.2833333
## 11  7 38 10 23 2.5333333
## 12  7 38  9 17 1.5166667
## 13  9 29 10 23 0.6833333
## 14  8 48 11 23 2.3833333
## 15  8 48 10 21 1.3666667
## 16 10 29 11 23 0.7000000
```

これはかなり単純な例だったが，「生の」HTML データから情報を抜き出すのに使う手法の雰囲気がつかめたのではないだろうか．しかし，もしウェブページのデザインが変われば，どんなウェブスクレイピングのコードでも見直さなくてはいけなくなるということは心しておかないといけない．求めるデータを抜き出すためのパターンを変更する必要があるかもしれないからだ．本節の例のウェブサイトでいえば，時刻の表示フォーマットが hh:mm から hhmm に変わってしまう（例えば 08:23 が 0823 になる）といった事態である．

10

# エピローグ

## ジオコンピュテーションのツールとしてのRの未来

Rの未来を創造するのはたやすいことではない．Rはすでに複雑な言語であり，そのうえ，幅広い技術や応用範囲をカバーするさらに複雑なライブラリを求める人もいる．こうしたライブラリのほとんどは，プログラミング言語であり統計データ解析のための対話的環境であるというRの当初の目的を超えるものだ．本書のように，GISデータの操作や地図投影のツールとしてRを使うことに記述のほとんどを割く本が存在するということ自体がこの証拠だ．最初にRがリリースされた1995年の時点で筆者たちがRの未来について考えていたとして，現在の状況を予測することはほぼ不可能だっただろう．

これを踏まえると，本書に最大限できるのはおそらく，Rがこれから歩む可能性がある道をかいつまんで紹介することだろう．以下のトピックについて取り上げていく．

- 言語としてのRの拡張
- 内部の改善
- 他のソフトウェアとの共存

## 言語としてのRの拡張

本節では，既存のRの文法を拡張することを考える．既存のRコードを使って書けるという本質的な意味での拡張ではないが，Rに新たなイディオムをもたらすという点で一種の拡張と考えられるものはある．拡張によって，特定のデータ分析の課題を解くのに斬新な記法を使えるようになる．こうした拡張を提供するパッケージの例としては，Hadley Wickham氏の`plyr`パッケージが挙げられる．第7章で説明したが，このパッケージによって，例えば`colwise()`を使うと，1次元のリストに対して操作を行う関数（例えば`median()`）を，データフレームの各列を集約する関数に変換できる．

```
library(plyr)
# 3列 (x, y, z) のデータフレームをつくる
test.set <- data.frame(x = rnorm(100, 1, 1),
                       y = rnorm(100, 2, 1),
                       z = rnorm(100, 3, 1))
median.by.col <- colwise(median)
median.by.col(test.set)
##           x        y        z
## 1 0.9747968 2.080322 3.011351
```

このやり方はユーザが定義した関数に対しても使うことができる．例えば，調和平均は次の式で表される．

$$\tilde{x} = \frac{n}{\frac{1}{x_1} + \frac{1}{x_2} + \cdots + \frac{1}{x_n}} \tag{10.1}$$

これをRで定義して列方向バージョンをつくると次のようになる．

```
h.mean <- function(x) 1/mean(1/x)
h.mean.by.col <- colwise(h.mean)
h.mean.by.col(test.set)
##           x        y        z
## 1 -1.415999 1.640184 2.574086
```

このコードは最初期のバージョンのRを使っても書けるものだが，plyrの関数があることで簡潔に書けるようになった．ここで鍵となるのは「関数修飾子 (function modifier)」という考え方だ．これは，関数を引数に取って，その元の挙動から変更された関数を返すような関数のことだ．例えば，データの行方向あるいは列方向に適用されるバージョンの集計関数をこの方法でつくるのは，おそらくapply()やsweep()といった関数を使うより直感的なやり方だろう．このやり方を突き詰めれば，それ自体をプログラミングのツールと見なせるような特別な関数をきれいにかつ簡潔に定義する方法ができるだろう．そしておそらくその関数は，R言語の拡張とも考えられるだろう．plyrのコードが提供しているのは，特定の統計手法に関わる実装ではなく，コーディングで普遍的に使える新しいツールなのだ．こうした拡張はほかにも現れつつある．例えば，iteratorsパッケージやforeachパッケージはRにおいてループを扱う新たな手法を提供してくれる．その手法は，直感的で，強力で，並列処理やクラウドベースの処理に適している．

### 内部の改善

前節ではユーザが目にする部分のRに直結する変化の仕方について考えた．R言語に新たな要素が加われば，コードを書く人がRをツールとして使う際の扱い方が変わる．しかし，別のトピックとして，Rの内部設計で起こる変化がある．「見えない」変化のう

ち最もわかりやすいのは，内部のアルゴリズムやメモリ管理がより効率的なものに変わるといったことだろう．ユーザエクスペリエンスの違いは，同じコマンドを命令したときにより早く結果が返ってきたりRのプロセスによるメモリ消費が減ったりするということだけだ．この例として，最近[a]あったR 3.0.0のリリースが挙げられる．新しいバージョンになって，それまで存在したベクトルが持てる要素の最大数 ($2^{31}$) という制限が撤廃された．これは内部的なメモリ管理が変更されたおかげだ．

「ほとんど気づかない」変化の例としては，スパース行列のパッケージSparseMの実装が挙げられる．このパッケージを使うと，行列の要素のほとんどが0のときに効率的なアルゴリズムで行列計算ができる．演算子は通常の行列に使うものと同じに見えるが，より素早く計算結果が得られる．

ますます巨大なデータセットを処理しようという傾向があるということは，Rのアーキテクチャの技術的な改善は今後も続くだろう．それによってRで開発したアルゴリズムの実行がより効率的になることが保証される．しかし，内部構造には容易に乗り越えられないハードルがある．Rは基本的に「値渡し」というモデルで動いている．つまり，ある関数f(x)に引数xが渡されると，xの新たなコピーがつくられてメモリに格納され，f()はこのコピーに対して動作する．これは多くの観点でよいやり方だ．これによってf()がコマンドラインの環境にあるxに影響を及ぼさないようにできる．

```
x <- 5
f <- function(x) {
  x <- x + 1
  return(x * x)
}
f(x)
## [1] 36
x
## [1] 5
```

上のコードで，xの値は関数の内部で変更されたが，関数が操作したのはxのコピーであってx自体ではないので，コマンドラインのxは元の値のままだ．これの利点は，関数によって観測できない副作用が発生することを防げるということだ．しかし，その代償として，xがとても巨大な（例えば数GBの）配列だった場合，この関数が呼ばれた際にさらに数GBのメモリが必要になってしまう．f()が呼ばれるたびに[b]GB相当のコピーが発生してしまうので，アプリケーションがメモリ不足に陥ったり，コードが遅くなったりする．他の言語はこの問題に対して，関数が呼ばれるとxのメモリアドレスをコピー

[a]訳注：2013年4月3日．

[b]訳注：この説明はf()に対しては正しいが，一般的には正しくない．必ずしも値のコピーが発生するわけではなく，実際に変更が起こったときにのみコピーが発生する．この仕組みは「コピー修正 (copy-on-modify)」と呼ばれる．

して渡すというやり方を取っている．これは「参照渡し」と呼ばれている．この方が（x 自体ではなくメモリアドレスのみが渡されるため）データの中身を複製しないので速くてメモリ消費が少ない．

これに対処するためのRの拡張が一つある．言語の拡張とも，内部構造への変化とも捉えられるもので，参照クラス (reference class) という．これは，新しい種類のRのクラスで，このクラスのオブジェクトは「参照渡し」でメソッドに渡される．より大きなデータセットが入手可能になるにつれ，必然的に参照クラスの使用も増えるだろう．

## 他のソフトウェアとの共存

Rの適切な拡張であり，さらに拡張していくと考えられる領域を最後に紹介しよう．それは，他のソフトウェアとの連携能力だ．連携のやり方はいくつか考えられる．例えば，「参照渡し」の技法を扱うRの拡張は，Rの外観を複雑にし，対話的なデータ分析ツールという当初の目的を見失っていくことにつながると感じるかもしれない．ビッグデータに関連して発展する可能性があるのは，とても巨大なデータセットを処理し要約する作業に適した別のソフトウェアを使って処理したデータをRに渡す，というやり方かもしれない．Rcpp パッケージはこうしたアプローチを容易にしてくれる．このパッケージのフレームワークを使うと，C++（参照渡しが可能で上記の前処理作業に適したコンパイル型言語）で関数をつくってRへのインターフェースをつくることで，Rからその C++ の関数を直接呼び出せるようになる．このやり方によって，2つの言語で処理を分担するのが直感的にできるようになる．

さらなる例はRStudioだ．これは，Rのための統合開発環境で，Windows でも Mac でも Linux でも動作し，さまざまなユーザフレンドリーな機能が備わっている．RStudio にはRのためのグラフィカルなフロントエンドが用意されている．コンソールやスクリプトウインドウ，グラフィックウインドウ，Rの作業領域用のウインドウがある．主な機能を挙げると，シンタックスハイライト付きのテキストエディタ（Mac のRパッケージも存在する）や，統合されたヘルプ機能，グラフィックデバイス，対話的なデバッガがある．パッケージ開発を支援するツールもある．これは RStudio 公式サイト[1]からダウンロードできる．インストールしてしまえば，Rと同等の機能があり，まったく同じコードを使い，インストールされている通常のRライブラリを使ってプロットを行う．Rへの統一的な（Windows でも Linux でも Mac でも同じ）インタフェースを提供しており，多くのユーザ，特に初心者は，これを使うとコーディングが捗ると感じるだろう．

Rが他のソフトウェアと共存しているまた別の例としては，Sweave パッケージと knitr パッケージがある．これらのパッケージを使うと，LaTeX の中にRを埋め込んだり，Rをドキュメント作成ツールとして使うことができるようになる．コードが実行されると，出力は自動的に成果物のドキュメントに含められる．Sweave パッケージや

---

[1] http://www.rstudio.com/ide/download/desktop/

knitr パッケージのファイルを RStudio（あるいは R）でコンパイルすると，すべてのデータ分析の出力が実行時に生成されて成果物のドキュメントに差し込まれる．データ分析の出力とは，コード自体やあらゆる地図，表やグラフといったものだ．Sweave パッケージは，標準的な R のインストールに含まれており，詳しい説明は公式サイト[2]を参照されたい．knitr パッケージについての説明は公式サイト[3]で読むことができる．こちらは別途インストールする必要がある．これらのパッケージはいずれも .Rnw スクリプトをコンパイルし LaTeX ファイルを生成する．LaTeX ファイルは RStudio で直接 PDF ファイルに変換できる．事実，本書[c]は，コードや例，演習，図もすべて含めて knitr パッケージで作成し，コンパイルしている．このようにコードをドキュメントに埋め込むことには多くの利点がある．1つ目は，動的なデータ分析ができることだ．データや分析コードに変更があったとき，自動的に分析内容を更新できる．2つ目は，透過的で再現可能性にすぐれた研究環境になるということだ．例えばエクセルからグラフや表を挿入するのではなく，Sweave ドキュメントにそうした図表を生成するのに必要なコードを含ませれば再現性のある分析ができる．本書執筆時点では，研究における再現可能性というのは重要な問題と認識されており，それゆえこうしたツールが重要になってくる．

最後の例として，Shiny フレームワーク・パッケージ[4]を使うと R でインタラクティブなウェブページをつくることができる．そのために，Shiny はインタラクティブな表現を次のように定義する．ひとまとまりの R のコードをスライダーやボタンといったウィジェットと紐づけると，ユーザとのインタラクションが発生するたびに再評価が行われる．今度はそれが，グラフパネルや画像やテキストといった出力のウィジェットにつながっていて，画像やテキストといった出力がインタラクティブに生成される．これは2つのコンポーネントがある．ユーザインタフェースの定義（ボタンやスライダーなどを定義する）と，それらのインタフェースの部品と関連するアクションを指定する「サーバ」の定義だ．地理データ分析の観点からいうと，Shiny によって，HTML や CSS，JavaScript の知識がなくても R を使ってインタラクティブな地図をつくることが可能になる．さらに，HTML でデフォルトのインタフェースのスタイルや機能を変更して拡張できるような柔軟さも十分備わっている．

## 最後に...

本書を読み終えた読者は，地理データの分析と可視化に R を使うことにかけてはもはや達人である．本章で紹介した機能を使えば，R ベースのプロジェクトやアプリケーションの開発を拡張することができるだろう．おそらく，こうした可能性について探求する

[2] http://www.stat.uni-muenchen.de/~leisch/Sweave/
[3] http://yihui.name/knitr/
[4] http://shiny.rstudio.com/
[c] 訳注：この「本書」は原著を指している．

ことが，Rについてさらに理解を深める最もよい方法の1つだ．筆者たちが本書を生み出すための探求を楽しんだように，読者の皆様もこの探求を楽しんでほしい．

CB, AC

# 演習問題の解答例

## 第 2 章

### ●演習問題 2.1

orange はこの因子型の水準に含まれないので，結果は NA になる[a]．

```
colours[4] <- "orange"
## Warning in '[<-.factor'('*tmp*', 4, value = "orange"):invalid factor
## level, NA generated
colours
##  [1] red  blue  red  <NA>  silver  red  white  silver  red  red
## [11] white  silver silver
## Levels: red blue white silver black
```

### ●演習問題 2.2

文字列の集計表の方には "black" の数が含まれていない．水準の情報がないため，table() はこの値が存在することを知らない．また，文字列の方では色の順番がアルファベット順になっている．因子型の方では factor() に指定した順番になっている．

### ●演習問題 2.3

1 番目の変数が行方向，2 番目の変数が列方向になっている．

### ●演習問題 2.4

- 排気量が 1.1 リットルより大きいエンジンを持つすべての車の色

[a]訳注：実行結果に「invalid factor level, NA generated」という警告が出ていることに注目．

```
# 演習問題 2.1 で colours に手を加えたので代入しなおす
colours <- factor(c("red", "blue", "red", "white", "silver", "red",
                    "white", "silver", "red", "red", "white", "silver"),
                  levels = c("red", "blue", "white", "silver", "black"))
colours[engine > "1.1litre"]
## [1] blue   white  silver red    white  red    silver <NA>
## Levels: red blue white silver black
```

- 排気量が 1.6 リットルより小さいすべての車の車種（ハッチバックなど）ごとの数

```
table(car.type[engine < "1.6litre"])
##
##      saloon   hatchback convertible
##           7           4           0
```

- 排気量が 1.3 リットル以上のすべてのハッチバック車の色ごとの数

```
table(colours[(engine >= "1.3litre") & (car.type == "hatchback")])
##
##    red   blue  white silver  black
##      2      0      0      0      0
```

### ●演習問題 2.5

最大値を取る値のうち最初に登場する要素の位置が返される.

### ●演習問題 2.6

crosstab の各行の最大値の位置を探すコードは, which.max() と apply() を使って以下のように書ける.

```
apply(crosstab, 1, which.max)
##      saloon   hatchback convertible
##           1           1           3
```

### ●演習問題 2.7

apply() を以下のように使うと, 最も売れた色と車種が得られる.

```
apply(crosstab, 1, which.max.name)
##      saloon   hatchback convertible
##       "red"       "red"     "white"
```

```
apply(crosstab, 2, which.max.name)
##         red        blue       white      silver       black
## "hatchback"    "saloon"    "saloon"    "saloon"    "saloon"
```

## ●演習問題 2.8

最も売れた色と車種をリストに入れて表示するコードは以下のようになる.

```
most.popular <- list(colour=apply(crosstab,1,which.max.name),
                     type=apply(crosstab,2,which.max.name))
most.popular
## $colour
##      saloon   hatchback convertible
##       "red"       "red"     "white"
##
## $type
##         red        blue       white      silver       black
## "hatchback"    "saloon"    "saloon"    "saloon"    "saloon"
```

## ●演習問題 2.9

データフレームの変数を表示する print() の関数は以下のようになる.

```
print.sales.data <- function(x) {
  cat("Weekly Sales Data:\n")
  cat("Most popular colour:\n")
  for (i in 1:length(x$colour)) {
    cat(sprintf("%12s:%12s\n", names(x$colour)[i], x$colour[i]))
  }
  cat("Most popular type:\n")
  for (i in 1:length(x$type)) {
    cat(sprintf("%12s:%12s\n", names(x$type)[i], x$type[i]))
  }
  cat("Total Sold = ", x$total)
}
this.week
## Weekly Sales Data:
## Most popular colour:
##       saloon:         red
##    hatchback:         red
##  convertible:       white
```

```
## Most popular type:
##          red:   hatchback
##         blue:      saloon
##        white:      saloon
##       silver:      saloon
##        black:      saloon
## Total Sold =  13
```

上のコードは1つの例であり，これが唯一の解答というわけではない．もっと違う表示の仕方をする print.sales.data() にしたとしても構わない．ちなみに，ここでは print() のみを取り上げたが，任意の関数[b]について特定のクラス向けのバージョンをつくることができる．

## 第3章

### ●演習問題 3.1　プロットと地図作成：地図データの扱い方

```
# データとパッケージを読み込む
library(GISTools)
data(georgia)
# TIFF ファイルを開き，名前を付ける
tiff("Quest1.tiff", width = 7, height = 7, units = "in", res=300)
# 塗り分け形式を設定する
shades <- auto.shading(georgia$MedInc/1000, n = 11,
                       cols = brewer.pal(11, "Spectral"))
# コロプレス図を作成する
choropleth(georgia, georgia$MedInc/1000, shading = shades)
# 凡例とタイトルを加える
choro.legend(-81.7, 35.1, shades,
             title = "Median Income (1000s $)", cex = 0.75)
# ファイルを閉じる
dev.off()
```

図1のような地図が得られるはずだ．

[b]訳注：これは正しくない．print() や plot() などは自動でクラスに応じたバージョンを選んでくれるが，そうした関数は一部である．

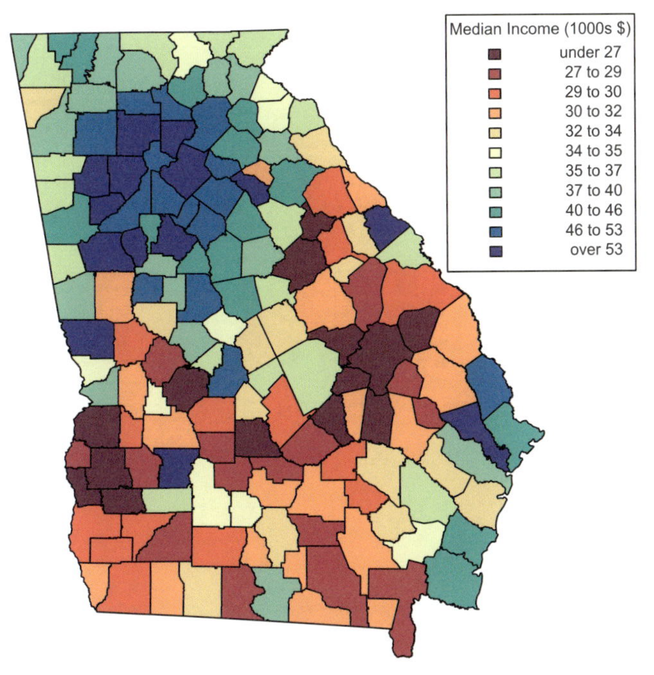


図1　演習問題 3.1 の解答例のコードから得られる地図

## ●演習問題 3.2　連続値の不適切な離散化による誤解：複数の離散化の方法を用いたコロプレス図の作成

```
library(GISTools)
data(newhaven)
attach(data.frame(blocks))
# 1.  最初の確認
# まずはデータの観察から始める
hist(HSE_UNITS, breaks = 20)
# この結果を見る限り，データは正規分布に従っているように見える
# 一方，非常に大きな外れ値も認められる
# このような外れ値は離散化の結果に影響を与える
quantileCuts(HSE_UNITS, 5)
rangeCuts(HSE_UNITS, 5)
sdCuts(HSE_UNITS, 5)

# 2.  問題を解く
# プロットウインドウを定義する
if (.Platform$GUI == "AQUA") {
  quartz(w=10,h=6) } else { x11(w=10,h=6) }
# プロットパラメータを設定する
par(mar = c(0.25,0.25,2, 0.25))
```

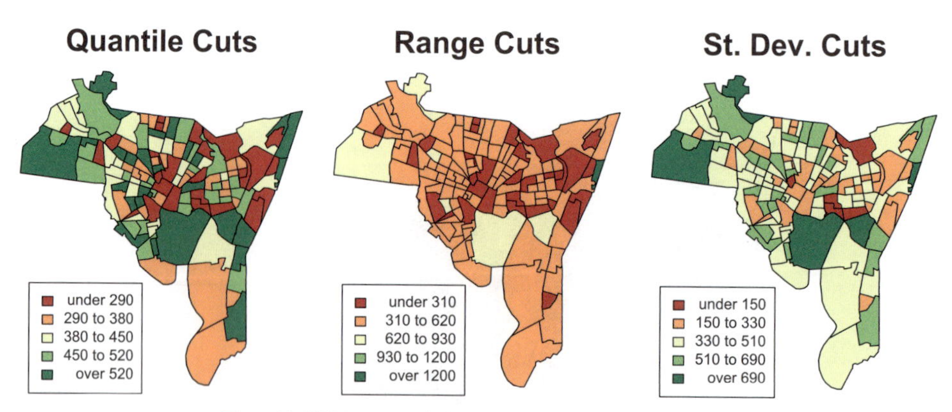


**図 2**　演習問題 3.2 の解答例のコードから得られる地図

```
par(mfrow = c(1,3))
par(lwd = 0.7)

# a) 四分位で離散化した場合
shades <- auto.shading(HSE_UNITS, cutter = quantileCuts, n = 5,
                       cols = brewer.pal(5, "RdYlGn"))
choropleth(blocks, HSE_UNITS, shading=shades)
choro.legend(533000, 161000, shades)
title("Quantile Cuts", cex.main = 2)
# b) 等間隔で離散化した場合
shades <- auto.shading(HSE_UNITS, cutter = rangeCuts, n = 5,
                       cols = brewer.pal(5, "RdYlGn"))
choropleth(blocks, HSE_UNITS, shading=shades)
choro.legend(533000, 161000, shades)
title("Range Cuts", cex.main = 2)
# c) 標準偏差に基づいて離散化した場合
shades <- auto.shading(HSE_UNITS, cutter = sdCuts, n = 5,
                       cols = brewer.pal(5, "RdYlGn"))
choropleth(blocks, HSE_UNITS, shading = shades)
choro.legend(533000, 161000, shades)
title("St. Dev. Cuts", cex.main = 2)
# 3. 最後にデータフレームを detach() する
detach(data.frame(blocks))
# par(mfrow) をリセットする
par(mfrow=c(1,1))
```

図 2 のような地図が得られるはずだ．

### ●演習問題 3.3　データの選択：論理文を用いた変数の作成やデータの抽出

```
# データフレームを attach() する
attach(data.frame(georgia2))
# 郊外人口を算出する
rur.pop <- PctRural * TotPop90 / 100
# 各郡の面積を km² 単位で算出する
areas <- gArea(georgia2, byid = TRUE)
areas <- as.vector(areas / (1000* 1000))
# 各郡の人口密度を算出する
rur.pop.den <- rur.pop/areas
# データフレームを detach() する
detach(data.frame(georgia2))
# 人口密度が 20 より大きい郡を抽出する
index <- rur.pop.den > 20
# 郊外地区のプロット
plot(georgia2[index,], col = "chartreuse4")
# 都市地区のプロット
plot(georgia2[!index,], col = "darkgoldenrod3", add = TRUE)
# タイトルを追加し凡例を装飾する
title("Counties with a rural population density of >20 people per km^2",
      sub = "Georgia, USA")
rect(850000, 925000, 970000, 966000, col = "white")
legend(850000, 955000, legend = "Rural", bty = "n", pch = 19,
       col = "chartreuse4")
legend(850000, 975000, legend = "Not Rural", bty = "n", pch = 19,
       col = "darkgoldenrod3")
```

図 3 のような地図が得られるはずだ.

### ●演習問題 3.4　データの再投影：spTransform() を用いた変換

```
library(GISTools) # 地図作成用のパッケージ
library(rgdal)     # このパッケージには投影変換用の関数が含まれている
library(RgoogleMaps)
library(PBSmapping)
data(newhaven)
# 新しい投影法を定義する
newProj <- CRS("+proj=longlat +ellps=WGS84")
# blocks データセットと breach データセットを変換する
breach2 <- spTransform(breach, newProj)
```

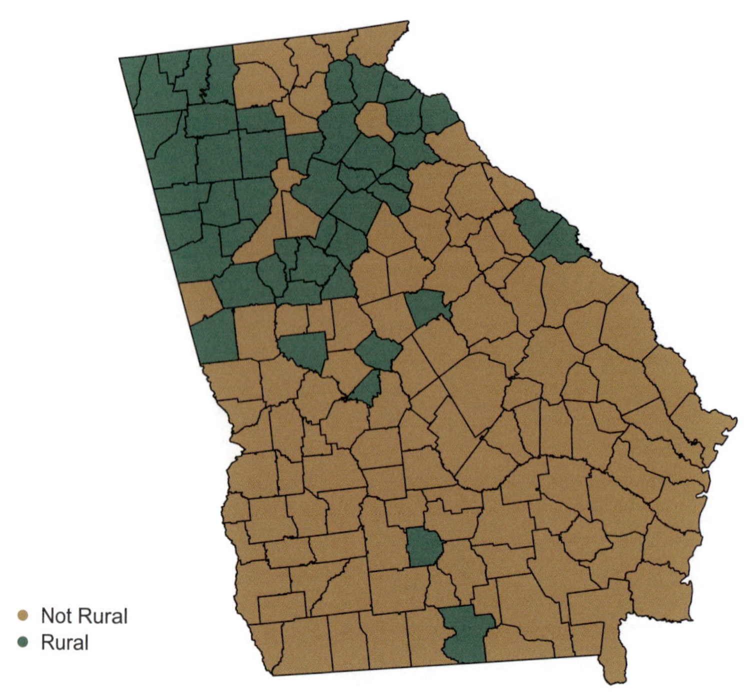


図 3　演習問題 3.3 の解答例のコードから得られる地図

```
blocks2 <- spTransform(blocks, newProj)
# Google マップに渡すための座標を抽出する
coords <- coordinates(breach2)
Lat <- coords[,2]
Long <- coords[,1]
# 地図をダウンロードする
MyMap <- MapBackground(lat=Lat, lon=Long, zoom = 20)
# ポリゴンから PBS フォーマットに変換する
shp <- SpatialPolygons2PolySet(blocks2)
# 色付きポリゴンを地図に描画する
PlotPolysOnStaticMap(MyMap, shp, lwd=0.7,
                     col = rgb(0.75,0.25,0.25,0.15), add = FALSE)
# 点データをプロットする
PlotOnStaticMap(MyMap, Lat, Long, pch=1, col = "red", add = TRUE)
```

図 4 のような地図が得られるはずだ.

## 第 4 章

### ●演習問題 4.1

新しく定義した cube.root2() は以下の通りである.

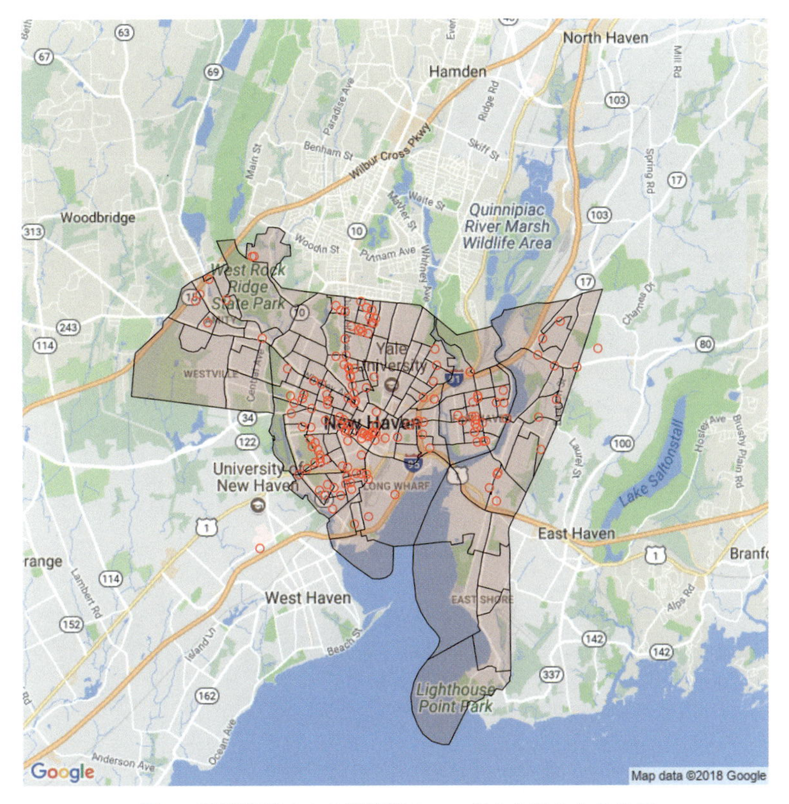


図 4　演習問題 3.4 の解答例のコードから得られる地図

```
cube.root2 <- function(x) {
  if (is.numeric(x)){
    result <- sign(x)*abs(x)^(1/3)
    return(result)
  } else{
    cat("WARNING: Input must be numerical, not character\n")
    return(NA)
  }
}
```

## ●演習問題 4.2

以下にユークリッドの互除法のアルゴリズムと gcd() との対応を示す.

```
gcd <- function(a,b){
  # ステップ 1
  divisor <- min(a,b)
  dividend <- max(a,b)
```

```
  repeat { # ステップ5
    remainder <- dividend %% divisor # ステップ2
    dividend <- divisor          # ステップ3
    divisor <- remainder         # ステップ4
  } if (remainder == 0) break # ステップ6
  return(dividend)
}
```

## ●演習問題 4.3

(i) 以下に gcd(x,60) の解答例を示す.

```
gcd.60 <- function(a){
  for(i in 1:a){
    divisor <- min(i,60)
    dividend <- max(i,60)
    repeat{
      remainder <- dividend %% divisor
      dividend <- divisor
      divisor <- remainder
      if (remainder == 0) break
    }
    cat(dividend, "\n")
  }
}
```

以下のようにすでに定義した gcd() を用いる方法もある.

```
gcd.60 <- function(a){
  for(i in 1:a){
    dividend <- gcd(i,60)
    cat(i, ":", dividend, "\n")
  }
}
```

(ii) 以下に gcd(x, y) の解答を示す.

```
gcd.all <- function(x,y) {
  for(n1 in 1:x){
    for(n2 in 1:y){
      dividend <- gcd(n1, n2)
```

```
      cat("when x is", n1, "&y is", n2, "dividend=", dividend, "\n")
    }
  }
}
```

## ●演習問題 4.4

解答例を以下に示す.

```
cube.root.table <- function(n){
  for (x in seq(0.5, n, by = 0.5)){
    cat("The cube root of ", x, " is", sign(x)*abs(x)^(1/3), "\n")
  }
}
```

しかし，このコードは負の数に対しては動かない．この場合，seq() が数列を作成できないからである．以下のように修正することで負の数も扱えるようになる.

```
cube.root.table <- function(n) {
  if (n > 0 ) by.val <- 0.5
  if (n < 0 ) by.val <- -0.5
  for (x in seq(0.5, n, by = by.val)){
    cat("The cube root of", x, "is", sign(x)*abs(x)^(1/3), "\n")
  }
}
```

## ●演習問題 4.5

以下に draw.polys() の解答例を示す.

```
draw.polys <- function(poly.list){
  plot(c(939200, 1419420), c(905510, 1405900), asp = 1,
       type = "n", xlab = "", ylab = "", xaxt = "n", yaxt = "n", bty = "n")
  invisible(lapply(poly.list, polygon))
}
# 確認
draw.polys(georgia.polys)
```

このコードに，関数の入力がリストであるか否かを確認して，リストではないときにエラーメッセージを出力するという判定を加えたい場合，is.list() を用いるとよい.

### ●演習問題 4.6

解答例を以下に示す.

```
# 関数を定義する
most.western.point <- function(polys) {
  most.western.list <- lapply(georgia.polys,
                              function(poly) return(max(poly[,1])))
  return(max(unlist(most.western.list)))
}
most.southern.point <- function(polys) {
  most.southern.list <- lapply(georgia.polys,
                               function(poly) return(min(poly[,2])))
  return(min(unlist(most.southern.list)))
}
most.northern.point <- function(polys) {
  most.northern.list <- lapply(georgia.polys,
                               function(poly) return(max(poly[,2])))
  return(max(unlist(most.northern.list)))
}
# 結果を確認
c(most.eastern.point(georgia.polys), most.western.point(georgia.polys))
## [1] 939221 1419424
c(most.southern.point(georgia.polys), most.northern.point(georgia.polys))
## [1] 905508 1405900
```

最後の2つのコードは地図のウインドウの範囲を設定するためのものである. 演習問題 4.7 の解答に利用する.

### ●演習問題 4.7

自動的に地図ウインドウの範囲を自動的に設定できるように draw.polys() を更新した解答例を以下に示す.

```
# ew は east/west, ns は north/south を示す
draw.polys <- function(poly.list) {
  ew <- c(most.eastern.point(poly.list), most.western.point(poly.list))
  ns <- c(most.southern.point(poly.list),
          most.northern.point(poly.list))
  plot(ew, ns, asp = 1, type = "n", xlab = "", ylab = "", xaxt = "n",
       yaxt = "n", bty = "n")
  invisible(lapply(poly.list,polygon))
}
```

```
# 確認（以前と同じように見えるはずである）
draw.polys(georgia.polys)
```

### ●演習問題 4.8

解答例として都市のみをハッチングした例を以下に示す.

```
hatch.densities <- vector(mode = "numeric",
                          length = length(georgia.polys))
hatch.densities[classifier == "urban"] <- 40
hatch.densities[classifier == "rural"] <- 0

# ew と ns は演習問題 4.7 と同じ定義である
plot(ew, ns, asp = 1, type="n", xlab="", ylab="", xaxt="n", yaxt="n",
     bty="n")
invisible(mapply(polygon, georgia.polys, density = hatch.densities))
```

## 第 5 章

### ●演習問題 5.1

以下に 1 マイル四方単位で犯罪発生率を示した解答例を示す.

```
densities <- poly.counts(breach, blocks) /
                                    ft2miles(ft2miles(poly.areas(blocks)))
density.shades <- auto.shading(densities,
                         cols = brewer.pal(5, "Oranges"), cutter = rangeCuts)
choropleth(blocks, densities, shading = density.shades)
choro.legend(533000, 161000, density.shades)
title("Incidents per Sq.  Mile")
```

犯罪発生地点が一部に集中していることがわかる.

### ●演習問題 5.2

最初に，国勢調査区画の分析から回帰係数を求める.

```
# 国勢調査区画単位の分析
blocks2 <- blocks[blocks$OCCUPIED > 0,]
attach(data.frame(blocks2))
forced.rate <- 2000 * poly.counts(burgres.f, blocks2) / OCCUPIED
notforced.rate <- 2000 * poly.counts(burgres.n, blocks2) / OCCUPIED
```

```
model1 <- lm(forced.rate ~ notforced.rate) coef(model1)
## (Intercept) notforced.rate
##       5.467            0.379
cat("expected(forced rate) = ", coef(model1)[1], "+", coef(model1)[2],
    "* (not forced rate) ")
## expected(forced rate) = 5.467 + 0.379 * (not forced rate)
detach(data.frame(blocks2))
```

次に国勢統計区単位の回帰係数を算出する.

```
# 国勢統計区（国勢調査区画より大きな区画）単位の分析
tracts2 <- tracts[tracts$OCCUPIED > 0,]
# 測地法を揃える
ct <- proj4string(burgres.f)
proj4string(tracts2)<- CRS(ct)
# 分析を実行する
attach(data.frame(tracts2))
forced.rate <- 2000 * poly.counts(burgres.f, tracts2) / OCCUPIED
notforced.rate <- 2000 * poly.counts(burgres.n, tracts2) / OCCUPIED
model2 <- lm(forced.rate ~ notforced.rate)
coef(model2)
## (Intercept) notforced.rate
##      5.2435           0.4133
cat("expected(forced rate) = ", coef(model2)[1], "+", coef(model2)[2],
    "*(not forced rate)")
## expected(forced rate) = 5.243+0.4133 *(not forced rate)
detach(data.frame(tracts2))
```

以上，異なる区画を用いた 2 つの分析の結果からは，それぞれの分析で得られた回帰係数間にはわずかな差しかないことがわかった.

```
cat("expected(forced rate) = ", coef(model1)[1], "+", coef(model1)[2],
    "*(not forced rate)")
## expected(forced rate) = 5.467+0.379 *(not forced rate)
cat("expected(forced rate)=", coef(model2)[1], "+", coef(model2)[2],
    "*(not forced rate)")
## expected(forced rate) = 5.243+0.4133 *(not forced rate)
```

以上の分析は「可変単位地区問題 (the modifiable areal unit problem)」として知られており，1930 年代に初めて言及され，その後 1970 年代以降 Stan Openshaw によって研究された（Openshaw(1984) を参照）．集計区画単位によって，ときに分析結果は変化する．空間データ分析において，可変単位地区問題の重要性は強く認識すべきである.

### ●演習問題 5.3

以下に解答例を示す．これは，それまで示してきたコードを関数にまとめたものである．

```
int.poly.counts <- function(int.layer, tracts, tracts.var, var.name) {
  int.res <- gIntersection(int.layer, tracts, byid = TRUE)
  # 各データのインデックスが結合している rownames を分割する
  tmp <- strsplit(names(int.res), " ")
  tracts.id <- (sapply(tmp, "[[", 2))
  intlayer.id <- (sapply(tmp, "[[", 1))
  # 面積を計算する
  int.areas <- gArea(int.res, byid = TRUE)
  tract.areas <- gArea(tracts, byid = TRUE)
  # tract.areas の該当部分を抽出する
  index <- match(tracts.id, row.names(tracts))
  tract.areas <- tract.areas[index]
  tract.prop <- zapsmall(int.areas/tract.areas, 3)
  # データフレームを作成する
  df <- data.frame(intlayer.id, tract.prop)
  houses <- zapsmall(tracts.var[index]* tract.prop, 1)
  df <- data.frame(df, houses, int.areas)
  # 最後に元のデータと結合させる
  int.layer.houses <- xtabs(df$houses~df$intlayer.id)
  index <- as.numeric(gsub("g", "", names(int.layer.houses)))
  # 一時変数を作成する
  tmp <- vector("numeric", length = dim(data.frame(int.layer))[1])
  tmp[index]<- int.layer.houses
  i.houses <- tmp
  # 結果を出力する
  int.layer2 <- SpatialPolygonsDataFrame(int.layer,
    data=data.frame(data.frame(int.layer), i.houses), match.ID=FALSE)
  names(int.layer2)<- c("ID", var.name)
  return(int.layer2)
}
```

この関数を用いて以下のコード例のように計算する．

```
int.layer2 <- int.poly.counts(int.layer, tracts, tracts$HSE_UNITS,
                              "i.house" )
```

しかし以上のコードは可読性が悪い．この関数を使う他者（未来の自分自身も含む）のためにも，内容がわかるように中間変数の名前を修正した方がよい．以下に例を示した．

```
int.poly.counts <- function(int.layer1, int.layer2, int.layer2.var,
                            var.name) {
  int.res <- gIntersection(int.layer1, int.layer2, byid = TRUE)
  tmp <- strsplit(names(int.res)," ")
  int.layer2.id <- (sapply(tmp, "[[", 2))
  intlayer.id <- (sapply(tmp,"[[", 1))
  int.areas <- gArea(int.res, byid = T)
  tract.areas <- gArea(int.layer2, byid = TRUE)
  index <- match(int.layer2.id, row.names(int.layer2))
  tract.areas <- tract.areas[index]
  tract.prop <- zapsmall(int.areas/tract.areas, 3)
  df <- data.frame(intlayer.id, tract.prop)
  var <- zapsmall(int.layer2.var[index] * tract.prop, 1)
  df <- data.frame(df, var, int.areas)
  int.layer1.var <- xtabs(df$var~df$intlayer.id)
  index <- as.numeric(gsub("g", "", names(int.layer1.var)))
  tmp <- vector("numeric", length = dim(data.frame(int.layer1))[1])
  tmp[index] <- int.layer1.var
  i.var <- tmp
  int.layer.out <- SpatialPolygonsDataFrame(int.layer1,
    data = data.frame(data.frame(int.layer1), i.var), match.ID = FALSE)
  names(int.layer.out) <- c("ID", var.name)
  return(int.layer.out)
}
```

同一の投影法であれば（つまり距離および面積計算方法が一致している），この関数は他のデータにも適用できる．int.layer および blocks の投影法を揃えた上でこの関数を適用したコード例[c]を以下に示した．また実行結果の図を図 5 に示した．

```
# パッケージとデータを準備する
library(GISTools)
library(rgdal)
data(newhaven)
# int.layer を定義する
bb <- bbox(tracts)
grd <- GridTopology(cellcentre.offset = c(bb[1,1]-200,bb[2,1]-200),
                    cellsize = c(10000,10000), cells.dim = c(5,5))
```

[c] 訳注：コメント「投影法を揃える」以下のコードについて，本来 proj4string(blocks) の結果である ct には先頭にスペースが挿入される．このスペースは proj4string(int.layer) に対して代入されると消えてしまうため int.layer と blocks の投影法が揃わない．したがって，ここであらためて ct を用いて blocks の投影法を int.layer と揃えている．

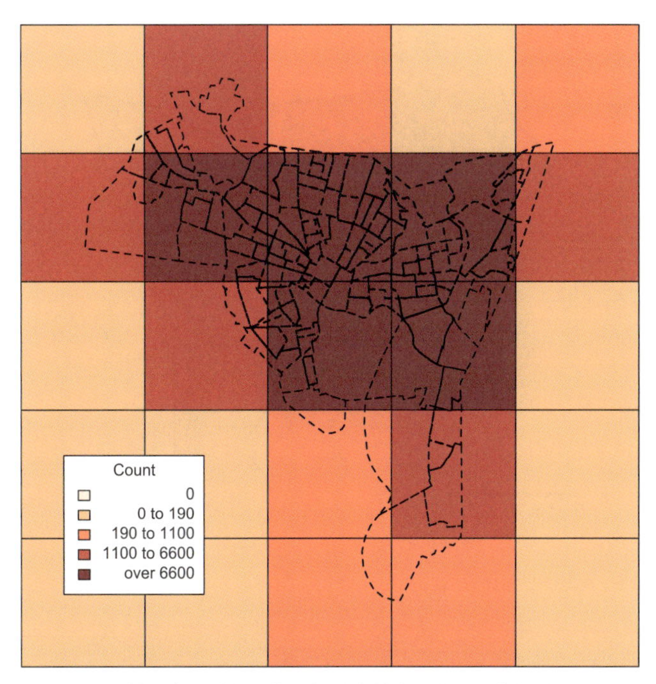


図 5　国勢調査区画との共通部分を抽出し人口で塗り分けた図

```
int.layer <- SpatialPolygonsDataFrame(
                           as.SpatialPolygons.GridTopology(grd),
                           data = data.frame(c(1:25)), match.ID = FALSE)
names(int.layer) <- "ID"
# 投影法を揃える
ct <- proj4string(blocks)
proj4string(int.layer) <- CRS(ct)
int.layer <- spTransform(int.layer, ct)
blocks <- spTransform(blocks, ct)
# 先のコードで定義した関数を用いる
int.result <- int.poly.counts(int.layer, blocks, blocks$POP1990,
                              "i.pop")
# プロットパラメータを設定する
par(mar = c(0,0,0,0))
# 地図を作成する
shades <- auto.shading(int.result$i.pop, n = 5,
                       cols = brewer.pal(5, "OrRd"))
choropleth(int.result, int.result$i.pop, shades)
plot(blocks, add = TRUE, lty = 2, lwd=1.5)
choro.legend(530000, 159115, bg = "white", shades, title = "Count",
             under = "")
```

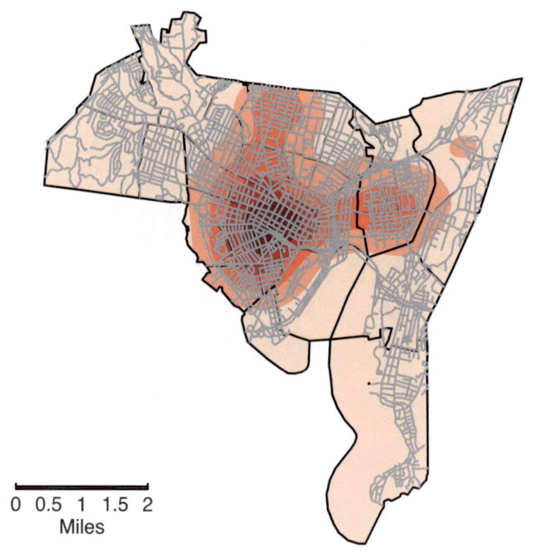


**図 6** （道路と縮尺を含む）治安悪化に関するカーネル密度推定マップ

以下のコードから区画単位で集計した人口（図 5.7(139 ページ) と図 5 で可視化している）をチェックする．

```
matrix(data.frame(int.result)[,2], nrow = 5, ncol = 5, byrow = TRUE)
##       [,1]  [,2]  [,3]  [,4] [,5]
## [1,]   154  5682   556     0  236
## [2,]  1962 20354 41712 17125 3088
## [3,]     0  3476 20603 10494    0
## [4,]     0     0   587  4054    0
## [5,]     0     0   208   261    0
```

## 第 6 章

### ●演習問題 6.1

解答となる（図 6）の実行コードは以下の通り．

```
# Rによるカーネル密度
require(GISTools)
data(newhaven)

# 密度算出
breach.dens <- kde.points(breach, lims=tracts)
```

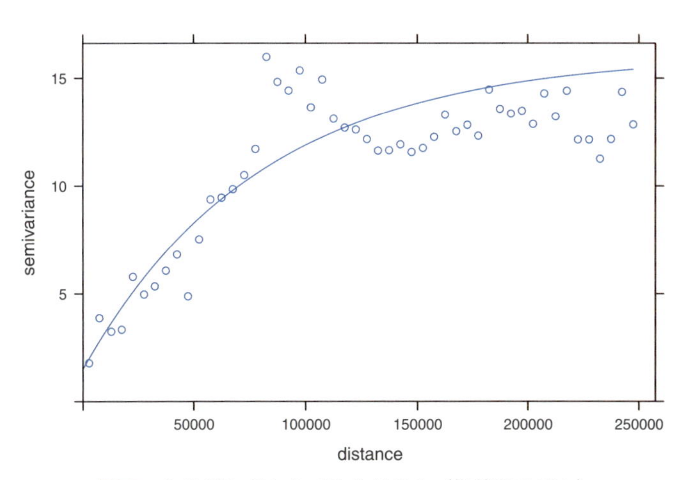


**図 7** クリギングセミバリオグラム（指数型モデル）

```
# 図の作成
level.plot(breach.dens)

#「マスキング」を用いて周囲のブロックに落とし込む
masker <- poly.outer(breach.dens, tracts, extend=100)
add.masking(masker)

# 再描画
plot(tracts, add=TRUE)

# 道路情報の追加
plot(roads, col='grey', add=TRUE)

# 縮尺の追加
map.scale(534750, 152000, miles2ft(2), "Miles", 4, 0.5, sfcol='red')
```

指数型セミバリオグラムモデルは `fit.variogram()` の `Exp` 引数を使用して指定する．セミバリオグラムを生成するコードを以下に示す．またその結果を図 7 に示している．このあとは前述の例で紹介した透視図または等高線マップを生成するのと同じ手順を実行すればよい．

```
evgm <- variogram(fulmar~1, fulmar.spdf, boundaries=seq(0, 250000, l=51))
fvgm <- fit.variogram(evgm, vgm(3, "Exp", 100000, 1))
plot(evgm, model=fvgm)
```

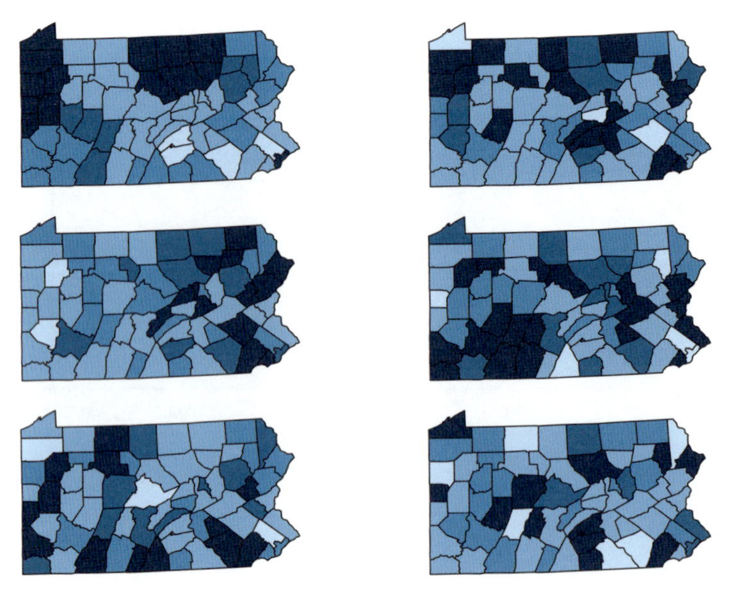

図 8　ブートストラップ法による喫煙率のランダム化

## 第 7 章

### ●演習問題 7.1

次のコードは演習問題 7.1 の解答例となる修正後のコードである．

```
# 描画パラメータの設定 (3 行 2 列)
# 地図を大きく表示するため，余白を小さく設定
par(mfrow=c(3, 2), mar=c(1, 1, 1, 1)/2)

# 本当のデータがどの図かわからないようランダム化
real.data.i <- sample(1:6, 1)

# 6 つの地図を描画．5 つはランダム化したもの，1 つは実際のデータ
for (i in 1:6) {
  if (i == real.data.i) {
    choropleth(penn.state.utm, smk, shades)}
  else {
    choropleth(penn.state.utm, sample(smk, replace=TRUE), shades)}
}
```

この解答例のコードと以前のコードブロックとの唯一の違いは，`sample()` にオプションの引数 `replace = TRUE` を加えていることだ．この引数で，復元抽出により喫煙率のリストから $n$ 個のランダムサンプルを返すよう関数に指示することになる．これは本質的には Efron(1979) が提唱した，標準誤差のノンパラメトリック推定を行うブートストラップ手法を実行するために使用するランダムサンプルの描画シミュレートである．した

がって，ここではこれを「ブートストラップ法ランダム化」と呼ぶ．

## 第 8 章

### ●演習問題 8.1

素直なやり方としては，$p$ 値が 0.05 以下の行と，対象の郡の名前に対応する列を選択するとよいだろう．

```
nc.sids.p@data[nc.lI[, 5] < 0.05, c(5, 12, 13)]
##             NAME BIR79 SID79
## 37029     Camden   350     2
## 37045  Cleveland  5526    21
## 37093       Hoke  1706     6
## 37095       Hyde   427     0
## 37155    Robeson  9087    26
## 37165   Scotland  2617    16
## 37177    Tyrrell   319     0
## 37187 Washington  1141     0
## 37189    Watauga  1775     1
```

## 第 9 章

### ●演習問題 9.1

穴が地図タイルよりも意図的に少し大きくしてあるのは，サイズがぴったり一致するときでも，地図タイル上の境界のピクセル部分が空白にならないようにするためだ．

# 参考文献


## 第 1 章

Bivand, R.S., Pebesma, E.J. and Gómez-Rubio, V.G. (2008) *Applied Spatial Data Analysis with R*. New York: Springer.

Krause, A. and Olson, M. (1997) *The Basics of S and S-PLUS*. New York: Springer.

## 第 3 章

de Vries, A. and Meys, J. (2012) *R for Dummies*. Chichester: John Wiley & Sons.

Monmonier, M. (1996) *How to Lie with Maps*, 2nd edn. Chicago: University of Chicago Press.

## 第 5 章

Bivand, R.S., Pebesma, E.J. and Gómez-Rubio, V. (2008) *Applied Spatial Data Analysis with R*. New York: Springer.

Comber, A.J., Brunsdon, C. and Green, E. (2008) Using a GIS-based network analysis to determine urban greenspace accessibility for different ethnic and religious groups. *Landscape and Urban Planning*, 86: 103–114.

Openshaw S. (1984) The modifiable areal unit problem, CATMOG 38, *Geo Abstracts*, Norwich. `http://qmrg.org.uk/files/2008/11/38-maup-openshaw.pdf`

## 第 6 章

Besag, J. (1977) Discussion of Dr. Ripley's paper. *Journal of the Royal Statistical Society, Series B*, 39: 193–195.

Bland, J.M. and Altman, D.G. (1995) Multiple significance tests: The Bonferroni method. *British Medical Journal*, 310: 170.

Bowman, A. and Azzalini, A. (1997) *Applied Smoothing Techniques for Data Analysis: The Kernel Approach with S-Plus Illustrations*. Oxford: Oxford University Press.

Brunsdon, C. (2009) Geostatistical analysis of lidar data. In G. Heritage and A. Large (eds), *Laser Scanning for the Environmental Sciences*. Chichester: Wiley-Blackwell.

Cressie, N. (1993) *Statistics for Spatial Data*. New York: John Wiley & Sons.

Diggle, P.J. (1983) *Statistical Analysis of Spatial Point Patterns*. London: Academic Press.

Hansen, M., Baddeley, A. and Gill, R. (1999) First contact distributions for spatial patterns: regularity and estimation. *Advances in Applied Probability*, 31: 15–33.

Hutchings, M. (1979) Standing crop and pattern in pure stands of *Mercurialis perennis and Rubus fruticosus* in mixed deciduous woodland. *Oikos*, 31: 351–357.

Loosmore, N.B. and Ford, E.D. (2006) Statistical inference using the $G$ or $K$ point pattern spatial statistics. *Ecology*, 87(8): 1925-1931.

Lotwick, H.W. and Silverman, B.W. (1982) Methods for analysing spatial processes of several types of points. *Journal of the Royal Statistical Society, Series B*, 44(3): 406-413.

Matheron, G. (1963) Principles of geostatistics. *Economic Geology*, 58: 1246-1266.

Ripley, B.D. (1976) The second-order analysis of stationary point processes. *Journal of Applied Probability*, 13: 255-266.

Ripley, B.D. (1977) Modelling spatial patterns (with discussion). *Journal of the Royal Statistical Society, Series B*, 39: 172-212.

Ripley, B.D. (1981) *Spatial Statistics*. New York: John Wiley & Sons.

Scott, D. (1992) *Multivariate Density Estimation: Theory, Practice, and Visualization*. New York: John Wiley & Sons.

Silverman, B.W. (1986) *Density Estimation for Statistics and Data Analysis*. London: Chapman & Hall.

Tufte, E.R. (1990) *Envisioning Information*. Cheshire, CT: Graphics Press.

Wackernagel, H. (2003) *Multivariate Geostatistics*. Berlin: Springer.

## 第7章

Anselin, L. (1995) Local indicators of spatial association - LISA. *Geographical Analysis*, 27: 93-115.

Anselin, L. (1996) The Moran scatterplot as an ESDA tool to assess local instability in spatial association. In M.M. Fischer, H.J. Scholten and D. Unwin (eds), *Spatial Analytical Perspectives on GIS*, pp. 111-125. London: Taylor & Francis.

Bartlett, M.S. (1936) The square root transformation in analysis of variance. *Supplement to the Journal of the Royal Statistical Society*, 3(1): 68-78.

Belsley, D.A., Kuh, E. and Welsch, R.E. (1980) *Regression Diagnostics*. New York: John Wiley & Sons.

Besag, J. (1974) Spatial interaction and the statistical analysis of lattice systems (with discussion). *Journal of the Royal Statistical Society, Series B*, 36: 192-236.

Besag, J. and Kooperberg, C. (1995) On conditional and intrinsic autoregressions. *Biometrika*, 82(4): 733-746.

Cliff, A.D. and Ord, J. K. (1973) *Spatial Autocorrelation*. London: Pion.

Cliff, A.D. and Ord, J.K. (1981) *Spatial Processes: Methods and Applications*. London: Pion.

Cook, R.D. and Weisberg, S. (1982) *Residuals and Influence in Regression*. London: Chapman & Hall.

Cressie, N. (1991) *Statistics for Spatial Data*. New York: John Wiley & Sons.

de Jong, P., Sprenger, C. and van Veen, F. (1984) On extreme values of Moran's I and Geary's c. *Geographical Analysis*, 16(1): 17-24.

Efron, B. (1979) Bootstrap methods: Another look at the jackknife. *Annals of Statistics*, 7: 1-26.

Fotheringham, A., Brunsdon, C. and Charlton, M. (2000). *Quantitative Geography: Perspectives on Spatial Analysis*. London: Sage.

Hope, A.C.A. (1968). A simplified Monte Carlo significance test procedure. *Journal of the Royal Statistical Society, Series B*, 30(3): 582-598.

Marcus, H. and Minc, H. (1988) *Introduction to Linear Algebra*. New York: Dover.

Moran, P. (1950) Notes on continuous stochastic phenomena. *Biometrika*, 37: 17-23.

Ord, J. K. (1975) Estimation methods for models of spatial interaction. *Journal of the American Statistical Association*, 70(349): 120-126.

Wall, M. M. (2004) A close look at the spatial structure implied by the CAR and SAR models. *Journal of Statistical Planning and Inference*, 121(2): 311-324.

Wickham, H. (2011) The split-apply-combine strategy for data analysis. *Journal of Statistical Software*, 40(1): 1-29.

Wickham, H., Cook, D., Hofmann, H. and Buja, A. (2010) Graphical inference for infovis. *IEEE Transactions on Visualization and computer Graphics*, 16(6): 973-979.

Wolpert, R. and Ickstadt, K. (1998) Poisson/gamma random field models for spatial statistics. *Biometrika*, 85(2): 251-267.

## 第8章

Anselin, L. (1995) Local indicators of spatial association - LISA. *Geographical Analysis*, 27: 93-115.

Benjamini, Y. and Hochberg, Y. (1995). Controlling the false discovery rate: A practical and powerful approach to multiple testing. *Journal of the Royal Statistical Society, Series B*, 57(1): 289-300.

Benjamini, Y. and Yekutieli, D. (2001) The control of the false discovery rate in multiple testing under dependency. *The Annals of Statistics*, 29(4): 1165-1188.

Brunsdon, C., Fotheringham, A.S. and Charlton, M. (1996) Geographically weighted regression: A method for exploring spatial nonstationarity. *Geographical Analysis*, 28: 281-289.

Brunsdon, C., Fotheringham, A.S. and Charlton, M. (2002) Geographically weighted summary statistics - a framework for localised exploratory data analysis. *Computers, Environment and Urban Systems*, 26(6): 501-524.

Ehrenberg, A. (1982) *A Primer in Data Reduction*. Chichester: John Wiley & Sons. Reprinted (2000) in the *Journal of Empirical Generalisations in Marketing Science*, 5: 1-391, and available from `http://www.empgens.com`.

Fotheringham, A.S., Brunsdon, C. and Charlton, M. (2002) *Geographically Weighted Regression: The Analysis of Spatially Varying Relationships*. Chichester: John Wiley & Sons.

Getis, A. and Ord, J. K. (1992) The analysis of spatial association by use of distance statistics. *Geographical Analysis*, 24(3): 189-206.

Harris, P., Brunsdon, C., and Charlton, M. (2011) Geographically weighted principal components analysis. *International Journal of Geographical Information Science*, 25(10): 1717-1736.

Harris, P., Fotheringham, A. and Juggins, S. (2010) Robust geographically weighed regression: A technique for quantifying spatial relationships between freshwater acidification critical loads and catchment attributes. *Annals of the Association of American Geographers*, 100(2): 286-306.

Holm, S. (1979) A simple sequentially rejective multiple test procedure. *Scandinavian Journal of Statistics*, 6: 65-70.

Ord, J.K. and Getis, A. (2010) Local spatial autocorrelation statistics: Distributional issues and an application. *Geographical Analysis*, 27(4): 286-306.

Permeger, T.V. (1998) What' s wrong with Bonferroni adjustments. *British Medical Journal*, 316: (1236).

Šidák, Z. (1967) Rectangular confidence region for the means of multivariate normal distributions. *Journal of the American Statistical Association*, 62: 626-633.

Tufte, E.R. (1983) *The Visual Display of Quantitative Information*. Cheshire, CT: Graphics Press.

Wilk, M. and Gnanadesikan, R. (1968) Probability plotting methods for the analysis of data. *Biometrika*, 55(1): 1-17.

## 第9章

Aho, A. (1990) Algorithms for finding patterns in strings. In J. van Leeuwen (ed.), *Handbook of Theoretical Computer Science, Volume A: Algorithms and Complexity*, pp. 255-300. Cambridge, MA: MIT Press.

Cleveland, W.S. (1979) Robust locally weighted regression and smoothing scatter-plots. *Journal of the American Statistical Association*, 74: 829-836.

Department for Communities and Local Government (2012) Tracking economic and child income deprivation at neighbourhood level in England, 1999-2009. Neighbourhoods Statistical Release. London: DCLG. https://www.gov.uk/government/uploads/system/uploads/attachment_data/file/36446/Tracking_Neighbourhoods_Stats_Release.pdf

Friedl, J. (2002) *Mastering Regular Expressions.* Sebastopol, CA: O'Reilly.

# 付録A sf パッケージ

湯谷啓明・執筆[1)]

R の地理空間データ分析のツール群は，長らく sp パッケージを中心として発展してきた．しかし近年，sf パッケージ[2)]がそのエコシステムを塗り替えつつある．具体的な分析手法に関わるパッケージはまだ sp パッケージを軸足としていることも多いが，データ操作や可視化においてはすでに sf パッケージに分がある．分析は本書で紹介されたような定番パッケージに頼る場合でも，データの前処理や探索的分析のために sf パッケージの使い方を覚えておいて損はないだろう．

この付録では，sf パッケージについて概説するとともに，第 2 章から第 5 章で見てきた地理空間データの操作や可視化を sf パッケージを用いて実現する方法について検討していく．詳細な情報については，sf パッケージのビネット[3)]やオンライン上で公開されている「Geocomputation with R」[4)]を参照されたい．

## A.1 sf パッケージとは

sf パッケージは，simple features（正式には Simple Feature Access, SFA）という現在主流の GIS データの規格を R で扱うためのパッケージであり，sp パッケージの開発者でもある Edzer Pebesma 教授を中心に開発が進められている．

SFA にはさまざまなデータ型が定義されているが，主要なものは点，線，ポリゴンとその組み合わせで表される表 A.1 の 7 つがある．この他にも CURVE，SURFACE などがあるが，現状あまり使われていない．

sf パッケージが開発された大きな理由として，こうした SFA のデータを sp パッケージでは完全には表現できない，という問題がある．例えば，SFA の型と sp パッケージの対応関係は表 A.2 のようになっているが，LINESTRING や POLYGON と 1 対 1 に対応するデータ型は sp パッケージには存在しない．このため，LINESTRING や POLYGON を

---

[1)] この付録は，訳者の 1 人である湯谷啓明により訳者補遺として執筆されたものである．

[2)] https://r-spatial.github.io/sf/

[3)] https://r-spatial.github.io/sf/articles/

[4)] https://geocompr.robinlovelace.net/

表 A.1　SFA の主要な地物の型

| 地物の型 | 説明 |
|---|---|
| POINT | 点 |
| LINESTRING | 線 |
| POLYGON | ポリゴン |
| MULTIPOINT | 点の集合 |
| MULTILINESTRING | 線の集合 |
| MULTIPOLYGON | ポリゴンの集合 |
| GEOMETRYCOLLECTION | さまざまな型のデータの集合 |

表 A.2　SFA の地物の型と sp パッケージのクラスの対応関係

| SFA の地物の型 | sp パッケージのクラス |
|---|---|
| POINT | SpatialPoints |
| MULTIPOINT | SpatialMultiPoints |
| LINESTRING, MULTILINESTRING | SpatialLines |
| POLYGON, MULTIPOLYGON | SpatialPolygons |

sp パッケージのデータ型として読み込むことはできても，書き出すときにはそれぞれ MULTILINESTRING や MULTIPOLYGON に変わってしまうのだ．また，SFA のデータは，$X$ 軸，$Y$ 軸に加えて，$Z$ 軸，さらには $M$ 軸の座標を持つことがあるが，これも sp パッケージでは扱うことができない．

本書では sp パッケージのデータに対する操作は，rgeos パッケージの gIntersection() や gBuffer() といった g から始まる関数を多用していた．sf パッケージのデータに対しては，これに対応する st_intersection() や st_buffer() といった st_ から始まる関数が提供されている．rgeos パッケージ等の関数と sf パッケージの関数の対応は，詳細な対応表[5]も用意されているのでそちらもあわせて参照されたい．

ちなみに，st_ というプレフィックスは PostGIS[6]に由来するもので，“spatial and temporal” の略とされている[7]．関数の一部は sf パッケージ独自のもの（例えば，st_as_sf()）だが，多くは PostGIS にも同名の関数が存在している．関数の使い方を調べる際は，PostGIS に関するウェブサイトが役立つことも多い．

## A.2　sf パッケージのインストール

sf パッケージは install.packages() でインストールできる．

[5] https://github.com/r-spatial/sf/wiki/Migrating．作者は「Geocomputation with R」の著者の 1 人でもある Jakub Nowosad 氏．

[6] https://postgis.net/

[7] https://r-spatial.github.io/sf/articles/sf1.html#how-simple-features-in-r-are-organized

```
install.packages("sf")
```

通常，Windows や Mac ではあらかじめコンパイルされたパッケージがインストールされるので，追加の作業は特に必要ない．Linux の場合は，コンパイルに必要な GDAL や GEOS などのライブラリがあらかじめインストールされている必要がある．詳しくは公式のドキュメント[8]を参照されたい．

## A.3 sf パッケージのクラス

sf パッケージにおいては，SFA のデータは以下の 3 つのクラスを用いて表される．

- sfg クラス：個別の地物
- sfc クラス：地物の集合（具体的には，sfg クラスのオブジェクトのリスト）
- sf クラス：地物とその属性の集合（具体的には，sfc クラスのオブジェクトを列の 1 つとして含むデータフレーム）

なお，この付録ではこれ以降，便宜上，「sf クラスのオブジェクト」は「sf オブジェクト」のように表記する．特に sf オブジェクトが保持しているデータ自体を指す場合は，「sf クラスのデータ」のように表記することもある．また，sfg クラス，sfc クラス，sf クラス，あるいはそのオブジェクトを総称する場合には「sf パッケージのクラス」「sf パッケージのデータ」のように表記する．

### A.3.1 sfg クラス

sfg クラスは個別の地物を表すデータ型である．例えば，明石市立天文科学館の場所の点を表す sfg オブジェクトを作成してみよう．点，つまり POINT の sfg オブジェクトを作成するには，st_point() という関数を使う．点の座標は，まとめて 1 つの数値ベクトルとして渡す．数値ベクトルの 1 番目の値が $X$ 座標（経度），2 番目の値が $Y$ 座標（緯度）を表す[9]．今回は，明石市立天文科学館の座標が北緯 34.65 度（34 度 39 分），東経 135.0 度なので[10]，c(135, 34.65) を渡そう．

```
library(sf)
## Linking to GEOS 3.6.1, GDAL 2.2.3, proj.4 4.9.3

p1_sfg <- st_point(c(135, 34.65))
```

作成された sfg オブジェクトの中身を確認してみよう．sfg オブジェクトのデータは

[8] https://github.com/r-spatial/sf#installing

[9] $Z$ 座標や $M$ 座標を指定する場合は 3 番目や 4 番目の値があることもある．

[10] http://crd.ndl.go.jp/reference/detail?page=ref_view&id=1000024493

「地物のタイプ (座標)」という形式[11)]で表示される.

```
p1_sfg
## POINT (135 34.65)
```

他にも, LINESTRING の作成には st_linestring(), MULTIPOINT の作成には st_multipoint() といったように, それぞれの型に対応する関数が存在する. もう一つ例を挙げると, LINESTRING は複数の点の座標を行列として与えることで作成される.

```
mat <- rbind(c(0, 0), c(1, 1))
st_linestring(mat)
## LINESTRING (0 0, 1 1)
```

ちなみに, sfg オブジェクトは座標参照系 (coordinate reference system, CRS)[12)]の情報を持たない. p1_sfg の $X$ 座標である 135 が 135 度を表しているのか, 135 メートルを表しているのか, 135 マイルを表しているのか, このコードだけでは確定しないことに注意しよう. 座標参照系は sfc オブジェクトや sf オブジェクトを作成する際に指定する.

### A.3.2 sfc クラス

sfc クラスは, 複数の sfg オブジェクトからなるデータ型だ. st_sfc() という関数に sfg オブジェクトを渡すことで作成できる. 座標参照系も同時に指定することができる. ここでは EPSG コード 4326 (測地系が WGS84 で地理座標系) を使っておこう.

```
p1_sfc <- st_sfc(p1_sfg, crs = 4326)
```

この p1_sfc は 1 つの点しか含まないが, 上述のように複数の sfg オブジェクトを含むことができる. 試しに, ここにグリニッジ天文台 (北緯 51.47 度 (51 度 28 分), 西経 0 度) の位置を表す点 p2_sfg も加えてみよう.

```
p2_sfg <- st_point(c(0, 51.47))

p_sfc <- st_sfc(p1_sfg, p2_sfg, crs = 4326)
```

これで 2 点を含む sfc オブジェクトができた. sfc のデータを表示してみると, 座標

11) WKT(well-known text) というデータフォーマット. 参考 : https://en.wikipedia.org/wiki/Well-known_text

12) 本書では「投影法」という語を用いていたが, この付録では「座標参照系」という語を使う. どのように 2 次元に投影するかということが関心事である限り, 大まかに同じ概念を指していると考えて差し支えない. より詳しくは, https://www.esrij.com/gis-guide/coordinate-and-spatial/coordinate-system/ や https://geocompr.robinlovelace.net/spatial-class.html#crs-intro を参照されたい.

参照系や bbox（地物の範囲）などオブジェクト全体に関する情報がまず表示され，含まれる sfg の情報がその下に続く．

```
p_sfc
## Geometry set for 2 features
## geometry type:  POINT
## dimension:      XY
## bbox:           xmin: 0 ymin: 34.65 xmax: 135 ymax: 51.47
## epsg (SRID):    4326
## proj4string:    +proj=longlat +datum=WGS84 +no_defs
## POINT (135 34.65)
## POINT (0 51.47)
```

### A.3.3 sf クラス

sf クラスは，sfc オブジェクトとその各地物の属性を持つデータ型である．データフレームの拡張として実装されており，通常のデータフレームと同様の感覚で操作できるのが特徴である．

sf オブジェクトを作成するには st_sf() という関数を使う．この関数は data.frame() と同じく，引数に「列名 = ベクトル」の形式で列を指定する．列のうち 1 つは sfc オブジェクトである必要がある．例えば，sfc クラスの geomtery 列に加えて，属性の値の name 列，value 列を持つ sf オブジェクトを作成するには，以下のようにする．

```
p_sf <- st_sf(name = c("Akashi", "Greenwich"),
              value = c(1, 2),
              geometry = p_sfc)
```

sf クラスのデータの表示は sfc クラスのときと似ている．まず座標参照系や bbox（地物の範囲）などの情報が表示され，その下にデータフレームとしてのデータの中身が続く．

```
p_sf
## Simple feature collection with 2 features and 2 fields
## geometry type:  POINT
## dimension:      XY
## bbox:           xmin: 0 ymin: 34.65 xmax: 135 ymax: 51.47
## epsg (SRID):    4326
## proj4string:    +proj=longlat +datum=WGS84 +no_defs
##        name value          geometry
## 1    Akashi     1 POINT (135 34.65)
## 2 Greenwich     2   POINT (0 51.47)
```

## A.4 sf パッケージのデータのサブセット操作

sf クラスはデータフレームであり，sfc クラスはリストであることはすでに述べた．実際，これらのクラスのオブジェクトは，通常のデータフレームやリストと同じように操作できる．サブセット操作はその好例である．

### A.4.1 sf オブジェクトのサブセット操作

sf クラスのオブジェクトは通常のデータフレームと同じく，[] でそのサブセットを取り出すことができる．例えば，p_sf から 1 行目だけを取り出すには，以下のように行インデックスを指定する．

```
p_sf[1, ]
## Simple feature collection with 1 feature and 2 fields
## geometry type:  POINT
## dimension:      XY
## bbox:           xmin: 135 ymin: 34.65 xmax: 135 ymax: 34.65
## epsg (SRID):    4326
## proj4string:    +proj=longlat +datum=WGS84 +no_defs
##     name value           geometry
## 1 Akashi     1 POINT (135 34.65)
```

指定した列だけを取り出すこともできる．例えば，value 列だけを取り出してみよう．なお，geometry 列は sf のデータにとって必須の列なので，指定しなくても自動的に含まれるようになっている．

```
p_sf[, "value"]
## Simple feature collection with 2 features and 1 field
## geometry type:  POINT
## dimension:      XY
## bbox:           xmin: 0 ymin: 34.65 xmax: 135 ymax: 51.47
## epsg (SRID):    4326
## proj4string:    +proj=longlat +datum=WGS84 +no_defs
##   value          geometry
## 1     1 POINT (135 34.65)
## 2     2   POINT (0 51.47)
```

sf オブジェクトから sfc オブジェクトを取り出すには，単純に$や [[]] に sfc の列名を指定すればよい．p_sf の場合は geometry 列なので，具体的には以下のようになる．

```
p_sf$geometry
p_sf[["geometry"]]
```

または，st_geometry() という専用の関数を使う．sfc の列の名前があらかじめわからない場合は，こちらを使った方が確実だろう．

```
st_geometry(p_sf)
```

### A.4.2 sfc オブジェクトのサブセット操作

sfc オブジェクトは通常のリストと同じく，[] でそのサブセットを取り出すことができる．1 番目の地物だけに絞り込みたい場合は以下のようにする．

```
p_sfc[1]
## Geometry set for 1 feature
## geometry type:  POINT
## dimension:      XY
## bbox:           xmin: 135 ymin: 34.65 xmax: 135 ymax: 34.65
## epsg (SRID):    4326
## proj4string:    +proj=longlat +datum=WGS84 +no_defs
## POINT (135 34.65)
```

sfc オブジェクトの中身の sfg オブジェクトを取り出したい場合は [[]] を使う．1 番目の sfg オブジェクトを取り出すには以下のようにする．

```
p_sfc[[1]]
## POINT (135 34.65)
```

## A.5 dplyr パッケージ

sf クラスは，データフレーム操作の定番である dplyr パッケージ[13]に対応している．例えば，dplyr パッケージの filter() は条件を満たす行のみにデータを絞り込む関数だが，name 列が"Akashi"のデータのみに絞り込むには以下のようにする．filter() などの関数の中では，データフレームの列名を変数のように使うことができる．

```
library(dplyr)

filter(
```

[13] https://dplyr.tidyverse.org/

```
  p_sf,
  name == "Akashi"
)
```

なお，dplyr パッケージを使ってコードを書く際は，%>% 演算子を用いるテクニックがよく使われる．この演算子は，左から渡されたものを右の関数の第一引数に入れ込む，というもので，これを使うと f(x, y) を x %>% f(y) と書くことができる．具体的には，上記のコードは以下と等価になる．

```
p_sf %>%
  filter(name == "Akashi")
```

## A.6 地物の型の変換

点を線に，線をポリゴンに変換したい，といった場合がしばしばある．本書に登場した例としては，5.8.1 項の「ラスタ形式からベクタ形式への変換」で，ポリゴンのエッジ上のラスタだけを抜き出すために線に変換する処理があった．sp パッケージのデータの場合，これには as() を使ったことを思い出してほしい．コードを再掲すると，以下のように SpatialPolygonsDataFrame クラスである us_states2 を SpatialLinesDataFrame クラスに変換していた．

```
us_outline <- as(us_states2 , "SpatialLinesDataFrame")
```

sf パッケージの場合，地物の型を変換するには st_cast() を使う．例えば，以下の 3 点を結ぶ線をポリゴンに変換してみよう．st_cast() に変換したいオブジェクトを渡し，変換したい地物の型を文字列で指定する．ポリゴンなら "POLYGON" である．

```
l_sfg <- st_linestring(rbind(c(0,0), c(1,0), c(0, 1)))

st_cast(l_sfg, "POLYGON")
## POLYGON ((0 0, 1 0, 0 1, 0 0))
```

同様に，この線を点に変換してみよう．しかし，今回は単純に "POINT" に変換しようとしてもうまくいかない．1 点目 ((0, 0)) だけになってしまう．

```
st_cast(l_sfg, "POINT")
## Warning in st_cast.LINESTRING(l_sfg, "POINT"): point from first
## coordinate only
## POINT (0 0)
```

これは，線は複数の点で構成されている一方，POINT は 1 点のみを表す型だからだ．線を点に変換する場合，複数の点を表す MULTIPOINT に変換するのが適切だろう．

```
st_cast(l_sfg, "MULTIPOINT")
## MULTIPOINT (0 0, 1 0, 0 1)
```

あるいは，一度 sfc クラスや sf クラスにしてから，それを st_cast() するという方法もある．sf クラスの場合，属性値は新しくできる各行に引き継がれる．

```
# sfc に変換
l_sfc <- st_sfc(l_sfg)
st_cast(l_sfc, "POINT")
## Geometry set for 3 features
## geometry type:  POINT
## dimension:      XY
## bbox:           xmin: 0 ymin: 0 xmax: 1 ymax: 1
## epsg (SRID):    NA
## proj4string:    NA
## POINT (0 0)
## POINT (1 0)
## POINT (0 1)

# sf に変換
l_sf <- st_sf(value = 1, geometry = l_sfc)
st_cast(l_sf, "POINT")
## Warning in st_cast.sf(l_sf, "POINT"): repeating attributes for all
## sub-geometries for which they may not be constant
## Simple feature collection with 3 features and 1 field
## geometry type:  POINT
## dimension:      XY
## bbox:           xmin: 0 ymin: 0 xmax: 1 ymax: 1
## epsg (SRID):    NA
## proj4string:    NA
##     value    geometry
## 1       1 POINT (0 0)
## 1.1     1 POINT (1 0)
## 1.2     1 POINT (0 1)
```

## A.7 sp パッケージと sf パッケージ間のデータ変換

sp パッケージのクラスを sf パッケージのクラスに変換するには st_as_sf() を使う．

例えば，GISTools パッケージに含まれる SpatialPloygonsDataFrame クラスのデータ torn を sf クラスに変換してみよう．

```
# tornados データセットを読み込み
data(tornados, package = "GISTools")

# sp パッケージのデータ形式
is(torn)
## Loading required package: sp
## [1] "SpatialPointsDataFrame" "SpatialPoints"
## [3] "Spatial"

torn_sf <- st_as_sf(torn)

torn_sf
## Simple feature collection with 46931 features and 23 fields
## geometry type:  POINT
## dimension:      XY
## bbox:           xmin: -163.53 ymin: 18.2 xmax: -64.9 ymax: 61.02
## epsg (SRID):    4326
## proj4string:    +proj=longlat +ellps=WGS84 +no_defs
## First 10 features:
##   TORNADX020 YEAR NUM STATE MONTH DAY       DATE TOR_NO NO_STS STATE_TOR
## 0          1 1950   1    01     4  18 4/18/1950     53      1         1
## 1          2 1950   2    01     4  18 4/18/1950     54      1         1
## 2          3 1950   1    05     1  13 1/13/1950      4      1         1
## 3          4 1950   2    05     2  12 2/12/1950     19      1         1
## 4          5 1950   3    05     2  12 2/12/1950     23      1         1
## 5          6 1950   4    05     3  26 3/26/1950     33      1         1
## 6          7 1950   5    05     3  26 3/26/1950     34      1         1
## 7          8 1950   6    05     3  26 3/26/1950     35      1         1
## 8          9 1950   7    05     3  26 3/26/1950     36      1         1
## 9         10 1950   8    05     3  26 3/26/1950     37      1         1
##   SEGNO STLAT STLON SPLAT SPLON LGTH WIDTH FATAL INJ DAMAGE F_SCALE
## 0     1 30.67 88.20 30.85 88.10  140    30     0  15      4       3
## 1     1 30.70 87.92  0.00  0.00   20    45     0   0      3       2
## 2     1 34.40 94.37  0.00  0.00    6     5     1   1      3       3
## 3     1 34.48 92.40  0.00  0.00    1    30     0   0      3       2
## 4     1 33.27 92.95 33.35 92.95   57    30     0   0      4       2
## 5     1 34.12 93.07 34.32 92.88  174    45     0   3      4       2
## 6     1 36.15 91.83 36.20 91.75   57    60     0   1      5       3
## 7     1 34.70 92.35 34.80 92.22  104   180     0   7      5       2
## 8     1 34.98 91.73 35.08 91.50  149   528     0  20      5       3
## 9     1 35.10 91.40 35.15 91.33   54   250     0   2      0       2
##   coords.x1 coords.x2               geometry
## 0    -88.20     30.67  POINT (-88.2 30.67)
## 1    -87.92     30.70  POINT (-87.92 30.7)
## 2    -94.37     34.40  POINT (-94.37 34.4)
```

```
## 3    -92.40      34.48  POINT (-92.4 34.48)
## 4    -92.95      33.27 POINT (-92.95 33.27)
## 5    -93.07      34.12 POINT (-93.07 34.12)
## 6    -91.83      36.15 POINT (-91.83 36.15)
## 7    -92.35      34.70  POINT (-92.35 34.7)
## 8    -91.73      34.98 POINT (-91.73 34.98)
## 9    -91.40      35.10   POINT (-91.4 35.1)
```

また逆に，sf パッケージのクラスを sp パッケージのクラスに変換するには as() に "Spatial" を指定すればよい．

```
torn_sp <- as(torn_sf, "Spatial")

# sp パッケージのデータ形式
is(torn_sp)
## [1] "SpatialPointsDataFrame" "SpatialPoints"
## [3] "Spatial"
```

このように，sp パッケージと sf パッケージ間のデータの変換は簡単にできる．変換によって失われてしまう情報もあるが，sp パッケージのクラスに変換すれば sp パッケージのクラスにしか対応していないパッケージも使うことができる．sf パッケージが完全に sp パッケージのエコシステムを置き換えるまでは変換に頼ることになる場面も多いだろう．

## A.8 データフレームへの変換

sp パッケージのデータは（明示的には説明されていなかったが）as.data.frame() で属性データのみを抜き出してデータフレームに変換することができた．

```
torn_df <- as.data.frame(torn)
head(torn_df)
##   TORNADX020 YEAR NUM STATE MONTH DAY       DATE TOR_NO NO_STS
## 0          1 1950   1    01     4  18 4/18/1950     53      1
## 1          2 1950   2    01     4  18 4/18/1950     54      1
## 2          3 1950   1    05     1  13 1/13/1950      4      1
## 3          4 1950   2    05     2  12 2/12/1950     19      1
## 4          5 1950   3    05     2  12 2/12/1950     23      1
## 5          6 1950   4    05     3  26 3/26/1950     33      1
##   STATE_TOR SEGNO STLAT STLON SPLAT SPLON LGTH WIDTH FATAL INJ
## 0         1     1 30.67 88.20 30.85 88.10  140    30     0  15
## 1         1     1 30.70 87.92  0.00  0.00   20    45     0   0
```

```
## 2          1     1 34.40 94.37  0.00  0.00    6    5    1  1
## 3          1     1 34.48 92.40  0.00  0.00    1   30    0  0
## 4          1     1 33.27 92.95 33.35 92.95   57   30    0  0
## 5          1     1 34.12 93.07 34.32 92.88  174   45    0  3
##   DAMAGE F_SCALE coords.x1 coords.x2 coords.x1.1 coords.x2.1
## 0      4       3    -88.20     30.67      -88.20       30.67
## 1      3       2    -87.92     30.70      -87.92       30.70
## 2      3       3    -94.37     34.40      -94.37       34.40
## 3      3       2    -92.40     34.48      -92.40       34.48
## 4      4       2    -92.95     33.27      -92.95       33.27
## 5      4       2    -93.07     34.12      -93.07       34.12
```

as.data.frame() は sf オブジェクトにも使うことができるが，少し意味合いが異なる．sp パッケージのデータに対しては「属性データのみを抜き出す」という操作だったが，sf オブジェクトの場合は sfc の列も残してそのままデータフレームに変換される．

```
torn_df2 <- as.data.frame(torn_sf)

# geometry 列が残っている
colnames(torn_df2)
##  [1] "TORNADX020" "YEAR"       "NUM"        "STATE"
##  [5] "MONTH"      "DAY"        "DATE"       "TOR_NO"
##  [9] "NO_STS"     "STATE_TOR"  "SEGNO"      "STLAT"
## [13] "STLON"      "SPLAT"      "SPLON"      "LGTH"
## [17] "WIDTH"      "FATAL"      "INJ"        "DAMAGE"
## [21] "F_SCALE"    "coords.x1"  "coords.x2"  "geometry"
```

属性データだけを抜き出したい場合は，st_set_geometry() に NULL を渡す方法が使える．これは sf オブジェクトの地物の列を設定するために使う関数だが，NULL を指定した場合は逆に地物の列を削除する．

```
torn_df3 <- st_set_geometry(torn_sf, NULL)

# geometry 列が消えている
colnames(torn_df3)
##  [1] "TORNADX020" "YEAR"       "NUM"        "STATE"
##  [5] "MONTH"      "DAY"        "DATE"       "TOR_NO"
##  [9] "NO_STS"     "STATE_TOR"  "SEGNO"      "STLAT"
## [13] "STLON"      "SPLAT"      "SPLON"      "LGTH"
## [17] "WIDTH"      "FATAL"      "INJ"        "DAMAGE"
## [21] "F_SCALE"    "coords.x1"  "coords.x2"
```

## A.9 sf のデータの基礎的なプロット（2.4.1 項）

2.4.1 項の「基礎的なプロットツール」では空間データのプロットを扱った．sf パッケージのデータもほぼ同様の方法でプロットすることができる．また，近年では，単にプロットするだけではなく，インタラクティブな地図の上にデータを可視化するパッケージも数多く登場している．本節ではそのうちのいくつかを紹介する．

### A.9.1 plot() によるプロット

第 2 章の図 2.4 で用いたデータ georgia.polys は GISTools パッケージの georgia データセットに含まれる．

```
data(georgia, package = "GISTools")
```

georgia データセットには，georgia.poly，georgia，georgia2 の 3 つのデータが含まれる．このうち，georgia.poly は行列のリストで，それ以外は SpatialPolygonsDataFrame クラスである．ここでは，georgia2 を sf クラスに変換して使うこととする．すでに述べたように，sp パッケージの各クラスから sf クラスへの変換は st_as_sf() を用いる．

```
georgia2_sf <- st_as_sf(georgia2)
## Loading required package:  sp
```

図 2.4 はここから 1 番目のデータ（Appling 郡）だけを抜き出して描かれたものだった．同様に，georgia2_sf から 1 行目のデータだけを抜き出して plot() してみよう．結果は図 A.1 に示す．

```
plot(georgia2_sf[1, ])
## Warning:  plotting the first 9 out of 14 attributes; use
## max.plot = 14 to plot all
```

複数のプロットが描かれた．plot() を sf オブジェクトに対して使うと，各属性についてのプロットが作成される．デフォルトでは 9 つのプロットだけだが，警告に表示されているように max.plot 引数で表示数を変えることもできる．これはデータの素早い探索の際に便利な挙動だが，今回は地物のポリゴンの輪郭を描きたいだけなので求めている結果ではない．sf オブジェクトではなく，その中の sfc オブジェクトだけを plot() に渡してみよう．georgia2_sf は geometry 列が sfc クラスの列なので，それを$で抜き出せばよい．

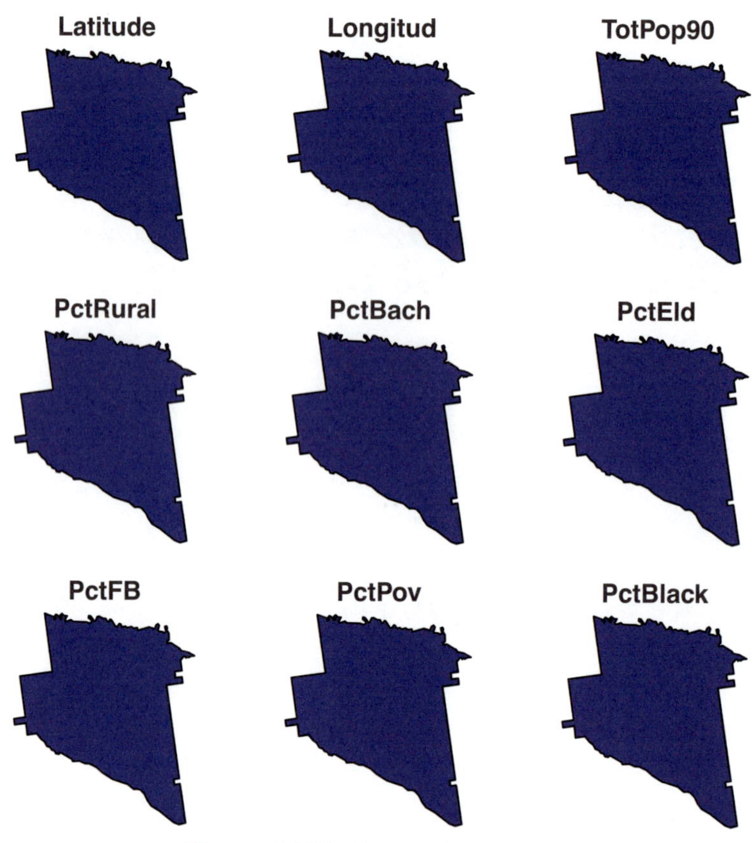


図 **A.1**　各属性ごとの Appling 郡の地図

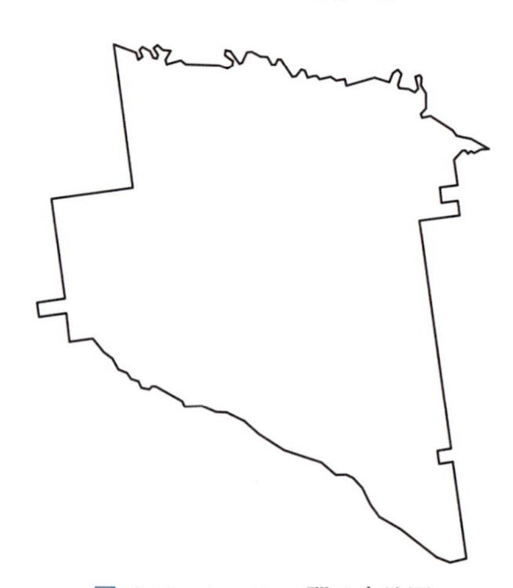

図 **A.2**　Appling 郡の白地図

```
plot(georgia2_sf$geometry[1])
```

今度は望み通りの白地図が描かれた（図 A.2）.

`plot()` は `sf` パッケージのクラスが持つ地物の型に応じて自動的にプロットの種類を

変えてくれる．今回プロットした georgia2_sf の地物は POLYGON なのでポリゴンが描かれたが，例えば POINT ならば点が，LINESTRING ならば線が描かれる．

plot() にはさまざまなオプションが用意されている．詳しくは sf パッケージのビネット[14]を参照されたい．

### A.9.2 ggplot2 パッケージによるプロット

ggplot2 パッケージ[15]は，近年，プロット作成のツールとして人気がある．抽象化された文法によってさまざまなグラフを柔軟に描けるのが特徴だ．sf クラスのデータのプロットについては，2018 年 7 月 3 日にリリースされたバージョン 3.0.0 で専用の機能が追加された．

ggplot2 パッケージは記法がやや特殊なため，詳しい説明は他書[16]に譲る．基本的には以下のように + 演算子でプロットやオプション（軸の種類，スタイルなど）を重ねていくという書き方になる．

```
ggplot(データ) +
  プロットの種類 1 +
  プロットの種類 2 +
  ...
```

プロットを追加するには geom_ というプレフィックスのついた関数を用いる．例えば，散布図であれば geom_point()，折れ線グラフであれば geom_line() といった関数が用意されている．

sf クラスのデータのプロットには geom_sf() という専用の関数を使う．geom_sf() も，plot() と同じくデータの型によってプロットの種類（点，線，ポリゴン）を自動的に選んでくれる．例えば，georgia2_sf は POLYGON なのでポリゴンが描かれる（図 A.3）．

```
library(ggplot2)

ggplot(georgia2_sf) +
  geom_sf() +
  # 背景を白くする
  theme_bw()
```

当然，plot() と同じく，線の色や塗りの色，線の種類などのオプションも自在に指定することができる．以降の例の中で必要に応じて説明していく．

---

[14] https://r-spatial.github.io/sf/articles/sf5.html

[15] https://ggplot2.tidyverse.org/

[16] 松村他『R ユーザのための RStudio［実践］入門』（技術評論社，2018）など．

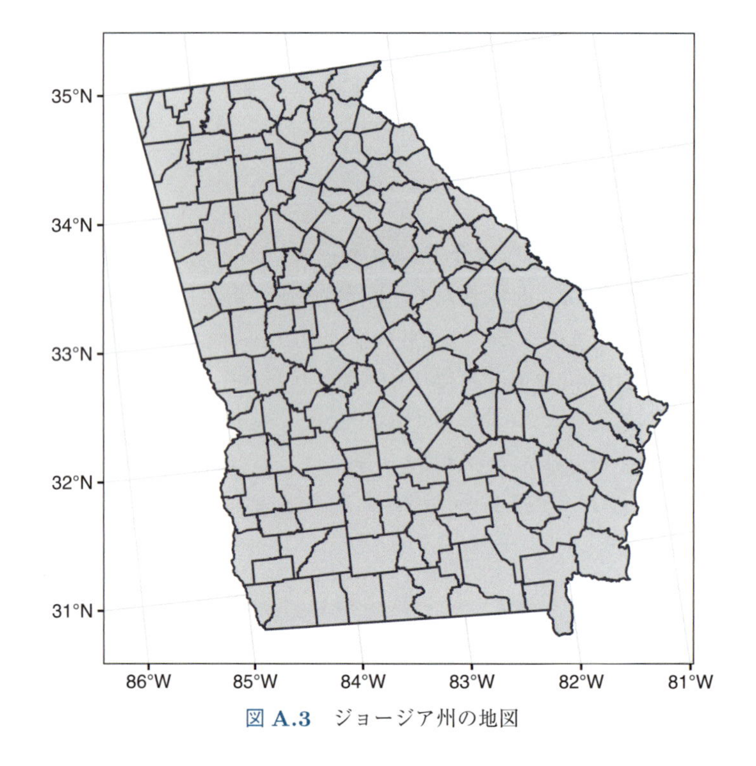


図 **A.3**　ジョージア州の地図

## A.9.3 mapview パッケージなどによるインタラクティブな地図

mapview パッケージ[17)]は，sf パッケージや raster パッケージ，sp パッケージ等のクラスのデータをインタラクティブに可視化するためのパッケージである．さまざまなオプションがあるが，基本的には，mapview() という関数にオブジェクトを渡すだけで図 A.4 のようなインタラクティブな地図ができあがる．ドラッグして地図を動かしたり，ズームレベルを変えたりできるだけでなく，左のひし形が重なったようなアイコンから見たい属性値を選んで可視化することができる．

```
library(mapview)

mapview(georgia2_sf)
```

mapview パッケージは，leaflet パッケージ[18)]という同名の JavaScript のフレームワーク[19)]を R から使うパッケージの上に成り立っている．大抵は mapview パッケージで事足りるが，より手の込んだ地図を作りたい場合には leaflet パッケージが便利かもしれない．例えば，地図タイルの種類を変えるとき，mapview パッケージではあらかじめ決められた選択肢の中からしか選べないが，leaflet パッケージでは任意の地図タイル画

[17)] https://r-spatial.github.io/mapview/
[18)] https://rstudio.github.io/leaflet/
[19)] https://leafletjs.com/

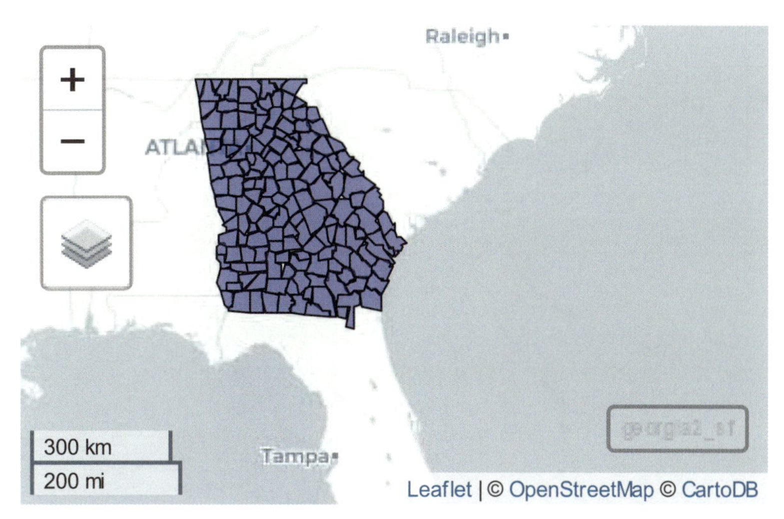


図 **A.4**　mapview パッケージによるインタラクティブな地図

像を使うことができる．以下のコードは，国土地理院が提供している白地図タイル[20]上に明石市立天文科学館の位置を示すマーカーを置くという例だ．結果は図 A.5 に示す．

```
library(leaflet)

# 明石市立天文科学館
p1 <- c(135, 34.65)
p1_sfg <- st_point(p1)
p1_sfc <- st_sfc(p1_sfg, crs = 4326)

# 出典を明示
atr <- paste0(
  "<a href='http://maps.gsi.go.jp/development/ichiran.html' target='_blank'>",
  "地理院タイル",
  "</a>"
)

leaflet(p1_sfc) %>%
  # 地図タイルを追加
  addTiles("http://cyberjapandata.gsi.go.jp/xyz/blank/{z}/{x}/{y}.png",
           attribution = atr) %>%
  # 明石市立天文科学館の位置にマーカーを追加
  addMarkers() %>%
  # 場所を調整
  setView(lng = p1[1], lat = p1[2], zoom = 9)
```

このように R と JavaScript を橋渡しするような可視化パッケージは近年増えてきてお

[20] http://maps.gsi.go.jp/help/use.html

図 A.5　leaflet パッケージによるインタラクティブな地図

り，例えば，WebGL[21]による可視化フレームワーク deck.gl[22]を R から使う mapdeck パッケージ[23]は興味深い試みである．

## A.10　sf データの読み書き（2.5.3 項）

2.5.3 項の「地理データファイル」では，writePolyShape() や readShapePoly() といった関数でシェープファイルを読み書きする方法が説明された．sf パッケージにおいては，st_write() および st_read() という関数が用意されている．これらの関数はさまざまなデータ形式のファイルやデータベースに対応しており，特に指定しなくてもファイルの拡張子などからデータ形式を判定してくれる．例えば，sf パッケージに同梱されているノースカロライナ州のシェープファイルを読み込んでみよう．st_read() にシェープファイルのパスを指定すれば，.shp という拡張子からシェープファイルであると自動的に判定される．

```
nc <- st_read(system.file("shape/nc.shp", package = "sf"),
              stringsAsFactors = FALSE)
## Reading layer 'nc' from data source 'C:\path\to\R\win-library\3.5\sf\shape\nc.shp'
## using driver 'ESRI Shapefile'
## Simple feature collection with 100 features and 14 fields
## geometry type:  MULTIPOLYGON
## dimension:      XY
## bbox:           xmin: -84.32385 ymin: 33.88199 xmax: -75.45698 ymax: 36.58965
## epsg (SRID):    4267
```

21) ウェブブラウザ上で 3D のコンテンツを表示するための標準仕様．

22) https://deck.gl/

23) https://github.com/SymbolixAU/mapdeck

```
## proj4string:    +proj=longlat +datum=NAD27 +no_defs
```

stringsAsFactors は文字列を因子型に変換するかどうかを指定するオプションで，近年では変換しない (FALSE) 方が便利なことが多い．ほかにしばしば使う引数としては，options がある．データの種類によってさまざまなオプションが存在するが，それらはこの引数に指定する．例えば，UTF-8 以外の文字コードのシェープファイルを読み込む場合は ENCODING を指定する．Shift-JIS のデータを読み込む場合は以下のコードのようにする．

```
st_read("日本語のデータ.shp",
        stringsAsFactors = FALSE,
        options = c("ENCODING=CP932"))
```

st_read() にはほかにもいくつかオプションがある．詳しくはヘルプを参照されたい．

今度は逆に，この nc をシェープファイル形式で書き出してみよう．st_write() に，書き出したい sf のオブジェクトと .shp という拡張子を持つファイルのパスを指定する．

```
# .shp という拡張子を持つ一時ファイルをつくる
tmp_shp_file <- tempfile(fileext = ".shp")
st_write(nc, tmp_shp_file)
## Writing layer 'file2064d4967bb' to data source
## 'C:\path\to\tmp.shp' using driver 'ESRI Shapefile'
## features:       100
## fields:         14
## geometry type:  Multi Polygon
```

sf パッケージは，他にも GeoJSON や PostGIS など多様なデータソースを扱うことができる．詳しくはビネット[24)]を参照されたい．

## A.11 sf のデータと座標参照系（3.2.2 項）

3.2.2 項の「GISTools パッケージに含まれる空間データ」では plot() に add = TRUE を指定して複数のデータを重ねてプロットする方法が説明された．同じことを sf パッケージと ggplot2 パッケージで行うには，座標参照系について少し意識する必要がある．第 3 章の図 3.2 のプロットを再現することを足掛かりに，sf パッケージにおける座標参照系の操作について見ていこう．

まずは，必要なデータを読み込んで st_as_sf() で sf に変換する．

---

[24)] https://r-spatial.github.io/sf/articles/sf2.html

```
# データを読み込み
data(newhaven, package = "GISTools")

# sf に変換
blocks_sf <- st_as_sf(blocks)
roads_sf <- st_as_sf(roads)
```

この2つのデータは，単純に ggplot2 パッケージでプロットしようとしてもエラーになってしまう．

```
ggplot() +
  geom_sf(data = blocks_sf) +
  geom_sf(data = roads_sf)
## Error in st_transform.sfc(st_geometry(x), crs, ...):
## sfc object should have crs set
```

この原因は，エラーメッセージにもあるように，roads_sf が座標参照系の情報を持たないためである．sf オブジェクト（あるいは sfc オブジェクト）の座標参照系は st_crs() で確認することができる．

```
# blocks_sf は座標参照系の情報を持つ
st_crs(blocks_sf)
## Coordinate Reference System:
##   No EPSG code
##   proj4string:  "+proj=lcc +lat_1=41.8666666666684
##     +lat_2=41.2000000000004 +lat_0=40.833333333335
##     +lon_0=-72.75000000000151 +x_0=182880.3657607315
##     +y_0=0 +ellps=clrk66 +nadgrids=@conus,@alaska,
##     @ntv2_0.gsb,@ntv1_can.dat +units=us-ft +no_defs"

# roads_sf には座標参照系が設定されていない
st_crs(roads_sf)
## Coordinate Reference System:  NA
```

ここは，同じデータセットである blocks_sf の座標参照系に合わせておこう．座標参照系を設定するには，st_set_crs() を使う．

```
roads_sf <- st_set_crs(roads_sf, st_crs(blocks_sf))
```

もう一度 st_crs() の結果を見てみると，blocks_sf と同じ座標参照系が設定されていることがわかる．

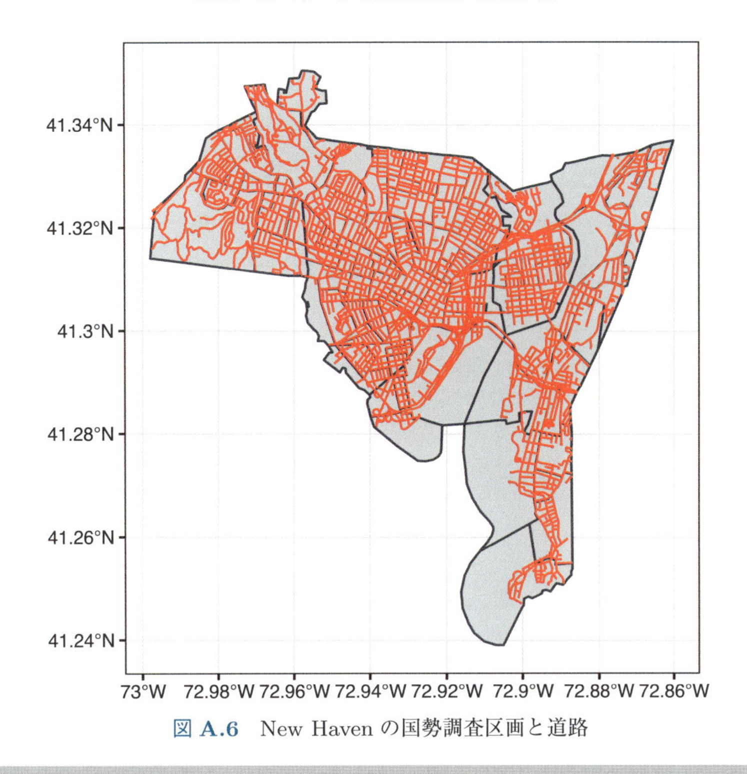


**図 A.6**　New Haven の国勢調査区画と道路

```
st_crs(roads_sf)
## Coordinate Reference System:
##   No EPSG code
##   proj4string:  "+proj=lcc +lat_1=41.8666666666684
##     +lat_2=41.2000000000004 +lat_0=40.833333333335
##     +lon_0=-72.75000000000151 +x_0=182880.3657607315
##     +y_0=0 +ellps=clrk66 +nadgrids=@conus,@alaska,
##     @ntv2_0.gsb,@ntv1_can.dat +units=us-ft +no_defs"
```

これを再度プロットしてみると成功する．結果は図 A.6 に示す．

```
ggplot() +
  geom_sf(data = blocks_sf) +
  # colour で線の色を指定
  geom_sf(data = roads_sf, colour = "red") +
  theme_bw()
```

ちなみに，st_crs() はオブジェクトから座標参照系を取り出すだけでなく，EPSG コードや proj4string を指定して座標参照系をつくることもできる．

```
# EPSG コードを指定
st_crs(4326)
## Coordinate Reference System:
##   EPSG: 4326
##   proj4string:  "+proj=longlat +datum=WGS84 +no_defs"

# proj4string を指定
st_crs("+proj=laea +y_0=0 +lon_0=155 +lat_0=-90 +ellps=WGS84 +no_defs")
## Coordinate Reference System:
##   No EPSG code
##   proj4string:  "+proj=laea +lat_0=-90 +lon_0=155 +x_0=0 +y_0=0
##     +ellps=WGS84 +units=m +no_defs"
```

## A.12 座標参照系の変換（演習問題 3.4）

ここまで，座標参照系の情報を取得し，設定する方法を見てきた．では，異なる座標参照系に変換するにはどのようにすればよいだろう．sp パッケージのクラスに対しては spTransform() が用意されているように，sf パッケージのクラスに対しては st_transform() という関数がある．引数として，sf パッケージのクラスのオブジェクトと，変換したい座標参照系を指定する．座標参照系は，st_crs() と同じく EPSG コードで指定することも proj4string で指定することもできる．

```
blocks_sf_WGS84_1 <- st_transform(blocks_sf, 4326)
blocks_sf_WGS84_2 <- st_transform(blocks_sf,
                                  "+proj=longlat +datum=WGS84 +no_defs")
```

また，st_crs() で取り出した座標参照系の情報をそのまま指定することもできる．ある sf オブジェクトの座標参照系を別の sf オブジェクトの座標参照系と合わせたい，といった場合はこの方法を使う．例えば，先ほど read_sf() の説明で使ったノースカロライナ州のデータは EPSG コード 4267 の座標参照系を持っている．

```
nc <- read_sf(system.file("shape/nc.shp", package = "sf"))
st_crs(nc)
## Coordinate Reference System:
##   EPSG: 4267
##   proj4string:  "+proj=longlat +datum=NAD27 +no_defs"
```

blocks_sf を nc と同じ座標参照系に変換するには，st_transform() の第 2 引数にこの st_crs(nc) を指定すればよい．

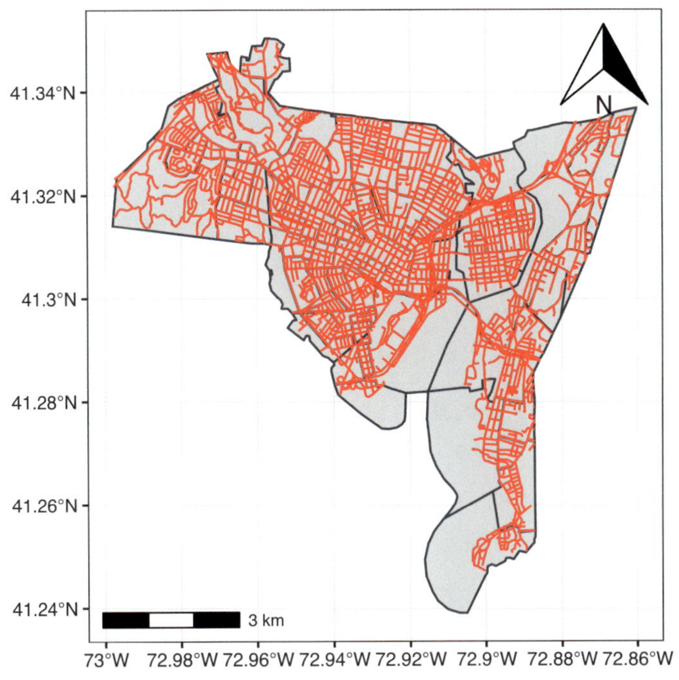


図 A.7 縮尺と方位記号を描き加えた地図

```
blocks_sf_4267 <- st_transform(blocks_sf, st_crs(nc))
```

st_crs() で blocks_sf_4267 の座標参照系を見てみると，nc と同じになっていることがわかる．

```
st_crs(blocks_sf_4267)
## Coordinate Reference System:
##   EPSG: 4267
##   proj4string:  "+proj=longlat +datum=NAD27 +no_defs"
```

## A.13 縮尺と方位記号（3.2.3 項）

3.2.3 項の「地図を装飾する」では map.scale() で縮尺を，north.arrow() で方位記号を描き加えた．ggplot2 パッケージで同様のことを行うには，ggspatial パッケージ[25)]を使うのが簡単である．縮尺を annotation_scale() で，方位記号を annotation_north_arrow() で描くことができる．結果は図 A.7 に示す．

25) https://github.com/paleolimbot/ggspatial

```
library(ggspatial)

ggplot() +
  geom_sf(data = blocks_sf) +
  geom_sf(data = roads_sf, colour = "red") +
  annotation_scale() +
  annotation_north_arrow() +
  theme_bw()
```

## A.14 sf データへのラベル付け（3.3.3 項）

3.3.3 項の「描画オプション」では，ポリゴンをプロットした後にラベルを描き加える方法が説明された（第 3 章の図 3.5）．先述のように，plot() や geom_sf() はその地物の型の図形を描くのには便利だが，それをそのままテキストのプロットに使うことはできない．ここでは，以下の 3 つの手順が必要となる（なお，ggplot2 のバージョン 3.0.1（執筆時点では未リリース）でこのための専用の関数 geom_label_sf()，geom_text_sf() が追加される予定）．

1. ポリゴン上のどの位置にテキストを配置するか決める
2. その位置の座標を st_coordinates() という関数で取り出す
3. geom_text() という ggplot2 パッケージの関数でテキストを描画する

まずは georgia データセットを読み込み，georgia を sf クラスに変換しよう．

```
data(georgia, package = "GISTools")

georgia_sf <- st_as_sf(georgia)
```

ポリゴン上から適切な 1 点を選ぶのには重心を計算する st_centroid() も使えるが，点が必ずポリゴン上にあるように保証してくれる st_point_on_surface() が便利である[26]．

```
georgia_sf_points <- st_point_on_surface(georgia_sf)
## Warning in st_point_on_surface.sf(georgia_sf):  st_point_on_surface
## assumes attributes are constant over geometries of x
## Warning in st_point_on_surface.sfc(st_geometry(x)):  st_point_on_surface
## may not give correct results for longitude/latitude data
```

[26] 両者の違いは https://geocompr.robinlovelace.net/geometric-operations.html#fig:centr の図がわかりやすい．

2つ警告が表示された．1つ目は，ポリゴンが持っていた属性値を1点が引き継ぐことになるのが，引き継がれた属性値はその点のピンポイントな値を表すわけではないことに注意を促している．今回はラベルを付けたいだけなので無視して問題ない．2つ目は，georgia_sf が地理座標系になっていることで，距離に基づく重心などの計算が正確ではない可能性がある，と言っている．今回は厳密な位置にこだわる必要はないのでこちらも無視して差し支えない．

ちなみに，地理座標系か投影座標系かを確認するには，st_crs() の proj 要素を見るほか，st_is_longlat() という関数でもチェックできる．これが TRUE ならば地理座標系である．

```
st_crs(georgia_sf)$proj
## [1] "longlat"

st_is_longlat(georgia_sf)
## [1] TRUE
```

さて，ここから点の座標を取り出そう．座標を取り出すには st_coordinates() という関数を使う．

```
# 座標を取り出す（X, Y という名前の列になる）
xy <- st_coordinates(georgia_sf_points)

head(xy)
##              X        Y
## 1 -82.32732 31.72330
## 2 -82.84129 31.29933
## 3 -82.44711 31.56692
## 4 -84.49603 31.26832
## 5 -83.25185 33.05842
## 6 -83.52083 34.34128
```

georgia_sf_points の地物は $X$ と $Y$ の2次元の座標を持つ点だったので，結果は X と Y の2列の行列になっている．地物の次元や型によって，ここに $Z$ や $M$ などの列が加わることもある．

この $X$ と $Y$ の座標を元のデータに追加して，ggplot2 パッケージによるプロットの際に使えるようにしておこう．

```
# 元のデータの列と名前が重複するので小文字にする
colnames(xy) <- c("x", "y")

# 元のデータと合わせる
georgia_sf_points <- cbind(georgia_sf_points, xy)
```

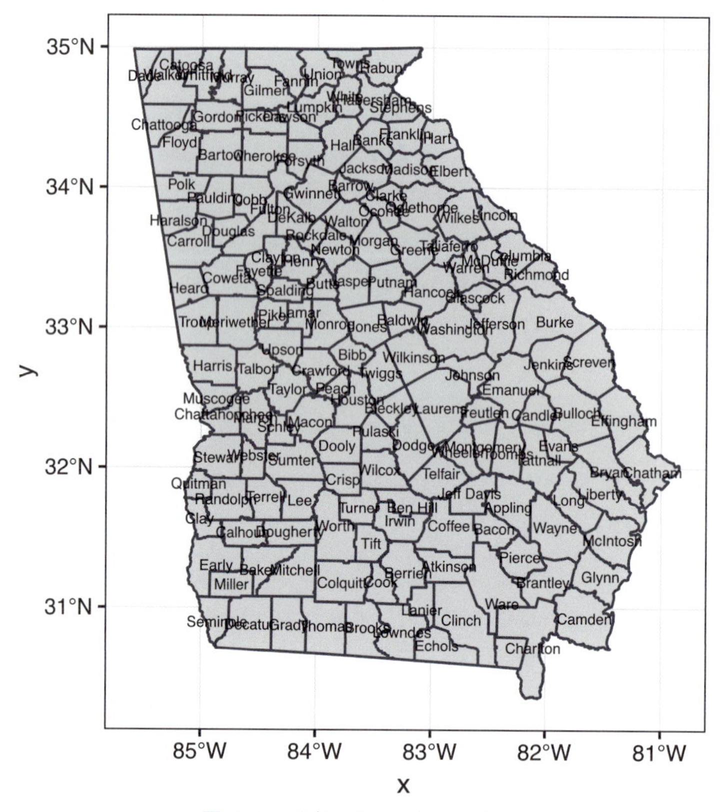


図 A.8　郡名のラベル付きの地図

これで georgia_sf_points をテキストとしてプロットする準備が整った．georgia_sf による白地図の上にテキストを重ねるには，次のコードになる．NAME 列をラベルとして使っている．結果は図 A.8 に示す．

```
ggplot() +
  geom_sf(data = georgia_sf) +
  geom_text(data = georgia_sf_points,
            # x 列を x 座標に，y 列を y 座標に，NAME 列をラベルに使う
            aes(x = x, y = y, label = Name),
            size = 2) +
  theme_bw()
```

## A.15　地図画像を背景にする（3.3.4 項）

3.3.4 項の「コンテクストを追加する」では OpenStreetMap の地図タイル画像をプロットの背景に使う方法が説明された（第 3 章の図 3.6）．ggplot2 で同じことをやるには，ggspatial パッケージの annotation_map_tile() を使う（図 A.9）．

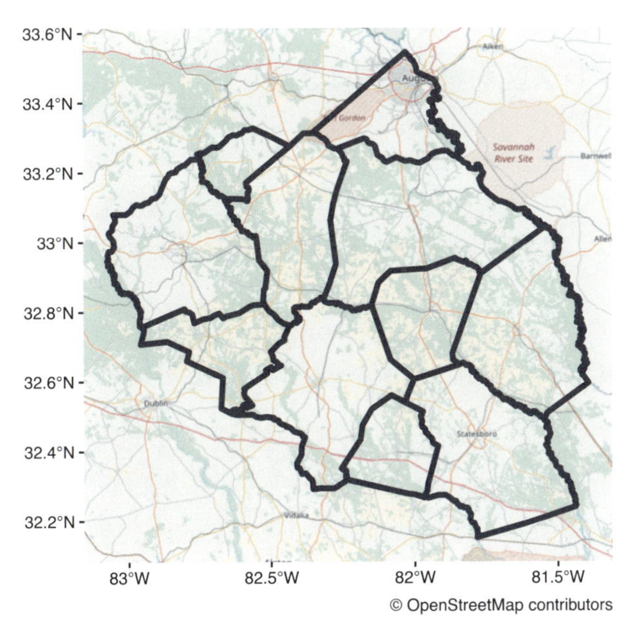


図 **A.9**　OpenStreetMap を背景に用いた地図

```
# 必要な部分だけを取り出す
county.tmp <- c(81, 82, 83, 150, 62, 53, 21, 16, 124, 121, 17)
georgia_sf_sub <- georgia_sf[county.tmp, ]

ggplot(georgia_sf_sub) +
  annotation_map_tile(zoomin = 0) +
  geom_sf(fill = "transparent", size = 1.5) +
  # ライセンス表示をつける
  labs(caption = "\U00a9 OpenStreetMap contributors")
## Loading required namespace:  raster
## Zoom:  9
```

タイル画像の種類を変更することもできる．利用可能なタイル画像の一覧は `rosm::osm.types()` で表示される．

Google マップについては，`ggmap` パッケージ[27]がある．ただし，この付録を執筆している時点では `sf` パッケージのクラスのサポートが不完全であり[28]，快適に使えるとは言い難い．ここでは使い方の説明は割愛する．

なお，先述のように，`mapview` パッケージなどを使えばインタラクティブな地図の上にデータを重ねることができる．「コンテクストを追加する」という観点では，インタラクティブな地図の方が自由に周囲を探索できるので適切かもしれない．

---

[27] https://github.com/dkahle/ggmap

[28] https://github.com/dkahle/ggmap/issues/160

## A.16 コロプレス図を描く（3.4.3 項）

3.4 節の「空間データの属性のマッピング」では，空間データの属性を色や点の種類にマッピングしてプロットを作成する方法が説明された．いずれも geom_sf() を使えば簡単に実現できるので詳しくは説明しないが，コロプレス図の作り方については少し触れておきたい．

塗りの色をマッピングするには，aes() の中で fill にマッピングしたい変数を指定すればよい．以下のコードで P_VACANT 列をマッピングすると図 A.10 のようになる．

```
ggplot(blocks_sf) +
  geom_sf(aes(fill = P_VACANT)) +
  theme_bw()
```

図を見ると，P_VACANT の値に応じて塗りの色がグラデーションで変化している．これを，3.4.3 項のように階級区分を設定した塗り分け形式に変えるにはどうすればよいだろう．3.4.3 項で使った auto.shading() は，連続値を指定した数（デフォルトは n = 5）の区間に分けて，しかも色を割り当ててくれるという関数だった．

```
library(GISTools)
auto.shading(blocks$P_VACANT)
## $breaks
##  20%  40%  60%  80%
##  5.4  7.6 10.0 13.0
##
## $cols
## [1] "#FEE5D9" "#FCAE91" "#FB6A4A" "#DE2D26" "#A50F15"
##
## attr(,"class")
## [1] "shading"
```

auto.shading() が階級区分を算出する方法はいくつかある．デフォルトだと，データの分位点を取っている（つまり，各区間でデータの個数が均等になるような区間の取り方をする）．これと同じ区間を取るには，ggplot2 パッケージの cut_number() という関数が使える．小数点以下が auto.shading() の結果とやや異なるが，概ね同じ結果が得られることがわかる．

```
head(cut_number(blocks_sf$P_VACANT, n = 5))
## [1] [0,5.39] (5.39,7.61] (5.39,7.61] (5.39,7.61] (12.9,37.9] (5.39,7.61]
## Levels: [0,5.39] (5.39,7.61] (7.61,9.96] (9.96,12.9] (12.9,37.9]
```

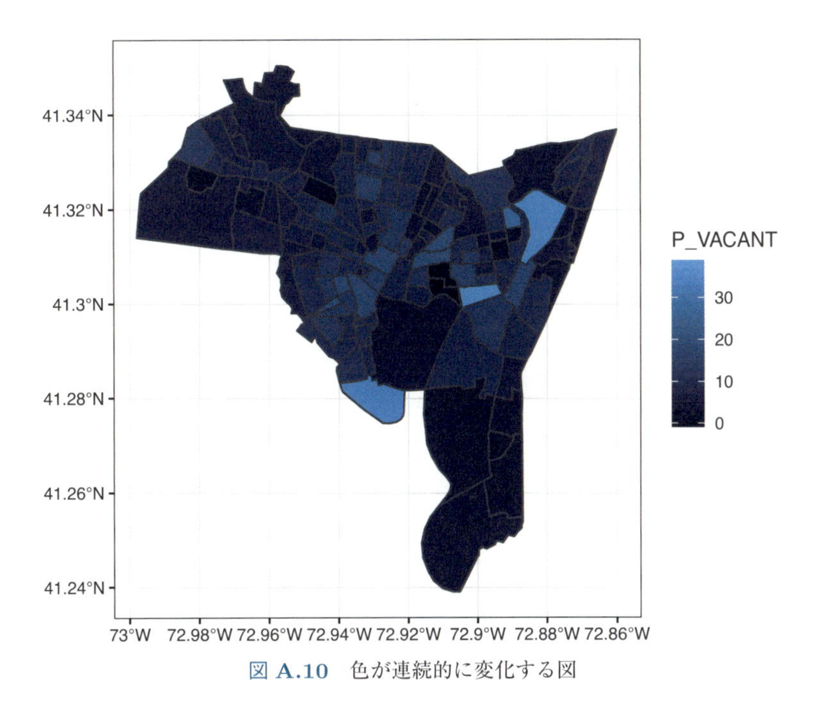


図 **A.10**　色が連続的に変化する図

カラーパレットは，scale_fill_brewer() を使うと ColorBrewer の色になる．第 3 章の図 3.8（左）と同等のプロットを ggplot2 パッケージで作成するコードは以下のようになる．結果は図 A.11 に示す．

```
ggplot(blocks_sf) +
  geom_sf(aes(fill = cut_number(P_VACANT, n = 5))) +
  scale_fill_brewer(palette = 2) +
  theme_bw()
```

auto.shading() には，幅が均等になるように区間を取る方法 (rangeCutter()) も用意されていた．これには cut_interval() が使える．以下のコードを実行すれば，図 3.8（右）と同等の図 A.12 が得られる．

```
ggplot(blocks_sf) +
  geom_sf(aes(fill = cut_interval(P_VACANT, n = 5))) +
  scale_fill_brewer(palette = 1) +
  theme_bw()
```

## A.17　sf パッケージの空間データ操作

第 5 章ではさまざまな空間データ操作が紹介された．rgdal パッケージなどに用意さ

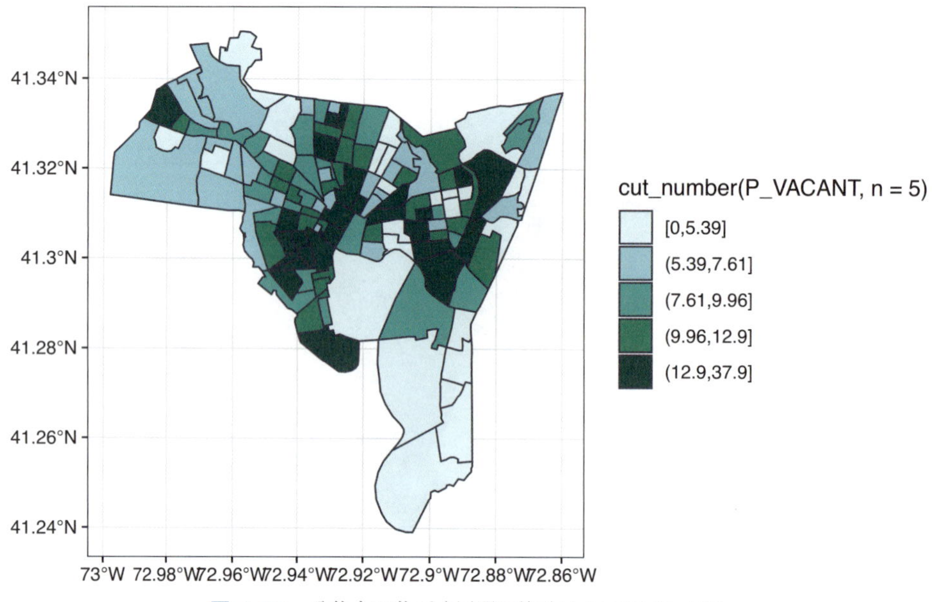


図 A.11 分位点に基づく区間で塗分けたコロプレス図

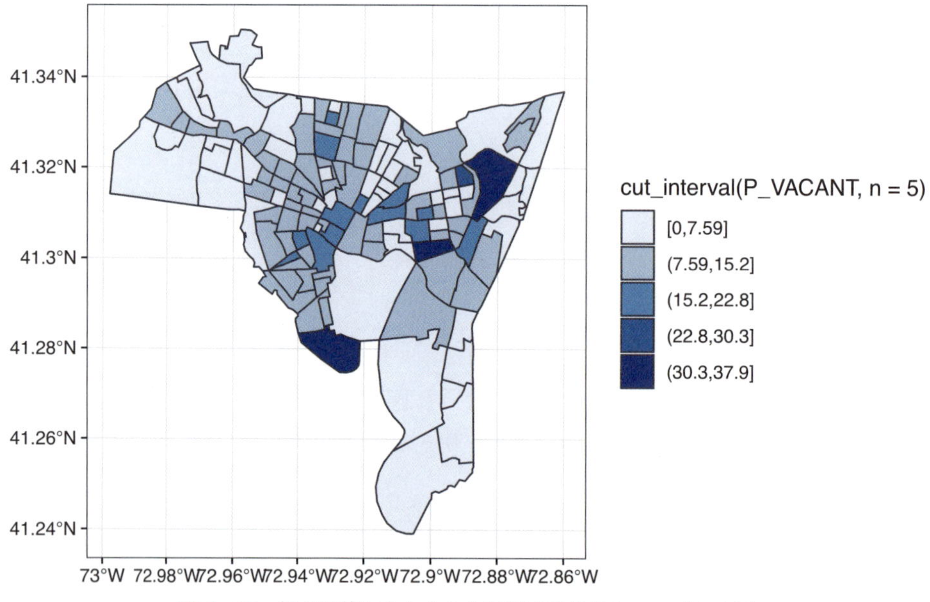


図 A.12 幅が均等になるような区間で塗分けたコロプレス図

れている関数には，概ね対応する関数が sf パッケージにも存在する[29]．しかし，挙動が少し異なったり，そのまま対応する関数がないものもある．順を追って見ていこう．

[29] 再掲：https://github.com/r-spatial/sf/wiki/Migrating

### A.17.1 地物の共通部分の抽出（5.2 節）

gIntersection() に対応する sf パッケージの関数は st_intersection() だ．まずは 5.2 節で使ったデータを読み込もう．

```
data(tornados, package = "GISTools")
```

us_states は SpatialPolygonsDataFrame，torn は SpatialPointsDataFrame クラスのデータになっている．これを st_as_sf() で sf オブジェクトに変換する．

```
us_states_sf <- st_as_sf(us_states)
## Loading required package:  sp
torn_sf <- st_as_sf(torn)
```

ところで，本項の主題ではないが，このデータを使って第 5 章の図 5.1 を ggplot2 パッケージでプロットするにはやや工夫が必要となる．この図をプロットするコードは以下のように単純なもののはずだが，実際に実行してみると，プロットが表示されるまでに数分〜数十分程度の時間がかかってしまう．

```
ggplot() +
  geom_sf(data = us_states_sf) +
  geom_sf(data = torn_sf, shape = 1, colour = "#FB6A4A4C")
```

これは，バージョン 3.0.0 時点の ggplot2 パッケージの実装では，各地物をプロットに変換する処理があまり効率的でないためだ[30,31]．ワークアラウンドとしては，st_combine() で 1 つの地物（この場合は MULTIPOINT）にまとめてからプロットするという手がある．まとめることで属性値が失われてしまうので，属性値に応じて色を変えたいような場合にはこの方法は使えない．しかし，覚えておいて損はないだろう．

```
torn_sf_combined <- st_combine(torn_sf)

ggplot() +
  geom_sf(data = us_states_sf) +
  geom_sf(data = torn_sf_combined, shape = 1, colour = "#FB6A4A4C") +
  theme_bw()
```

さて，図 A.13 では，図 5.1 より広い範囲がプロットされている．これは，geom_sf() はすべてのデータがプロットに入るように描画領域を調整するためだ．描画領域を

[30] https://github.com/tidyverse/ggplot2/issues/2718

[31] plot() を使った場合は比較的早く描画されるので，ggplot2 パッケージは諦めて plot() を使うのも手である．

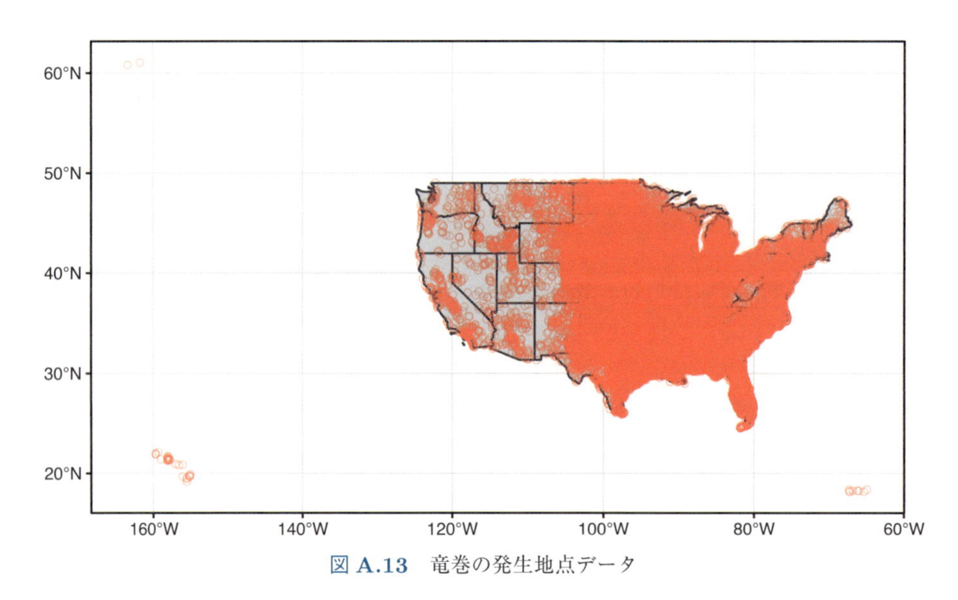


図 **A.13** 竜巻の発生地点データ

us_states_sf だけに合わせたければ，st_bbox() で得られる地物の範囲をプロットの範囲として指定すればよい．プロットの範囲は，coord_sf() の xlim 引数，ylim 引数に指定する．具体的には次のようなコードになる．

```
b <- st_bbox(us_states_sf)

ggplot() +
  geom_sf(data = us_states_sf) +
  geom_sf(data = torn_sf_combined, shape = 1, colour = "#FB6A4A4C") +
  coord_sf(xlim = b[c("xmin", "xmax")], ylim = b[c("ymin", "ymax")]) +
  theme_bw()
```

本題に戻ろう．テキサス州，ニューメキシコ州，オクラホマ州，アーカンソー州の 4 つの州の領域だけをプロットした第 5 章の図 5.2 を sf パッケージと ggplot2 パッケージを使って作成しよう．まずは 4 州だけのデータに絞り込む．これには dplyr パッケージの filter() を使うとよいだろう．

```
library(dplyr, warn.conflicts = FALSE)

AoI_sf <- us_states_sf %>%
  # STATE_NAME が指定した州名と一致する行のみに絞り込む
  filter(STATE_NAME %in%
         c("Texas", "New Mexico", "Oklahoma", "Arkansas"))
```

次に，torn_sf_combined から AoI_sf に重なる範囲を切り取る．これには

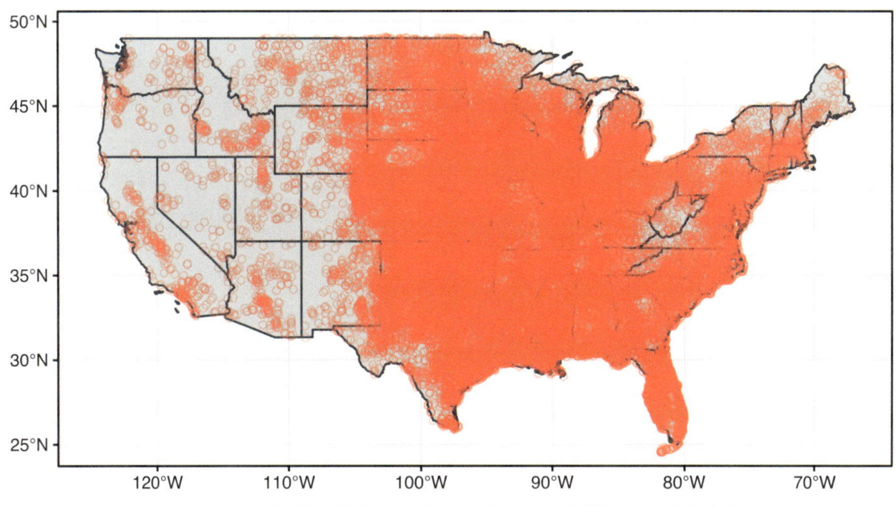


図 **A.14** 竜巻の発生地点データ（プロット範囲の指定あり）

st_intersection() を使う．この関数は，2つの sf オブジェクトまたは sfc オブジェクトの共通部分を抽出する．1つ目の引数が sf オブジェクトなら結果は sf オブジェクトに，sfc オブジェクトなら sfc オブジェクトになる．なお，st_point_on_surface() のときと同じく，座標参照系についての警告と，属性値についての注意が表示されるが，今回も重要ではないので無視して問題ない．

```
AoI.torn_sf <- st_intersection(AoI_sf, torn_sf_combined)
## although coordinates are longitude/latitude, st_intersection
## assumes that they are planar
## Warning: attribute variables are assumed to be spatially
## constant throughout all geometries

AoI.torn_sf[, 1:5]
## Simple feature collection with 4 features and 5 fields
## geometry type:  MULTIPOINT
## dimension:      XY
## bbox:           xmin: -108.8 ymin: 25.88 xmax: -89.73 ymax: 37
## epsg (SRID):    4326
## proj4string:    +proj=longlat +ellps=WGS84 +no_defs
##        AREA STATE_NAME STATE_FIPS SUB_REGION STATE_ABBR
## 1  70002.39   Oklahoma         40    W S Cen         OK
## 2 264436.11      Texas         48    W S Cen         TX
## 3 121756.79 New Mexico         35        Mtn         NM
## 4  52912.79   Arkansas         05    W S Cen         AR
```

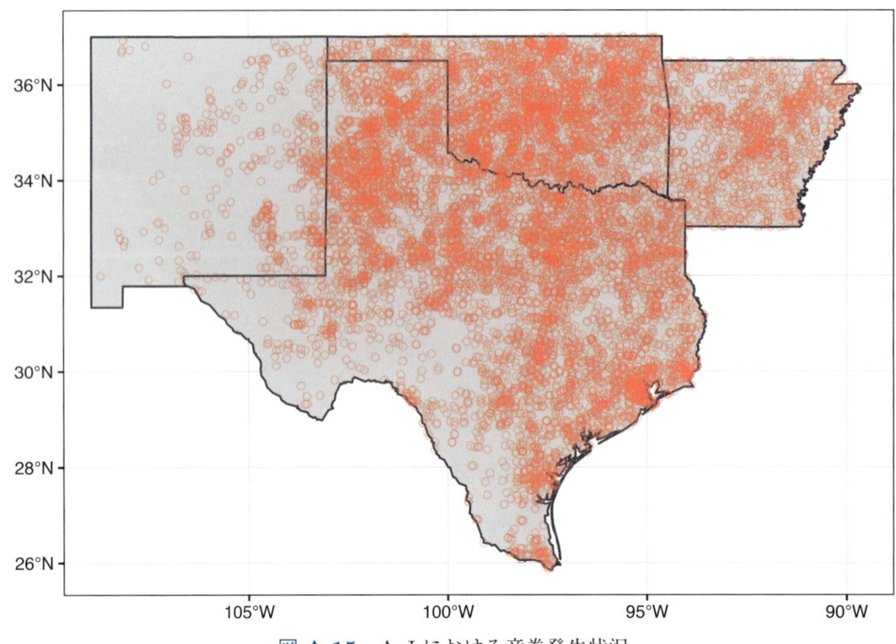


図 **A.15** AoI における竜巻発生状況

```
##                        geometry
## 1 MULTIPOINT (-102.97 36.57, ...
## 2 MULTIPOINT (-106.6 32, -106...
## 3 MULTIPOINT (-108.8 32, -108...
## 4 MULTIPOINT (-94.55 36.18, -...
```

結果を見ると，元の sf オブジェクトの属性が引き継がれていることがわかる．sp パッケージのデータの場合は，gIntersection() に byid = TRUE を指定しないと属性値が失われてしまったが，sf パッケージではそうしたオプションは必要ないのだ．また，torn_sf_combined の地物が 4 つの MULTIPOINT に分割されて geometry 列に入っていることにも注目しよう．

図 5.2 と同様のプロットを描くコードは以下のようになる．結果は図 A.15 に示す．

```
# プロットの範囲を指定
b <- st_bbox(AoI.torn_sf)

ggplot() +
  geom_sf(data = AoI_sf) +
  geom_sf(data = AoI.torn_sf, shape = 1, colour = "#FB6A4A4C") +
  coord_sf(xlim = b[c("xmin", "xmax")], ylim = b[c("ymin", "ymax")]) +
  theme_bw()
```

### A.17.2　地物のバッファ作成（5.3 節）

gBuffer() に対応するのは st_buffer() である．

テキサス州に 25000 m のバッファを作成してみよう．まずはテキサス州だけを抜き出す．

```
AoI_sf <- us_states_sf %>%
  filter(STATE_NAME == "Texas")
```

st_buffer() では dist 引数にバッファの幅を指定する．ここで注意すべき点は，dist に指定する数字の単位は sf オブジェクトの座標参照系と同じになるということだ．例えば，この AoI_sf は地理座標系なので，dist = 25000 を指定すると緯度経度で 25000 という意味になってしまう．これは，地球を数十回覆ってなお余る長大なバッファである．

```
st_buffer(AoI_sf, dist = 25000)
```

25000 m というバッファの幅をここに指定するにはどうすればよいのだろう．単位付きの値は，units パッケージの set_units() でつくることができる．具体的には，25000 m は set_units(25000, m) となる．しかし，以下のコードはエラーになってしまう．地理座標系のデータ (AoI_sf) に対してはメートル単位の距離を正確に計算することができないからだ．

```
library(units)

st_buffer(AoI_sf, dist = set_units(25000, m))
## Warning in st_buffer.sfc(st_geometry(x), dist, nQuadSegs):
## st_buffer does not correctly buffer longitude/latitude data
## Error:  cannot convert m into ^^ef^^be^^82^^ef^^bd^^b0
```

単位付きの値でバッファを作成するには，指定する sf オブジェクトが投影座標系になっている必要がある．us_states2 は us_states と同じデータを投影座標系にしたものなので，こちらを使ってやり直してみよう．

```
# sf オブジェクトに変換してテキサス州だけに絞り込み
us_states2_sf <- st_as_sf(us_states2)
AoI2_sf <- us_states2_sf %>%
  filter(STATE_NAME == "Texas")

# バッファを作成
AoI2_sf_buffered <- st_buffer(AoI2_sf, dist = set_units(25000, m))
```

今度はエラーにならずにバッファを作成できた．これをプロットすると，図 5.3 と同様に正しくバッファができていることがわかる（図 A.16）．

```
ggplot() +
  geom_sf(data = AoI2_sf) +
  geom_sf(data = AoI2_sf_buffered,
          fill = "transparent",
          colour = "red") +
  theme_bw()
```

### A.17.3 地物の結合（5.4 節）

gUnaryUnion() に対応するのは st_union() である．以下のように us_states_sf を渡すと，すべてのポリゴンが結合された 1 つのポリゴンになる．

```
us_states_sf_unioned <- st_union(us_states_sf)
```

これをプロットしてみると，図 5.4 と同様にきちんと結合されて 1 つのポリゴンになっていることがわかる（図 A.17）．

```
ggplot() +
  geom_sf(data = us_states_sf,
          colour = "darkgreen", linetype = "dashed",
          fill = "transparent") +
  geom_sf(data = us_states_sf_unioned,
          size = 2, fill = "transparent") +
  theme_bw()
```

なお，st_union() による結合結果は，元が sf オブジェクトか sfc オブジェクトかに関わらず，sfc オブジェクトになる．

```
class(us_states_sf_unioned)
## [1] "sfc_MULTIPOLYGON" "sfc"
```

sf クラスでなくなる，つまり，属性値が残らないのは，属性値をどのように集計すればよいのか（例えば，平均を取るのか，合計を取るのか）が自明ではないためだ．もし，地物を 1 つに結合しつつ属性値も集計したい場合は，dplyr パッケージの summarise() が便利かもしれない．例えば，すべてのポリゴンを結合しつつ AREA 列の合計を計算するには以下のように指定すればよい．

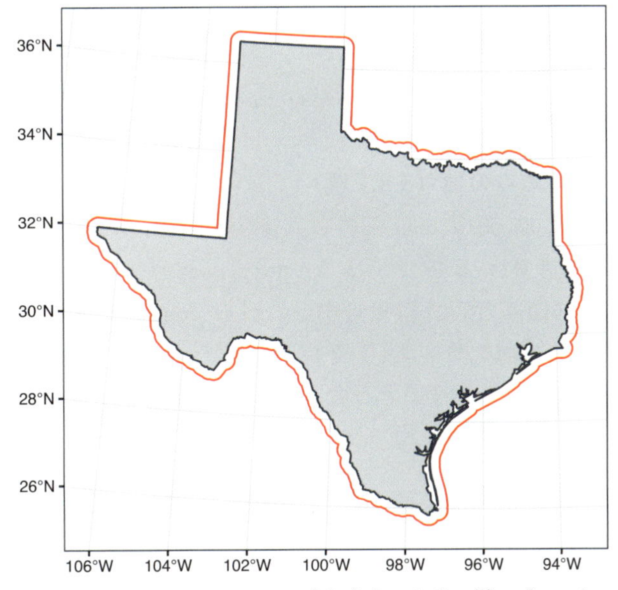


図 **A.16**　25 km のバッファを加えたテキサス州のプロット

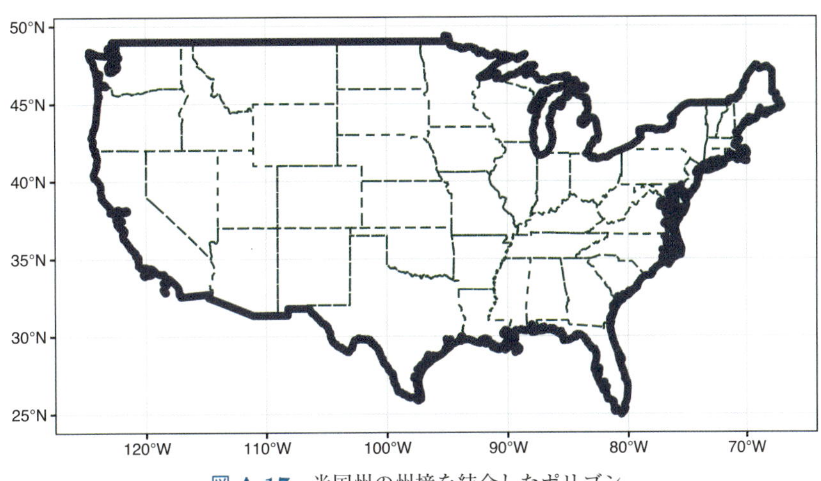


図 **A.17**　米国州の州境を結合したポリゴン

```
summarise(us_states_sf, AREA = sum(AREA))
## Simple feature collection with 1 feature and 1 field
## geometry type:  MULTIPOLYGON
## dimension:      XY
## bbox:           xmin: -124.7314 ymin: 24.95597 xmax: -66.96985 ymax: 49.37173
## epsg (SRID):    4326
## proj4string:    +proj=longlat +ellps=WGS84 +no_defs
##      AREA                       geometry
## 1 3003466 MULTIPOLYGON (((-80.24968 2...
```

ちなみに，st_union() は引数が1つのときと2つのときで挙動が異なり，引数が2つのときは2つの地物を結合する．rgdal パッケージの関数でいえば gUnion(x, y) に対応しているが，これは本書には登場しないためここでは説明しない．

### A.17.4 ポリゴン内の点の数（5.5.1項）

GISTools パッケージの poly.counts() に直接対応するものは sf パッケージには存在しないので自分で計算する必要がある．poly.counts() の内部で使われている gContains(x, y, byid = TRUE) に相当するのが st_contains(x, y) である．この関数は sparse 引数に TRUE（デフォルト）を指定すると，x の地物に含まれる y の地物の番号のリストを，FALSE を指定すると行方向に x の地物の番号，列方向に y の地物の番号を取った論理値行列を返す．

```
# sf オブジェクトに変換
torn2_sf <- st_as_sf(torn2)

# torn2 は投影座標系
st_crs(torn2_sf)
## Coordinate Reference System:
##   No EPSG code
##   proj4string:  "+proj=aea +lat_1=29.5 +lat_2=45.5 +lat_0=23
##     +lon_0=-96 +x_0=0 +y_0=0 +ellps=GRS80
##     +towgs84=0,0,0,0,0,0,0 +units=m +no_defs"

l <- st_contains(us_states2_sf, torn2_sf)
l
## Sparse geometry binary predicate list of length 49, where the
## predicate was 'contains'
## first 10 elements:
##  1: 1655, 2760, 3608, 3609, 3610, 4160, 4161, 6732, 7884, 7886, ...
##  2: 594, 595, 917, 918, 919, 920, 921, 1422, 1423, 1424, ...
##  3: 861, 862, 1351, 2470, 2471, 3094, 3855, 3856, 3857, 3858, ...
##  4: 135, 136, 379, 380, 615, 616, 617, 618, 619, 620, ...
##  5: 169, 433, 657, 658, 659, 660, 661, 1047, 1048, 1049, ...
##  6: 199, 200, 201, 701, 1117, 1118, 1119, 1120, 1121, 1122, ...
##  7: 194, 195, 196, 197, 198, 457, 458, 459, 460, 461, ...
##  8: 1210, 1211, 1212, 1755, 2327, 2328, 2329, 2330, 2331, 2911, ...
##  9: 1108, 2250, 2251, 3602, 3603, 5384, 5385, 6083, 6084, 6719, ...
##  10:  97, 345, 346, 347, 434, 571, 572, 573, 574, 575, ...

mat <- st_contains(us_states2_sf, torn2_sf, sparse = FALSE)
```

```
# 列数が多すぎてうまく表示できないのでここでは行数と列数のみ示す
dim(mat)
## [1]    49 46931
```

個数を数えるには，apply() で行方向 (1) に sum() を適用すればよい．行列に対しては rowSum() を使うこともできる．

```
# rowSums(mat) でも同じ結果
apply(1, 1, sum)
##  [1]   80  343   87 1128 1445  548 1015  168   36 1275   86   77
## [13] 1902  138 2306  325  628   77    7  121 1087   71  106  301
## [25]  780 1771    2   56  108  243 1632  579 2893  468 1540  196
## [37] 2976  852  771 7040  477 1266 1402 1110  704 1291 1402
## [48] 2337  848
```

### A.17.5 面積の計算（5.5.2 項）

ポリゴンの面積は st_area() で計算できる．

```
area_u2 <- st_area(us_states2_sf)
head(area_u2)
## Units:  m^2
## [1] 174268087499 381330888792 83296786718 183393082144
## [5] 199927370234 253296420636
```

ちなみにこの結果は units クラスのオブジェクトになっている．units オブジェクトは，単位の変換が簡単にできる．

```
# 平方キロメートル
set_units(head(area_u2), km^2)
## Units:  km^2
## [1] 174268.09 381330.89 83296.79 183393.08 199927.37 253296.42

# ヘクタール
set_units(head(area_u2), ha)
## Units:  ha
## [1] 17426809 38133089 8329679 18339308 19992737 25329642
```

blocks の面積も計算してみよう．5.5.2 項と同様に平方マイル単位の値に変換するには，mi^2 を指定する．

```
# データの読み込み
data(newhaven, package = "GISTools")

# sf オブジェクトに変換
blocks_sf <- st_as_sf(blocks)

# 面積を計算
area_blocks <- st_area(blocks_sf)
head(area_blocks)
## Units:  US_survey_foot^2
## [1] 10523034 22337063 4233133 6209732 6516945 9089388

# 平方マイル単位に変換
area_blocks_mi2 <- set_units(area_blocks, mi^2)
head(area_blocks_mi2)
## Units:  mi^2
## [1] 0.3774634 0.8012351 0.1518434 0.2227444 0.2337642 0.3260382
```

### A.17.6 点データと面積の関係のモデリング（5.5.3 項）

ポリゴン内の点の個数とポリゴンの面積は求められたので，この結果を使って点の密度が計算できる．

まず，dplyr パッケージを使って必要な値の計算を行おう．mutate() は新しい列を追加する関数だ．st_contains() や st_area() には geometry 列（つまり sfc オブジェクト）を指定する[32]．

```
breach_sf <- st_as_sf(breach)

library(dplyr, warn.conflicts = FALSE)

blocks_sf <- blocks_sf %>%
  mutate(
    # ポリゴン内の点の数を計算
    breach_count = rowSums(
      st_contains(geometry, breach_sf$geometry, sparse = FALSE)
    ),
    # 面積を計算
    area = st_area(geometry),
    # 面積の単位を平方マイルに変換
    area_mi2 = set_units(area, mi^2),
    # 点の密度を計算
    breach_density = breach_count / area
  )
```

[32]. で sf オブジェクト自体を指定してもよい．

```
blocks_sf[, c("breach_count", "area_mi2", "breach_density")]
## Simple feature collection with 129 features and 3 fields
## geometry type:  POLYGON
## dimension:      XY
## bbox:           xmin: 531731.9 ymin: 147854 xmax: 569625.3 ymax: 188464.6
## epsg (SRID):    NA
## proj4string:    +proj=lcc +lat_1=41.8666666666684 +lat_2=41.2000000000004
##   +lat_0=40.833333333335 +lon_0=-72.75000000000151
##   +x_0=182880.3657607315 +y_0=0 +ellps=clrk66 +nadgrids=@conus,@alaska,
##   @ntv2_0.gsb,@ntv1_can.dat +units=us-ft +no_defs
## First 10 features:
##    breach_count          area_mi2                breach_density
## 1             2 0.37746342 mi^2 1.900593e-07 1/US_survey_foot^2
## 2             0 0.80123508 mi^2 0.000000e+00 1/US_survey_foot^2
## 3             2 0.15184338 mi^2 4.724633e-07 1/US_survey_foot^2
## 4             0 0.22274437 mi^2 0.000000e+00 1/US_survey_foot^2
## 5             2 0.23376417 mi^2 3.068923e-07 1/US_survey_foot^2
## 6             0 0.32603825 mi^2 0.000000e+00 1/US_survey_foot^2
## 7             0 0.31146929 mi^2 0.000000e+00 1/US_survey_foot^2
## 8             0 0.11113257 mi^2 0.000000e+00 1/US_survey_foot^2
## 9             3 0.05658726 mi^2 1.901676e-06 1/US_survey_foot^2
## 10            0 0.07100236 mi^2 0.000000e+00 1/US_survey_foot^2
##                          geometry
## 1  POLYGON ((540989.5 186028.3...
## 2  POLYGON ((539949.9 187487.6...
## 3  POLYGON ((537497.6 184616.7...
## 4  POLYGON ((537497.6 184616.7...
## 5  POLYGON ((536589.3 184217.5...
## 6  POLYGON ((568032.4 183170.2...
## 7  POLYGON ((546803.4 183282, ...
## 8  POLYGON ((567005.1 182700.4...
## 9  POLYGON ((547544.8 183134.4...
## 10 POLYGON ((549000.7 182985.3...
```

P_OWNEROCC（オーナーが持ち家に住んでいる割合）と点の密度（犯罪発生率）の相関係数を計算して，5.5.3 項の値 (-0.2038) とほぼ同じになることを確かめよう．

```
cor(blocks_sf$P_OWNEROCC, blocks_sf$breach_density)
## [1] -0.2038463
```

ところで，breach_density 列の値を ggplot2 パッケージでプロットしようとするとエラーになる．これは ggplot2 パッケージが units クラスに対応していないためである．

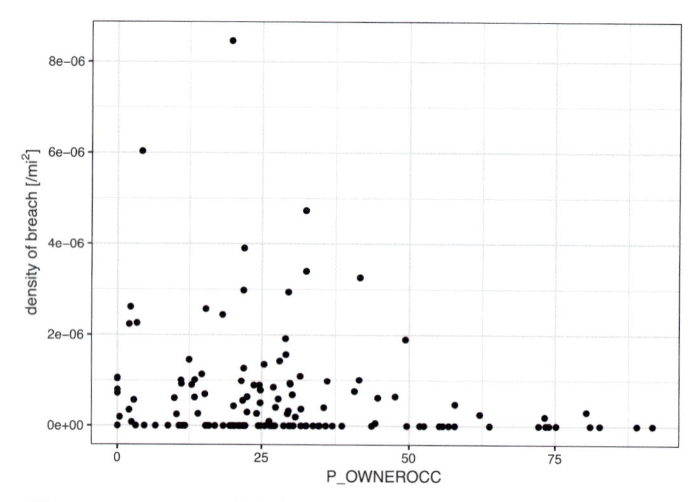


**図 A.18** オーナーが持ち家に住んでいる割合と犯罪発生率の散布図

```
ggplot(blocks_sf, aes(P_OWNEROCC, breach_density)) +
  geom_point()
## Don't know how to automatically pick scale for object of type
## units.  Defaulting to continuous.
## Error in Ops.units(x, range[1]):  both operands of the expression
## should be "units" objects
```

回避方法としては，as.numeric() で通常の数値型に変換するという手がある（図 A.18）.

```
ggplot(blocks_sf, aes(P_OWNEROCC, as.numeric(breach_density))) +
  geom_point() +
  labs(y = expression(paste("density of breach ", "[/", "mi"^2, "]"))) +
  theme_bw()
```

sf オブジェクトは，通常のデータフレームと同じく glm() の data 引数に渡すこともできる．オーナーが持ち家に住んでいる割合と犯罪発生数についての関係をモデリングした model1 は，以下のように 5.5.3 項とほぼ同じコードで作成できる．

```
model1 <- glm(
  breach_count ~ P_OWNEROCC,
  offset = log(area_mi2),
  family = poisson,
  data = blocks_sf
)
```

```
summary(model1)
##
## Call:
## glm(formula = breach_count ~ P_OWNEROCC, family = poisson,
##     data = blocks_sf, offset = log(area_mi2))
##
## Deviance Residuals:
##     Min       1Q   Median       3Q      Max
## -5.7191  -1.2599  -0.5696   1.0585   5.9070
##
## Coefficients:
##              Estimate Std. Error z value Pr(>|z|)
## (Intercept)  3.022016   0.110376  27.379   <2e-16 ***
## P_OWNEROCC  -0.030975   0.003643  -8.503   <2e-16 ***
## ---
## Signif. codes:  0 '***' 0.001 '**' 0.01 '*' 0.05 '.' 0.1 ' ' 1
##
## (Dispersion parameter for poisson family taken to be 1)
##
##     Null deviance: 509.98  on 128  degrees of freedom
## Residual deviance: 417.15  on 127  degrees of freedom
## AIC: 608.7
##
## Number of Fisher Scoring iterations: 6
```

図 5.5 と同様にこの model1 の標準化残差の分布をプロットしてみよう．まずは cut() で区間を区切り，s.resid_bin という新しい列として blocks_sf に追加する．これをプロットした結果を図 A.19 に示す．

```
blocks_sf$s.resid_bin <- cut(
  rstandard(model1),
  breaks = c(-Inf, -2, 2, Inf),
  labels = c("~ -2", "-2 ~ 2", "2 ~")
)

ggplot(blocks_sf) +
  geom_sf(aes(fill = s.resid_bin)) +
  scale_fill_manual(values = c("red", "grey", "blue")) +
  theme_bw()
```

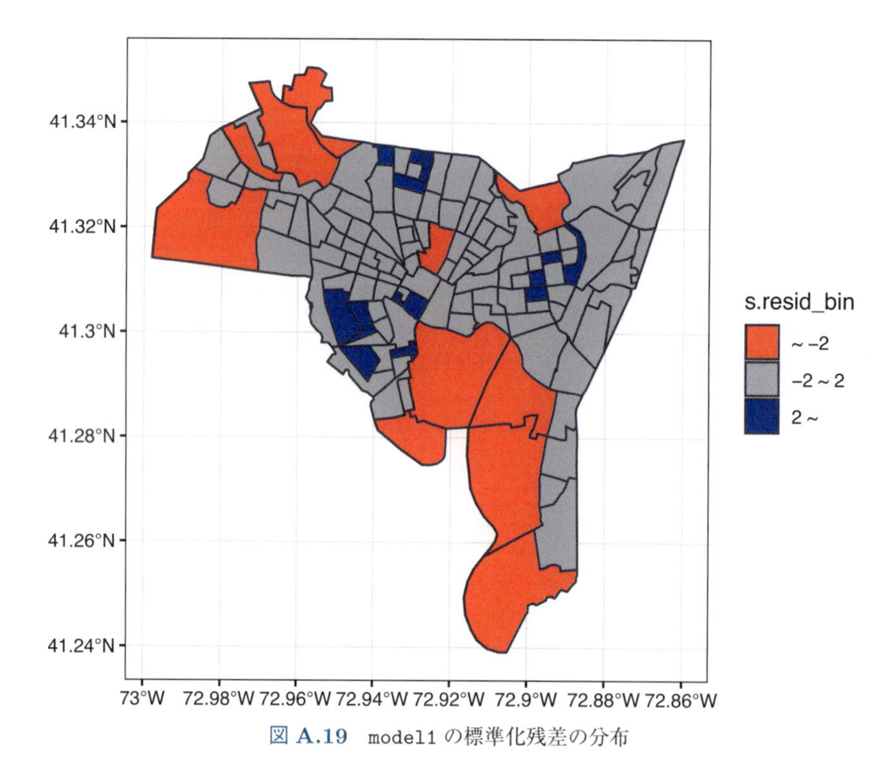


図 A.19 model1 の標準化残差の分布

### A.17.7 距離と重心（5.6 節）

重心の点を求めるには st_centroid()，距離を求めるには st_distance() を使う．

まずはデータを読み込む．places_sf には座標参照系が設定されていないので，blocks_sf と合わせておこう．

```
data(newhaven, package = "GISTools")

places_sf_wo_crs <- st_as_sf(places)
places_sf <- st_set_crs(places_sf_wo_crs, st_crs(blocks_sf))
```

次に，places_sf の重心を求め，各重心との距離を計算しよう．st_distance() の結果は距離の行列になっている．gDistance() とは列と行が逆になっていることに注意しよう．

```
# 重心を求める
blocks_centroids <- st_centroid(blocks_sf)
## Warning in st_centroid.sf(blocks_sf):  st_centroid assumes
## attributes are constant over geometries of x

# 距離を計算
distances <- st_distance(places_sf, blocks_centroids)
```

```
# 結果は行列形式
dim(distances)
## [1] 9 129
distances[, 1:3]
## Units: US_survey_foot
##             [,1]      [,2]     [,3]
##  [1,] 15368.941 14079.776 15649.58
##  [2,]  5448.429  2702.521  1755.74
##  [3,] 20178.013 20341.051 22616.40
##  [4,] 14801.640 13859.775 15673.80
##  [5,] 24781.139 24610.072 26737.35
##  [6,] 21397.922 19585.393 20592.61
##  [7,] 29805.861 28865.697 30545.09
##  [8,] 35214.133 34127.994 35681.70
##  [9,] 39097.818 37608.631 38818.18
```

次は，places_sf の各地物から 1.2 マイル以内の距離にある blocks_centroids の地物を求めてみよう．sf パッケージで gWithinDistance() に対応するのは st_is_within_distance() だ．距離は units の単位付きの値を指定する．マイルは mi である．st_is_within_distance() は，st_contains() と同じく，sparse 引数が TRUE（デフォルト）だと地物の番号のリストを，FALSE だと論理値行列を返す．

```
# 1.2 マイル以内にある blocks_centroids の地物の番号のリスト
st_is_within_distance(places_sf, blocks_centroids, set_units(1.2, mi))
## Sparse geometry binary predicate list of length 9, where the
## predicate was 'is_within_distance'
##  1: 42, 43, 45, 46, 47, 53, 57, 58, 59, 61, ...
##  2: 1, 2, 3, 4, 5, 18, 20, 23, 26, 27, ...
##  3: 21, 24, 35, 37, 40, 44, 48, 49, 50, 51, ...
##  4: 29, 31, 34, 36, 42, 43, 44, 45, 46, 47, ...
##  5: 48, 65, 67, 71, 72, 77, 82, 84, 89, 90, ...
##  6: 100, 109, 110, 112, 113, 116, 117, 118, 119, 120, ...
##  7: 115, 123, 125, 126, 127, 128
##  8: 125, 126, 127, 128, 129
##  9: 129

# 1.2 マイル以内にあるかどうかを示す論理値行列
mat <- st_is_within_distance(places_sf, blocks_centroids,
                             set_units(1.2, mi), sparse = TRUE)
```

```
dim(mat)
## [1]   9 129
```

これを踏まえて，5.6.1 項の冒頭にある「places データに含まれる場所から 1 マイル以内／以遠」という判定をやってみよう．この判定を「places に含まれるデータのうち距離が 1 マイル以内のものが 1 つ以上あるか」と読み替えると，コードは以下のようになる．

```
# 距離が 1 マイル以下かどうかの論理値行列
is_within_1mi <- st_is_within_distance(places_sf, blocks_centroids,
                                       set_units(1, mi), sparse = FALSE)

# 1 マイル以内の地物が 1 つでもあるか
blocks_sf$access <- colSums(is_within_1mi) > 0
```

なお，このように読み替えずとも 5.6.1 項と同じように apply() で最小距離を求めればよい，と読者諸賢は考えるかもしれない．しかし，これはうまくいかない．apply() の結果には単位が引き継がれないためだ．試しに，先ほど計算した places_sf と blocks_centroids の距離の行列に apply() を使ってみよう．

```
# gDistance() とは列と行が逆なので 2（列方向）に適用
min_distances <- apply(distances, 2, min)

head(min_distances)
## [1]  5448.429  2702.521  1755.740  1298.718  3179.382 10033.930
```

この結果は単位を持たない数値になっている．units クラスの単位付きの値は，無単位の値と比較できないので，以下はエラーになってしまう．

```
min_distances <= set_units(1, mi)
## Error in Ops.units(min_distances, set_units(1, mi)):  both
## operands of the expression should be "units" objects
```

distance を列ごと（つまり，blocks_centroids の地物ごと）のリストに分割して扱う，という手はある．行列を列ごとに分割するには，col() で列番号を取って split() に渡す（行の場合は row() が使える）．そして，リストの各要素がそれぞれ「最小距離が 1 マイル以内か」を判定すればよい．

```
distances_list <- split(distances, col(distances))
```

```
# リストの中身は単位付きの値になっている
distances_list[1:3]
## $'1'
## Units: US_survey_foot
## [1] 15368.941  5448.429 20178.013 14801.640 24781.139 21397.922
## [7] 29805.861 35214.133 39097.818
##
## $'2'
## Units: US_survey_foot
## [1] 14079.776  2702.521 20341.051 13859.775 24610.072 19585.393
## [7] 28865.697 34127.994 37608.631
##
## $'3'
## Units: US_survey_foot
## [1] 15649.58  1755.74 22616.40 15673.80 26737.35 20592.61
## [7] 30545.09 35681.70 38818.18

# 各要素について，最小距離が 1 マイル以内かを判定
access <- sapply(distances_list,
                 function(x) min(x) <= set_units(1, mi))

# 'blocks_centroids' の各地物が 'places_sf' から
# 1 マイル以内かどうかを示す論理値
access[1:3]
##     1     2     3
## FALSE  TRUE  TRUE
```

### A.17.8 グリッド（5.7 節）

グリッドをつくる関数 GridTopology() に対応するのは st_make_grid() だ．st_make_grid() に指定する引数は GridTopology() の引数とほぼ対応しているが，注意すべき点がある．グリッドの基準となる位置がずれていることだ．

試しに，5.7 節と同じ引数を指定してグリッドをつくり，GridTopology() でつくったグリッドと比較してみよう．グリッドを作成するコードは以下のようになる．

```
# データ読み込み
data(newhaven, package = "GISTools")

# sf オブジェクトに変換
tracts_sf <- st_as_sf(tracts)
```

```
# st_make_grid() を使ってグリッドを作成
grd_sfc_wrong <- st_make_grid(
  tracts_sf,
  offset = st_bbox(tracts_sf)[1:2] - 200,
  cellsize = c(10000, 10000),
  n = c(5, 5)
)

# GridTopology() を使ってグリッドを作成
bb <- sp::bbox(tracts)
grd <- sp::GridTopology(
  cellcentre.offset = c(bb[1, 1] - 200, bb[2, 1] - 200),
  cellsize = c(10000, 10000),
  cells.dim = c(5, 5)
)

# sf オブジェクトに変換
grd_old_sfc <- st_as_sfc(as.SpatialPolygons.GridTopology(grd))
```

2つのグリッドのずれは，プロットして視覚的に比較するのがわかりやすい．geom_sf() を使ってこれをプロットした結果が図 A.20 である．2つのグリッドは明らかにずれている．

```
ggplot() +
  geom_sf(data = tracts_sf, fill = alpha("pink", 0.4), colour = "white") +
  geom_sf(data = grd_old_sfc, fill = "transparent", colour = "red") +
  geom_sf(data = grd_sfc_wrong, fill = "transparent", colour = "black") +
  theme_bw()
```

これは，GridTopology() と st_make_grid() で引数の意味に違いがあるためである．前者の cellcentre.offset 引数が名前の通りグリッドの中心のオフセットを指している一方，後者の offset 引数はグリッドの左下の点のオフセットを指している．結果を合わせるためには，cellsize の半分（つまりここでは 5000）を offset から引いておく必要がある．

```
grd_sfc <- st_make_grid(
  tracts_sf,
  offset = st_bbox(tracts_sf)[1:2] - 200 - 5000,
  cellsize = c(10000, 10000),
  n = c(5, 5)
)
```

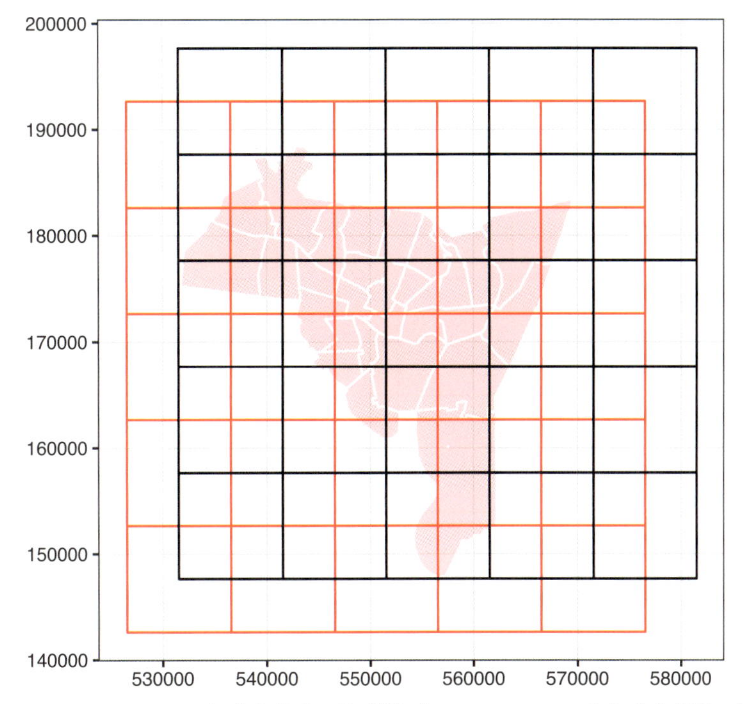


図 **A.20** st_make_grid() によるグリッド（黒）と GridTopology() によるグリッド（赤）

これをプロットしてみると図 A.21 のようになる．今度は st_make_grid() によるグリッドの黒線しか見えない．これは，黒線が GridTopology() によるグリッドの赤線を覆っているからで，つまり 2 つのグリッドはぴったり一致している．

次に，グリッドに ID を割り振ろう．グリッドに 5.7 節と同じ順番で ID を割り振るには，まずはデータを $X$ 座標と $Y$ 座標で並べ替える必要がある．具体的には，st_centrid() と st_coordinates() で重心の $X$ 座標と $Y$ 座標を取り出し，それを arrange() で並べ替える．そこに，rowid_to_column() で行番号の列を加える．コードは以下のようになる．

```
# グリッドを sf オブジェクトに変換
grd_sf <- st_sf(geometry = grd_sfc)

# ラベルをつけるために重心の座標を取り出す
grd_coordinates <- st_coordinates(st_centroid(grd_sf$geometry))

grd_sf <- cbind(grd_sf, grd_coordinates) %>%
  # Y は desc() で逆順に
  arrange(desc(Y), X) %>%
  tibble::rowid_to_column(var = "grid_id")
```

これをプロットしてみると，期待通りの順番になっていることがわかる（図 A.22）．

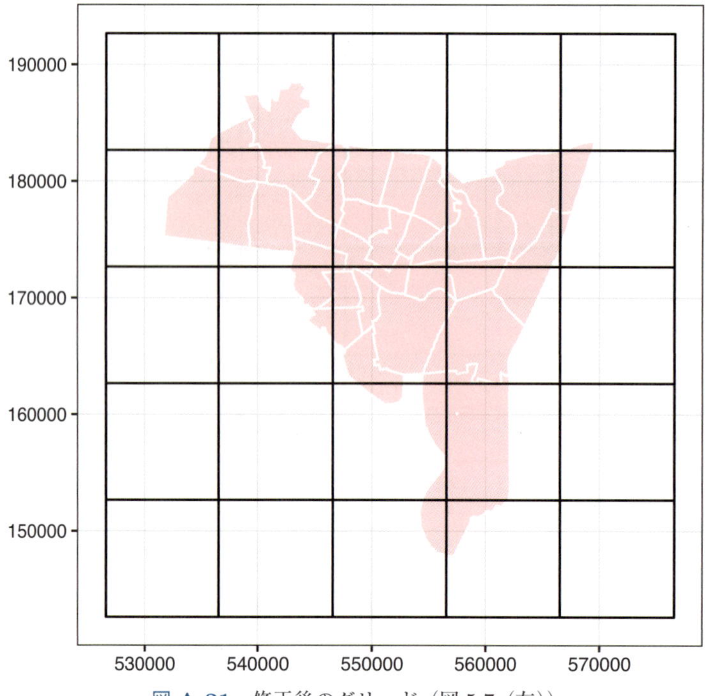


図 A.21　修正後のグリッド（図 5.7（左））

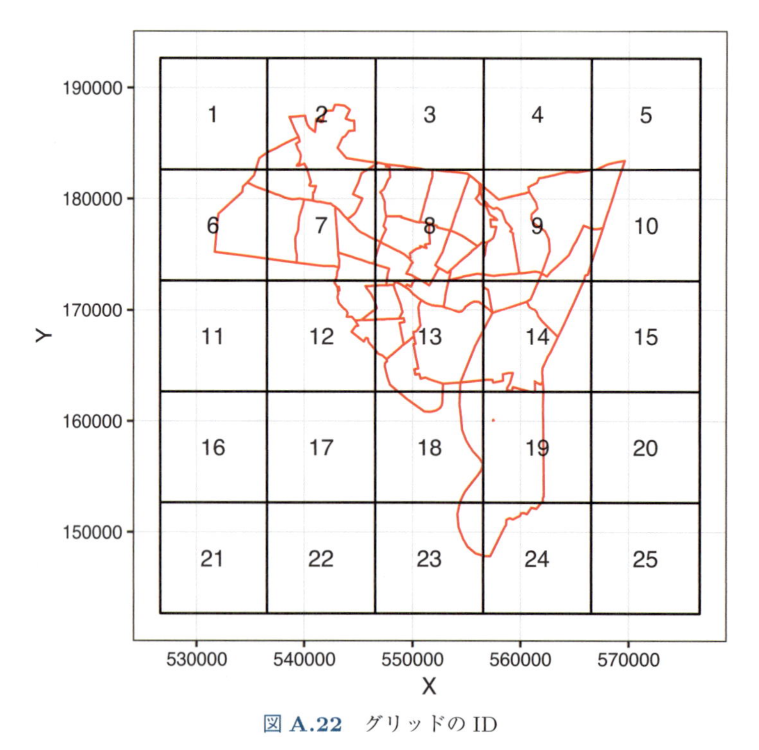


図 A.22　グリッドの ID

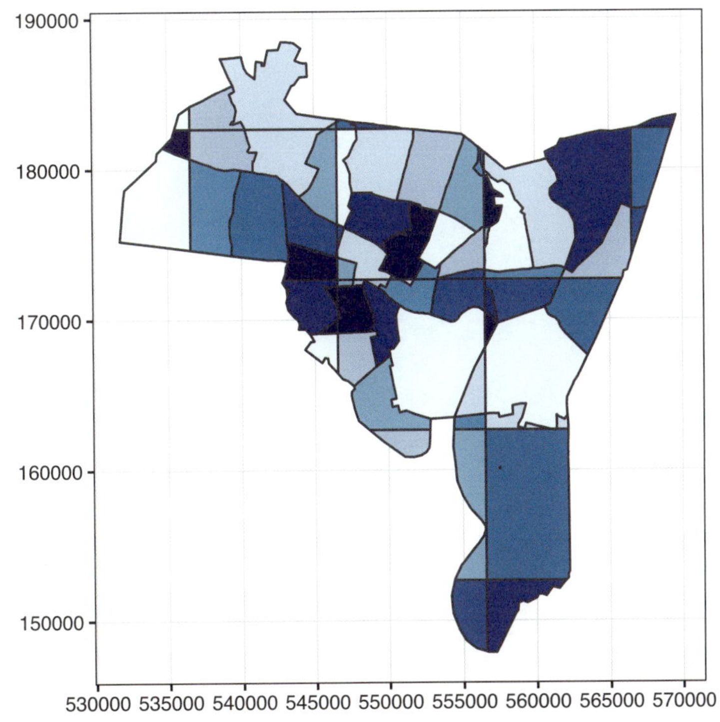


図 A.23 tracts_sf と grd_sf を重ね合わせた結果

```
ggplot(grd_sf) +
  geom_sf(data = tracts_sf, fill = "transparent", colour = "red") +
  geom_sf(fill = "transparent", colour = "black") +
  geom_text(aes(X, Y, label = grid_id)) +
  theme_bw()
```

5.7 節と同じく，このグリッドを使って tracts_sf のゾーン単位の住居数で色分けしたプロットを作成しよう．

まず，地物を重ね合わせるには st_intersection() を使う．後で tracts_sf の各ポリゴン内での面積割合を計算するので，あらかじめ行番号を ID として割り振っておく．

```
# あとで tract 内での面積割合を計算するために ID をつけておく
tracts_sf <- tibble::rowid_to_column(tracts_sf, var = "tract_id")

# 地物を重ね合わせる
int_res_sf <- st_intersection(tracts_sf, grd_sf)
## Warning:  attribute variables are assumed to be spatially
## constant throughout all geometries
```

これをプロットすると図 A.23 のようになる．なお，図 5.7（右）に合わせて色を設定しているが，これはポリゴンを区別するための便宜上のもので，色の割り当てに特に意味はない．

```
int_res_sf$fill <- rep(blues9, length.out = nrow(int_res_sf))

ggplot(int_res_sf) +
  geom_sf(aes(fill = fill)) +
  scale_fill_identity() +
  theme_bw()
```

さて，いよいよゾーン単位の住居数を計算しよう．group_by() は計算を「グループ化」するための関数だが，その概念の説明はやや長くなるのでここではコードを示すに留める．

```
int_houses_sf <- int_res_sf %>%
  # 面積を area 列として追加
  mutate(area = st_area(geometry)) %>%
  # 面積の割合を tract ごとに計算するため，tract_id をキーとしてグループ化
  group_by(tract_id) %>%
  # tract 内に占める面積の割合を計算し，それに住居数をかける
  mutate(prop = area / sum(area), houses = HSE_UNITS * prop) %>%
  # 住居数を grid ごとに集計するためにキーを grid_id に変更
  group_by(grid_id) %>%
  # grid ごとの住居数を計算
  summarise(houses = sum(houses))
```

次に，この計算結果が入った int_houses_sf をグリッド grd_sf と結合しよう．データフレームの結合には dplyr パッケージの inner_join() が便利だ．しかし，これは sf オブジェクト同士を結合することはできない．次のようにエラーになってしまう．

```
grd_sf %>%
  left_join(int_houses_sf, by = "grid_id")
## Error:  y should be a data.frame; for spatial joins, use st_join
```

このエラーを回避するためには，int_houses_sf をデータフレームに変換しておくとよい．sf オブジェクトをデータフレームに変換するには st_set_geometry() に NULL を指定する．

```
int_houses_df <- st_set_geometry(int_houses_sf, NULL)
```

これを inner_join() によって結合し，cut() で値を区間に分けよう．なお，今回はデ

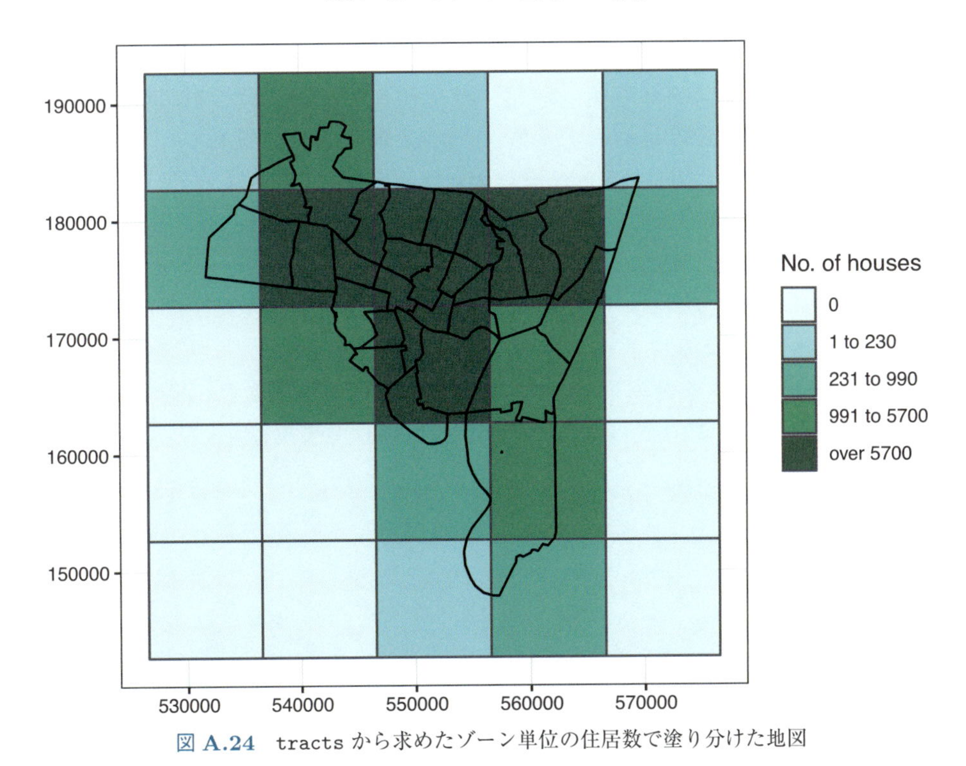


図 A.24　tracts から求めたゾーン単位の住居数で塗り分けた地図

ータ数が少なすぎて cut_number() が使えないので，区間を自分で指定して cut() を使っている．

```
grd_houses_sf <- grd_sf %>%
  left_join(int_houses_df, by = "grid_id") %>%
  mutate(houses = coalesce(houses, 0),
    houses_bin = cut(
      houses,
      breaks = c(-Inf, 0, 230, 990, 5700, Inf),
      labels = c("0", "1 to 230", "231 to 990", "991 to 5700",
                 "over 5700")
  ))
```

これをプロットするコードは次のようになる．結果は図 A.24 に示す．

```
ggplot() +
  geom_sf(data = grd_houses_sf, aes(fill = houses_bin)) +
  geom_sf(data = tracts_sf, fill = "transparent",
          colour = "black") +
  scale_fill_brewer("No.  of houses", palette = 2) +
  theme_bw()
```

### A.17.9 ラスタデータ（5.8 節）

sf パッケージのエコシステムは，まだラスタデータをうまく扱えない．stars という新しいパッケージ[33]が今後 raster パッケージを置き換えていく予定だが，まだ開発途上というのが現状である．とはいえ，raster パッケージもある程度は sf パッケージのクラスを扱えるように改良されている．例えば，本書に登場した extent() も rasterize() も sf クラスには対応している．

sf データからラスタデータへの変換について見てみよう．例として，点データをラスタに変換する操作を考える．

まずは必要なデータを読み込み，ベースとなるラスタを作成する．上述のように extent() は sf クラスに対応しているのでここまでは問題なく実行できる．

```
library(raster)

# データを読み込み
data(tornados, package = "GISTools")

# sf に変換
us_states2_sf <- st_as_sf(us_states2)
torn2_sf <- st_as_sf(torn2)

# us_states2_sf の範囲と同じサイズのラスタを作成
r_points <- raster(nrow = 180, ncols = 360,
                   ext = extent(us_states2_sf))
```

しかし，このラスタデータを rasterise() で torn_sf に重ねようとするとエラーになる．fun 引数に指定されている sum() は torn2_sf のすべての属性の集計に使われるが，sum() では処理できない型の属性があるためだ．

```
r_points <- rasterize(torn2_sf, r_points, fun = sum)
## Error in Summary.factor(structure(48L, .Label = c("01", "02",
##   "04", "05", : 'sum' not meaningful for factors
```

エラーが起こらないようにするには，sum() で計算できない列を除外すればよい．今回は，地物の列だけあればよいので geometry 列のみに絞り込む．

```
r_points <- rasterize(torn2_sf[, "geometry"], r_points, fun = sum)
```

これで地物が POINT の sf データをラスタに変換することができた．

33) https://r-spatial.github.io/stars/

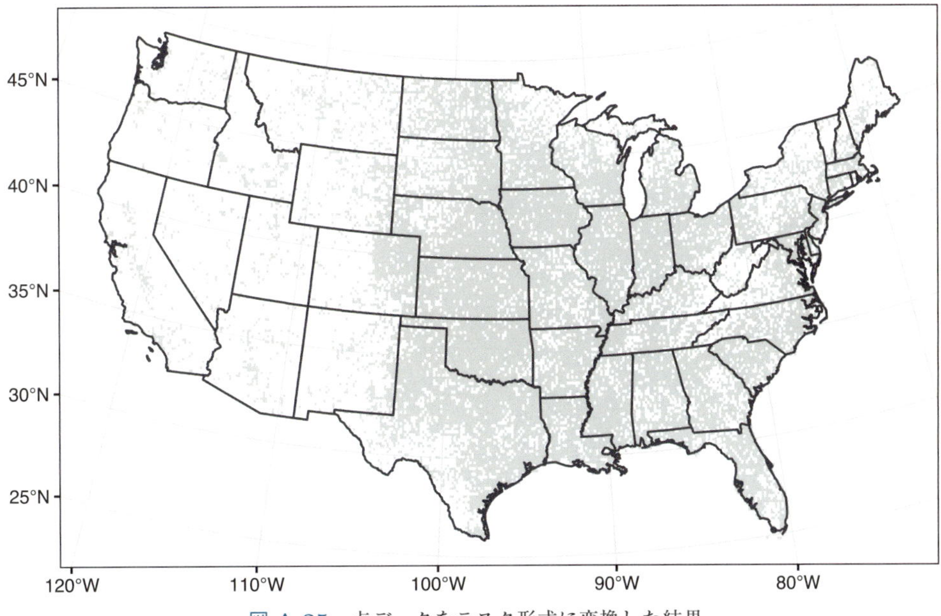


図 A.25 点データをラスタ形式に変換した結果

逆の変換は少々厄介だ．ラスタデータを直接 sf オブジェクトに変換する方法は現時点では用意されていない．そのため，間に sp パッケージのデータを挟む必要がある．具体的には，ラスタデータを rasterToPolygons() で SpatialPolygonsDataFrame に変換し，それをまた sf オブジェクトに変換する．

```
# ラスタを SpatialPolygonsDataFrame に変換
r_points_sp <- rasterToPolygons(r_points)

# SpatialPolygonsDataFrame を sf に変換
r_points_sf_wo_crs <- st_as_sf(r_points_sp)

# 座標参照系を設定
r_points_sf <- st_set_crs(r_points_sf_wo_crs, st_crs(torn2_sf))
```

sf オブジェクトに変換すると，ggplot2 パッケージでプロットするのも容易である（図 A.25）．

```
ggplot() +
  geom_sf(data = r_points_sf, colour = "transparent") +
  geom_sf(data = us_states2_sf, fill = "transparent") +
  theme_bw()
```

このように，sf パッケージのデータは raster パッケージのデータと相互変換できるとはいえ，やや使いづらい．やはり raster パッケージと親和性が高いのは sp パッケージであり，ラスタデータが関わる分析を行う際には，今のところ sp パッケージに頼らざるを得ない場面もまだ多いだろう．stars パッケージの完成が待たれる．

# 訳者あとがき

本書は Chris Brunsdon，Lex Comber による *An Introduction to R for Spatial Analysis and Mapping 1st Edition*（SAGE Pubilshing, 2015）の翻訳です．

昨今，地理情報の分析については情報公開やツールの開発が進んだおかげで取り組みやすい環境が整備されてきました．日本においても国が政府統計総合窓口 e-stat において「地図で見る統計」（`https://www.e-stat.go.jp/gis`）という形で地理情報システムを公開しており，ウェブブラウザさえ用意すれば地図作成をはじめとした簡単な分析は実行できるようになっています．可視化にとどまらず，より高度な分析を行いたい場合のツールとしては ArcGIS，QGIS 等が幅広く利用されていますが，R もその一つといえるでしょう．本書はその魅力に触れる最適の一冊といえます．

なお，本書の底本は 2015 年に出版された初版ですが，実は第 2 版の出版を 2019 年に控えています．R を用いた空間データ分析も初版の出版以降大きく変わろうとしており，第 2 版ではそれをフォローするように内容の見直しが図られているものと思われます．変化の一つに `sf` パッケージの利用があります．これは simple features（正式には Simple Feature Access, SFA）という現在主流の GIS データの規格を R で扱うためのパッケージであり，`sp` パッケージの開発者でもある Edzer Pebesma 教授を中心に開発が進められているものです．本書ではその内容をなるべくフォローすべく，`sf` パッケージを用いて可視化やデータ操作を行う実例を訳者補遺として付録 A に追加しています．読者の今後の参考になれば幸いです．

また，正誤表等を掲載した本書のサポートサイトについては共立出版の書籍紹介ページ（`www.kyoritsu-pub.co.jp/bookdetail/9784320124394`）からアクセスできますのでそちらも参考にしてください．

最後に本書の編集作業を一手に担っていただいた共立出版の菅沼正裕氏に改めて感謝の意を申し上げます．

2018 年 10 月

市川太祐<br>湯谷啓明<br>工藤和奏

# 索　引

■欧字

■あ行



■か行



■さ行

## 【著者紹介】

### Chris Brunsdon

アイルランド国立大学地理情報学部 教授.
ダラム大学で数学を，ニューカッスル大学で医療統計学を専攻した後，複数の大学で教鞭をとり，前職ではリバプール大学で人文地理学の教授を務めた．彼の研究領域は健康，犯罪，環境についてのデータ分析であり，地理空間加重回帰分析等の空間データ分析手法の開発も進めている．また，分析手法を R のパッケージをはじめとしたソフトウェアの形で実装も行っている.

### Lex Comber

レスター大学地理情報科学部 教授.
ノッティンガム大学の植物学部を卒業後，マコーレー土地利用研究所（現在はハットン研究所）およびアバディーン大学で博士号を取得した．研究領域は空間データ分析全般であり，定量的な地理情報分析手法の開発も進めている．研究領域は社会学，環境学の両方にまたがっており，アクセシビリティ分析，土地被覆／土地利用のモニタリング，地理情報の不確実性を考慮したデータ分析といった内容を含んでいる.

## 【訳者紹介】

### 湯谷啓明（ゆたに ひろあき）

IT 企業に勤務．ウェブ API に関するものを中心に，様々な R パッケージを作成している.
訳書に『R プログラミング本格入門：達人データサイエンティストへの道』(共訳，共立出版).

### 工藤和奏（くどう わかな）

マーケティング企業にアナリスト職として勤務．主に ID-POS データ／エリアデータを基にした分析設計・データマート構築に従事.
訳書に『R による自動データ収集：Web スクレイピングとテキストマイニングの実践ガイド』(共訳，共立出版).

### 市川太祐（いちかわ だいすけ）

医師，医学博士．サスメド株式会社で医療データの分析に従事.
訳書に『R 言語徹底解説』『データ分析プロジェクトの手引き』(いずれも共訳，共立出版）等.

**R** による地理空間データ解析入門

原題：*An Introduction to R for Spatial Analysis and Mapping*

2018 年 11 月 30 日　初版 1 刷発行
2020 年 6 月 15 日　初版 2 刷発行

原著者　Chris Brunsdon（ブランズドン）
　　　　Lex Comber（コーマー）

訳　者　湯谷啓明
　　　　工藤和奏　© 2018
　　　　市川太祐

発行者　南條光章

発行所　**共立出版株式会社**
東京都文京区小日向 4-6-19
電話　03-3947-2511（代表）
郵便番号　112-0006
振替口座　00110-2-57035
www.kyoritsu-pub.co.jp

印　刷　大日本法令印刷
製　本　ブロケード

一般社団法人
自然科学書協会
会員

Printed in Japan

検印廃止
NDC 417, 448.9

ISBN 978-4-320-12439-4